计量技术与应用

仝卫国　苏　杰　赵文杰　编著

中国质检出版社
中国标准出版社

北　京

图书在版编目（CIP）数据

计量技术与应用/仝卫国，苏杰，赵文杰编著．—北京：中国质检出版社，2015.2
ISBN 978-7-5026-3998-3

Ⅰ.①计…　Ⅱ.①仝…　②苏…　③赵…　Ⅲ.①计量—基本知识　Ⅳ.①TB9

中国版本图书馆 CIP 数据核字（2014）第 073598 号

内 容 提 要

本书系统地介绍了计量学的基本理论及其实际应用。全书共 11 章，主要阐述了计量学基础知识，包括基本概念、计量检定和计量管理等问题；计量技术的实际应用，主要是电力系统相关参数的计量，包括热工参数如温度、压力和流量的计量原理及方法，电磁参数和电能的计量原理及方法；常用计量仪器的原理及使用。

本书可作为工业计量与管理部门工程技术人员、相关领域科技工作者的技术参考，也可作为高等院校相关专业的教学用书及自学参考书。

中国质检出版社
中国标准出版社　出版发行

北京市朝阳区和平里西街甲 2 号（100029）

北京市西城区三里河北街 16 号（100045）

网址：www. spc. net. cn

总编室：(010)64275323　发行中心：(010)51780235

读者服务部：(010)68523946

中国标准出版社秦皇岛印刷厂印刷

各地新华书店经销

*

开本 787×1092　1/16　印张 20.25　字数 485 千字

2015 年 2 月第一版　2015 年 2 月第一次印刷

*

定价 **48.00** 元

如有印装差错　由本社发行中心调换

前　言

计量学的原理与应用是现代工业发展的技术基础，也是衡量一个国家科学技术水平的重要标志。随着科学技术的发展和工业自动化水平的提高，对计量技术的要求也不断提高。现代工业企业对计量技术的重视程度不断提高，对专业的计量技术人员的需求也不断增加。本书正是在这一背景下组织编写的。

本书编写过程中，注重计量学原理等基础性内容的论述，使读者对计量学基础知识有一个系统了解，从而为计量技术的实际应用打下坚实的基础。

计量技术在实际应用中的重要性不断提高，本书较为全面地论述了计量技术在电力行业的应用，主要侧重于热工参数与电磁参数的实用计量技术。在应用计量学的十大分类专业中，系统全面地论述了其中的两个专业，并对其他专业也有涉及，所以，本书既可以作为电力行业计量从业人员的技术参考，也可为其他行业计量技术人员提供借鉴。本书还可作为大专院校相关专业，如测控技术与仪器、工业自动化、计量测试技术等专业学生的教材和教学参考书，推荐学时为40～60学时。

本书主要内容包括计量学基础、计量技术应用和常用计量仪器原理三部分。计量学基础主要包括：计量学概论；量和单位；量值传递和计量检定；计量检定方法；计量的管理与监督。计量技术应用包括：热工参数，如温度、压力和流量的计量检定技术和方法；电磁参数和电能参数的计量检定技术和方法。常用计量仪器原理部分则包括了常用的电位差计、电桥、检流计、数字万用表和信号发生器的构成原理及使用方法。

全书由仝卫国、苏杰和赵文杰共同编写完成，由仝卫国负责组织和统稿工作。在编写过程中得到了很多领导、专家以及同事和学生的帮助支持，在此表示感谢。

本书在编写过程中，力图做到内容的科学性、系统性和实用性，以适应工程技术人员实际工作及有关专业学生系统学习的需要。

由于编者水平所限，书中的疏漏及错误在所难免，恳请广大读者批评指正。

编　者

2014年11月

目　录

第1章　计量学概论

1.1　计量与计量学

1.1.1　计量与计量学概述

随着人类生产实践和社会活动的不断发展，对计量的需求开始萌发并不断发展。在我国古代，计量被称作“度量衡”，且仅限于用“尺、斗、秤”进行的计量，即长度、体积和质量的计量。随着科学技术和生产力的不断发展，计量的适用范围日益扩大，内容不断充实，计量学已远远超出了“度量衡”的范畴。我国现代计量测试工作始于20世纪50年代，经过数十年的发展和积累，已建成了门类齐全、覆盖全国的计量测试网络和体系，在生产、科研和经济贸易中发挥着重要的作用。

一般认为，计量就是用一个规定的标准已知量与同类型的未知量相比较而加以测定的过程，是实现单位统一和量值准确可靠的测量。在一定意义上，计量等同于测量，在英文表示上都是同一个词（measurement）。但计量和测量之间还是存在着很大的区别，如计量本身具有法制的含义，而测量仅指为确定被测量值而进行的全部操作，不具有法制含义。

计量学是关于测量的科学。它也是关于测量理论与实践的一门学科，是现代科学的重要组成部分。计量学的研究内容概括起来主要有3个方面，即计量理论、计量技术和计量管理。具体内容包括：

（1）研究计量单位及其基准、标准的建立、复制、保存和使用；

（2）研究计量方法和计量器具的计量特性；

（3）研究计量的不确定度；

（4）研究计量人员的计量能力以及计量法制和管理。

此外，计量学的研究内容也包括研究物理常数、标准物质和材料特性的准确测定等。随着生产发展和科技进步，计量学的内容也会不断丰富和发展。

1.1.2　计量学的分类

（1）目前，我国按计量专业划分为几何量、热工、力学、电磁学、电子学、时间频率、电离辐射、光学、声学、化学等十大计量领域，每一领域又由若干分项技术组成。

（2）根据任务的性质，计量学又可分为通用计量学、理论计量学、应用计量学和法制计量学等。

其中，通用计量学研究的是计量学中带有共性的问题。如计量单位的一般知识，单位的换算和单位制；测量误差与数据处理及测量的不确定度；计量器具的计量特性问题等。

理论计量学是关于计量理论问题的计量学。如关于量和计量单位的理论、计量误差理论、计量信息论等。

应用计量学研究的是计量学在特定领域中的应用，是涉及具体物理现象的计量技术。如天文计量、工业计量、气象计量、海洋计量、医疗计量等。

法制计量学研究的是与计量单位、计量器具和计量方法有关的法制、技术和行政管理。如确定法定计量单位、法定计量机构；建立法定计量基准和标准；制定和贯彻计量法律和法规，进行计量检定；对制造、修理、销售、进出口和使用中的计量器具实行依法管理；保护国家、集体和公民免受不准确和不诚实测量的危害；以立法形式实行强制的计量监督等。

(3) 当前，国际上趋向于把计量学分为科学计量、工程计量、法制计量，分别代表计量基础、应用和政府起主导作用的社会事业 3 个方面。

科学计量主要是指基础性、探索性、先行性的计量科学研究，通常用最新的科技成果来精确地实现计量单位，并为最新的科技发展提供可靠的测量基础。科学计量通常是国家计量科学研究单位的主要任务，包括计量单位与单位制的研究、计量基准与标准的研制、物理常数与精密测量技术研究、量值溯源与量值传递系统的研究、量值比对方法与测量不确定度的研究等。定义单位和建立计量单位体系是科学计量的核心内容。

工程计量也称为工业计量，是指各种工程、工业企业中的实用计量。如关于能量、原材料的消耗、工艺流程的监控以及产品品质与性能的计量测试等。工程计量涉及面甚广，随着产品技术含量提高和复杂性的增大，为保证经济贸易全球化所必须的一致性和互换性，它已成为生产过程控制不可缺少的环节，是各行各业普遍开展的一种计量。工程计量测试能力实际上是一个国家工业竞争力的重要组成部分。

法制计量的主要特征是政府主导，即由政府或代表政府的机构管理，它还有一个特征是直接传递到公众一端，即直接与最终用户的计量器具及其测量结果有关。法制计量主要涉及与安全防护、医疗卫生、环境监测和贸易结算等有利害冲突或需要特殊信任领域的强制计量，例如，关于衡器、压力表、电表、水表、煤气表、血压计以及血液中酒精含量等的计量。

(4) 国际法制计量组织则根据计量学的应用领域，将其分为工业计量学、商业计量学、天文计量学、医用计量学等。

当然，计量学的上述划分不是绝对的，而是突出某一方面的计量问题。在实际工作中，往往没有必要去严格区分。

1.2 计量的特点及作用

1.2.1 计量的特点

概括起来说，计量应具有准确性、一致性、溯源性和法制性等 4 个基本特点。

(1) 准确性。准确性是计量的基本特点。它表征的是计量结果与被测量的真值的接近程度。计量不仅应给出被测量的量值，而且还要给出该量值的不确定度（或误差范围），即准确度。否则，计量结果便不具备充分的社会使用价值。所谓量值统一，即是指在一定准确程度内的统一。

（2）一致性。计量单位的统一是量值一致的重要前提。在任何时间，任何地点，采用任何计量方法，使用任何计量器具以及任何人进行计量，只要符合计量的有关要求，计量结果就应在给定的不确定度（或误差范围）内一致。计量的一致性，不仅适用于国内计量，也可适用于国际间的计量。

（3）溯源性。为了保证计量结果的准确一致，所有同种类的量值都必须由同一个计量基准（或原始标准）传递而来。也就是说，任何一个计量结果，都能通过连续的比较而溯源到计量基准，这就是溯源性。可以说，溯源性是准确性和一致性的技术保证。在一个国家内，所有的量值都应溯源到国家计量基准；在国际上，则应溯源到国际计量基准或约定的计量基准。否则，量值出于多源，不仅无准确一致可言，而且会造成技术和应用上的混乱，以致酿成严重后果。

（4）法制性。计量本身的社会性就要求有一定的法制保障。量值的准确一致，不仅要求有一定的技术手段，而且还要有相应的法律、法规和行政的管理。特别是那些对于国计民生有显著影响的计量，诸如社会安全、医疗保障、环境保护以及贸易结算中的计量，更必须要有法制的保障。否则，量值的准确一致便不能实现，计量的作用也无从发挥。

1.2.2 计量与相关概念

1.2.2.1 计量与测量

从定义上看，测量是通过实验获得并可合理赋予某量一个或多个量值的过程；计量是实现单位统一、量值准确可靠的活动。计量涉及整个测量领域，并按法律规定，对测量起着指导、监督、保证的作用。

由于计量也是两种物质的直接或间接的比较过程，从这一意义上说，计量是测量的组成部分。不同的是：一般的技术测量是指用已知的标准单位对不明量值的物质进行比较，以求得该物质的数量；测量的任务是给出明确的数量概念。而计量是指用标准器具对已知量值的同类量进行比较，实现正确的测量；其任务是对测量结果给出可靠性概念，起到统一量值的作用，从技术上保证测量结果的准确和一致，在数量上和质量上正确地反映客观物质的真实情况，使人们得到一个正确的认识。可以说，计量是一种特定的测量，进行计量不仅是为了确定量值以比较量的大小，而且也是为了统一量值。

1.2.2.2 计量与测试

测试是具有试验研究性质的测量。测试的范围很广，其往往是对一种新事物在没有固定成熟的单位量值或测量手段和测量方法的情况下进行的一种探索性的测量。有的测试项目可用现有的计量手段，即利用已有的基准器、标准器去解决；有的测试项目需要研究一些新的测试技术、测试方法或测试手段去解决。从历史的发展来看，人们要获得对客观物质数量方面的认识，一般都是先从测试开始，经过反复的试验和多种方法的比较，形成一种公认的、标准的单位量值或最妥善的测试方法和手段。

计量、测量、测试三者有着密切的关系。计量是搞好测量的保证，测量是计量效果的具体体现；计量为测试研究提供基础条件，测试为计量开拓新的领域，提供新的技术手段和方法；测试是测量工作的先导，测量是测试工作的成熟化、固定化。

1.2.2.3 实验与试验

在计量或测量过程中不可避免的要进行相关的实验或试验，两者之间存在着一定的差别。从定义上讲，实验是科学研究中，为检验某一理论或假设而进行的某种操作或从事的某种活动；而试验是为了考察某事物的效果或性能而从事的某种活动。

实验是对抽象的知识理论所进行的实际操作，用以证明其正确性或推演出新的结论，有尝试新的或未知知识的含义。试验是为了确定某一具体问题所进行的工作，是一种常规性的检验操作。相比较而言，实验的范围较广，主要是验证已形成的理论，进行的时间相对较短；试验的范围较窄，用以验证新的知识或事物，可能进行相对较长的时间。实验不一定是试验，但试验一定要实验。

1.2.3 计量在电力行业中应用的意义

随着我国经济的发展和人民生活水平的不断提高，对电力的需求也在不断增长，电力生产企业的生产负荷不断增加，对计量工作的要求也在不断提高。电力行业计量系统的建立、标准量具和专用测试装置的使用、检定规程和技术规范的制定等都需要根据本行业的特点按不同要求分别加以确定，特别是随着许多新技术的开发和应用，计量测试工作呈现出许多不同于以往的新景象。

在电力系统中，发电厂需要测量大量的过程参数和状态参数。这些参数主要包括热工参数、电磁参数以及振动、位移、转速等机械量。其中，热工参数是与热工过程相关的物理量，包括温度、压力、流量、液位等非电物理量。电磁参数是指与电磁现象有关的物理量，包括电压、电流、功率因数及频率、谐波分析等电气量和磁性材料、磁场强度等磁学量，电磁参数也是供电部门、电网、变电站所需要监测的参数。这些参数涉及多个专业，对于它们的计量也涉及计量学的多个分支，如热工量计量、电磁量计量以及机械量计量等。

随着现代测控技术的发展，发电企业生产部门所需的仪器设备大量增加。一个 300 MW 的发电机组需要超过 3 000 台的传感器及其配套的变送器及监控仪表，一个大型发电厂所拥有的仪器设备可达上万台，这些仪器设备的性能是否能合乎要求直接关系到发电企业的安全经济运行。计量工作是保证仪器设备正常运行的必要手段和技术支持，因而各个发电厂对计量工作的重视程度越来越高，计量工作已经成为电力系统安全高效生产的基本保障。

计量技术也直接关系到发电和电网企业生产的安全性和经济性，没有计量测试工作的电力生产过程是不可想象的。计量工作作为独立于电力生产过程的一个领域或部门，有效地保证了电力生产的正常进行。同时，计量技术属于一种专用技能，需要专门培养和考核才能胜任。

1.2.4 与计量相关的国际组织简介

1.2.4.1 国际计量大会（CGPM）

国际计量大会（General Conference of Weights & Measures，法文简称 CGPM）成立于 1875 年。作为“米制公约”的最高组织形式，每 4 年召开一次大会，讨论和批准新的基本计量学研究结果及国际范围内的计量学决议，普及和改进国际单位制。第一届国际计量大会召开于 1889 年。

国际计量委员会（CIPM）是 CGPM 的领导机构。它的任务是：指导和监督国际计量局的工作；建立各国计量机构间的协作；组织会员国承担国际计量大会决定的计量任务，并进行指导和协调工作；监督国际计量基准的保存工作。国际计量委员会（CIPM）下设 10 个咨询委员会。

（1）电磁咨询委员会 CCEM（原电学咨询委员会 CCE）；

（2）光度学和辐射度咨询委员会 CCPR（原光度学咨询委员会 CCP）；

（3）温度咨询委员会 CCT；

（4）长度咨询委员会 CCL（原米定义咨询委员会 CCDM）；

（5）时间频率咨询委员会 CCTF（原秒定义咨询委员会 CCDS）；

（6）电离辐射测量标准咨询委员会 CCEMRI；

（7）单位咨询委员会 CCU（原单位制委员会 CCU）；

（8）质量及相关量咨询委员会 CCM；

（9）物质量咨询委员会 CCQM；

（10）声学、超声、振动咨询委员会 CCAUV。

国际计量局（BIPM）（Bureau International des Poids et Measures，BIPM）是国际计量大会和国际计量委员会的执行机构，是一个常设的世界计量科学研究中心。它的主要任务是保证世界范围内计量单位的统一；研究发展国际单位制；确定计量基本单位的定义；建立与保存国际计量基准；探索建立新的计量基准和提高现有基准的精度；进行检定和比对工作等。

我国于 1977 年 5 月 20 日加入“米制公约”组织，截至 2014 年 7 月，“米制公约”的签字国有 56 个。

1.2.4.2　国际法制计量组织（OIML）

国际法制计量组织（International Organization of Legal Metrology，OIML）1955 年 10 月 12 日成立，总部设在巴黎。现已有 95 个国家和地区参加，我国于 1985 年 4 月正式加入该组织。

国际法制计量组织的主要任务是讨论和研究国际计量立法和制定法制计量条例、统一计量方法和检定规程、汇集和形成各国法制计量的文献库、促进各国间的交流与合作等。

国际法制计量大会（CGML）是 OIML 的最高决策机关，一般每 4 年召开一次。领导与咨询机构是法制计量委员会（CIML），由每个成员国的各一名代表组成，每两年召开一次。国际法制计量大会的主要任务是：制定国际法制计量组织的技术政策和工作计划；研究国际法制计量组织的工作任务及执行方式，并下达给国际法制计量局或有关工作组、专家及其他计量机构；检查、监督国际法制计量局和秘书处的工作情况；审议并通过“国际法制计量委员会建议”，并提交国际法制计量大会审批。

国际法制计量局（BIML）是国际法制计量组织的常设执行机构，局址设在法国巴黎，由固定的工作人员组成，在国际法制计量委员会的监督和领导下开展工作。该局的作用主要是保证国际法制计量大会及委员会决议的贯彻执行，协助有关组织机构、各成员国之间建立联系，指导与帮助国际法制计量组织秘书处的工作。

技术委员会（TC）和分技术委员会（SC）是国际法制计量组织的技术工作机构。技术委员会主要负责研究法制计量的常见问题、法制人员的培训问题，协调与其合作的分技术委员会的工作，审议和通过向国际法制计量委员会和国际法制计量大会提交的国际建议和国际文件。分技术委员会主要负责起草递交技术委员会的工作计划，根据有关机构的研究项目和各国现行的规章条例拟定“资料草案”。

1.2.4.3 国际标准化组织（ISO）

国际标准化组织（International Organization for Standardization，ISO）成立于1947年，是一个全球性的非政府组织，是国际标准化领域中一个十分重要的组织。ISO的宗旨是：在世界范围内促进标准化工作的发展，以利于国际物资交流和互助，并扩大知识、科学、技术和经济方面的合作。其主要任务是：制定国际标准，协调世界范围内的标准化工作，与其他国际性组织合作研究有关标准化问题。

ISO的组织机构分为非常设机构和常设机构。ISO的最高权力机构是ISO全体大会（General Assembly），是ISO的非常设机构。1994年以前，全体大会每3年召开一次。全体大会召开时，所有ISO团体成员、通信成员、与ISO有联络关系的国际组织均派代表与会，每个成员有3个正式代表的席位，多于3位以的代表以观察员的身份与会；全体大会的规模大约200～260人。大会的主要议程包括年度报告中涉及的有关项目的活动情况、ISO的战略计划以及财政情况等。ISO中央秘书处承担全体大会、全体大会设立的4个政策制定委员会、理事会、技术管理局和通用标准化原理委员会的秘书处的工作。1994年开始，根据ISO新章程，ISO全体大会改为一年一次。我国在1978年正式加入ISO。

1.2.4.4 国际电工委员会（IEC）

国际电工委员会（International Electrotechnical Commision，IEC ）成立于1906年，是世界上成立最早的国际性电工标准化机构。1947年ISO成立后，IEC曾作为电工部门并入ISO，但在技术上、财务上仍保持其独立性。IEC负责有关电气工程和电子工程领域中的国际标准化工作，其他领域则由ISO负责。

IEC的宗旨是促进电工、电子领域中标准化及有关方面问题的国际合作，增进相互了解。为实现这一目的，出版包括国际标准在内的各种出版物，并希望各国家委员会在其本国条件许可的情况下，使用这些国际标准。IEC的工作领域包括电力、电子、电信和原子能方面的电工技术，现已制定国际电工标准3000多个。

IEC的最高权力机构是理事会，IEC的技术工作由执委会（CA）负责。IEC现已成立了82个技术委员会、1个无线电干扰特别委员会（CISPR)、1个IEC/ISO联合技术委员会（JICI)、127个分技术委员会和700个工作组。全世界约有10万名电工、电子领域的专家长年无偿地为IEC工作，制修订IEC国际标准。我国1957年参加IEC，目前是IEC理事局、执委会和合格评定局的成员。

第2章 量和单位

2.1 量与量纲

2.1.1 量的概念

量是描述自然界物质运动规律的一个最重要的概念。量按其性质可以分为可测量和可数量两种。

其中，可测量表示现象、物体或物质可定性区别和定量确定的属性，简称量。由定义可知，被研究的对象可以是自然现象，也可以是物质本身，一般可视为物理量，如长度，时间，热力学温度等。

可数量是指不能通过测量得到的量，也可称为统计量。如3个苹果，8支铅笔，10辆汽车等。可数量主要侧重于说明被测个体的数目，而不强调被测对象的单位（个、支、辆等）。因此，可数量实际上仍然是一个“数”的概念，不属于“量”的范畴。所以，在不加以说明的情况下，通常所指的量都是指可测量。

在科学研究、生产实践以及人类活动的各个领域，人们经常需要对各种量进行测量，并以相应的单位表示结果。这些测量构成了科学技术的基础。由此可见，量和单位对于科学技术和国民经济的发展以及人民生活水平的提高都具有重要的意义。

2.1.2 量的分类

在科学技术的各个领域，需要使用许多种量。根据量在计量学中所处的地位和作用，量有很多不同的分类方法。一般情况下，量可分为基本量和导出量两类。

彼此间存在确定关系的一组量，称为量制。在量制中，约定地认为在函数关系上彼此独立的量，称为基本量。例如，力学领域公认的基本量有3个：长度、质量和时间。在量制中，由基本量的函数所定义的量，称为导出量。如，速度量定义为位移（长度）与时间的比值，所以速度就是一个导出量；其他的如力、功率、电阻、电感等都是导出量。

通常用基本量符号的组合，作为特定量制的缩写名称。例如，基本量为长度 l、质量 m 和时间 t 的力学量制的缩写名称为（l，m，t）量制。

2.1.3 量纲

以给定量制中基本量的幂的乘积表示某量的表达式称为量纲。由基本量的幂的乘积来表示导出量的表达式，称为量纲公式，简称量纲式。量纲皆以大写的正体拉丁字母和希腊字母表示。

由于量纲式的系数恒为1，所以量纲式表达的只是导出量与基本量之间的定性关系。基本量的量纲就是它本身。在国际单位制（SI）中，规定的7个基本量的量纲为：长度——L、质量——M、时间——T、电流——I、热力学温度——Θ、物质的量——N和发光强度——J。因此，包括基本量在内的任何量的量纲一般表达式为

$$\dim Q = L^{\alpha} M^{\beta} T^{\gamma} I^{\delta} \Theta^{\varepsilon} N^{\zeta} J^{\eta} \tag{2-1}$$

式中，α，β，γ，δ，ε，ζ，η为量纲指数。

所以，基本量的量纲式，如长度、质量、时间等可以表示如下：

$$\dim l = L$$

$$\dim m = M$$

$$\dim t = T$$

导出量的量纲式，如速度、力、能量可以表示如下：

$$\dim v = \frac{L}{T} = LT^{-1}$$

$$\dim F = M(L/T^{2}) = LMT^{-2}$$

$$\dim E = F \cdot l = L^{2}MT^{-2}$$

任何量的表达式，其等号两边必须具有相同的量纲式，这一规则称为“量纲法则”。应用这个法则可以检查物理公式的正确性。例如，冲量公式为

$$F \cdot t = m(v_{2} - v_{1})$$

等号左边项的量纲为

$$\dim(F \cdot t) = LMT^{-2} \cdot T = LMT^{-1}$$

等号右边项的量纲为

$$\dim[m(v_{2} - v_{1})] = LMT^{-1}$$

可见，只有等号两边诸量的量纲相同，才表明上列公式可能是正确的。

在量纲表达式中，基本量量纲的指数全部为零的量，称作无量纲量。所以，无量纲的量是一个纯数；例如，线性形变、摩擦系数、折射率、马赫数等都是无量纲量。对于无量纲量，其单位是数字1，表示其量值时一般不明确写出单位1。但数字1和单位还不完全一样，单位前可以加词头构成倍数单位，而在1前面加词头构成倍数单位就不合适了。

2.2 计量单位

2.2.1 单位的概念

计量单位是根据约定定义和采用的标量，任何其他同类量可与其比较使两个量之比用一个数表示，简称单位。计量单位是一个共同约定的特定参考量，具有名称、符号和定义，其数值为1。国际法制计量组织把“数值等于1的量”作为单位的定义。

表示计量单位的约定符号称为单位符号。例如，米、千克、秒就是计量单位，它们的单位符号分别为m、kg、s。计量单位是同种量值比较的基础。用数和一定的计量单位相乘表示的物质的量称为量值。例如，1 m，2 kg，3 s等。量值单位有明确的定义和名称，是数值

为 1 的固定量。

需要特别说明，量的大小是物质的一种客观属性，与所选择的单位无关，而量值则因所选择的单位不同而表现出不同的数值。

在多种单位制并存的情况下，同一个量的两种计量单位之比 k 称为“单位换算系数”。例如，在国际单位制中，力的单位是牛顿，而在 CGS 制中，其单位是达因（dyn）。它们的换算系数为

$$k=\frac{[\mathrm{N}]}{[\mathrm{dyn}]}=\frac{1\times[\mathrm{m}][\mathrm{kg}][\mathrm{s}]^{-2}}{1\times[\mathrm{cm}][\mathrm{g}][\mathrm{s}]^{-2}}=1\times10^{5}$$

即

$$1[\mathrm{N}]=1\times10^{5}[\mathrm{dyn}]$$

计量单位的定义，特别是基本单位的定义不是一成不变的，是在实践中逐步形成的。随着科学技术的发展而重新定义，可以体现出当代计量学发展的成就和水平。

2.2.2 单位制

单位制是对于给定量制的一组基本单位、导出单位、其倍数单位和分数单位及使用这些单位的规则。单位制是由一组选定的基本单位和由定义方程式与比例因数确定的导出单位组成的一个完整的单位体制。

给定量制中基本量的计量单位，称为基本单位。在国际单位制中，基本单位有 7 个，即米、千克、秒、安培、开尔文、摩尔和坎德拉。在给定量制中，基本量约定地认为是彼此独立的，但是相对应的基本单位并不都是彼此独立的。例如，电流是独立的基本量，但它的单位“安培”的定义中，包含了其他基本单位米、千克和秒；又如，在长度单位“米”的定义中，也包含了基本单位秒；发光强度单位“坎德拉”的定义中，也包含了功率单位瓦特，从而与米、千克和秒有关。

给定量制中导出量的测量单位，称为导出单位。在单位制中，导出单位可以用基本单位和比例因数表示，而对于有些导出单位，为了使用方便，给予了专门的名称和符号。例如，在 SI 中，力的单位名称为牛［顿］，符号为 N；能量的单位名称为焦［耳］，符号为 J；电势的单位名称为伏［特］，符号为 V 等。

基本单位有严格的、公认的定义，许多国家常以法律、法规的形式确定它们的定义。基本单位的大小一经确定就不允许再变动，因为这将关系到由它导出的各个导出单位的量值。但是，基本单位可以任意选定。由于基本单位选择的不同，所以组成的单位制也就不同。如市制、英制、米制和国际单位制等。在国际单位制形成之前，世界范围内使用的单位制有多种，其中主要有米制和英制。多种单位制并存的情况极大地阻碍了生产力的发展和科学技术与文化的交流，因此统一单位制成为世界各国的共同需要。国际计量委员会（CIPM）在 1956 年将经过 21 个国家同意的计量单位制草案命名为国际单位制，以国际通用符号 SI 来表示。1960 年第 11 届国际计量大会正式通过了 SI。随后，一些国际组织，如国际法制计量组织（OIML）和国际标准化组织（ISO）等，也采用了国际单位制。

2.2.3 分数单位与倍数单位

对于给定量制和选定的一组基本单位，由比例因子为 1 的基本单位的幂的乘积表示的导出单位，称为一贯导出单位。在给定量制中，每个导出量的测量单位均为一贯导出单位的单位制，称为一贯单位制。在国际单位制中，全部 SI 导出单位都是一贯单位。但 SI 单位的倍

数和分数单位不是一贯单位。

在长期的计量实践中，对于不同的计量对象，需要选用大小适当的计量单位。在同一种量的许多单位中选用某个单位并赋予独立的定义，其他单位都是以这个单位为基础进行定义，从而形成“主单位”。所以，主单位就是具有独立定义的单位，而倍数单位和分数单位都是按主单位来定义的单位。

给定测量单位乘以大于1的整数得到的测量单位，称为倍数单位。例如，千米是米的一个十进制倍数单位；小时是秒的非十进倍数单位。

给定测量单位除以大于1的整数得到的测量单位，称为分数单位。例如，毫米是米的一个十进分数单位，克是千克的一个十进分数单位。

设立倍数单位和分数单位的目的是为了使用方便，一个主单位往往不能适应各种需要。但在使用中，一定要注意单位的一致性和可对比性。为了测量和计算的精确，尽量使用相同的单位。

2.2.4 国际单位制（SI）

2.2.4.1 国际单位制的建立

国际单位制（SI）是由国际计量大会（CGPM）批准采用的基于国际量制的单位制，包括单位名称和符号、词头名称和符号及其使用规则。国际单位制是由米制充实完善后得到的一种单位制。米制名称的由来是因为这种单位制最初只选择了一个基本单位——米，其他单位都由米导出的。米制的长度单位为米，等于地球子午线长度的四千万分之一；质量单位千克由米导出，等于1立方分米纯水在温度为4℃时的质量。1795年4月7日，法国政府颁布法令，使米制在法国首先合法化。1799年12月10日，确定了铂基准原器“档案局米”和“档案局千克”作为米和千克的值。这些原器用铂铱合金（90%铂和10%铱）制造，米原器是横截面为X形的线纹尺，千克原器则为直径和高相等（39mm）的圆柱形砝码。1840年1月1日起开始实行米制。

由于米制简易、适用，其他国家亦开始有所采用。1875年，20个国家的代表在巴黎举行了米制外交大会，签署了“米制公约”。该公约规定：在法国设立国际计量局（BIPM），国际计量局由国际计量大会（CGPM）和国际计量委员会（CIPM）管辖。其目的是保证米制的国际间的统一和发展。一百多年来，国际米制公约组织对保证国际计量标准统一、促进国际贸易发展和加速科技进步发挥了巨大的作用。1999年，第21届国际计量大会决定把每年的5月20日确定为“世界计量日”。

1948年召开的第9届国际计量大会作出决定，要求国际计量委员会创立一种简单而科学的供所有米制公约成员国均能使用的实用单位制。1954年第10届国际计量委员会决定采用“米、千克、秒、安培、开尔文和坎德拉”作为基本单位，1960年第11届国际计量委员会决定将以这6个单位为基本单位的实用计量单位制命名为“国际单位制”，并规定其符号为“SI”。1974年第14届国际计量大会又决定增加物质的量的单位“摩尔”作为基本单位。因此，目前国际单位制共有7个基本单位。

国际单位制作为国际计量大会推荐采用的一种一贯单位制，是一种比较科学和完善的单位制。它具有以下特点：

（1）科学性。国际单位制以反映物质世界基本性质的物理量作为单位基础，能以数学方程式形式表示物理现象，并构成物理单位。

（2）通用性。国际单位制包括了科学技术和国民经济各个领域内的计量单位，几乎可以代替所有其他单位制和单位；不仅适用于任何科学技术领域，也适用于商品流通领域及人民日常生活。

（3）简明性。采用国际单位制可以取消其他单位制的一些单位，明显地简化量的表达式，省略了各个单位制之间的换算，避免多种单位制的并用，消除了很多混乱的现象。

（4）实用性。国际单位制的基本单位和大多数导出单位的主单位量值都比较实用，而且保持了历史连续性，适应各类计量的需要。

（5）准确性。国际单位制的 7 个基本单位，都有严格的科学定义。目前除质量单位外，其他 6 个基本单位都实现了自然基准，并达到了较高准确度的复现和保存，其相应的计量基准代表当代科学技术所能达到的最高计量准确度，从而最终保证测量的单位统一和量值传递的准确可靠。

2.2.4.2 国际单位制（SI）的主要内容

国际单位制是由 SI 单位（包括 SI 基本单位和 SI 导出单位）和 SI 单位的倍数单位（包括 SI 单位的十进倍数和分数单位）构成的，如图 2－1 所示。

- 国际单位制（SI）
  - SI 单位
    - SI 基本单位
    - SI 导出单位
      - 包括 SI 辅助单位在内的具有专门名称的 SI 导出单位
      - 组合形式的 SI 导出单位
  - SI 单位的倍数单位

图 2－1 国际单位制的构成

（1）SI 基本单位及其定义

国际单位制 SI 中基本单位有 7 个，它们是：米、千克、秒、安培、开尔文、摩尔和坎德拉，其对应的量的名称、单位符号和定义如表 2－1 所示。

表 2－1 国际单位制的基本单位

量的名称	单位名称	单位符号	单 位 定 义
长度	米	m	米等于光在真空中 299 792 458 分之一秒时间间隔内所经路径的长度
质量	千克（公斤）	kg	1 千克等于国际千克原器的质量
时间	秒	s	秒是铯－133 原子基态的两个超精细能级之间跃迁所对应的辐射的 9 192 631 770 个周期的持续时间
电流	安［培］	A	在真空中，截面积可忽略的两根相距 1 m 的无限长平行圆直导线内通以等量恒定电流时，若导线间相互作用力在每米长度上为 2×10^{-7} N，则每根导线中的电流为 1 A
热力学温度	开［尔文］	K	热力学温度开尔文是水三相点热力学温度的 1/273.16
物质的量	摩［尔］	mol	摩尔是一系统的物质的量，该系统中所包含的基本单元数与 0.012 kg 碳-12 的原子数目相等。在使用摩尔时，基本单元可以是原子、分子、离子、电子及其他粒子，或是这些粒子的特定组合，应予以指明
发光强度	坎［德拉］	cd	坎德拉是一光源在给定方向上的发光强度，该光源发出频率为 540×10^{12} Hz 的单色辐射，且在此方向上的辐射强度为 1/683 W/sr

(2) SI 导出单位及辅助单位

SI 导出单位是 SI 基本单位按定义方程式导出的。具有专门名称的 SI 导出单位共有 19 个，其中 17 个是以著名科学家的名字命名的，如牛顿、帕斯卡、焦耳等。它们对应的量的名称、单位符号和表达式如表 2－2 所示。

表 2－2 国际单位制导出单位

量的名称	单位名称	单位符号	表达式
频率	赫［兹］	Hz	$1\ Hz=1 s^{-1}$
力，重力	牛［顿］	N	$1\ N=1\ kg \cdot m/s^2$
压力，压强，应力	帕［斯卡］	Pa	$1\ Pa=1\ N/m^2$
能［量］，功，热量	焦［耳］	J	$1\ J=1\ N \cdot m$
功率，辐［射能］通量	瓦［特］	W	$1\ W=1\ J/s$
电荷［量］	库［仑］	C	$1\ C=1\ A \cdot s$
电压，电动势，电位	伏［特］	V	$1\ V=1\ W/A$
电容	法［拉］	F	$1\ F=1\ C/V$
电阻	欧［姆］	Ω	$1\ \Omega=1\ V/A$
电导	西［门子］	S	$1\ S=1\ \Omega^{-1}$
磁通［量］	韦［伯］	Wb	$1\ Wb=1\ V \cdot s$
磁通［量］密度，磁感应强度	特［斯拉］	T	$1\ T=1\ Wb/m^2$
电感	亨［利］	H	$1\ H=1\ Wb/A$
摄氏温度	摄氏度	℃	1 ℃＝1 K
光通量	流［明］	1 m	$1\ lm=1\ cd \cdot sr$
［光］照度	勒［克斯］	lx	$1\ lx=1\ lm/m^2$
［放射性］活度	贝可［勒尔］	Bq	$1\ Bq=1\ s^{-1}$
吸收剂量，比授［予］能，比释动能	戈［瑞］	Gy	$1\ Gy=1\ J/kg$
剂量当量	希［沃特］	Sv	$1\ Sv=1\ J/kg$

SI 有两个辅助单位，即弧度和球面度，其对应量的名称、单位符号及定义，如表 2－3 所示。

(3) SI 词头

为了表示某种量的不同值，只有一个主单位显然是不够的，SI 词头的功能就是与 SI 单位组合在一起，构成十进制的倍数单位和分数单位。在国际单位制中，共有 20 个 SI 词头，如表 2－4 所示。

表 2－3 SI 辅助单位

量的名称	单位名称	单位符号	定　义
［平面］角	弧度	rad	弧度是一圆内两条半径之间的平面角，这两条半径在圆周上所截取的弧长与半径相等
立体角	球面度	sr	球面度是一立体角，其顶点位于球心，而它在球面上所截取的面积等于以球心半径为边长的正方形面积

表 2-4　用于构成十进制倍数和分数单位的 SI 词头

因　数	词头名称	词头符号	因　数	词头名称	词头符号
10^{24}	尧［它］	Y	10^{-1}	分	d
10^{21}	泽［它］	Z	10^{-2}	厘	c
10^{18}	艾［可萨］	E	10^{-3}	毫	m
10^{15}	拍［它］	P	10^{-6}	微	μ
10^{12}	太［拉］	T	10^{-9}	纳［诺］	n
10^{9}	吉［咖］	G	10^{-12}	皮［可］	p
10^{6}	兆	M	10^{-15}	飞［姆托］	f
10^{3}	千	k	10^{-18}	阿［托］	a
10^{2}	百	h	10^{-21}	仄［普托］	z
10^{1}	十	da	10^{-24}	么［科陀］	y

（4）与 SI 单位并用的计量单位

从理论上讲，国际单位制已经覆盖了科学技术的所有领域，可以取代所有其他单位制的单位。但在实际应用中，由于历史原因或在某些领域的重要作用，一些国际单位制以外的单位还在广泛使用，可是国际单位制还不包括它们。因此，国际计量大会在公布国际单位制的同时，还确定了一些允许与 SI 并用的单位和暂时保留的非 SI 单位。

1984 年 2 月 27 日我国国务院发布的《关于在我国统一实行法定计量单位的命令》中规定，我国的计量单位一律采用《中华人民共和国法定计量单位》。我国的法定计量单位是以国际单位制单位为基础，并保留了少量其他计量单位。主要包括：国际单位制的基本单位；国际单位制的辅助单位；国际单位制中具有专门名称的导出单位；国家选定的非国际单位制单位，如表 2-5 所示；由以上单位构成的组合形式的单位；由词头和以上单位所构成的十进制倍数和分数单位。

表 2-5　我国选定的非国际单位制单位

量的名称	单位名称	单位符号	与 SI 单 位 关 系
时间	分 ［小］时 日，（天）	min h d	1 min=60 s 1 h=60 min=3 600 s 1 d=24 h=86 400 s
［平面］角	度 ［角］分 ［角］秒	° ′ ″	1°=（π/180）rad 1′=（1/60）°=（π/10 800）rad 1″=（1/60）′=（π/648 000）rad
体积	升	L，(l)	1 L=1 $dm^3=10^{-3}$ m^3
质量	吨 原子质量单位	t u	1 t=10^3 kg 1 u≈1.660 540 2×10^{-27} kg
旋转速度	转每分	r/min	1 r/min=（1/60）s^{-1}
长度	海里	n mile	1 n mile=1 852 m （只用于航行）

续表

量的名称	单位名称	单位符号	与 SI 单 位 关 系
速度	节	kn	1 kn=1 n mile/h=（1 852/3 600）m/s（只用于航行）
能	电子伏	eV	1 eV≈$1.602\ 176\ 53\times10^{-19}$ J
级差	分贝	dB	
线密度	特［克斯］	tex	1 tex=10^{-6} kg/m
面积	公顷	hm^2	1 $hm^2=10^4\ m^2$

2.2.5 基本物理常数

基本物理常数是指自然界中的一些普遍适用的常数，它们不随时间、地点或环境条件的影响而变化，是表征物理现象的定值。基本物理常数逐步引入的过程可以说是物理学发展的一个缩影。基本物理常数的确立和测定，对物理现象的揭示、解释和应用以至于物理学与计量学的发展都具有相当重要的意义。纵观近代物理学史可以看到，一些重大物理现象的发现和物理新理论的创立，均与基本物理常数有着密切的关系。牛顿引力定律、阿伏加德罗定律、法拉第定律、相对论、量子论等，都伴随着相应的基本物理常数，如引力常量 G、阿伏加德罗常数 N_A、法拉第常数 F、真空中光速 c、普朗克常数 h 等。由此可见，基本物理常数出现于许多不同的物理现象之中，每一类物理现象的规律都同确定的物理常数相关。

近年来，基本物理常数的重要性还表现在定义物理量单位上，计量学研究的一个重要方面是计量单位，即物理学中的物理量单位，包括它的定义、复现手段和计量方法。人们希望用具有最佳恒定性的物理现象来定义基本单位，这是现代计量学所追求的目标。而基本物理常数是具有最佳恒定性的物理量，因为这些数值既不随地点和时间而异，也不受环境、实验条件及材料性能的影响，用各种不同实验方法计量的基本常数数值应该是一致的。早在1906年，普朗克就建议用基本物理量来定义物理量的基本单位，也就是作为单位制基础的科学设想。因为根据原子物理学和量子力学理论，通过一系列基本物理常数，如电子质量 m_e、光速 c、普朗克常数 h、玻耳兹曼常数 k 和阿伏加德罗常数 N_A 等，可以建立微观量和宏观量之间的确定关系，即原则上可以由微观量定义计量单位。但限于当时的科技水平，这一设想无法实现。1980年以后，量子电子学、激光、超导、纳米等技术迅速发展，使这一设想成为可能。

随着常数准确度的不断提高，长度单位、电学量电压和电阻单位均先后采用有关物理常数定义。1983年第17届国际计量大会将“米”定义为“光在真空中1/299 792 458 s时间间隔内行程的长度”，即用光速 c 来定义米，使米的复现不受测量方法的制约，定义更具有科学性，大大提高了长度计量的精确度。1990年后，国际上正式采用约瑟夫森效应和量子化霍尔效应来复现电学计量单位。根据约瑟夫森常数和克里青常数，借助频率基准，导出的电压单位和电阻单位，可以得到高于原来电压和电阻实物基准2～3个量级的复现准确度和稳定度，展示了用频率和基本物理常数定义基本单位、研究和建立新的单位体系的发展趋势。

基本物理常数之间存在着密切的相互关系。测量某一个常数可以具有多种方法和手段，为了检验按不同方法独立测出的各种常数或其组合量，考察它们在各自测量的误差范围内是否互相一致，发现系统误差，常采用最小二乘平差法得出物理和化学的基本常数及转换因子的一组最佳值，作为国际上的推荐值。最早的一次平差是伯奇于 1929 年首先进行的。在这之后 1945 年、1969 年，都由科学家结合研究工作做过平差。每次平差的结果都可成倍地提高常数的准确度，减小不确定度，改进平差方法，使常数更加科学合理。

1973 年以来，基本物理常数的平差是在国际科学协会科学技术数据委员会（CODATA）的基本常数工作组的直接主持下，根据各国积累的实验数据分析，取舍编纂而成的。CODATA 自 1973 年第一次公布物理常数以来，1986 年、1998 年、2002 年、2006 年、2010 年都推荐过基本物理常数值。CODATA 基本物理常数推荐值越来越精确、可靠和丰富，形成越来越完善的自洽体系，是物理学、化学和计量学等许多科学技术领域经常使用的基本数据，具有重要的科学意义和实用价值。CODATA 基本物理常数推荐值简表见表 2－6。

表 2－6　2010 年 CODATA 基本物理常数推荐值简表

量的名称	符号	数　值	单位	不确定度
光速	c	299 792 458	$m \cdot s^{-1}$	（精确）
真空导磁数	μ_0	$4\pi \times 10^{-7} = 12.566\ 370\ 614 \cdots \times 10^{-7}$	$N \cdot A^{-2}$	（精确）
真空介电常数	ε_0	$8.854\ 187\ 817 \cdots \times 10^{-12}$	$F \cdot m^{-1}$	（精确）
普朗克常量	h	$6.62\ 606\ 957\ (29) \times 10^{-34}$	$J \cdot s$	4.4×10^{-8}
基本电荷	e	$1.602\ 176\ 565\ (35) \times 10^{-19}$	C	2.2×10^{-8}
电子质量	m_e	$9.10\ 938\ 291\ (40) \times 10^{-31}$	kg	4.4×10^{-8}
阿伏伽德罗常数	N_A，L	$6.02\ 214\ 129\ (27) \times 10^{23}$	mol^{-1}	4.4×10^{-8}
法拉第常数	F	96 485.3365 (21)	$C \cdot mol^{-1}$	2.2×10^{-8}
玻耳兹曼常数	k	$1.3\ 806\ 488\ (13) \times 10^{-23}$	$J \cdot K^{-1}$	9.1×10^{-7}
气体常数	R	8.314 4621 (75)	$J \cdot mol^{-1} \cdot K^{-1}$	9.1×10^{-7}
约瑟夫森常数	K_J	$4.83\ 597\ 870\ (11) \times 10^{14}$	$Hz \cdot V^{-1}$	2.2×10^{-8}
冯·克利青常数	R_K	25 812.807 4434 (84)	Ω	3.2×10^{-10}

2.3　国际单位制基本单位

2.3.1　长度单位——米

米是国际单位制中表示长度的基本单位，其符号是 m。

米的定义：米是光在真空中于 1/299792458s 时间间隔内所经路径的长度。

2.3.1.1 单位米的产生

长度的基本单位米来源于米制，是18世纪90年代法国大革命的第一个科学成果。最初的定义是以地球子午线的四千万分之一作为基本长度单位；测量从法国敦刻尔克经过巴黎到西班牙巴塞罗那之间的地球子午线弧长，通过实测结果求得巴黎所在经度圈上一个象限的子午线长，以一个象限子午线的一千万分之一为1米的标准长度。根据测量结果制作了基准米尺。1889年，第一届国际计量大会正式批准了根据“档案局米”的值，用铂铱合金制造的新米原器中，最接近“档案局米”的一支为国际米原器，并宣布：该米原器在冰融点温度时代表长度的单位米，国际米原器的准确度为0.1微米。

尽管国际米原器用铂铱合金制成，铂铱合金的膨胀系数极小，具有高硬度和高抗氧化性能，但其长度随时间的推移仍不可能保持不变。因为任何金属经加工后都难免产生一定的内应力，这必然要引起内部精细结构的缓慢变化，从而无法保证国际米原器所规定的精度。再加上米原器随时都有被破坏的危险，所以，人们希望把长度的基准建立在更科学、更方便和更可靠的基础上，而不是以某一个实物的尺寸为基准。

光谱学的研究表明，可见光的波长是一些很精确又很稳定的长度，有可能当作长度的基准。在1960年的第11届国际计量大会上决定废除国际米原器，通过了以氪-86原子辐射的橙黄谱线波长来高精度复现米的新定义，即1米等于氪-86原子的$2p_{10}$和$5d_5$能级之间跃迁所对应辐射在真空中波长的1 650 763.73倍，这样米的准确度达到4×10^{-9}。这是第一个量子基准（即自然基准），标志着长度基准实现了由实物基准向自然基准的转变。

后来，由于激光稳频技术的发展，激光在计量的复现性和易于应用方面已经大大优于氪-86的辐射基准。于是，在1983年召开的第17届国际计量大会上通过了现行的米的新定义，将“米”定义为“光在真空中1/299 792 458 s时间间隔内行程的长度”，准确度达到1×10^{-10}，从而使米的复现精度得到了进一步提高。

由于光速在真空中是不变的，基准米的新定义的主要优点是使米的复现不受测量方法的制约，定义更具有科学性。把长度单位统一到时间上，就可以利用高精度的时间计量，大大提高长度计量的精确度。目前，各国都以激光波长作为复现米定义的长度基准。在国际推荐的十几种激光辐射中，以甲烷吸收稳频的He－Ne激光波长的复现精度最高，它的波长约为3.39 μm，而以波长为633 nm的He－Ne激光应用最广泛。

2.3.1.2 米的复现

第17届国际计量大会通过现行米定义之后，根据国际计量委员会的推荐，米的复现方法有时间法、频率法和辐射法3种，它们都建立在真空中光速c为确定值的基础上。

$$c\equiv 299\ 792\ 458\ \mathrm{m/s} \tag{2-2}$$

（1）时间法。如果平面电磁波在真空中t时间间隔内行进路径的长度为l，则根据式（2－2）和式（2－3）

$$l=ct \tag{2-3}$$

在计量得到t之后，即可以求出l。由于l为lm时t只为1/299 792 458 s，所以l必须很大才能得到高的计量准确度。这种方法主要用于天文学和大地测量学。

（2）频率法。如果平面电磁波的频率为f，而它的真空波长为λ，则根据光速值和式（2－4）

$$\lambda = \frac{c}{f} \tag{2-4}$$

在计量得到 f 之后，即可求出 λ。目前频率的计量不确定度比长度约小 3 个数量级，而且在光的真空波长计量中，真空的不完善、衍射效应以及反射和透射镜的镜平面度等都会带来误差。因此，用频率法实现米的准确度潜力很大，但在实际应用中还需要建立激光波长基准。

激光频率计量的原理如下：采用由一系列中介激光器、内插锁相微波源和非线性谐波混频器组成的频率链将铯原子频率基准的频率逐级倍频到红外和可见光区，然后通过各级差频计数的方法求出激光的频率。

（3）辐射波长法。1993 年，国际计量委员会推荐了 8 种稳频激光器辐射的标准谱线频率（波长）值，作为复现米定义的国际标准。用它们中的任一种辐射波长都可以实现米。

由于目前还没有一种光电接收器能够响应可见光频率，所以尚需分波段研制多个稳频激光器作为基准。稳频激光器辐射频率的测量准确度仍在不断改进中，比如目前常用的碘吸收 633 nm 氦氖稳频激光器的复现性，已在 1×10^{-10} 的基础上又提高了约一个数量级。因而，在光频范围内米有可能建立频率标准，这无疑将促进原子物理学、分子物理及高分辨率激光光谱学的发展。两个世纪以来米定义的变迁，既反映了科技进步对计量学发展的推动作用，也反映了计量学发展对科技进步的反作用。

2.3.2 质量单位——千克

千克是国际单位制中表示质量的基本单位，其符号是 kg。

千克的定义：千克是质量单位，等于国际千克原器的质量。需要指出的是：① 千克中的“千”不是 SI 词头，即千克不是倍数单位，而克却是分数单位；② 质量与重量有区别，重量具有力的性质，物体的重量是它的质量与重力加速度的乘积，而标准重力加速度为 9.80 665 m/s^2。

国际千克原器来源于法国的“档案局千克”，其定义是：取温度为 4℃时在标准大气压（760 mm 汞柱）下的一立方分米的纯水作为质量单位，称为“千克”。1878 年，国际米制委员会提出并订制了用铂铱合金制造的国际千克原器，1880 年与“档案局千克”进行比对，1883 年被国际计量局选定为国际千克原器。它是直径与高均为 39 mm 的正圆柱体，其中铂占 90%，铱占 10%，各自纯度为 99.99%。1889 年召开的第一届国际计量大会批准了“国际米制委员会通过的千克原器”，决定今后该原器作为质量单位。该原器一直被保存在国际计量局的原器库里，被精心安置于有三层钟罩保护的托盘上。

为了保证各国的质量量值的统一，国际计量局对各国的千克原器已进行过 3 次周期检定：第一次周期检定是在 1910～1913 年进行的；第二次周期检定是在 1946～1954 年进行的；第三次周期检定是在 1989～1993 年进行的。从周期检定的结果可知，质量量值总平均不确定度稳定在 10^{-9} 数量级上，目前看来是 7 个国际基本单位中准确度最低、尚未实现量子化的基准。但 3 次周期检定也显示出千克原器不确定度每次都有 1×10^{-8} 量级的变化。此外，实物基准还有易受损坏和材料老化等问题。

我国于 1965 年引进了国际计量局的千克原器，并作为国家质量基准，保存在中国计量科学研究院。我国实际使用的副基准是用不锈钢制造的砝码，共有 3 个，分别为 No. 9，No. 2 和 No. 12，其检定周期为 5 年。各省、市的计量机构都建立了不同等级的质量基准。

质量单位是现在唯一不能实现自然基准复现的基本单位。由于千克原器的易损性，通常的溯源比对都是通过副基准实现，即要尽量减少与原器的比对次数，因此，与原器比对的次数通常来说是比较少的，使比对周期显得漫长一些。随着现代测量技术的发展，质量实物基准必将被质量自然基准所代替。

实现质量自然基准的主要方法目前有 4 种：X 射线单晶密度法测定阿伏伽德罗常数（单晶硅粒子法）、移动线圈功率天平测量普朗克常数（功率天平法）、晶粒子收集法、能量天平法。这 4 种方法的分析结果都预计不确定度可以达到或小于 1×10^{-8}，此时重新定义千克才能成为可能。但是，到目前为止实际的试验中还没有实现突破；最新的研究表明，单晶硅粒子法最可能实现这一目标。

2.3.3 时间单位——秒

秒是国际单位制中表示时间的基本单位，其符号是 s。

秒的定义：秒是与铯-133 原子基态两个超精细能级间跃迁相对应的辐射的 9 192 631 770 个周期的持续时间。

在周期性现象中，如果 N 个周期的持续时间为 t 秒，则每秒中它的周期数为 N，即频率 ν 为

$$\nu=\frac{N}{t}\mathrm{Hz} \qquad (2-5)$$

该式表示时间和频率两个量的密切关系，频率量纲是时间量纲的倒数。秒定义中所对应辐射的频率为 9 192 631 770 Hz。到目前为止，时间单位秒的计量准确度是所有基本单位中最高的。

历史上的秒定义源于天文，与地球运动周期的时标密切相关。在原子秒出现以前，总是先定义时标再定义秒；而原子秒定义本身已与天文时标无关，因而先定义原子秒再定义原子时，以便与世界时相协调。

时间的概念具有两种不同的含义：一种是指的某一事件发生时间间隔，即两个瞬间的间隔所持续时间的长短；另一种是指事件发生的时刻。例如，学生早上 7 点 30 分到校；一节课有 45 分钟。这两句话的前一句指的时间概念是“时刻”，后一句指上课到下课所持续的时间间隔。

时刻是时间标尺（简称时标）上的标尺标记，而时标则是由时间间隔连续累加而得到的。时标中的一个重要时刻是时标的原点。

根据量子物理学的基本原理，原子是按照不同电子排列顺序的能量差，也就是围绕在原子核周围不同电子层的能量差，来吸收或释放电磁能量的。这里电磁能量是不连续的。当原子从一个“能量态”跃迁至低的“能量态”时，它便会释放电磁波。这种电磁波特征频率是不连续的，这也就是人们所说的共振频率。同一种原子的共振频率是一定的，例如，铯-133 的共振频率为每秒 9 192 631 770 周。因此铯原子便用作一种节拍器来保持高度精确的时间。

铯原子钟是目前人类最精确的时间测量仪器，主要是利用原子不受温度和压力影响的固定频率振荡的原理制成，原子钟用在对时间要求特别精确的场合，比如全球定位系统（GPS），以及互联网的同步都采用了原子钟。格林威治时间和北京时间的时间基准也都依靠原子钟为标准。

美国的标准原子钟称为 NIST－Fl，是美国最标准的时钟，也是世界上最精确的实用时钟，四亿年才会误差一秒。

我国的原子时时间频率基准装置的研制主要在中国计量科学研究院进行。该院 1981 年研制成功我国第一台实验室型铯原子束时间频率基准（不确定度为 8×10^{-13}），随后经过改进，提高到了 3×10^{-13}（1987 年）。2003 年研究成功冷原子铯喷泉频率基准钟，频率不确定度达到 8.5×10^{-15}，相当于走时三百五十万年不差一秒，标志着我国基准钟的研究水平已进入国际先进行列。1985 年以来，中国计量科学研究院通过中央电视台电视信号发布标准时间频率，同时开展电话、网络等多种授时手段的研究和服务。

2.3.4 电流单位——安培

安培是国际单位制中表示电流的基本单位，其符号是 A。

安培的定义：在真空中，截面可忽略的两根相距 1 m 的无限长平行圆直导线内通以等量恒定电流时，若导线间相互作用力在每米长度上为 2×10^{-7} N，则每根导线中的电流为 1 A。

1948 年第 9 届国际计量大会采用上述电流强度单位的定义。1960 年第 11 届国际计量大会上，安培被正式采用为国际单位制的基本单位之一。

由于安培的定义是指一种理想状态，在实际中无法实现，而且安培也难以长期保持，因此，1990 年以前国际计量机构一般都没有复现安培，复现的是其导出单位电压和电阻，然后通过欧姆定律得出安培

$$I=\frac{U}{R} \tag{2-6}$$

即通过电压 U 的单位伏特（V）和电阻 R 的单位欧姆（Ω）来保持电流 I 的单位安培（A）。

人们长期分别利用标准电池组和标准电阻组等实物基准保持伏特和欧姆。随着计量科学的发展，现在已经开始分别利用交流约瑟夫森效应和量子霍尔效应所建立的基准来保持伏特和欧姆。这些利用量子效应的自然基准的复现性远优于实物基准的复现性，复现准确度提高了 2～3 个数量级，并且基本上与环境条件和所用材料无关。

利用交流约瑟夫森效应的基本原理为：两个超导体之间隔以由极薄的（约 1 nm）绝缘层构成的约瑟夫森结，在液氦温度下超导体内的电子对因量子隧道效应而穿过绝缘层；当用频率 f 的电磁波照射通以适当直流偏流的约瑟夫森结时，结上将产生恒定的阶跃电压 U_J，它与 f 的关系式为

$$U_J=n\frac{f}{K_J}\ (n=1,2,3,\cdots) \tag{2-7}$$

这里，$K_J=\frac{2e}{h}$为约瑟夫森常数；照射在约瑟夫森结上的电磁波频率 f 在 10～100GHz 范围内。电磁波频率 f 可以被准确测定，则阶跃电压 $U_J(n)$ 也就被决定了。由表 2－6 中可以查得约瑟夫森常数为 $4.83\,597\,870(11)\times10^{14}$ Hz·V^{-1}，不确定度达到 2.2×10^{-8}。

利用量子霍尔效应（克里青效应）的基本原理为：在一个 MOS 场效应管的表面沟道两侧安上一对霍尔电极。把管子放到低于液氦温度和强磁场中，当加上适当的栅极电压 U_G 时，沟道中的电子密度将发生变化，因而霍尔电极上将产生恒定的阶跃电压 U_H，它与管子漏极电流 I_D，则霍尔电阻为

$$R_{\mathrm{H}}(i)=\frac{U_{\mathrm{H}}}{I_{\mathrm{D}}}=\frac{R_{\mathrm{K}}}{i}\quad(i=1,2,3,\cdots)\tag{2-8}$$

这里，$R_{\mathrm{K}}=\frac{h}{e^2}$为冯·克里青常数；由表 2-6 中可以查得其值为 25 812.807 443 4(84) Ω，不确定度达到 3.2×10^{-10}。

通过复现电压和电阻基准后可以以很高的精度复现电流单位。但是，目前电学基本单位仍然是安培，这是由于安培在定义上与力学单位有明确的关系，它使电学单位与力学单位在国际单位制内构成一个有内在联系的统一体。所以，直接复现电流基准也一直是人们关注的问题。

现在的研究表明，单电子隧道效应（SET）可以通过计数电子来实现电流的量子基准。当电容器的线度极小时，电容量 C 变得很小，电容器上的电量也变得很小，以至于电极上只有一个电子的电荷时，利用量子力学中电子穿透势垒的隧道效应，能使单个电子从一边流入而从另一边流出，形成单向电流

$$I=ef\tag{2-9}$$

式中，e 为基本电荷；f 为电子进入电容器的频率。

对单个电子计数，可以显著提高电学计量的准确度。这样就可实现基于基本电荷这一基本物理常量以及频率量的电流量子基准。但该方案现在也存在较大困难：

① 电容器的电极要非常小，目前做成的电极的线度是几十 nm 量级；

② 电容器所处温度达到几 mK 低温时才能观察到明显的单电子隧道效应；

③ 线路寄生参数的影响使电子进入电容器的频率尚只有 MHz 量级，电流只有 pA 量级，而当前能精密测量的小电流至少需达到 nA 量级。

有报道说，用新的微刻蚀技术已做出了更小的电极，并在室温下观察到了单电子隧道效应；另外，利用高频表面波也可把频率提高到 GHz 量级，相应的电流可扩大到 nA 量级。一些国家在此方面已投入了较大的力量进行研究，以求得到进一步的突破。

此外，20 世纪 90 年代发展起来的单电子输运器件也是有希望提供量子电流标准的一种器件，近年来很受重视。我国科学家在这一领域已取得了一定进展。

2.3.5 温度单位——开尔文

热力学温度单位开尔文等于水的三相点热力学温度的 1/273.16。

2.3.5.1 经验温标

温度量是个比较抽象的物理量，它是表征物体热平衡状态下冷热程度的物理量，它体现了物体内部微粒运动状态的特征。用来表示温度数值的方法称为温标，所以温标包含了温度单位的定义以及复现方法。

温标的发展经历了几百年的历史，曾经建立和使用过许多的温标。1927 年以前国际上没有统一的温标，这些温标被称为经验温标。所谓的经验温标是借助某种物质的物理性质与温度变化的关系，用实验方法或经验公式构成的温标。比如，用水银作为测温介质，利用水银的热胀冷缩的特性进行温度测量；把水银做成玻璃温度计，定义分度值和零点，水银柱的高度代表被测温度的高低；比较高的温区和比较低的温区通过水银热胀特性的延伸来定义温度，这就建立了一种温标。经验温标的建立必须具备 3 个条件：合适的测温介质，稳定的温

度固定点，合理的分度方法。

最早的温度计是伽利略于 1593 年发明的，是一种简易的膨胀式玻璃杆温度计。之后，出现了许多种测温温度计。1724 年，德国科学家华伦海特把水和氯化铵混合物的冰点与水沸点之间等分为 212 等分，每等分定义为 1 ℉，其混合物的冰点定义为 0 ℉，则水的沸点为 212 ℉（水的冰点是 32 ℉），用水银作为测温介质，用玻璃水银温度计复现一定范围温区上的温度，由此建立的温标就是华氏温标。1742 年，瑞典天文学家摄尔休斯把水冰点与水沸点之间等分 100 等分，每等分定义为 1 ℃，则水的冰点定义为 0 ℃，则水的沸点为 100 ℃，用水银作为测温介质，把水银做成玻璃温度计用来复现一定的温区上的温度，由此建立的温标就是摄氏温标。后来，相继又建立过列式温标、兰金式温标，气体式温标，铂电阻温标等。

在一种测温介质的基础上发展起来的这些经验温标，其缺点是：① 各种温标的不一致性。这源于各种测温介质的性质、固定点的选择、分度方法的不同；② 各种温标的局限性大，如测温范围有限，缺乏合理的温度单位，测温介质与温度变化关系的非线性等，因而不免造成温度量值的混乱。

2.3.5.2　热力学温标

1848 年，英国人开尔文提出热力学温标。热力学温标是根据卡诺定理建立起来的，它与测温介质无关，是一种理想的温标。根据这一定理，物体从热源中取得的热量 Q_1 和可逆卡诺循环时该物体释放给冷源的热量 Q_2 之比等于热源温度 T_1 和冷源温度 T_2 之比，即

$$\frac{Q_2}{Q_1}=\frac{T_2}{T_1} \tag{2-10}$$

根据卡诺定理可得：工作于两个恒定热源之间的一切可逆热机的效率与工作介质无关，只与两个热源的温度有关。则该可逆热机的效率为

$$\eta=1-\frac{Q_2}{Q_1}=1-\frac{T_2}{T_1} \tag{2-11}$$

因此，开尔文建立的绝对温标是以热力学第二定律为依据的温标，是与测温物质无任何关系的温标，是个无界定范围的温标，因此是科学的温标。从此之后，任何温度测量都以这个温标为依据。

在式（2-10）中只定义了两个热力学温度的比值，还需要给出一定的标度。早期的热力学温度曾定义水冰点为零点，水冰点与水沸点之间的温度分为 100 等分，每等分定义为温度的单位为 1 ℃，这种方法建立起来的温度称为热力学百度温标。另一种是从热力学原理出发，因为可逆热机的效率极限为 1，故当 $\eta=1$ 时，则有 $T_2=0$，以该温度作为绝对零度，把它作为温标的起点，由此而建立起来的热力学温标称为热力学绝对温标，又称为开尔文温标。

2.3.5.3　国际温标

热力学温标的温度比值与工作物质无关，所以理想的热力学温标也与工作物质无关。在现实的热力学温度计量中，人们利用理想气体、热辐射或电阻噪声等温度特性求得温度比值。但是，热力学温标的实现需要结构复杂的装置，而使用起来又很费时且不方便，因此通常都是使用以它为依据的国际实用温标。国际实用温标除了在水三相点外，还在一系列的气体沸点和三相点、金属凝固点以及超导转变点上与热力学温标相等；而在这些温度固定点之

间，则通过内插仪器和公式，使它与热力学温标十分接近。

国际温标制定的原则是：① 尽可能紧密靠近热力学温标；② 温标提供温度的方法比热力学温度测量要更方便，更精密，具有更高的重复性。随着计量技术的发展发现，国际温标需不断改进以更好地实现这个原则，所以每隔约 20 年都要制定一个新温标代替旧的温标。

1927 年，第 7 届国际计量大会决议通过了第一个统一的实用的国际温标 ITS－27。温标是协议性质，它主要规定了一系列的固定点温度，规定了不同温区的基准器，定义了计算温度的公式。

国际温标经历了多次的修订：1948 年的 ITS－48，1960 年的 IPTS－48，1968 年的 IPTS－68，1990 年的 ITS－90。现在，国际上使用的温标是 ITS－90，将在第 6 章进行详细介绍。

在上述的国际温标中，ITS－27、ITS－48 中水的冰点和沸点是定义的温度 0℃和 100℃，而温度单位为以上两固点温度等分 100 等份，每等份定义为 1 ℃ 。ITS－48 以后的国际温标中，温度单位定义为水的三相点温度的 1/273.16。水的沸点在 ITS－48 和 ITS－68 中仍然是定义为 100 ℃，在 ITS－90 中水的沸点不是温标定义的固定点。从理论意义上，水的沸点不一定是 100 ℃，有资料介绍水的沸点为 99.97 ℃。

2.3.6 物质的量单位——摩尔

物质的量的单位摩尔是一系统的物质的量，该系统中所包含的基本单元数与 0.012 kg 碳-12 的原子数目相等，其符号是 mol。基本单元可以是原子、分子、离子、电子或其他粒子，也可以是这些粒子的特定组合（在使用摩尔时应指明）。

在确定摩尔之前，一直用“克原子”、“克分子”等单位来表示化学元素或化合物的量；但这些单位容易与质量单位混淆。1971 年第 14 届国际计量大会通过了现行的物质的量的单位摩尔的定义。

因为相对原子质量以碳-12 为标准，1 摩尔的原子或分子的质量用克来表示时，在数值上刚好等于它们各自的相对原子质量或相对分子质量。例如，碳-12 的相对原子质量为 12，1 摩尔的碳-12 原子的质量为 12 克；氢原子的相对原子质量为 1，1 摩尔氢原子的质量为 1 克。

12 克碳-12 所含原子的数目以意大利化学家阿伏伽德罗命名，用符号 N_A 表示，非常接近于 6.022×10^{23}，则包含 N_A 个微粒的物质的量就是是 1 摩尔。长期以来，人们不知道 1 摩尔物质中微粒子的确切数量，但是并不妨碍这个单位的使用。阿伏加德罗数可用很多种方法进行测定，如电化当量法、布朗运动法、油滴法、X 射线衍射法、黑体辐射法、光散射法等，该数值因准确度提高而不断更新。

尽管摩尔是一个基本国际单位，但却和质量单位千克有着密切的联系。从定义上看，二者似乎互为导出单位，这样，在基本单位的设置上就会存在一些矛盾。所以，国际计量委员会（CIPM）定义摩尔为一系统物质的量，该系统中所包含的基本微粒数为 N_A；简单地说，摩尔就是在数量上精确包含 N_A 个基本微粒的一系统物质的量。这样，1 摩尔碳-12 原子的质量已不再精确等于 12 克了。摩尔的定义可以不依赖于千克而独立存在，更加明确且易于理解，从而成为一个与质量单位无关的基本单位。

2.3.7 发光强度单位——坎德拉

坎德拉是国际单位制中表示发光强度的基本单位，其符号是 cd。

坎德拉的定义：坎德拉是一光源在给定方向上的发光强度，该光源发出频率为 540×10^{12} Hz 的单色辐射，且在此方向上的辐射强度为 1/683 瓦特（W）每球面度。

定义中，540×10^{12} Hz 辐射的波长约为 555 nm，它是人眼感觉最灵敏的波长。

发光强度单位最初是“烛光”，即规定蜡烛火焰在水平方向的发光强度作为发光强度的单位。用蜡烛作为单位标准，尽管规定了严格的工作条件，但稳定性和复现性仍然不好，不能满足光度测量的要求。后来逐渐采用黑体辐射原理对发光强度单位进行研究，并于 1948 年第 9 届国际计量大会上决定采用处于铂凝固点温度的黑体作为发光强度的基准，同时定名为“坎德拉”。1967 年第 13 届国际计量大会又对坎德拉的定义进行了修改，但由于用该定义复现的坎德拉误差较大，仍满足不了实际的需要。随着辐射功率测量技术的显著进展，1979 年第 16 届国际计量大会决定采用现行的定义。这是一个开放性的定义，它没有对复现坎德拉的方式和方法作任何规定，也不会受到其他因素的影响，有利于复现技术的发展，顺应了计量基准的发展趋势和规律。

重新定义坎德拉后，先后有 15 个国家用不同的方式复现。在 1985 年和 1997 年组织了两次国际比对，各国之间的一致性有明显改善。我国的光强单位对国际平均单位的偏差小于 0.2%，是最接近平均单位的国家之一。

第3章　量值传递与计量检定

3.1 量值传递

计量工作的主要任务是保障单位制的统一和量值的准确可靠。随着科学技术的发展，对量值的准确可靠程度的要求也越来越高。同时，客观上对量值不仅要求要在国内统一，而且还要达到在国际上统一的要求。“量值传递”及其逆过程“量值溯源”是实现此项重大任务的主要途径和手段。它为工农业生产、国防建设、科学实验、国内外贸易、环境保护以及人民生活等各个领域提供计量保证。

3.1.1 量值传递的概念

通过对计量器具的检定或校准，将国家计量基准所复现的计量单位量值通过各等级计量标准传递到工作计量器具，以保证被测对象的量值准确和一致的全过程，称为量值传递。

同一量值，用不同的计量器具进行计量，若其计量结果在要求的准确度范围内达到统一，称为量值准确一致。

量值准确一致的前提是计量结果必须具有“溯源性”，即通过一条具有规定不确定度的不间断的比较链，使测量结果或测量标准的值能够与规定的参考标准，通常是与国家测量标准或国际测量标准联系起来的特性。要获得这种特性，就要求用以计量的计量器具必须经过具有适当准确度的计量标准的检定，而该计量标准又受到上一等级计量标准的检定，逐级往上追溯，直至国家计量基准或国际计量基准。由此可见，溯源性的概念是量值传递概念的逆过程。

由误差公理可知，任何计量器具，由于种种原因，都具有不同程度的误差。计量器具的误差只有在允许的范围内才能使用，否则会带来错误的计量结果。要使新制造的、使用中的、修理后的、各种形式的、分布于不同地区、在不同环境下计量同一种量值的计量器具都能在允许的误差范围内工作，没有国家计量基准、计量标准及进行量值传递是不可能的。

对于新制的或修理后的计量器具，必须用适当等级的计量标准来确定其计量特性是否合格。对于使用中的计量器具，由于磨损、使用不当、维护不良、环境影响或零件、部件内在质量的变化等而引起的计量器具的计量特性的变化是否仍在允许范围之内，也必须用适当等级的计量标准对其进行周期检定。另外，有些计量器具必须借助于适当等级的计量标准来确定其示值和其他计量性能。因此，量值传递的必要性是显而易见的。

3.1.2 量值传递系统的构成

量值传递系统是国家计量体系中的最重要部分。我国的量值传递体系是国家根据经济合理、分工协作的原则，以城市为中心，就地就近组织起来的量值传递网络。

3.1.2.1 量值传递系统的构成

量值传递系统大致由三部分内容构成：

（1）从能复现单位量值的国家基准开始，通过各级（省、市、县、区）计量标准器具逐级传递，最后传递给工作计量器具，这就是平时说的量值传递。为了达到量值传递时测量不确定度损失小、可靠性高和便于操作的要求，量值传递时应按国家计量检定系统（表）的规定逐级进行（特殊情况经上级同意方可越级传递）。

（2）国家基准由国务院计量行政部门负责建立。各级法定计量机构的计量标准受同级政府计量行政部门的区域管理，为了使各级计量标准具有法律性，要受到建标、设备、人员考核等监督管理，同时各类计量标准和工作计量器具应按国家计量检定规程进行周期检定，不得超周期使用。

（3）各级政府计量行政部门最终受国务院计量行政管理部门领导。

可以看出，现行量值传递体系是一个以人为因素起主导作用的、分层按级的依法管理的封闭系统，是我国计量工作法制管理的具体体现。它强调的是自上而下的途径，主要的方法是检定。

3.1.2.2 计量法规体系

我国的量值传递系统是根据《计量法》建立起来的。在具体执行时是通过由一系列的计量法律和规章构成的完整的计量法规体系来建立的。按其法规属性可将这个体系中的法规分成计量行政法规和计量技术法规。若没有计量法规体系做保障，量值传递体系是无法正常运行的。

（1）计量行政法规

计量行政法规，按照审批的权限、程序和法律效力的不同，可分为3个层次：第一层次是法律；第二层次是行政法规；第三层次是地方性法规、规章。目前，我国已形成了以《计量法》为核心、比较健全的计量法律法规体系。

（2）计量技术法规

计量技术法规在计量工作中，具有十分重要的作用。它是实现计量技术法制管理的行为准则，是进行量值传递、开展计量检定和计量管理的法律依据。加强计量技术法规的制定、修订和贯彻施行是计量工作进行法制管理的重要环节，是保证计量法实施的必要条件。

在制定、修订计量技规术法规时应遵循的主要原则是：要符合国家有关法律、法规的规定，体现国家经济技术政策；要处理好对计量技术法规提出的技术先进性、经济合理性和实际可行性要求三者间的辩证关系；应与相关计量技术法规、产品标准相互协调，相互衔接配套；尽可能与国际惯例接轨。

目前，我国计量技术法规包括：国家计量检定系统表、计量器具检定规程和国家计量技术规范3个方面的内容。

计量检定系统表是根据由国家计量基准提供的准确量值，依据准确度等级顺序自上而下传递至工作计量器具所需准确度而设计的一种等级传递途径。《计量法》中明确规定：计量检定必须按照国家计量检定系统表进行。

计量检定规程是由国家或省级政府计量行政部门或国务院有关主管部门制定的技术性法规，是型式批准、计量检定尤其是强制计量检定等工作的重要依据。《计量法》规定：计量检定必须执行计量检定规程。

计量技术规范包括计量校准规范和一些计量检定规程所不能包含的、计量工作中具有指导性、综合性、基础性、程序性的技术规范，如《通用计量名词术语及定义》《测量不确定度评定与表示》等。

3.1.3 量值传递的方式

量值传递方式主要有4种：用实物标准进行逐级传递，用计量保证方案（MAP）进行逐级传递，用发放标准物质（CRM）进行逐级传递，用发播信号进行逐级传递。

3.1.3.1 用实物标准进行逐级传递的方式

这是传统的量值传递方式，即把计量器具送到具有高一等级计量标准的计量部门进行检定；对于不便于运输的计量器具，则由上一级计量技术机构派员携带计量标准到现场检定。检定结果合格的给出检定合格证书，不合格的给出检定结果通知书。被检计量器具只有得到检定合格证书并具有计量标准考核合格证时，才能进行量值传递或直接使用此计量器具进行测试工作；被检计量器具接到检定结果通知书时，可确定本计量器具降级使用或报废。

这种传递方式比较费时、费钱，有时检定好了的量器具，经过运输后，受到振动、撞击、潮湿或温度的影响，会丧失原有的准确度。尽管有这么多的缺点，但到目前为止，它还是量值传递的主要方式。

3.1.3.2 用计量保证方案（MAP）进行逐级传递的方式

计量保证方案（measurement assurance program，MAP）是一种新型的量值传递方式。它采用了现代工业生产中质量管理和质量保证的基本思想，利用控制论中的闭路反馈控制方法和数理统计知识，对计量过程中影响检测质量的环节和因素进行有效控制。它能定量地确定计量过程相对于国家基准或其他指定标准的总的测量不确定度并验证总的不确定度是否满足规定的要求，从而使计量的质量得到保证。MAP的具体实施程序如图3-1所示。

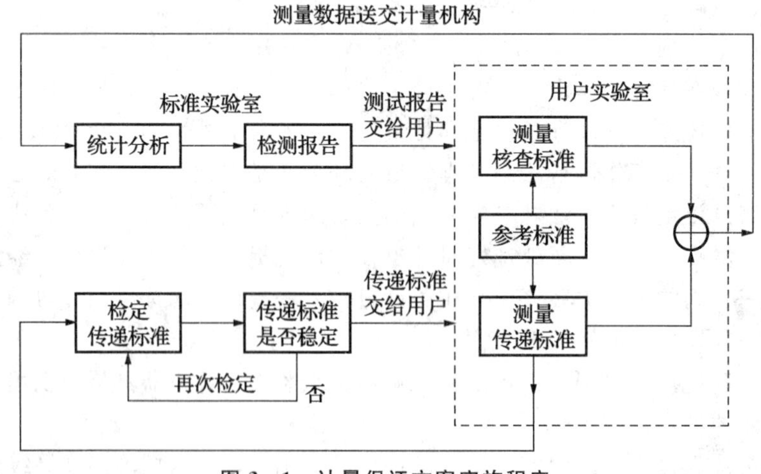

图3-1 计量保证方案实施程序

具体的实施步骤如下：

① 参加的用户实验室向上一级标准实验室提出申请，标准实验室通过了解参加实验室的情况，制订出合适的方案。

② 确定合适的“传递标准”和“核查标准”。传递标准要求准确度等级较高，量值准确；核查标准要求量值稳定、可靠。“传递标准”由标准实验室提供，“核查标准”既可由标准实验室提供，也可由参加的用户实验室自备。

③ 用户实验室通过对核查标准进行反复多次测量，建立过程参数，掌握由随机影响引起的不确定度分量，使测量过程处于受控状态。

④ 标准实验室将传递标准准确测量后送交用户实验室，用户实验室将传递标准作为未知样本进行测量，通过测量传递标准，可确定用户实验室由系统影响引起的不确定度分量，然后将测量数据包括对核查标准的测量数据连同传递标准交回标准实验室。

⑤ 标准实验室再次对传递标准进行测量以确定量值是否有变化，然后根据用户实验室提交的数据进行数据分析，出具测试报告送交用户实验室，并提供必要的技术咨询。

传递标准是在计量标准相互比较中用做媒介的计量标准，具体说是指一个或一组计量性能稳定的、特制的、可携带（或运输）的计量标准。核查标准，也是一种计量标准，它要求随机误差小、长期稳定性好，并经久耐用，这种计量标准专门用于核查本实验室的计量标准。核查标准提供了一种表征测量过程状态的手段，它通过在一个相当长的时间周期内和变化中的环境条件下，对同一计量标准进行重复测量而达到表征测量过程的目的，它重视的是测量数据库，因为正是这些测量值，才能准确地描述测量过程的性能。

进行 MAP 时，被传递的单位可以是一个或若干个。MAP 方式不仅国家一级计量技术机构可以采用，部门、地区的计量技术机构也可采用。原则上只要能制成传递标准的计量项目都可采用 MAP 方式，且不受准确度的限制。

3.1.3.3 用发放标准物质（CRM）进行逐级传递的方式

由国家计量部门授权的单位进行制造，并附有合格证书才有效，这种有效的标准物质称为有证标准物质（certified reference material，CRM）。

用发放标准物质（CRM）进行量值传递的方式，主要由 6 个部分（或环节）组成，如图 3-2 所示。

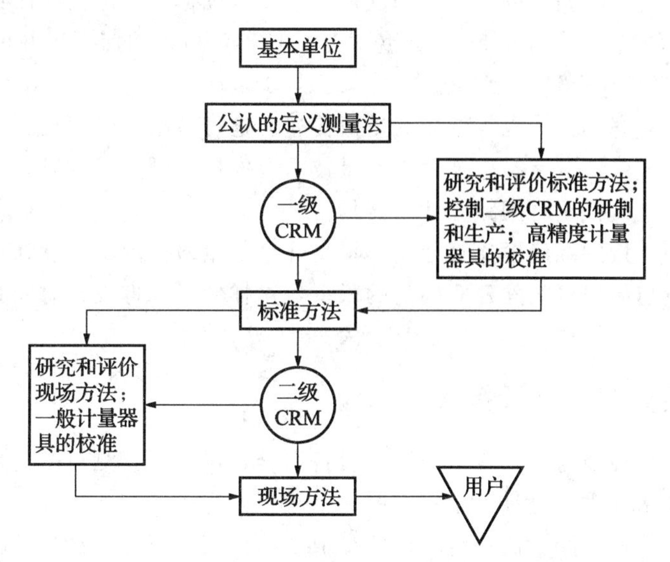

图 3-2 用发放标准物质进行量值传递示意图

(1) 国际单位制中的基本计量单位

在理论上它是7个基本单位的定义真值。在实际上是复现定义的基准，它是测定系统中具有最高准确度的环节，是实验室溯源测量准确度的源头。

(2) 绝对测量法

也称为公认的定义计量法，它是指有正确的理论基础，量值可直接由基本单位计算，或间接用与基本单位有关的方程计算，方法的系统误差可基本上消除，因而可以得到约定真值的计算结果。化学分析方面经典的重量分析法、库仑分析法、电能当量测定法、同位素稀释质谱法及中子活化分析法等均属于这种权威性方法。实现这种方法需要高精度的设备和技术熟练的科技人员，耗费较多的资金和时间，所以这种方法一般只用来测定一级标准物质的特性值。

(3) 一级标准物质

它是用来研究和评价标准方法，控制二级标准物质的研制和生产，用于重要计量器具的校准以及重大的质量控制，是测量系统的中心环节，负有承上启下的作用。

(4) 标准方法

它是指具有良好的计量重复性和再现性的方法。这种方法有的已经与定义计量法进行过比较验证，可给出方法的准确度；有的只知道其精密度，这时就需要采用两种以上原理的标准方法进行比较，以确定有无系统误差。用标准方法可测定二级标准物质的特性值。

(5) 二级标准物质

它是用来研究和评价现场方法及用于一般计量器具的校准。

(6) 现场方法

这是一些相对测量的方法，即大量应用于工厂、矿山、实验室和监测单位的各种计量方法。

这种方式适用于理化分析，电离辐射等化学计量领域的量值传递。标准物质是具有一种或多种足够均匀和很好地确定了的特性，用以校准测量装置、评价测量方法或给材料赋值的一种材料或物质。它可以是纯的或混合的气体、液体或固体，一般为一次性、消耗性的。使用CRM进行量值传递，传递环节少，可免去送检仪器，可以快速评定并可在现场使用。

3.1.3.4 用发播信号进行量值传递的方式

适用于时间、频率和无线电等领域的量值传递。这种方式是最简便、迅速和准确的量值传递方式。国家通过无线电台、电视台、卫星技术等发播标准的时间频率信号，用户可以直接接收并可在现场直接校正时间频率计量器具。

由于时间频率计量的准确度比其他基本量高几个数量级。因此，现在相关前沿研究正致力于使其他基本量与频率量之间建立确定的联系，这样便可以像发播时间频率信号那样来传递其他基本量了。

3.1.4 计量基准与计量标准

计量器具是指单独或与一个或多个辅助设备组合，用于进行测量的装置。计量器具为计量工作提供物质技术基础，是计量学研究的一个重要内容。

计量器具按其计量学用途或在统一单位量值中的作用，可分为计量基准器具、计量标准器具和工作用计量器具。

3.1.4.1　计量基准

在特定领域内具有最高计量特性的计量标准，称为计量基准。计量基准一般可分为国家基准（主基准）、副基准和工作基准。但由于计量领域中涉及的专业很广，各专业又有各自的特点，除了上述三种之外，常用的还有作证基准（用于核对主要基准的变化，或在它丢失或损坏时代替它的一种基准），参考基准（一种用来和较低准确度比较的副基准），比对基准（用来比对同一准确度等级基准的基准），中间基准（当基准间彼此不能直接比较时，用于比较的副基准）等。

国际基准是经国际协议承认的测量标准，在国际上作为对有关量的其他测量标准定值的依据。国际基准是量值溯源的终点。国家计量基准根据需要可代表国家参加国际比对，使其量值与国际基准的量值保持一致。

国家基准是经国家决定承认的测量标准，在一个国家内作为对有关量的其他测量标准定值的依据。它是一个国家量值传递的起始点。要进行量值传递必须建立国家基准。

（1）国家基准。在一个国家内，国家基准即是主基准。在我国，规定作为统一全国量值最高依据的计量标准，称为国家计量基准，计量法中称为计量基准。计量基准的地位决定了它必须具备最高的计量学特性，如具有最高的准确度、复现性、稳定性等。它是一个国家计量科学技术水平的体现。

计量基准由国家计量行政部门负责建立和保存。应具有复现、保存、传递单位量值三种功能。它应包括能完成上述三种功能所必须的计量器具和主要配套设备。一种国家计量基准可以由几台不同量值、计量范围可相互衔接的计量基准组成。如“$10\sim10^{6}$ N力值国家基准”由4台不同计量范围的基准测力机组成。

国家计量基准的使用必须具备严格的条件，经国家计量行政部门审批并颁发国家计量基准证书后，方可使用。

（2）副基准。副基准是通过直接或间接与国家基准比较定值，经国务院计量行政部门批准的计量器具。它在全国作为复现计量单位的地位仅次于国家基准。建立副基准的目的主要是代替国家基准的日常使用，也可以验证国家基准的变化。一旦国家基准损坏时，副基准可用来代替国家基准。然而，并非所有的国家基准下均设副基准，这要根据实际工作情况而定。国家副基准的性质及作用属于计量基准的范畴，它的建立、保存和使用应参照国家基准的有关规定。

（3）工作基准。通过与国家基准和副基准比较定值，经国务院计量行政部门批准，实际用以检定计量标准的计量器具称为工作基准。它用以检定一等计量标准或高精度的工作计量器具，其作为复现计量单位量值的地位在国家基准和副基准之下。

工作基准实际应用于量值传递，目的是避免国家基准和副基准由于频繁使用而降低其计量特性或遭受损坏，一般设置在国家计量研究机构内，也可视需要设置在工业发达的省级和部门的计量技术机构中。

3.1.4.2　计量标准

计量标准是将计量基准量值传递到工作计量器具的一类计量器具，它是量值传递的中心环节。计量标准可以根据需要按不同准确度分成若干个等级，用于检定工作用计量器具。

一般说来，工作计量器具的准确度比计量标准低，但高精度工作计量器具的准确度比低等级的计量标准高。因此，不能认为准确度高的计量器具一定是计量标准。

我国计量标准的建立，在《中华人民共和国计量法》中有严格的规定：

县级以上地方人民政府计量行政部门根据本地区的需要，建立社会公用计量标准器具，经上级人民政府计量行政部主持考核合格后使用。

国务院有关主管部门和省、自治区、直辖市人民政府有关主管部门，根据本部门的特殊需要，可以建立本部门使用的计量标准器具，其各项最高计量标准器具经同级人民政府计量行政部门主持考核合格后使用。

企业、事业单位根据需要，可以建立本单位使用的计量标准器具，其各项最高计量标准器具经有关人民政府计量行政部门主持考核合格后使用，等等。

计量标准可视需要设置一等、二等……若干个等级。在很多情况下，各等级的计量标准不仅准确度不同，而且原理结构也是不同的。

3.1.5 计量基准与计量标准的发展趋势

(1) 计量准确度不断提高

提高计量基准的稳定度是提高计量准确度的重要前提。为了提高其稳定度，计量基准经历了“初级人工基准→宏观自然基准→高级人工基准→微观自然基准”的发展道路。所谓人工基准是以实物来定义并复现计量单位，所以又称为实物基准；所谓自然基准是以自然现象或物理效应来定义计量单位，但仍需以实物（计量器具）来复现它，两者的区别仅仅在于计量单位的定义上。早在1906年，著名科学家普朗克就曾提出一种设想，建议使用基本物理常数作为单位制的基础，也就是采用自然基准作为计量基准。

例如，长度基准早期是任意规定的一支尺子，这就是初级人工基准。到1790年法国建议“把通过巴黎的地球子午线的四千万分之一”作为长度单位“米”，这样就进入了宏观自然基准阶段。但后来的计量表明，这个数是不准确的。于是，计量科学家采用高稳定性的材料，研究最佳的几何形状，来建立米的国际计量基准（又称为“国际原器”）；1875年米制公约规定用铂铱合金制成米原器。这样，长度基准进入高级人工基准阶段。但是人工基准随着时间的推移总会发生变化，特别是米原器的刻线不够精细，计量不确定度只能达到1.1×10^{-7} m。所以，又开始研究基于微观自然现象的新的米定义。1960年第11届国际计量大会决定以^{86}Kr的光波波长的1 650 763.73倍为1“米”，不确定度达到10^{-8}量级。这样，长度基准进入了微观自然基准阶段。

1983年10月第17届国际计量大会上通过了新的米定义：“米是光在真空中，在1/299 792 458秒的时间间隔内所经路径的长度。”并推荐了复现新“米”定义所使用的五种激光波长。由此可见，追求计量基准准确度的工作是无止境的。目前7个SI基本单位中，有6个基本单位已经实现了微观自然基准，只有质量单位千克仍处于高级人工基准阶段。

目前，在长度和时间频率计量上，主要工业发达国家的计量研究机构正在进一步研究激光频率的计量，力图使激光频率计量的准确度赶上目前仍在不断提高的铯原子时间频率基准的准确度。这不仅将大大提高长度基准的准确度，而且有可能使长度与时间两个基本单位的计量基准实现统一。

在质量基准方面，目前千克原器的不确定度为10^{-8}数量级，而计量阿伏伽德罗常数的不确定度只为10^{-6}数量级，如果把测定该常数的准确度再提高两个数量级，就有可能实现质量单位的自然基准，实现宏观质量与微观质量的统一，从而使千克与摩尔两个基本单位的计量基准实现统一。

（2）计量范围不断扩大

在力值计量方面，火箭发动机需计量达 5×10^{7} N 的特大力值，而生物研究中需计量单根肌肉纤维产生 5×10^{-7} N 的特小力值，两者相差 14 个数量级。在压力计量方面，人工合成金刚石要求计量 10^{12} Pa 的超高压，而核反应堆仪表和某些飞行仪表要求计量出 10^{-10} Pa 的超低压，两者相差 22 个数量级。在温度计量方面，对可控热核反应堆要求计量 10^{10} K 的超高温，而在低温工程及超导技术的有关试验中，要求计量超低温。

目前的计量基准、计量标准，一般只适于常规的计量范围，尚需向两端扩展。

（3）多参数同时计量

对于多维空间计量，如美国的三坐标计量机，计量的分辨率为 1.25 μm，用微处理机处理计量结果，检定这种仪器要求确定各个误差分量和 21 个修正值；在电子计量中，自动网络分析仪可以计量传输反射特性、相移、驻波比、功率、带宽、频响、噪声系数等各种参量；在力值计量中出现的可计量六分量的力传感器等，都属于对多参数的计量。多参数计量是计量技术的发展方向之一。

（4）动态、连续、在线计量

生产自动化使很多计量器具已经成为生产线的组成部分，由它们输出的各种信息是进行生产过程自动监控的主要依据。所以，要求在现场就进行实时的、连续的在线校准，这种趋势正在迅速发展，它要求计量标准的研制应适应生产发展的需要。

（5）检定工作自动化

从 20 世纪 70 年代开始，微处理机、电子计算机已大量应用于各种计量器具中，为检定工作实现自动化创造了条件。检定工作自动化，不但可以提高检定工作的效率、减少检定时的人为差错几率，而且还可以在短时间内获得大量的计量信息以便进行统计处理，从而提高计量精度，或直接进行实时误差修正。这是以手工方式进行检定难以做到的。此外，检定工作自动化还能改善劳动条件，使检定人员不接触有害物质，减轻大量的重复性劳动，使检定工作成为具有先进信息控制的技术工作。

3.2 计 量 检 定

3.2.1 计量检定的概念与分类

3.2.1.1 计量检定的概念

计量器具的检定（简称检定），是指查明和确认计量器具是否符合法定要求的程序，它包括检查、加标记和（或）出具检定证书。检定是进行量值传递或量值溯源以及保证量值准确一致的重要措施。因此，检定在计量工作中具有重要的地位。

任何计量器具只有在准确一致的基础上才有使用价值。使用不准确的计量器具，在生产上就会造成废品，浪费能源和原材料，影响零配件的互换；安全生产没有保障而造成事故，正常的科研和生产秩序会受到破坏，人民生活不能正常进行，等等。通过计量检定可以使计量器具准确一致，从而达到全国量值的统一。

计量检定具有以下特点：

（1）检定的对象是计量器具或标准物质；

（2）检定的目的是确保量值的统一，确保量值的溯源性；

（3）检定的结论是确定该计量器具是否合格，即新制造的器具可否出厂，使用中的器具可否继续使用；

（4）检定作为计量工作的专门术语，具有法制性。

3.2.1.2　计量检定的分类

检定主要是按法制管理的形式和检定性质两种方法进行分类。

（1）按法制管理的形式分类

检定可分为强制检定和非强制检定两种形式。强制检定是指由县级以上人民政府计量行政部门指定或授权的计量检定机构，对强制检定的计量器具实行的定点定期检定。检定周期由执行强制检定的计量检定机构根据计量检定规程结合实际使用情况确定。《中华人民共和国计量法》规定了下列六类计量器具必须执行国家强制检定：

① 社会公用计量标准；

② 部门和企业、事业单位使用的最高计量标准；

③ 用于贸易结算的工作计量器具；

④ 用于安全防护的工作计量器具；

⑤ 用于医疗卫生的工作计量器具；

⑥ 用于环境监测方面的工作计量器具。

非强制检定是指使用单位自行依法进行的定期检定，或者本单位不能检定的送有权对社会开展量值传递工作的其他计量检定机构进行的检定，县级以上行政部门应对其进行监督检查。除去强制检定以外的其他计量标准和工作计量器具的检定都为非强制检定。

（2）按检定性质分类

检定可分为：首次检定，对从未检定过的计量器具所进行的检定（计量器具修理后的检定也可列为首次检定）；随后检定，计量器具首次检定后的检定；周期检定，根据检定规程规定的周期对计量器具所进行的检定；抽样检定，从一批相同的计量器具中抽取有限数量的样品，作为代表该批计量器具所作的一种检定；仲裁检定，用计量基准和社会公用计量标准所进行的以裁决为目的的计量检定；一次性检定，根据检定规程规定，计量器具只作首次检定而不作周期检定的一种检定。

3.2.2　检定方法与检定步骤

3.2.2.1　检定方法

实用的检定方法可分为整体检定和单元检定两种。

（1）整体检定法

整体检定法又称为综合检定法，它是主要的检定方法。这种方法是直接用计量基准、计量标准及配套装置来检定计量器具的计量特性，能直接获得计量器具的不确定度或示值误差。一般可分下面几种情况：

① 用标准量具检定计量器具，如用标准量块检定游标卡尺，用标准砝码检定秤，用标准电阻箱检定欧姆表等。

② 用计量基准或标准仪器（装置）检定（校准）计量器具。如用工作基准测力机检定高精度力传感器，用标准负荷式压力装置检定压力表，用标准硬度计定度标准硬度块等。

③ 用标准物质检定（校准）计量器具。如用标准粘度油检定粘度计，用标准苯甲酸检定量热计等。

④ 用标准时间频率信号检定时间频率计量器具。

整体检定法的优点是简便、可靠，并能求得修正值。如果被检计量器具需要而且可以取修正值，则应增加计量次数（如把一般情况下的 3 次增加到 5～10 次），以降低随机误差。

整体检定法的缺点是，当受检计量器具不合格时，难以确定这是由计量器具的哪一部分或哪几部分所引起的。

（2）单元检定法

单元检定法又称为部件检定法或分项检定法。它分别计量影响受检计量器具准确度的各项因素所产生的误差，然后通过计算求出总误差（或总不确定度），以确定受检计量器具是否合格。这种方法必须事先知道或者可以准确地求出各单元（或各分项）的误差对总误差影响的规律。有时，还须用其他办法旁证其结果是否正确，以检验是否有遗漏了的系统误差。

单元检定法的过程如下：

① 分析影响被检计量器具准确度的各项因素，并列出函数关系式。

② 分别计量各项因素造成的误差，对其中能列出函数式的影响因素，通过计算求出该分项的最大误差；对其中难以列出函数式的影响因素，可通过分项实验的办法求出它们对受检计量器具准确度实际产生的误差值。

③ 列出各分项误差对总误差的关系式。

④ 综合各项因素造成的总误差，以判断是否合格。对于误差来源比较少的计量器具，只要各单元误差在各自的允许范围内，即可认为合格，而不必求出总误差。

单元检定法适用于下列几种情况：

① 对于按定义法建立的计量标准，当没有高一等级的计量标准来检定它时，必须采用此法。

② 只用整体检定法还不能完全满足的计量器具检定。例如负荷式标准活塞压力计，除了与比它高一等级的负荷式标准活塞压力计的示值相比较外，还需要逐个检定压力计的砝码的质量。

③ 一般比较仪的检定。比较仪是一种确定被计量的量值与标准量具量值之间所存在的比例或差值的计量仪器。所以首先应当检定这个比例（有时称为“臂”比）或差值的准确性。“臂”比的准确性，可以通过实验比较两个量值为已知的量具的办法来确定，或者可以通过分别计量构成比较仪“臂”的各个部件的办法来确定。对于计量变换器和内装标准量具的比较装置，也是用单元检定法更为合适。

④ 对于误差因素比较简单的计量器具，当按单元检定法比较经济时，也可用此方法。

⑤ 对于某些整体检定不合格的计量器具，可再按单元检定法检定，目的是确定哪一个部件（哪几个部件）超差。

总之，单元检定法的优点是可以弥补整体检定法的不足，缺点是计量及计算均很繁琐，需花较长时间，有时还会因遗漏而不能保证受检计量器具的准确度，所以需要进行旁证试验。

3.2.2.2 检定步骤

(1) 外观检验。重点检查铭牌或标记，观察有否影响计量器具计量特性的缺陷，如锈蚀、裂纹、变形、划痕、气泡、碰伤等。在装有水准器的计量器具中，要检查水准器安装的正确性和牢固性，并检查水准器是否灵敏。

(2) 正常性检查。对于量具不需要进行这项检查，但对于有运动部件的计量器具，这项检查非常必要，目的是检查计量器具能否正常动作，是否具有所要求的功能。

只有在上述两项检查合格后，才可以接着进行下面的步骤。

(3) 计量特性的检定。按计量器具的检定规程所规定的技术要求及其对应的逐条检定方法进行。

(4) 检定结果的数据处理和分析。按检定规程规定正确地读出和记录数据，并运用所列公式及误差计算方法进行数据处理，以获得确切的检定结果；如出现异常现象，应能及时发现并分析其原因，判断是被检计量器具的问题还是检定条件不符合规定的要求，或是检定方法、计算方法有误。

(5) 检定结果的处理。在检定结束后，根据检定规程的要求，对被检计量器具做出合格或不合格的结论。检定合格的发给检定证书或加盖合格印；检定不合格的发给检定结果通知书。检定不合格的计量器具，如能修理，修理后再次进行检定，按所能达到的等级发给鉴定证书。

3.2.3 计量检定系统表与计量检定规程

3.2.3.1 计量检定系统表

我国计量法规定：计量检定必须按照国家计量检定系统表进行。国家计量检定系统表由国务院计量行政部门制定。

国家计量检定系统表（以下简称检定系统）用图表结合文字的形式，规定了国家计量基准所包括的全套主要计量器具和主要计量特性、从计量基准通过计量标准向工作计量器具进行量值传递的程序，指明误差以及基本检定方法等。它反映了测量某个量的计量器具等级的全貌，因而又称为计量器具等级图。

制定检定系统的目的，在于把实际用于测量工作的计量器具的量值和国家基准所复现的单位量值联系起来，以保证工作计量器具应具备的准确度和溯源性。它所提供的检定途径应是最科学、合理和经济的。

检定系统基本上是按各类计量器具分别制定的。在我国，每项国家计量基准对应一种检定系统。

检定系统的作用在于：① 决定了本国的量值传递体系，同时也是进行量值传递的主要措施和手段；② 按照检定系统进行计量检定，既可确保被检计量器具的精度，又可避免用过高精度计量标准检定低精度计量器具；③ 对计量基准、计量标准的建立，可以起到指导和预测作用；④ 可指导企业、事业单位编制本单位的计量器具的检定系统和周期检定表；⑤ 一个好的检定系统，可以使用最少的人力、物力以保证全国量值的准确一致，因此具有经济效益和社会效益。总而言之，检定系统是建立计量基准、标准，制定检定规程，开展计量检定，组织量值传递，建立经济合理的量值传递体系和网络的重要依据。

计量检定系统表的主要内容包括：引言、计量基准器具、计量标准器具、工作计量器具和检定系统框图等部分。

（1）引言。主要说明该检定系统的使用范围；

（2）计量基准器具。主要说明计量基准器具的用途，组成基准的全套主要计量器具名称，测量范围及其不确定度；

（3）计量标准器具。主要说明各等级计量标准器具的名称，测量范围，不确定度和允许误差；

（4）工作计量器具。主要说明各种工作计量器具的名称，测量范围，以及各专业有关规定所要求的误差，如示值误差、引用误差、最大允许误差等；

（5）检定系统框图。主要分 3 部分，即计量基准器具、计量标准器具及工作计量器具，其间是检定方法，用点划线分开，格式见图 3－3。

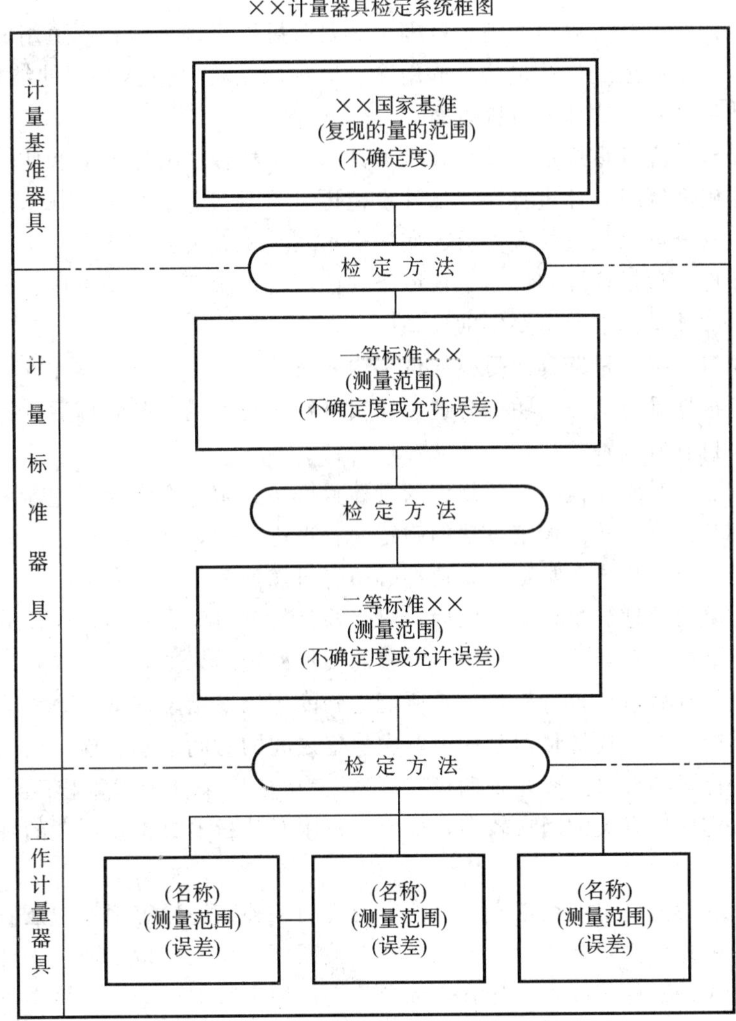

图 3－3　计量检定系统框图格式

3.2.3.2　计量检定规程

检定必须按照国家计量检定系统表执行，必须执行计量检定规程。计量检定规程是指为评定计量器具的计量特性，规定了计量性能、法制计量控制要求、检定条件和检定方法以及检定周期等内容，并对计量器具作出合格与否的判定的计量技术法规。

检定规程中对计量器具检定的要求，主要是基本的计量特性，如准确度、稳定度、灵敏度等。对有些计量器具还规定了影响准确度的其他计量特性，如零点漂移、线性度、滞后等；对于测量动态量的计量器具，还另外规定了动态计量性能，如频率响应、时间常数等。

我国计量法规定，计量检定必须执行计量检定规程。国家计量检定规程由国务院计量行政部门制定。没有国家计量检定规程的，由国务院有关主管部门和省、自治区、直辖市人民政府计量行政部门分别制定部门计量检定规程和地方计量检定规程，并向国务院计量行政部门备案。

计量检定规程的主要内容包括：引言、概述、技术要求、检定条件、检定项目、检定方法、检定结果的处理、检定周期及附录等。

(1) 引言。说明该检定规程的适用范围，必要时可以明确该规程不适用的范围或对象。

(2) 概述。主要简述受检计量器具的用途、原理和结构（包括必要的结构示意图）。对于结构简单的计量器具，这部分可以省略。

(3) 技术要求。应着重规定与受检计量器具的计量特性、使用寿命和使用安全有关的内容。一般为：准确度等级、计量特性（如计量范围、准确度、稳定度以及动态特性等）、物理及机械性能、安全可靠性、外观质量、使用寿命及其他有关要求。

(4) 检定条件。包括环境和设备。环境条件如温度、湿度、电源电压、电磁场干扰、振动等；设备条件如计量标准及主要辅助设备。

(5) 检定项目。指计量器具的受检部位和内容。检定项目应与主要技术要求基本对应。确定检定项目应根据具体情况，明确合理，切实可行，对使用中和修理后的检定项目可以与新制造的检定项目有所区别。

(6) 检定方法。对应受检项目所规定的具体操作方法和步骤。其中包括必要的示意图、方框图、接线图及计算公式。检定方法的确定要有理论根据，并切实可行、明确、具体，必要时可举例说明。所有公式、常数、系数都必须有可靠的依据。

(7) 检定结果的处理。指检定结束后，对受检计量器具的合格与否所作的结论。检定合格的发给检定证书或加盖合格印；检定不合格的发给检定结果通知书。检定不合格的计量器具，如能修理，修理后再次进行检定，按所能达到的等级发给鉴定证书。

(8) 检定周期。指受检计量器具相邻两次检定之间的时间间隔。检定周期的长短应根据受检计量器具的计量特性（主要是长期稳定度），使用环境条件和频繁程度等多方面的因素确定。由于与检定周期有关的因素较多，检定规程中对计量器具检定周期的规定，一般只规定最长检定周期。

(9) 附录。一般为检定规程正文技术内容的说明和补充；检定工作中证明可试用的推荐性检定方法；各种专用检定装置和检定工具的有关图样和说明；检定证书、检定结果通知和检定记录表的格式；各种分度表、计算表和参数表；检定数据处理和计算举例；其他有关技术内容的介绍或说明。

(10) 附加说明。主要写检定规程的审定组织，必要时，亦可写明具体的审查人姓名。

计量检定规程的命名，统一用其汉语拼音缩写 JJG 表示，编号为 JJG ××—××××，其中××—××××为规程的顺序号和年份号（年份号为批准的年份），均用阿拉伯数字表示。例如，工业铂、铜热电阻检定规程编号为 JJG 229—2010；工业用廉金属热电偶检定规程编号为 JJG 351—1996；标准铂电阻温度计检定规程编号为 JJG 160—2007。

3.2.4 分度、标定与比对

3.2.4.1 分度与标定

在检定过程中，被检定的计量器具的某些计量特性如果偏离过大，超过允许值，则允许调整。经调整后计量器具达到其计量特性的要求，可按其相应的计量特性进行使用。这种调整过程，可以是分度或标定。在计量过程中，用计量标准给被检定的器具进行赋值，这种操作称为分度。分度可分为理论分度和试验分度。理论分度是对检定器具输入信号量值，通过理论计算的方法给出输出值的方法；试验分度是对检定器具输入信号量值，通过与计量标准比对给出输出值的方法。例如，使用标准节流装置测量流量的流量计，是按照国家标准 GB/T 2624—2006 提供的流量公式计算进行分度的，属于理论分度；但对于热球式风速计，要给出风速与温度计温度的关系，这个过程属于试验分度。对于输入输出关系复杂的计量器具，理论分度有难度或理论计算有较大偏差，一般采用试验分度。

与分度类似，标定也是一种对计量器具赋值的操作，即确定计量器具示值误差，直接赋值或加修正值的过程。

3.2.4.2 比对

在规定条件下，对相同准确度等级或指定不确定度范围的同种测量仪器复现的量值之间比较的过程，称为比对。比对往往是在缺少更高准确度计量标准的情况下，使测量结果趋向一致的一种手段。

在国际上，比对获得广泛的应用，成为在国际上取得量值一致的主要手段。国际比对一般是为了验证各参加国的有关计量科技成果、提高计量测试水平进而统一国际量值的学术性活动，通常都是国家基准或相当于国家基准的标准之间的比对。规模较大的国际比对一般由国际计量委员会所属的各咨询委员会组织进行。由于国家基准一般都不宜搬动，所以国际比对通常是通过一定的比对标准（传递标准或过渡标准）来进行。当然比对标准的性能要满足要求且便于运输。正式的国际比对应按照国际法规依法进行，这里从略。

在国内，2008 年 5 月，国家质检总局审议通过了《计量比对管理办法》，自 2008 年 8 月 1 日起实施。由国家质检总局组织中国计量科学研究院等技术机构的国家计量基准积极参与国际物理、化学关键量值的比对；同时组织各大区、部分省市之间计量标准的量值比对，以确保我国量值传递、溯源体系的计量数据与国际上保持一致。比对也是某些计量领域较多采用的检定方式，如电子计量领域。

第 4 章　计量检定方法

在计量检定过程中，涉及的专业众多、参数各异，对于不同的参数或同一参数的不同量值，其计量特性和测试方法都有不同的特点，需要选用不同的计量方法。同时，考虑到计量检定的工作效率、成本核算等，也需要科学地选择计量方法，以满足不同应用的需求。

常用的计量方法种类很多，有着不同的分类方式。按工作方式可分为直接计量法和间接计量法；按计量标准的使用方式可分为直接比较法和替代法；按测试方式可分为微差法和零位法；按计量参数的状态可分为静态计量和动态计量等。很多计量方法也可以是以上几种方法的组合，采用哪种计量方法应由所计量参数的性质来决定。

4.1　直接计量法和间接计量法

4.1.1　直接计量法

不必测量与被计量量有函数关系的其他量，而能直接得到被计量量值的计量方法，称为直接计量法。也就是说，计量结果可由实验操作直接获得，可用公式表示如下

$$A=X \tag{4-1}$$

式中，A 为被计量量；X 为由实验直接得出的结果。

根据计量器具示值需要通过插值方法来确定被计量量值的测量，也属于直接计量法。

这种测量方法的测量误差为

$$\Delta A=\Delta X \tag{4-2}$$

从式（4－2）可以看出，实验结果中的误差被 100%地转换为对被测量的测量误差，这就是这种方法的测量精度常常不太高的原因。

采用直接计量法进行计量操作时，计量器具直接给出被计量的量值。为了提高计量准确度而对计量结果进行相应修正时，需要进行补充测量或用计算来确定影响量的值，这种计量仍属直接计量法。

直接计量法是特征最明显且采用最多的一种计量检定方法。这种方法所获得的测量结果很直接、方便，使用的设备不一定很复杂，而且在大多数情况下其测量的范围可以很宽，而且不存在时间响应的问题。但是在大多数情况下，得到的测量准确度并不一定最高。

直接计量法的典型例子是用数字频率计测量频率。在图 4－1 所示的频率计方框图中，把标频晶体振荡器所产生的准确和稳定的频率信号分频产生准确的时基信号（如秒信号），并用它控制一个闸门。被测信号经过该闸门后，由计数器计数。如当时基信号为 1s 时，所计数的结果就严格等于被测信号的频率值。

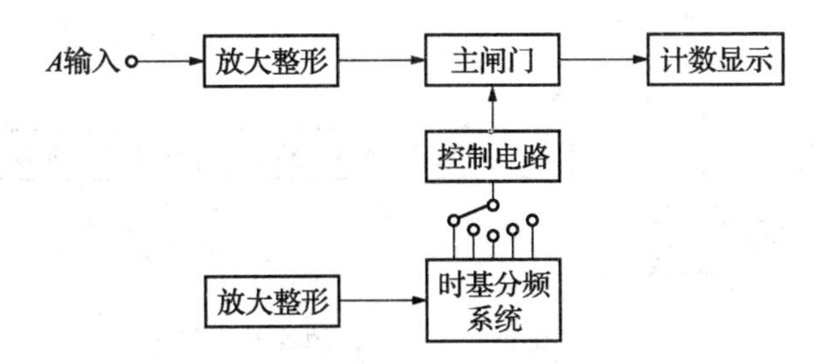

图 4-1 使用直接计量法的数字频率计

4.1.2 间接计量法

通过测量与被计量量有函数关系的其他量，以得到被计量量值的计量方法称为间接计量法。被计量值可由下式求出

$$A=f(X_1,X_2,X_3,\cdots) \tag{4-3}$$

式中，A 为被计量；$X_1,X_2,X_3,\cdots$为可直接测量的量。

这种测量方法的测量误差为

$$\Delta A=\frac{\partial f}{\partial X_1}\Delta X_1+\frac{\partial f}{\partial X_2}\Delta X_2+\frac{\partial f}{\partial X_3}\Delta X_3+\cdots \tag{4-4}$$

式中，$\frac{\partial f}{\partial X_i}$为各直接计量量的误差传递系数。

由式（4-4）可以看出，间接计量方法的计量误差是由各直接计量量的误差经误差合成后得到的。所以，在测量时应注意提高误差传递系数较高的直接计量量的测量准确度。

间接计量法在计量学中有着特别重要的意义，主要用于导出单位量值的复现，如压力、流量、速度、重力加速度、功率等导出量。

在一些测量仪器中也常常通过中间量的测量经过计算而得到被测量的值，这样获得的测量精度可能会比直接测量更高一些。因此，间接计量法在高精度测试和计量中常被选用。要提计量的精度可以通过对相应函数关系式的分析得到。也就是说，首先要建立被测量与各中间量之间的数学模型，以发现中间量的值对被测量精度的贡献。

比如，在频标比对中，直接测频法的精度不高。但是由于频标比对都是在两比对频率信号频率值很接近的情况下来完成测量工作的，所以，可通过测量频标信号间相位差变化量算出被测信号的相对频差

$$\frac{\Delta f}{f}=\frac{\Delta T}{\tau} \tag{4-5}$$

式中，ΔT 为两信号之间的相位差变化量；τ 为发生该变化所用的时间。

从式（4-5）可看出：随着比对时间的延伸可获得很高的测量精度。

比相法测量频率的仪器方框图如图 4-2 所示。可以看到，其复杂程度并不比直接进行计数测频的仪器复杂。

其误差公式为

$$\delta\left|\frac{\Delta f}{f}\right|=\left|\frac{\delta(\Delta T)}{\tau}\right|+\left|\frac{\Delta T}{-\tau^2}\right|\cdot|\delta\tau|=\left|\frac{\delta(\Delta T)}{\tau}\right|+\left|\frac{\Delta f}{f}\right|\cdot\frac{|\delta\tau|}{\tau} \tag{4-6}$$

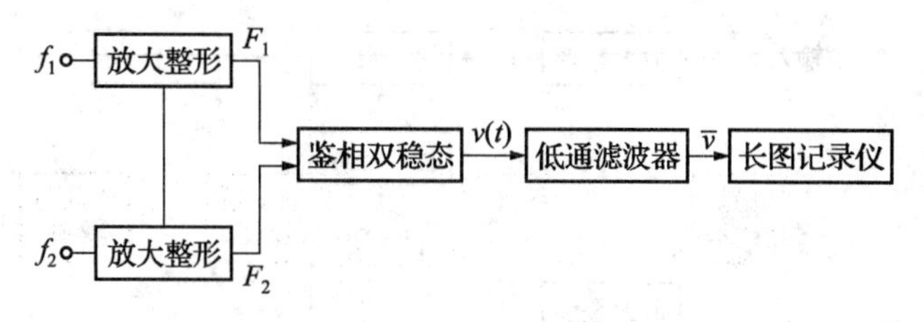

图 4－2　比相法测量频率的仪器方框图

全面分析间接测量方法和直接测量方法的特点可以看到，有时候为了获得更高准确度需要牺牲测量范围。比如，用计数器直接测频，虽然测量精度比较低，但是测量的频率范围只受计数速度的限制，可以获得较宽的频率范围。用间接比相法测量时，测量准确度得到了大幅度的提高，但比对只能在同频或者频率关系成倍数的情况下进行。

4.2　直接比较法和替代计量法

4.2.1　直接比较法

将被计量量直接与已知其值的同种量相比较的计量方法，称为直接比较法。

直接比较法在计量和工程测试中被普遍应用。这种方法有两个特点：一是相比较的两个量必须是同一种量；二是计量时必须用比较式计量器具。由于许多误差分量与标准器同方向增减而相互抵消，所以该方法能获得较高的计量准确度。要创造能相互比较的条件，常常需要限制两比较量的数值范围（如量值接近或成一定的比例关系等），这也是直接比较计量法在测量的随意性和范围方面受到限制的原因。

4.2.2　替代计量法

用选定的且已知其值的同种量替代被计量量，使在指示装置上得到相同效应以确定被计量量的计量方法，称为替代计量法。例如，在天平上用已知其质量的砝码替代被计量物体，是典型的替代计量法。这里所说的“指示装置上得到相同效应”可以理解为得到相同的仪器示值。

在射频直至微波频段，衰减的直接测量是很困难的。在这种情况下，替代法发挥了很重要的作用。这里可以使用直接替代法和中频替代法。在各种替代法中，中频替代法是最重要的，其优点是量程大，准确度高，因此虽然系统比较庞大，操作也较复杂，但目前仍是用得最广泛的衰减计量方法。中频替代法的基本工作原理是将射频信号（被测衰减器的工作频率）通过外差混频线性地变成固定的中频信号，然后用工作于该中频的标准衰减器对被测衰减器进行替代，以得出被测的衰减值。中频替代法按工作方式有串联和并联两种，见图 4－3。

串联中频替代法比并联中频替代法的设备简单，操作也比较方便，但信号源和接收机的任何不稳都会导致较大的计量误差。若用截止衰减器作为标准衰减器，则由于起始段有相当大的非线性，必然会缩小计量系统的量程。并联替代法系统比较复杂，比串联替代法多用的

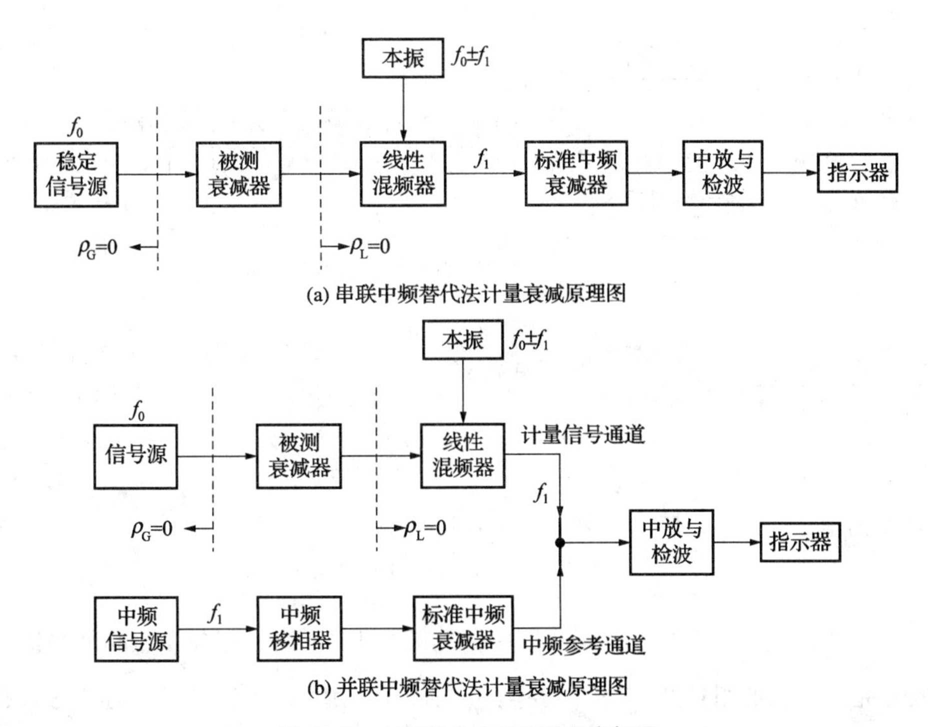

图 4-3　中频替代法工作原理方框图

一个中频信号源也会造成新的误差，但比起前者它量程更宽，所以应用更广泛。

中频替代法只是对被测量的同一性转换，把它转换成与替代量性质相同的量（中频），并在该量的背景下通过替代量的增、减来补偿被测量的减、增，使得最终的显示器件上的显示值保持严格不变。这里要注意的是，被测衰减器和标准衰减器常常是用开关转换进行衰减量的步进式变化的。衰减量可以有 $n\times10$dB、$n\times1$dB 等选择。标准衰减器还常常包括更精细的带刻度的连续衰减的调节。工作在中频下的标准衰减器，可以保证比工作在更高频率下的被测衰减器有更高的精度。在测量过程中，先在被测衰减器加入衰减而标准衰减器没有加入衰减的情况下调节中频放大部分的增益，使得显示器有一个合适的显示值。然后，逐渐撤掉被测衰减器的衰减，同时加入对等的标准衰减器的衰减保持不变。这样，所加入的标准衰减器的衰减值就等于被测衰减器原来在测量通道中所加入的衰减值。

4.3　微差计量法和零位计量法

4.3.1　微差计量法

将被计量量与同它只有微小差别的同种已知量相比较，通过测量这两个量值间差值的以确定被计量量值的计量方法，称为微差计量法。

这里，有微小差别的同种已知量通常是指标准量或高一等级仪器的测得值。由于两者在比较时处于相同测量条件下，则由测量条件，如环境因素（温度、湿度和重力加速度等）、设备条件（采用同一精度的测试仪器）、人员因素（同一人员测试或参与）等引起测量误差可局部抵消或基本上全部抵消，从而提高了计量准确度。

微差计量法的误差来源主要有两个：一是标准器本身的误差；二是比较仪的示值误差。微差计量法直接测量的是两比对量之间的微小差值，所以常常可以用测量精度相对低的测量设备获得精度高得多的测量结果。

设被测量为 A，和它相近的标准量为 B，被测量与标准量的微差为 x，则

$$A=B+x \tag{4-7}$$

则

$$\Delta A=\Delta B+\Delta x \tag{4-8}$$

所以，有

$$\frac{\Delta A}{A}=\frac{\Delta B}{A}+\frac{\Delta x}{A}=\frac{\Delta B}{B+x}+\frac{x}{A}\cdot\frac{\Delta x}{x}$$

由于微差 x 的值远小于 B，所以 $B+x\approx B$；从而可得的测量误差为

$$\frac{\Delta A}{A}=\frac{\Delta B}{B}+\frac{x}{A}\cdot\frac{\Delta x}{x} \tag{4-9}$$

从式（4-9）可知，微差法测量的误差由两部分组成：第一部分为标准量的相对误差；第二部分是指示仪表的相对误差 $\frac{\Delta x}{x}$ 与系数 $\frac{x}{A}$ 的积，其中系数 $\frac{x}{A}$ 是微差与被测量的比值，称为相对微差。由于相对微差远小于 1，因此指示仪表误差对测量的影响被大大削弱。微差法的测量误差主要由标准量的相对误差决定，这个误差一般是非常小的。所以，微差法可以大大提高测量的准确度。

当然，微差法在获得高的测量准确度的同时，其被测量的测量范围会有一定的限制。它主要用于被测量和标准量很接近情况下的高精度测量，而这样的要求恰好符合各种量值的标准器之间的比对。近年来，关于微差法如何用于更宽范围测量的研究也取得了一些进展，为这种方法的更广泛应用提供了条件。

4.3.2 零位计量法

调整已知其值的一个或几个与被计量量有已知平衡关系的量，通过平衡来确定被计量量值的计量方法称为零位计量法。

这里要注意的是，被计量量与调整量之间可以不是同种量。例如，用电桥和检流计测量电阻。通过调整电桥测量臂的电阻值使得检流计指示为零，此时电桥处于平衡状态，则测量臂上的阻值即为被测电阻值。这种方法优点是可以消除指示器不准所造成的系统误差。其测量精度取决于标准电源的精度、检流计的灵敏度以及电阻分压器的指示精度等，在电学计量中，这种方法可以方便地获得高的测量准确度。

4.4 静态计量和动态计量

在计量过程中，还涉及被计量的量值是否随时间变化，即静态量的计量和动态量的计量。一般地，被计量量的量值不随时间发生变化的，称为静态量，对静态量的计量称为静态

计量。被计量量的量值随时间发生变化的，称为动态量，对动态量的计量称为动态计量。这里所说的“动态”和“静态”是指被计量量随时间的变化状态，而不是指测量方法本身或计量器的“动”与“静”。

在静态计量中，被计量的量值不随时间变化，其计量结果可以用检测仪器的示值来表示，且在一段时间内可重复进行检测。所以，进行静态计量的量往往可用技术指标——重复性来考察量值的变动情况。

在动态量计量中，被计量的量值随时间而变化，每次计量是为了确定量的瞬时值（或有效值），计量结果可以表示为在一段时间内的被计量量的动态过程或动态曲线，并由此得出要求的动态性能指标参数。需要注意的是，动态计量对采样速度和采样频率有严格的要求，这是动态计量与静态计量最大的不同之处，也是动态计量精度低于静态计量的原因。研究和发展动态计量是当今实用计量技术重点的发展方向之一，对生产过程中的在线计量具有重要意义。

由于物质世界总是永恒变化的，一切量总是处于不断变化的状态下。严格地说，所有计量得到的量值只具有瞬时值的性质。为了实际应用需要，在静态计量定义中，提出了假设条件，即以被计量的量在计量期间是否超出某个限度的变化来划分动态或静态。至于计量时间延续多久，变化限度多大都是约定的，在实际工作中不会造成混乱。例如，砝码、量块、标准电池、硬度、光强等计量均属于静态计量，而压力、温度、流量以及振动、冲击力等计量为动态计量。

4.5　其他计量方法

除了上述常用的计量方法外，还存在其他的计量方法。例如，根据量的单位定义来确定该量的计量方法，称为定义计量法。它适用于基本量和导出量的计量，是一种最基本的计量方法，但并不是所有的量都适合定义计量，比如电流单位——安培的计量，就很难根据定义实现计量，只能采用其他的计量方法。

此外，还有通过选择与被计量量有关基本量的计量以确定被计量量值的计量方法，称为基本计量法，有些资料中也称其为绝对计量法，例如，水流量的计量就是通过对长度、质量、温度和时间 4 种量的计量来实现的。

对于有些特定量，其在计量过程中产生的误差有一定的随机性或在测量过程中可以控制误差的方向，则可以通过多次测量或在测量过程中，使一次测量中包含正向误差，另一次计量中包含反向误差，通过对测量结果的算术平均使其中的大部分误差能互相补偿而抵消，这种计量方法称为补偿计量法。例如，在电学计量中，为了消除热电势带来的系统误差，常常改变检测仪器的电流方向，取两次读数和的二分之一为读数结果。很多参数的计量过程中经常采用闭和对称读数法，也是补偿计量法的实际应用，标准电池的检定就是采用的这种方法。补偿计量法抵消的主要是计量结果中包含的系统误差。

计量按操作者参与计量过程的情况，又可分为主观计量和客观计量。完全或主要由计量器具完成计量的方法称为客观计量法。上述的各种计量法均是客观计量法。但在实际工作中不可能完全排除人的参与，如调整仪器、读数、计算结果等，即客观计量中也包括一些主观因素。如果计量全过程由计量器具和辅助设备完成，则就属于自动计量范围。完全或主要由一个或几个操作者的感觉器官完成计量的方法称为主观计量法。主观计量仅适用于能直接刺激人的感觉器官的那些量的计量。但是，人的感觉能力和灵敏度因人而异，不可能获得很好的一致性。随着科学技术的进步，不仅主观法很少采用，而且客观计量法也将逐步被自动计量所取代。

为了准确反映被测量的实际值，越来越多的新测量方法及原理在基本测量方法的基础上发展起来。既应该掌握已学习过的测试计量方法，又要不受它们的限制去发现新的方法，这才是从事这项工作的目的。

第5章　计量管理与监督

5.1　计量管理的任务及体系

1985年9月6日我国通过的计量法是《中华人民共和国宪法》的子法，其目的是加强计量监督管理，保证国家计量制度的统一和全国量值的准确可靠，以维护社会主义经济秩序，保障社会生产的正常进行，促进科学技术的进步，保护消费者的利益。

计量法是进行计量管理和监督的依据，国家对计量的管理和监督是依法进行的，是政府行为。在全国范围内，任何组织和个人的活动，凡涉及计量单位、量值传递、计量器具等都必须遵守计量法，违反计量法的行为即是违法行为，会受到相应的惩处，直至追究刑事责任。

5.1.1　计量管理的任务

计量工作主要包括科学计量、法制计量和工程计量3部分。科学计量的任务是研究和建立确保全国计量单位制统一和量值准确的计量基准、标准，为法制计量和工程计量提供基本保障。法制计量的任务是由政府计量行政主管部门对关系国计民生的重要计量器具和商品量计量行为进行强制监管。工程计量的任务是为全社会的量值溯源提供计量校准和检测服务。应不断加强和完善我国计量体系，使科学计量、法制计量和工程计量协调发展，达到世界先进水平，不断满足科技进步、社会和经济持续发展以及国防建设的需求。

因此，计量管理的总任务可以概括为：在确保国家量值的准确统一并对社会提供全面计量保证的同时，不断提高计量科技和管理水平，加强法制计量，以适应生产、科技、贸易、国防和人民生活等日益发展和提高的需要，为国家的社会主义事业以及人类的进步与繁荣做出更多的贡献。

5.1.2　计量管理体系

一个有效的计量管理体系可以概括为：法规健全、标准明确、组织完善、人员精干、手段现代。

法规健全是指要建立健全的全国和地方两级计量法规体系，确立计量管理的法律地位。全国计量法规主要针对统一的计量管理体系而定，并且与国际的有关质量认证体系相衔接。地方计量法规主要是在全国性法规的规范之下，针对地方管理的特殊情况和地方性特殊产品而制定的变通的法规体系。

标准是法规的具体化，是计量管理人员实施管理的操作规范。因此，标准要细化，应包括过程标准、器具标准、程序标准、方法标准和其他一些随机现象标准。在这些标准中，有些是强制性标准，有些是推荐性标准，确保了标准的可操作性。

组织完善是指建立自上而下的计量管理组织体系，把政府管理与民间管理结合起来。计量管理组织设计涉及 4 个方面的内容：一是组织结构设计和部门设置；二是管理标准的确立；三是业务标准的设立；四是职务设计和职务说明。这 4 个方面的内容是相辅相成的，其目的是把弹性较大的管理工作变成可操作、可衡量的工作。

人员精干是指要建立计量管理人员资格认定制度和计量机构人员执业标准，通过资格认定和职业考核来逐步提高计量管理人员的素质，改善计量管理组织的人员构成，提高其专业水平，强化其职业道德水准。

手段现代是指要建立和健全计量监督手段、计量检测手段、计量统计手段和计量培训手段，改变目前手段单一的局面。目前，在我国计量管理体系中，比较健全的手段是计量检测手段，而其他手段或没有，或不健全，或形同虚设，此种局面亟待改进。

5.1.3 计量管理的基本原则

（1）人本原则

人是计量管理的核心，是管理的根本。人本原则是指应该充分做好人的工作，使系统内的所有人都能明确整体的目的、个人职责及工作的意义等，并积极主动地、出色地去完成自己的任务。

以人为本的管理原则的思想基础认为人是社会人，应该对其尊重、培养并有耐心。这样做的目的是调动各类各级人员的工作积极性，做好人的合理分配和组织工作。围绕共同目标，主动配合和创造性的劳动等是做好管理工作的根本。

（2）动态原则

动态原则是指在计量管理过程中，应该根据管理系统内外的情况变化，随时做出相应的调节，以实现总体目标。因为管理的内、外部环境总是在不断发展和变化的，所以不仅构成系统的各要素及其相互间的关系可能变化，而且它们与其他系统的联系以至整个系统与其他系统的联系都可能发生变化。这些变化往往是难以完全预测的，因而就必须注意信息，随时反馈，经常调节，保持充分的管理弹性，以便及时适应客观事务的各种可能变化，从而有效地实施动态管理。

（3）系统原则

所谓系统，就是将若干个要素（部分）按照一个统一的功能目的组成的有机体。任何系统都应具有目的性、整体性和层次性 3 个主要特征。

计量管理是一种综合性的系统活动，管理对象的诸要素之间既相互独立，又相互联系。管理是由一系列相关活动组成的有机整体，所以它具有系统的特征。

系统原则，概括地说，就是一切管理活动都应为了一个总的目的，部分服从整体、小局服从大局、层次有序地进行。系统原则认为任何一个组织都可视为一个完整的、开放的系统或一个大系统下的子系统，所以在认识和处理管理问题时应遵循系统的观点和方法，以系统论作为管理的指导思想。系统原则是管理的最基本原则。

（4）科学原则

科学管理是指管理活动要以科学规律为依据。目标的确立，计划的实施、组织、控制等一系列管理活动都应依据科学的原理和方法。管理者为了提高效率应具备实事求是的精神、调查研究的工作方法，积极采用先进的管理方法和手段。

5.2　计量管理的内容与方式

5.2.1　计量管理的主要内容

计量管理的内容，广义上说，是对计量工作的全面管理，包括计量行政、计量科技与计量法制等各个方面，涉及国民经济的所有领域；狭义上说，计量管理是对计量单位制、计量器具等的管理，主要包括计量单位的管理、量值传递的管理、计量器具的管理和计量机构的管理四个方面。

计量单位的管理内容是确定国家采用的计量制度和颁布国家法定计量单位。

量值传递的管理，就是国家按照就地就近、经济合理的原则，以城市为中心组织全国量值传递网。主要内容还有国家法定计量基准和各级法定计量标准的管理，计量检定系统的管理和计量检定规程的管理这三部分。

计量器具的管理，包括新产品的定型、投产、使用、修理和销售等。国家禁止的计量器具一律不准制造、使用和修理。

计量机构的管理，主要是对政府主管计量工作的职能机关的管理。政府主管的计量机构是行政机构，它下属的各级计量技术机构，负责提供计量技术的保证和测试服务。

计量管理又可分为强制管理和非强制管理两种。强制管理是国家对某些影响重大的计量项目实施定点检定，进行强制管理；非强制管理是可由企业、事业单位组织内部计量机构自行检定和选择计量机构送检的计量项目。主要内容同强制检定和非强制检定，这里不再赘述。

5.2.2　计量管理的方式

计量管理的方式可以分为行政管理、科技管理、法制管理三种形式。

5.2.2.1　计量的行政管理

计量的行政管理是指计量管理的行政机关通过行政命令、指示、规定等，对所管理的对象发生影响，并具有约束力，以使它们去实现管理者（领导）的意图。管理者（领导）与被管理者之间的关系是上下级的关系；上级领导下级，下级服从上级，是行政管理的基本原则。

计量行政管理的主要内容有：① 贯彻执行上级的计量方针、政策；② 制定并组织实施规划与计划；③ 经常检查，收集信息，不断总结经验教训，适时决策，改进工作；④ 组织协调、交流情况、请示汇报等。

5.2.2.2　计量的科技管理

计量的科技管理是指通过科技组织、人员和手段等来实现计量科技目标，完成计量测试任务，提高计量科技水平，为我国的工业化、信息化、现代化建设提供可靠的计量保证与测试服务的管理工作。

计量的科技管理的主要内容有：① 确立与完善计量单位制，研究相应的计量基准和标准，组织量值传递，进行计量检定，提供计量保证；② 组织研究计量理论、计量技术与计量器具，进行测试服务，不断提高计量科技水平；③ 编制计量科技发展规划与年度计划并组织实施；④ 计量科技人员的培训与考核；⑤ 组织科技成员的技术鉴定与科技情报资料的交流等。

5.2.2.3 计量的法制管理

随着工业和科学技术的发展，计量工作越来越重要。现代计量广泛应用于工农业生产、国防建设、科学研究、国内外贸易、环境保护、医疗卫生以及人民生活等各个领域，是国民经济的一项重要技术基础工作。为了充分发挥计量的作用，必须有相应的法律保障。从某种意义上说，社会主义市场经济就是法制经济。计量工作依法对市场经济条件下的计量行为实施监督管理，其本质就是法制计量。因此，法制计量是量大面广的计量工作的核心。只有抓住法制计量，才能充分体现计量工作的有效性；只有抓住法制计量，才能建立适应社会主义市场经济需要的计量工作体系；只有抓住法制计量，才能带动整个计量工作的开展。

计量的法制管理是指国家（或政府）用法律、法规等对计量活动进行制约和监督的强制管理。从管理主体来看，计量管理是由国家设立的专门计量机构来实施的；从管理过程来看，计量管理是一种监督执法和协调的过程。计量的法制管理的必要性是显而易见的。计量本身的社会性，就要求必须进行法制管理。

在我国，计量法规有两大类，即行政管理法规和技术法规。行政管理法规按其权限来说分为 3 个层次：

（1）法律。即《中华人民共和国计量法》，是由我国的最高立法机关——人大常委会批准，在 1985 年 9 月 6 日第六届全国人民代表大会常务委员会第 12 次会议上通过，并以中华人民共和国主席令（第 28 号）的形式颁布的。计量法是我国计量工作的基本法，是计量法制管理的最高准则，是统一全国计量单位制度和全国量值的法律保证，是维护社会经济秩序，促进生产、科学技术和贸易发展，保护国家和消费者利益的重要措施。计量法的公布和实施，标志着我国的计量工作已正式纳入法制轨道。

（2）计量法规。包括国务院依据《计量法》制定的计量行政法规，如“计量法实施细则”以及省、直辖市人大或人大常委会制定的地方性计量法规等。

（3）计量规章。包括国务院计量行政部门制定的各种全国性单项计量管理办法和主管部门制定的部门性计量管理办法等。技术法规包括各种规程和规范，它们是处理各种计量技术问题和对计量器具进行监督管理的依据。

计量的法制管理属于上层建筑的范畴，是国家社会制度的一种反映。也就是说，计量的法制管理的内容和形式将因国家的社会制度与经济管理制度的不同而异。我国计量的法制管理的主要内容有：

（1）制定计量法律、法规以及有关的实施细则、办法等；

（2）按照法律，根据技术要求审定批准建立计量基准、标准，以及计量检定系统与计量检定规程等；

（3）对计量器具的制造、修理、购销（包括进、出口）和使用等进行法制管理；

（4）实行计量监督、计量认证与计量仲裁，以保护国家、集体和个人与计量有关的利益不受损害；

（5）对违反计量法者进行处罚或起诉等。

第6章 温度计量

6.1 概　　述

任何物体的物理化学特性都与温度密切相关，无论科学研究、生产和生活中都离不开对温度的测量。温度在生产过程中是一个既普遍又重要的物理量，在电力生产过程中，最普遍的交换形式是热量的交换，温度是最重要的被测量之一。在化工生产过程中，温度对许多产品的质量和产量都有很大影响，要严格地测量和控制温度才能完成化工产品的生产。

6.1.1 温度与温度计量

我们对周围环境或物体冷热的感觉，以及自然界中的热效应，都是用温度这个物理量来描述的。温度是表征物体冷热程度在热平衡状态时的物理量。温度高称为热，温度低称为冷。从微观上讲，物体温度的高低标志着组成物体的大量分子无规则运动的剧烈程度，即对其分子平均动能大小的一种量度。分子运动越快，平均动能越大，物体越热；分子运动越慢，平均动能越小，物体越冷。

对某一物体，只是定性地知道它是冷或是热还很不够，还要求定量地知道它的冷热程度，这就需要温度计量技术。

温度计量是研究制定和实施温度标准、测温方法、测温装置以及如何将热变为温度量值或作为控制信号，保证温度量值统一准确可靠的一系列工作。

温度定义本身并没有提供衡量温度高低的数值标准，因此不能直接加以测量，只能借助于冷热不同物体间的热交换以及物体的某些物理性质随冷热程度不同而变化的特性来加以间接测量。两个温度不同的物体，在仅能发生热交换的条件下互相接触，热量将由温度高的物体传给温度低的物体，经过一定时间后达到热平衡状态，表现出相同的温度。人们利用这一原理，用已知物质的物理性质和温度之间的关系，设计出各种接触式温度测量仪表，如利用物质热胀冷缩制成玻璃温度计；利用物质的电阻值随温度变化制成电阻温度计；利用物质的热电效应制成热电偶温度计等。此外，利用热辐射原理还可制成辐射式温度计等。

为了保证这些温度计能满足使用的要求，必须对其进行检定测试。检定测试也是具体的温度计量，需要一定的标准器。标准器的性能要比被检定的温度计高出许多。标准器测温提供的温度量值被认为是真值，是标准量值。在检定测试过程中所使用的方法、设备等往往不同于在工业过程中测温时使用的工作温度仪表及测量方法。显然，检定工作温度计的测试要求高于工作测温的要求。在温度检定测试中对使用的标准器、设备测试方法、数据采集及数据处理都有规定的要求。

同样的理由，工作温度计的检定测试中的标准器（标准温度计），其性能也应该满足一定的要求。保证标准器的性能要求也是通过对标准器的检定来实现的。当然，检定标准器的过程也需要标准器，这个标准器是比检定工作温度计所需要的标准器更高等级的标准温度计或装置。上述这一连串的温度计检定过程就是温度量值的传递过程。

6.1.2 测温仪表的分类

测温仪表按使用范围，可分为高温计和温度计。高温计的测量温度一般在 600 ℃以上，温度计的测量温度一般在 600 ℃以下。按测量方式，可分为接触式测温仪表和非接触式测温仪表。在接触式测温仪表中，按测温原理分为膨胀式温度计、压力式温度计、热电偶温度计、热电阻温度计和半导体温度计等。非接触式测温仪表主要为辐射式高温计。其详细分类如表 6－1 所示，表 6－2 为各类测温仪表的特点。

表 6－1　测温仪表的分类

按测量方式分类	按测量原理分类		按测量方式分类	按测量原理分类	
接触式温度计	膨胀式温度计	液体膨胀式温度计	接触式温度计	热电阻温度计	金属热电阻温度计
		固体膨胀式温度计			半导体热敏电阻温度计
	压力式温度计	充气体压力式温度计	非接触式温度计	辐射式高温计	单色辐射高温计
		充液体压力式温度计			全辐射高温计
		充有机蒸汽压力式温度计			比色高温计
	热电偶温度计	标准材料热电偶温度计			
		特殊材料热电偶温度计			

表 6－2　测温仪表的特点

测温仪表的种类	优　　点	缺　　点
玻璃液体温度计	结构简单，测量准确，使用方便，价格低廉	易碎，不能记录与远传
双金属温度计	结构简单，机械强度大，价格低廉	精确度低，量程和使用范围均有限
压力式温度计	结构简单，不怕振动，具有防爆性，价格低廉	精确度低，远距离测量时仪表的滞后性较大
热电偶温度计	测温范围广，精确度高，能测点温，便于远距离、多点、集中测量	需进行冷端温度补偿，在低温段测量精确度较低
热电阻温度计	测量精确度高，便于远距离、多点、集中测量	不能测量高温，不能测点温，热惯性较大
辐射式高温计	测温元件不破坏被测物体的温度场，测温上限高，不受被测物体的腐蚀和毒化，可测运动物体的温度	测量精度不高，环境条件会影响测量准确度，对测量值修正后才能获得真实温度

6.1.3 温度计量器具检定系统

国家计量检定系统是由国务院计量行政部门制定，作为统一全国量值的最高依据，具有最高的法律效力。我国的温度计器具检定系统，根据国际温标的相关规定，按照不同的温区和温度标准器构建了4种温度计量传递系统，用于复现国际温标的规定。我国的温度计器具检定系统，如图6-1、图6-2、图6-3和图6-4所示。

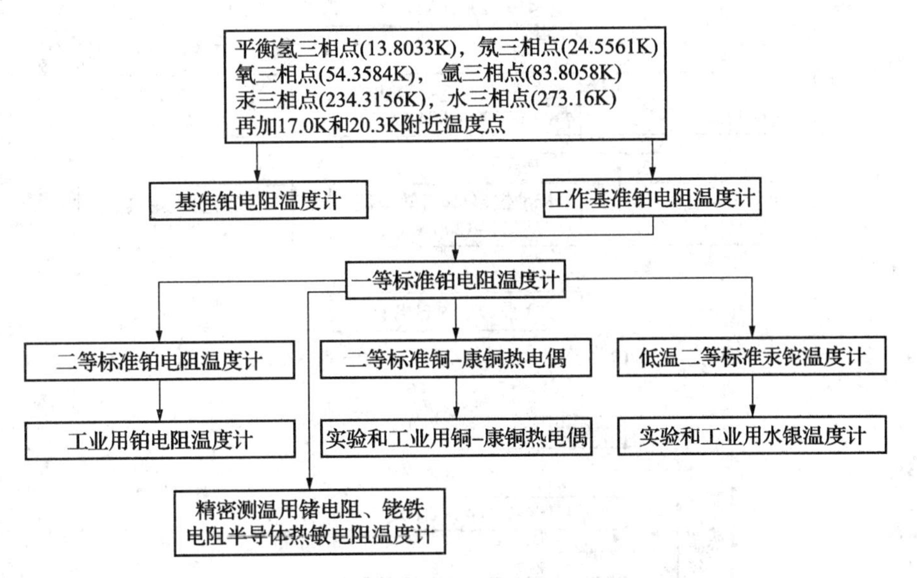

图6-1 13.8033K～273.16K温度计量器具检定系统

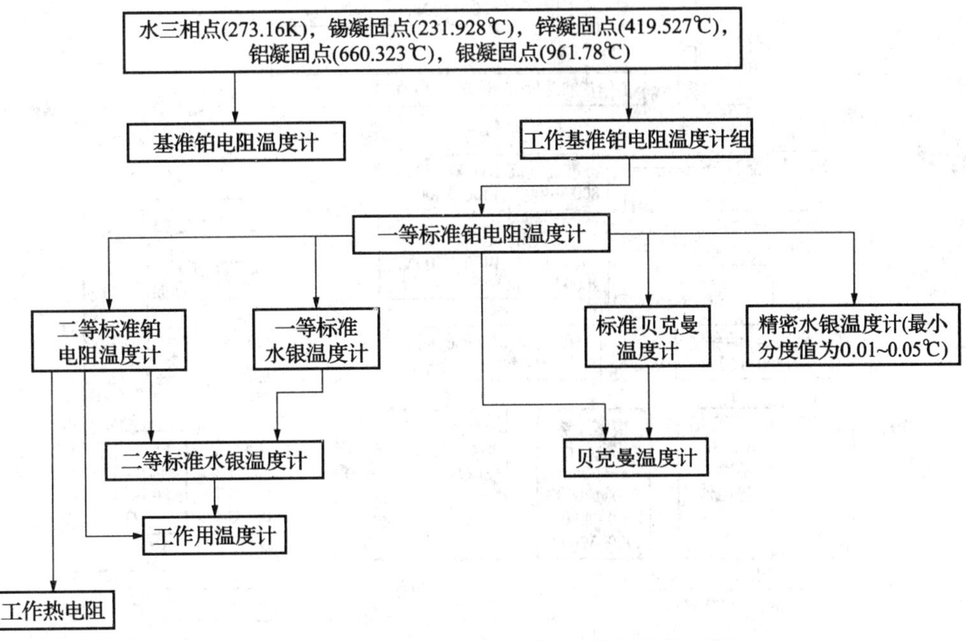

图6-2 0℃～961.78℃温度计量器具检定系统

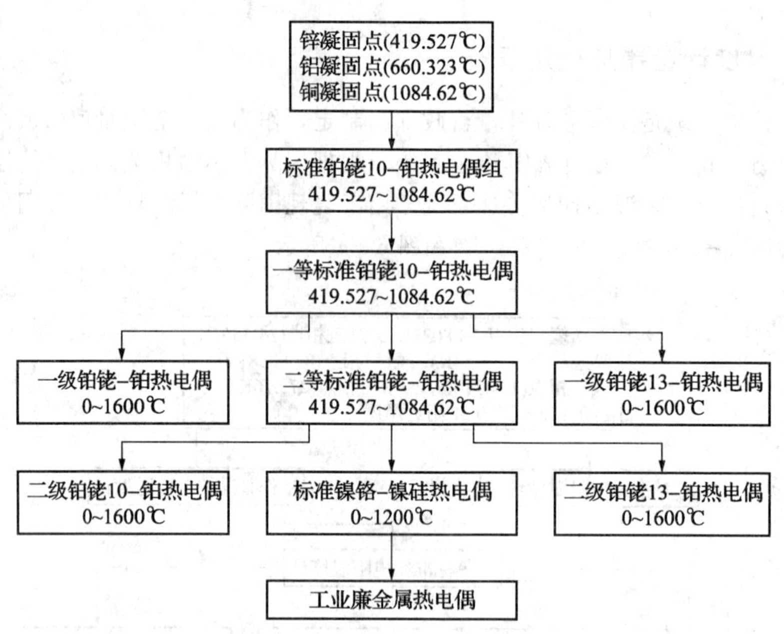

图 6-3 419.52 ℃～1084.62 ℃温度计量器具检定系统

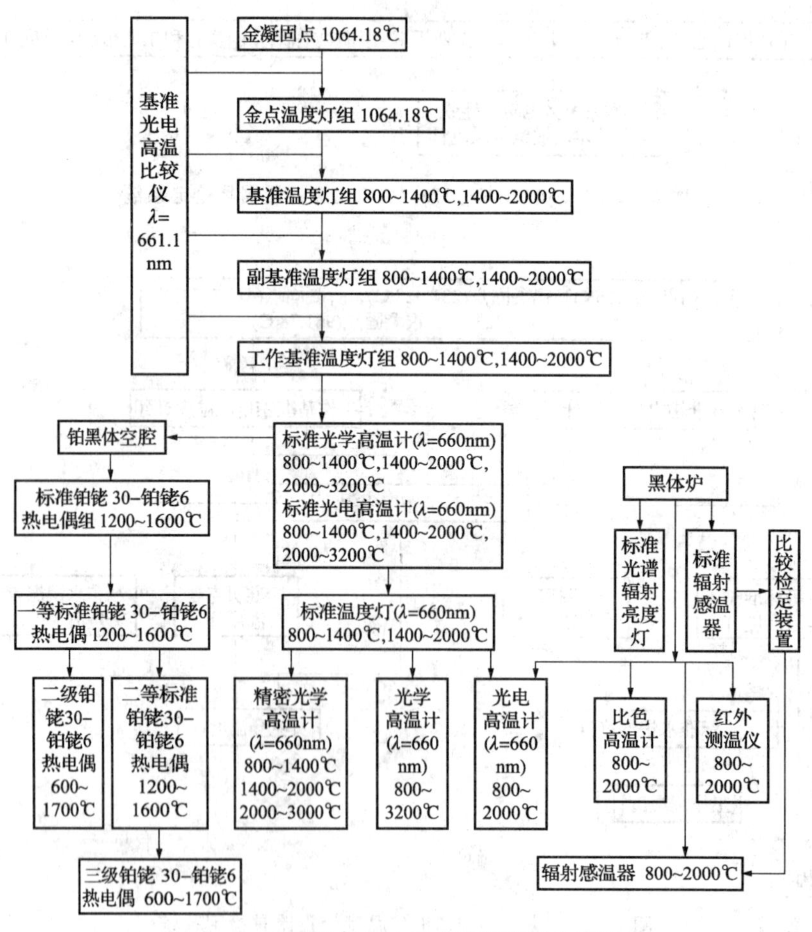

图 6-4 961.78 ℃以上温度计量器具检定系统

6.2 ITS－90国际温标

国际温标是目前国际上绝大多数国家公认并执行的唯一法定温标。ITS－90温标是在1968年国际实用温标的基础上经过重大修改后制定的。国际计量委员会根据1987年第18届国际计量大会7号决议的要求，于1989年通过了ITS－90温标。本温标替代ITS－68国际实用温度和EPT－1976温标（0.5 K～30 K暂行温标）。我国于1991年1月开始执行ITS－90国际温标。

6.2.1 温度的单位

热力学温度（T）是基本的物理量，它的单位是开尔文（K）。水三相点热力学温度的1/273.16定义为1 K。

当然，水三相点温度为273.16 K。水三相点具有很高的复现准确度，在本温标中它由水三相点瓶进行复现。

ITS－90温标允许使用与水冰点温度（273.15 K）的差值来表示温度。用这种方法表示的热力学温度称为摄氏温度，符号为t，其定义为

$$t_{90}=T_{90}-273.15 \tag{6-1}$$

摄氏温度的单位为摄氏度，符号为℃，它的大小等于开尔文。根据以上的定义，水的冰点为0 ℃，水三相点为0.01 ℃ 。

6.2.2 ITS－90国际温标的通则

（1）ITS－90适用的温度范围：下限为0.65 K，上限为根据普朗克定律使用单色辐射高温计实际可测得的最高温度。

（2）ITS－90通过各温区和分温区来定义T_{90}。某些温区或分温区之间会有重叠，在重叠区的T_{90}定义会有差异，然而这些定义应属等效。

（3）在同一温度上，根据不同的定义，测量值会有差异，此差异值只有在最高精度测量时才能察觉到。

（4）在同一温度下，用两只可以接受的内插仪器（如电阻温度计）测量，亦可得出不同的T_{90}值。这一差值在实际使用中可以忽略不计。

在全量程中，ITS－90国际温标中任何温度的T_{90}值都非常接近于温标采纳时T的最佳估计值。与直接测量热力学温度相比，T_{90}的测量要方便得多，并且更为精密，具有很高的复现性。

6.2.3 ITS－90国际温标的定义

ITS－90是按照不同的温区来进行定义的。

（1）在0.65 K～5.0 K温区，T_{90}由^{3}He和^{4}He的蒸汽压与温度的关系式来定义。

（2）在3.0 K～24.556 1 K温区，T_{90}是用氦气体温度计来定义的。它使用3个定义固定点及利用规定的内插方法来分度。这3个定义固定点是可以实验复现的，并具有给定值。

（3）在13.803 3 K～961.781 ℃温区，T_{90}是用铂电阻温度计来定义的，它使用一组规定的定义固定点并利用所规定的内插方法来分度。

（4）在961.78℃以上温区，T_{90}借助一个定义固定点和普朗克辐射定律来定义。

上述温区还规定了一些分温区，以适应不同的基准温度计，这样能达到较高的准确度。例如，在13.803 3 K～961.78 ℃温度中又分了一些分温度区以适应不同类型的基准铂电阻温度计。

ITS－90定义的17固定点温度如表6－3所示。其中14个为物质的平衡点（三相点、熔点、凝固点），另外3个用规定的温度计在指定的某温度附近测量确定，其值没有规定为定值，但一旦测定其测定值即当做固定值来使用，等效于14个物质的平衡点。这3个点的温度分别为3 K～5 K；≈17 K；≈20.3 K。

表6－3　ITS－90定义固定点

序号	物质平衡状态	温　度　值		参考函数
		T_{90}（K）	t_{90}（℃）	
1	氦蒸汽压点	3～5	－270.15～－268.15	
2	平衡氢三相点	13.803 3	－259.346 7	0.001 190 07
3	平衡氢蒸气压点（或氦气体温度计点）	～17	～－256.15	
4	平衡氢蒸气压点（或氦气体温度计点）	～20.3	～－252.85	
5	氖三相点	24.556 1	－248.593 9	0.008 449 74
6	氧三相点	54.358 4	－218.791 6	0.091 718 04
7	氩三相点	83.805 8	－189.344 2	0.215 859 75
8	汞三相点	234.315 6	－38.834 4	0.844 142 11
9	水三相点	273.16	0.01	1.0000000
10	镓熔点（M）	302.914 6	29.764 6	1.118 138 89
11	铟凝固点（F）	429.748 5	156.598 5	1.609 801 85
12	锡凝固点（F）	505.078	231.928	1.892 797 68
13	锌凝固点（F）	692.677	419.527	2.568 917 30
14	铝凝固点（F）	933.473	660.323	3.376 008 60
15	银凝固点（F）	1 234.93	961.78	4.286 420 53
16	金凝固点（F）	1 337.33	1 064.18	
17	铜凝固点（F）	1 357.77	1 084.62	

6.2.4　不同温区定义T_{90}的分度公式

6.2.4.1　0.65 K～5.0 K温区

在此温区内，T_{90}分度公式采用氦蒸汽压-温度方程。T_{90}按下式用^3He和^4He蒸汽压p来定义

$$T_{90}=A_0+\sum_{i=1}^{9}A_i\left[\frac{\ln p-B}{C}\right]^i \tag{6-2}$$

式中：　　　p——氦蒸汽压强，Pa；

A_0、A_i、B、C——常数，由 ITS－90 给出，见表 6－4。

表 6－4　氦蒸汽压方程式的常数值及其适用的温区

	^{3}He 0.65～3.2 K	^{4}He 1.25～2.176 8 K	^{4}He 2.176 8～5.0 K
A_0	1.053 447	1.392 408	3.146 631
A_1	0.980 106	0.527 153	1.357 655
A_2	0.676 380	0.166 756	0.413 923
A_3	0.372 692	0.050 988	0.091 159
A_4	0.151 656	0.026 514	0.016 349
A_5	－0.002 263	0.001 975	0.001 826
A_6	0.006 596	－0.017 976	－0.004 325
A_7	0.088 966	0.005 409	－0.004 973
A_8	－0.004 770	0.013 259	0
A_9	－0.054 943	0	0
B	7.3	5.6	10.3
C	4.3	2.9	1.9

6.2.4.2　3.0 K～24.556 1 K 温区

在此温区内，T_{90}借助于 3 个温度点上分度过的^{3}He 或^{4}He 定容式气体温度计来定义。这些温度点是：氖三相点（24.556 1 K），平衡氢三相点（13.803 3 K），以及 3.0 K～5.0 K 之间的一个温度点。后者用^{3}He 和^{4}He 蒸汽压温度计按 6.2.4.1 节的规定来测定。

（1）在分温区 4.2 K～24.556 1 K 内，用^{4}He 作为测温气体。

在此温区，T_{90}由下式定义

$$T_{90}=a+bp+cp^2 \tag{6-3}$$

式中，p 为气体温度计中的压力；系数 a、b、c 的数值在上述规定的 3 个固定点温度上的测量结果求得，但规定温度值最小的分度点应在 4.2 K～5.0 K 之间。

（2）3.0 K～24.556 1 K 温区，用^{3}He 或^{4}He 作为测温气体。

对于^{3}He 气体温度计和用于 4.2 K 以下的^{4}He 气体温度计，必须计及气体的非理想性，应使用各有关的第二维里系数，$B_3(T_{90})$ 和 $B_4(T_{90})$。在此温区内，T_{90}由下式定义

$$T_{90}=\frac{a+bp+cp^2}{1+B_x(T_{90})\cdot\dfrac{N}{V}} \tag{6-4}$$

式中：p——气体温度计的压力，Pa；

a，b，c——系数，在规定的 3 个固定点上分度确定。这 3 个温度点是：13.803 3 K、24.556 1 K、3.0～5.0 K，由氦蒸气压温度计确定；

$\dfrac{N}{V}$——气体密度，mol/m^3，其中 N 为气体量，V 为温泡的容积，x 可根据不同同位素取 3 或 4。

第二维里系数是 T_{90}的函数，其数值由下式给出

对于^{3}He

$$B_3(T_{90})=(16.69-336.98T_{90}^{-1}+91.04T_{90}^{-2}-13.82T_{90}^{-3})\cdot 10^{-6} \tag{6-5}$$

对于^{4}He

$$B_4(T_{90})=(16.708-374.05T_{90}^{-1}-383.53T_{90}^{-2}+1799.2T_{90}^{-3}-4033.2T_{90}^{-4}+3252.8T_{90}^{-5})\cdot 10^{-6} \tag{6-6}$$

6.2.4.3　13.803 3 K～961.78 ℃温区

在此温区内，T_{90}用铂电阻温度计来定义，它使用一组规定的定义固定点和规定的参考函数以及内插温度的偏差函数来分度。

在如此宽的温度范围内，只使用一只铂电阻温度计不可能高准确度地复现该温区上的温度。因此，将之分为若干温区，使用不同种类的铂电阻温度计并利用不同的计算公式来计算温度。

温度值T_{90}是由该温度时的电阻$R(T_{90})$与水三相点时的电阻$R(273.16\ \text{K})$之比来求得的。在计算时使用电阻比的概念，其定义为

$$W(T_{90})=\frac{R(T_{90})}{R(273.16\ \text{K})} \tag{6-7}$$

在电阻温度计的每个温区内，T_{90}值可由相应的参考函数给出的$W_r(T_{90})$值，以及偏差函数$\Delta W(T_{90})$的值经运算后得到。偏差函数的定义为

$$\Delta W(T_{90})=W(T_{90})-W_r(T_{90}) \tag{6-8}$$

ITS-90给出了偏差函数$\Delta W(T_{90})\sim W(T_{90})$的关系式，在不同的温区内的形式是不同的。

所以，由$W(T_{90})$值计算T_{90}值的计算过程为：由$W(T_{90})\rightarrow\Delta W(T_{90})\rightarrow W_r(T_{90})\rightarrow T_{90}$。

（1）参考函数

i）对于13.803 3 K～273.16 K温区参数函数定义为

$$\ln[W_r(T_{90})]=A_0+\sum_{i=1}^{12}A_i\left[\frac{\ln(T_{90}/273.16)+1.5}{1.5}\right]^i \tag{6-9}$$

式（6-10）为式（6-9）的逆函数，在0.1 mK之内与式（6-9）一致。

$$T_{90}/273.16K=B_0+\sum_{i=1}^{15}B_i\left[\frac{W_r(T_{90})^{1/6}-0.65}{0.35}\right]^i \tag{6-10}$$

式中，A_0、A_i、B_0、B_i为常数，由ITS-90给出，见表6-5。

凡可以按在全温区内使用的要求来分度的温度计，可作全温区使用；如按顺序用较少分度点时，则适用温区的下限分别为24.556 1 K，54.358 4 K和83.805 8 K，它们的上限均为273.16 K。

ii）0 ℃～961.78 ℃温区参数函数定义为

$$W_r(T_{90})=C_0+\sum_{i=1}^{9}C_i\left[\frac{T_{90}-754.15}{481}\right]^i \tag{6-11}$$

式（6-12）为式（6-11）的逆函数，在0.1 mK之内与式（6-11）一致。

$$T_{90}-273.15=D_0+\sum_{i=1}^{9}D_i\left[\frac{W_r(T_{90})-2.64}{1.64}\right]^i \tag{6-12}$$

式中，C_0、C_i、D_0、D_i为常数，由ITS-90给出，见表6-5。

表 6-5　有关参数函数 $W_r(T_{90})$ 中的常数值

A_0	−2.135 347 29	B_4	0.142 648 498	C_5	0.005 118 68
A_1	3.183 247 2	B_5	0.077 993 465	C_6	0.001 879 82
A_2	−1.801 435 97	B_6	0.012 475 611	C_7	−0.002 044 72
A_3	0.717 272 04	B_7	−0.0322 671 27	C_8	−0.000 461 22
A_4	0.503 440 27	B_8	−0.075 291 522	C_9	0.000 457 24
A_5	−0.618 993 95	B_9	−0.056 470 670	D_0	439.932 854
A_6	−0.053 323 22	B_{10}	0.076 201 285	D_1	472.418 620
A_7	0.280 213 62	B_{11}	0.123 893 204	D_2	37.684 494
A_8	0.107 152 24	B_{12}	−0.029 201 193	D_3	7.472 018
A_9	−0.293 028 65	B_{13}	−0.091 173 542	D_4	2.920 828
A_{10}	0.044 598 72	B_{14}	0.001 317 696	D_5	0.005 184
A_{11}	0.118 686 32	B_{15}	0.026 025 526	D_6	−0.963 864
A_{12}	−0.052 481 34	C_0	2.781 572 54	D_7	−0.188 732
B_0	0.183 324 722	C_1	1.646 509 16	D_8	0.191 203
B_1	0.240 975 303	C_2	−0.137 143 90	D_9	0.049 025
B_2	0.209 108 771	C_3	−0.006 497 67		
B_3	0.190 439 972	C_4	−0.002 344 44		

凡可以按在全温区内使用的要求来分度的温度计，可作全温区使用；如用较少分度点时，则适用温区的上限分别为 660.323 ℃，419.527 ℃，231.928 ℃，156.598 5 ℃或 29.764 6 ℃，它们的下限均为 0 ℃。

iii）温度计可以在 234.351 6 K（−38.834 4 ℃）到 29.764 6 ℃温区内分度，分度时用这两个固定点和水三相点，同时式（6-9）和式（6-11）均适用于此温区。

（2）偏差函数

① 平衡氢三相点（13.803 3 K）到水三相点（273.16 K）

温度计在下列固定点上分度：平衡氢三相点（13.803 3 K），氖三相点（24.556 1 K），氧三相点（54.358 4 K），氩三相点（83.805 8 K），汞三相点（234.315 6 K）和水三相点（273.16 K），以及两个接近于 17.0 K 和 20.3 K 的附加温度点。这两个附加温度点如果由 6.2.4.2 节的气体温度计来测定时，温度必须分别处于 16.9 K～17.1 K 和 20.2 K～20.4 K 之间；如用平衡氢的蒸汽压-温度关系式来测定，此两个温度必须分别处于 17.025 K～17.045 K 和 20.20 K～20.28 K 之间，并由式（6-13）和（6-14）求得精确值。

$$T_{90}-17.035=(p-33.3213)/13.32 \tag{6-13}$$

$$T_{90}-20.27=(p-101.292)/30 \tag{6-14}$$

以上两式中，T_{90} 单位取 K，压力 p 单位取 kPa。

在 13.803 3 K～273.16 K 温区上，偏差函数为

$$\Delta W(T_{90}) = a[W(T_{90})-1]+b[W(T_{90})-1]^2+\sum_{i=1}^{5}c_i[\ln W(T_{90})]^{i+n} \quad (6-15)$$

式中，$n=2$；系数 a、b、c_i，可以在以上 8 个定义固定点温度上测量求得。

测量确定 a、b、c_i 值的方法为：

在分度点温度测量得到 $R(T_{90j})$ 计算 $W(T_{90j})$；

计算：$\Delta W(T_{90j})=W(T_{90j})-W_r(T_{90j})$；

由式（6－15）构成方程组

$$\Delta W(T_{90j}) = a[W(T_{90j})-1]+b[W(T_{90j})-1]^2+\sum_{i=1}^{5}c_i[\ln W(T_{90j})]^{i+2} \quad (j=1,2\cdots,7)$$

由上述方程组，可以解出 a、b、c_1～c_5 的系数值。

i）分温区 24.556 1 K～273.16 K

在式（6－15）中，$c_4=c_5=n=0$，此温区偏差函数为

$$\Delta W(T_{90}) = a[W(T_{90})-1]+b[W(T_{90})-1]^2+\sum_{i=1}^{3}c_i[\ln W(T_{90j})]^i \quad (6-16)$$

式中，系数 a、b、c_1、c_2、c_3 在 6 个定义固定温度点上测量确定，方法同上，6 个固定温度点为 T_{90j}＝13.803 3 K，24.556 1 K，54.358 4 K，83.805 8 K，234.351 6 K，273.16 K。

ii）分温区 54.358 4 K～273.16 K

在式（6－15）中，$c_2=c_3=c_4=c_5=0$，$n=1$，此温区偏差函数为

$$\Delta W(T_{90})=a[W(T_{90})-1]+b[W(T_{90})-1]^2+c_1[\ln W(T_{90j})]^2 \quad (6-17)$$

式中，系数 a、b、c_1 在 4 个定义固定点温度上测量确定，4 个分度温度点为 T_{90j}＝54.358 4 K，83.805 8 K，234.351 6 K，273.16 K。

iii）分温区 83.805 6 K～273.16 K

在这个温区中的偏差函数为

$$\Delta W(T_{90})=a[W(T_{90})-1]+b[W(T_{90})-1]\ln W(T_{90}) \quad (6-18)$$

式中，系数 a、b 在 3 个对于固定点温度上测量确定，3 个分度温度点为 T_{90j}＝83.805 8 K，234.351 6 K，273.16 K。

② 0 ℃到银凝固点 961.78 ℃

温度计在下列固定点温度上分度，水三相点（0.01 ℃）以及锡凝固点（231.928 ℃），锌凝固点（419.527 ℃），铝凝固点（660.323 ℃）和银凝固点（961.78 ℃），其偏差函数为

$$\Delta W(T_{90})=a[W(T_{90})-1]+b[W(T_{90})-1]^2+c[W(T_{90})-1]^3 +d[W(T_{90})-W(660.323℃)]^2 \quad (6-19)$$

式中，系数 a、b、c 由锡、锌和铝凝固点上的测量值与 $W_r(T_{90})$ 的偏差求得。对于低于铝凝固点的被测温度，$d=0$；由铝凝固点到银凝固点，上述系数 a、b 和 c 保持不变，而 d 由银凝固点上的测量值与其 $W_r(T_{90})$ 的偏差求得。

i）分温区 0 ℃～660.323 ℃

对于式（6－19），$d=0$，此温区偏差函数为

$$\Delta W(T_{90})=a[W(T_{90})-1]+b[W(T_{90})-1]^2+c[W(T_{90})-1]^3 \tag{6-20}$$

式中，系数 a、b、c 在 4 个定义固定点温度上测量确定，分度温度点分别为 $T_{90j}=0.01$ ℃，231.928 ℃，419.527 ℃，660.323 ℃。

ii）分温区 0 ℃～419.527 ℃

在这个温区中的偏差函数为

$$\Delta W(T_{90})=a[W(T_{90})-1]+b[W(T_{90})-1]^2 \tag{6-21}$$

式中，系数 a、b 在 3 个定义固定点温度上测量确定，分度温度点为 $T_{90j}=0.01$ ℃，231.928 ℃，419.527 ℃。

iii）分温区 0 ℃～231.928 ℃

在这个温区中的偏差函数为

$$\Delta W(T_{90})=a[W(T_{90})-1]+b[W(T_{90})-1]^2 \tag{6-22}$$

式中，系数 a、b 在 3 个定义固定点上测量确定，分度温度点为：$T_{90j}=0.01$ ℃，156.598 5 ℃，419.527 ℃。

iv）分温区 0 ℃～156.598 5 ℃

在这个温区中的偏差函数为

$$\Delta W(T_{90})=a[W(T_{90})-1] \tag{6-23}$$

式中，系数 a 在 2 个定义固定点上测量确定，分度温度点为 $T_{90j}=0.01$ ℃，156.598 5 ℃。

v）分温区 0 ℃～29.764 6 ℃

在这温区中的偏差函数同式（6－23），式中系数在水三相点（0.01 ℃）和镓熔点（29.764 6 ℃）上测量确定。

③ 汞三相点（－38.834 4 ℃）到镓熔点（29.764 6 ℃）

温度计在下列固定点上分度：汞三相点（－38.834 4 ℃），水三相点（0.01 ℃）和镓熔点（29.764 6 ℃）。

偏差函数由式（6－19）给出，其中 $c=d=0$，系数 a、b 在上述 3 个定义固定点上测量确定。

6.2.4.4　961.78 ℃以上温区

由前所述，在 961.78 ℃以上温区的基准器是光学高温计。用光学高温计复现 961.78 ℃以上温区的温标时，用光学高温计中的灯丝电流代表温度。光学高温计在规定的 3 个固定点中的一个固定点温度上进行分度。规定的 3 个固定点是银、金、铜的凝固点。我国采用金凝固点（$T_{90\mathrm{Au}}=1\,064.18$ ℃）。

（1）在 961.78 ℃ 以上温区的 T_{90} 的计算公式

$$\frac{L_\lambda(T_{90})}{L_\lambda(T_{90\mathrm{Au}})}=\frac{\exp[c_2(\lambda T_{90\mathrm{Au}})^{-1}]-1}{\exp[c_2(\lambda T_{90})^{-1}]-1} \tag{6-24}$$

式中：$L_\lambda(T_{90\mathrm{Au}})$——金凝固点时的黑体辐射的光谱辐射亮度（λ 波长下）；

$L_\lambda(T_{90})$——复现 T_{90} 温度时的黑体辐射的光谱辐射亮度；

c_2——第二辐射常数，$c_2=0.014\,388$ m·K。

式（6－24）是根据普朗克黑体辐射定律及亮度与辐射出射度成正比的理论导出的。在 3 500 K以下式（6－24）可以用下式代替

$$\frac{L_\lambda\ (T_{90})}{L_\lambda\ [T_{90\mathrm{Au}}]}=\frac{\exp\ [c_2\ (\lambda T_{90\mathrm{Au}})^{-1}]}{\exp\ [c_2\ (\lambda T_{90})^{-1}]} \tag{6-25}$$

由于光学高温计已在金凝固点上分度，式（6－24）、（6－25）中的左边部分的亮度比值是已知数，根据式（6－24）、（6－25）可以计算出 T_{90}的值来。

（2）光学高温计在金凝固点温度分度方法

① 用金点黑体炉得到金点亮度 $L_\lambda(T_{90\mathrm{Au}})$，通过对光学高温计灯丝电流的调整，使灯丝亮度与金点亮度相同。此时灯丝电流为 I_1，得到 $T_{90\mathrm{Au}}\sim I_1$ 的对应关系。

② 插入减光板，其减光率为 R（已知），升高黑体炉的温度，提高其亮度，使黑体炉亮度 $L_\lambda(T_{90})$ 经 R 衰减后与灯丝亮度 $L_\lambda(T_{90\mathrm{Au}})$（金点亮度）相同，即有

$$L_\lambda\ (T_{90})\cdot R=L_\lambda\ (T_{90\mathrm{Au}})$$

$$\frac{L_\lambda\ (T_{90})}{L_\lambda\ (T_{90\mathrm{Au}})}=\frac{1}{R}$$

由式（6－24）或式（6－25）计算出亮度 $L_\lambda(T_{90})$ 对应的温度 T_{90}。有

$$\frac{\exp\ [c_2\ (\lambda T_{90\mathrm{Au}})^{-1}]}{\exp\ [c_2\ (\lambda T_{90})^{-1}]}=\frac{1}{R}$$

$$\frac{1}{T_{90}}=\frac{1}{T_{90\mathrm{Au}}}-\frac{\lambda}{c_2}\ln\frac{1}{R}$$

③ 去掉减光板（黑体炉的亮度高于灯丝亮度），调整灯丝电流，改变其亮度，使其与黑体炉亮度相同，此时灯丝电流为 I_2，故得到 $T_{90}\sim I_2$的对应关系。

经上述方法步骤，可得到一系列 $T_{90j}\sim I_i$的对应关系。上述的分度方法一般只给出整百度温度与灯丝电流的对应关系（800～3 200 ℃），而非整百度的温度对灯丝电流的对应关系是通过数据处理后得到电流关于温度 t 的三次或四次多项式函数的逼近式，即

$$I_t=a+bt+ct^2+dt^3+et^4 \tag{6-26}$$

式中，a、b、c、d、e 为系数，由整百度的对应数据应用最小二乘法计算出来的 a、b、c、d、e 的最佳估计值。

6.3 标准温度计

可以作为标准温度计的温度仪表及装置种类较多，工作原理也各不相同。在温度计检定中，可以作为标准器的温度计有：膨胀式温度计、热电偶温度计、热电阻温度计和光学高温计。在实际的温度计量检定过程中，需要根据不同温度计的特点和性能，采用不同的标准温度计。

6.3.1 膨胀式温度计

以物质的热膨胀（体膨胀或线膨胀）性质与温度的物理关系为基础制成的温度计称为膨胀式温度计。

膨胀式温度计具有结构简单、使用方便、测温范围广（－200～600 ℃）、测温准确度较高、成本低廉等优点，因此得到了广泛的应用。

膨胀式温度计种类很多，按制造温度计的材质可分为液体膨胀式（如玻璃液体温度计）、气体膨胀式（如压力式温度计）、固体膨胀式（如双金属温度计）三大类。

6.3.1.1 玻璃液体温度计

在圆形透明的玻璃管内充入不同的液体（多为水银或甲苯、乙醇、煤油等），利用液体的热膨胀特性，实现对温度测量的仪表称为玻璃液体温度计。

（1）测温原理

玻璃液体温度计是一种指示式温度计，根据物质的热胀冷缩原理制成。它利用作为测温介质的液体随温度变化而体积发生变化与玻璃随温度变化而体积变化之差来测量温度，温度计所显示的示值即液体体积与玻璃体积变化的差值。

（2）结构与分类

1）结构

玻璃液体温度计主要由装有感温液（或称测温介质）的感温泡、玻璃毛细管和刻度标尺三部分组成，它们是组成一支温度计的基本条件，如图 6－5 所示。当然不同用途的温度计其结构也不完全相同，例如，有的温度计在玻璃毛细管上有安全泡与中间泡。

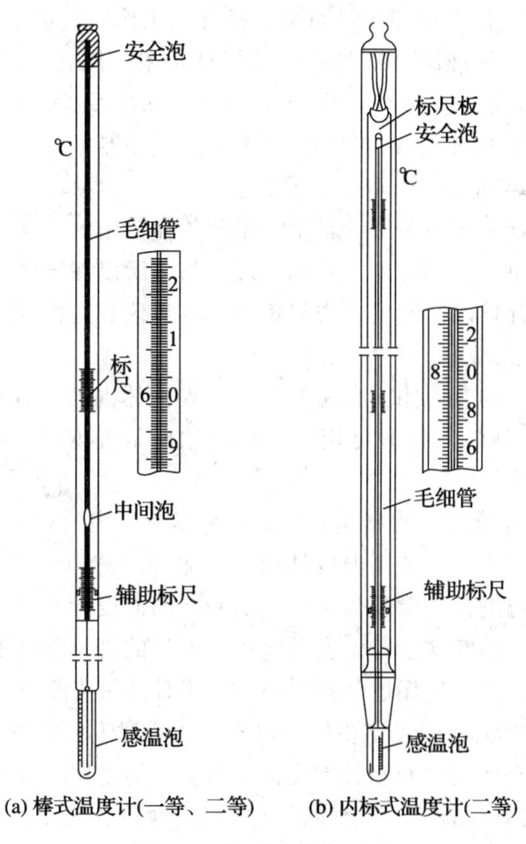

(a) 棒式温度计(一等、二等)　　(b) 内标式温度计(二等)

图 6－5　标准液体温度计

从图 6－5 可以看到，感温泡位于温度计的下端，是玻璃液体温度计的感温部分，可容纳绝大部分的感温液，所以也称为贮液泡。感温泡直接由玻璃毛细管加工制成（称拉泡）或由焊接一段薄壁玻璃管制成（称接泡）。

2）分类

玻璃液体温度计的应用十分广泛，其种类、规格繁多。通常按以下几种情况加以分类：

① 按结构分类，玻璃液体温度计有棒式、内标式和外标式3种。

图6-5（a）为棒式温度计，它具有厚壁的毛细管，温度标尺直接刻度在毛细管表面。玻璃毛细管又分透明棒式和熔有釉带棒式两种。如一等标准水银温度计是透明棒式的，读取示值可从正反两面读数，从而可消除视差，提高测量准确度。二等标准水银温度计是在其玻璃毛细管刻度标尺的背面熔入一条乳白色釉带。其他工作用玻璃温度计有的是熔入白带釉带，有的是熔入彩色釉带，以便读数直观、刻度清晰。

图6-1（b）为内标式温度计，它的刻度标尺刻在白瓷板上。玻璃毛细管紧贴靠在标尺板上，两者一起封装在一个玻璃外套管内。这种温度计读取示值方便清晰，多用于二等标准水银温度计、实验室温度计以及工作用玻璃液体温度计。

外标式温度计，其玻璃毛细管紧贴靠在标尺板上。这种温度计的标尺板可用塑料、金属、木板等材料制成。外标式温度计包括用于测量室温的温度计和气象测量用的最高温度计与最低温度计等。

② 按准确度分类，玻璃液体温度计可分为标准和工作用玻璃液体温度计两大类。

a. 标准水银温度计。标准温度计包括一等标准水银温度计、二等标准水银温度计、标准贝克曼温度计。它们的最小刻度值分别为0.05 ℃、0.1 ℃、0.01 ℃。

一等标准水银温度计主要作为在各级计量部门量值传递使用的标准器。测量范围为－60～＋500 ℃，由14支或18支温度计分段完成。

二等标准水银温度计是作为各级计量部门量值传递使用的标准器。由于该温度计在量值传递时所使用的设备简单、操作方便、数据处理容易，所以在－60～＋500 ℃范围内，可作为工作用玻璃液体温度计，以及其他各类温度计、测温仪表的标准器使用。一套二等标准水银温度计由12支温度计组成。

高精密温度计，是一种专门用于精密测量的玻璃液体温度计，其分度值一般为0.05 ℃或小于0.05 ℃。在检定该温度计时可用一等标准铂电阻温度计作为标准，而不能用一等、二等标准水银温度计。

b. 工作用玻璃液体温度计。直接用在生产和科学实验中的温度计统称为工作用温度计。工作用温度计包括实验室用和工业用温度计两种。

实验室用玻璃液体温度计常常是为一定的实验目的而设计制造的，其准确度比工业用玻璃液体温度计要高，属于精密温度计。实验室用温度计的最小分度值一般为0.1 ℃、0.2 ℃或0.5 ℃。精度最高的实验室用温度计是量热式温度计和贝克曼温度计，它们最小分度值可达0.01 ℃或0.02 ℃，对测量微小温差的分辨率可估读到千分之一摄氏度。

工业用玻璃液体温度计在生产和日常生活中被大量的使用。其种类繁多，根据不同用途冠以不同的名称，如石油产品用玻璃液体温度计、粮食用温度计、气象用温度计等。为了满足各种场合的测温需要，工业用温度计的截面可做成各种不同形状，尾部可弯成不同的角度（90°，135°）。如玻璃截面是三角形的温度计，对毛细管中的水银有放大作用，便于读取示值。

③ 按浸没方式分类，玻璃液体温度计可分为全浸式温度计、局浸式温度计。

全浸式温度计。使用中温度计插入被测介质的深度应当接近于液柱弯月面所指示的位置（一般要求液柱弯月面高出被测介质表面不大于15 mm）。全浸式温度计受环境温度影响很小，故其测量准确度较高。标准温度计都是全浸式。一般在全浸式温度计的背面标有“全浸”字样的标志。

局部浸入式温度计。使用中要将温度计插入到温度计所标志的浸没位置。局浸式温度计的插入深度是固定不变的，这类温度计的大部分露在被测介质之外，故受周围环境温度影响较大，其测量精度低于全浸式温度计。

（3）误差来源

温度计误差来源基本上可分为两大类：一类是玻璃液体温度计在分度或检定时由标准器和标准检定设备带来的。标准器的误差是指标准器本身的不确定度；检定设备的误差包括电测设备的不确定度、恒温槽的温场不均匀性等，这类误差是可以估算的。另一类误差是玻璃液体温度计的特性及测试方法所引起的。下面介绍各项误差的来源及消除方法。

① 读数误差。温度计的读数方法必须正确，否则会带来较大的误差。正确的方法是应使视线与温度计的刻线标尺垂直，读取液柱弯月面的最高点（水银温度计），或最低点（有机液体温度计）

② 标尺位移。由于温度计玻璃发生热膨胀的缘故，内标式温度计的标尺与毛细管的相对位置会发生很小的变化。通常把热膨胀引起的相对位移带来的影响忽略不计，但如果是由于标尺固定位置的移动与损坏而引起的位移，将给温度计带来较大的误差。

③ 零点误差。零点误差是指温度计的零点出现零点相对于零位刻度线上升或下降而造成的误差。零点误差是由于玻璃的热后效引起的。由于贮液泡的体积（在热后效作用时）要比使用以前稍微增大一些，因此这时测定零点就会比使用以前要低。对于一等标准水银温度计来说，零点变化带来的误差可以在计算过程中直接剔除；对于二等标准水银温度计，则应把零点的变化加到修正值内，以消除零点位移带来的误差。

④ 露出液柱的影响。当全浸式温度计由于条件限制而无法全浸使用时，就会因露出液柱的影响而造成示值偏低，需要对露出液柱进行修正。修正公式为

$$\Delta T=KN(T-T_1) \tag{6-27}$$

式中：ΔT——露出液柱的温度修正值；

K——感温液体的视膨胀系数（对于水银，$K=0.000\ 16$ ℃）；

N——露出液柱度数（化整到整度数），$N=T-T_1$，T_1 为温度计在液面处那点的指示刻度；

T_1——借助辅助温度计测出的露出液柱平均温度（辅助温度计放在露出液柱的下部1/4处，注意和被测部位很好地接触）；

T——浸入介质的温度，可由该温度计所指示的温度替代。

局浸式温度计在使用时，如果露出液柱温度与规定露出液柱温度不符，也需要进行修正，其修正公式为

$$\Delta T=KN(25-T_2) \tag{6-28}$$

式中，T_2 为露出液柱的环境温度。

在使用温度计时应先看清是全浸式还是局浸式。若属全浸式应尽可能满足要求，露出液柱只须不影响读数即可。对局浸式温度计，则应按照局浸标志将温度计插到规定深度。

⑤ 非线性误差。非线性误差是指温度计的毛细管孔径不均匀而产生的误差。对于准确度不高的温度计，该误差可以忽略不计。但对于一等、二等标准水银温度计，必须通过修正

消除由于毛细管不均匀造成的误差。

⑥ 滞后误差。它与温度计的种类、长短、感温泡的形状及玻璃的壁厚有关，同时也与被测介质种类、均匀程度、流动状态等因素有关。此外，毛细管壁与工作液柱间的摩擦力以及液柱的表面张力也可产生一定的滞后影响，尤其是在缓慢降温时这方面的影响较大。

⑦ 液柱断裂。由于工作液体中有气泡或因为搬运不慎等原因使得毛细管中的液柱发生断裂，会造成温度计指示失准，引起很大的误差。因此，在使用之前要查看一下是否有液柱断裂现象，应将其修复后再使用。

(4) 使用时的注意事项

为了减小玻璃液体温度计因使用不当而产生的测量误差，在温度计的使用方面，应注意以下几点：

① 使用前应观察温度计有无破裂、液柱有无出现"断柱"等现象。

② 应按温度计规定的浸入深度使用，否则要加以修正。

③ 测量较高或较低的温度时，注意要对温度计进行预热或预冷。

④ 要注意温度计的读数时间，即指温度计插入恒温箱介质一般要经过 5～10 min 后，才可读数。

⑤ 读数时，视线和被检点应处于同一水平上。

⑥ 温度计在使用中应轻拿轻放，避免剧烈振动，使用完后放入盒内存放。

6.3.1.2 压力式温度计

压力式温度计也属于膨胀式温度计。与其他温度计相比，它具有结构简单、防爆、可远距离测量、读数清晰、使用方便等优点，但其测量精度不高，热惯性也较大。目前，我国生产的这类温度计测温范围一般为－80～＋600 ℃。

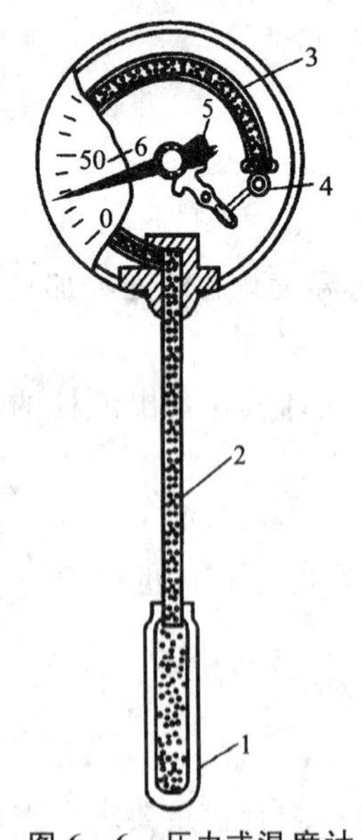

图 6-6 压力式温度计构成示意图

1—温包；2—毛细管；3—弹簧管；4—连杆；5—指针；6—刻度盘

(1) 测温原理

压力式温度计的原理也是基于物质受热膨胀的原理，但它不是靠物质受热膨胀后体积变化来指示温度，而是靠在密闭容器中压力变化来指示温度。

在容器体积保持不变的情况下，温度与液体压力之间的关系可表示为

$$p_t - p_0 = \frac{\alpha}{\beta}(t - t_0) \tag{6-29}$$

式中，p_t 为液体在温度 t 时的压力；p_0 为液体在温度 t_0 时的压力；α 为液体体膨胀系数；β 为液体的压缩系数。

由式 (6-29) 可以看出，当压力式温度计封闭容器系统的体积不变时，液体的压力与温度成一定的函数关系。选择合适的介质，可以做到温度与液体压力呈线性或近似线性的关系。

(2) 结构与分类

1) 结构

压力式温度计是由测温温包与压力表组成的一体化结构，只不过压力表的表盘上是温度刻度。如图 6-6 所示，

它主要由温包、毛细管和压力弹性元件（如弹簧管、波纹管等）组成。三者内腔相通，共同构成一个封闭的空间，内装感温介质。当温包受热后，感温介质膨胀，由于容积是固定的，所以压力升高，使弹簧管变形，自由端产生位移带动指针指示温度。

2）分类

根据装入测温系统内的感温介质的不同，压力式温度计可分为以下3类：

① 气体压力式温度计。测温系统中全部充满气体感温介质（常用氮气）的压力式温度计，这种温度计是等分刻度的，但温包体积较大，故热惯性大。

② 液体压力式温度计。测温系统中全部充满液体感温介质（常用水银、二甲苯或甲醇）的压力式温度计。这种温度计也是等分刻度，温包的体积较小，热惯性比气体温度计小得多。

③ 蒸气压力式温度计。测温系统中，部分充有低沸点蒸发液体感温介质（常用氯甲烷、氯乙烷、乙醚、丙酮等）的压力式温度计。这种温度计是利用低沸点蒸发液体的饱和蒸气压随温度变化而变化来测温的，所以其饱和蒸气压随温度变化是非线的，这也就决定了这种温度计的刻度是非线性的。

（3）使用时的注意事项

使用压力式温度计时，应注意以下几点：

① 温度计的浸入深度。压力式温度计的温包与玻璃液体温度计的感温包作用相似，所以必须将温包全部浸入到被测介质中，同时还要注意不能将毛细管浸入到介质中，否则就会引起测量误差。

② 环境温度的影响。使用温度计时，弹簧管和毛细管所处的环境温度的变化对温度计示值将会产生影响。因为在弹簧管与毛细管内所充的也是感温介质，故若所处的环境温度与分度时不同，就会对示值造成一定的误差。充气式压力计受到的影响最大，充液式压力计受到的影响次之，蒸气式压力计无影响。

③ 使用位置。安装温度计时必须注意温包与表头尽量处于同一高度，否则对蒸气和液体压力式温度计的示值将带来误差。温包高于表头时，示值比实际值大；温包低于表头时，示值比实际值小。对于气体压力式温度计的影响则可以忽略不计。

④ 选择合适的测量范围。在选用这类温度计时，仪表经常工作的温度范围应在刻度范围的1/2～3/4处，这样可以保证测量的准确度。

⑤ 安装。压力式温度计应垂直地安装在无振动、便于读数观察和维护的地方。使用时必须注意保护毛细管，不得剧烈地多次弯曲、冲击或损坏其密闭性。还要避免对毛细管和弹簧管的腐蚀影响。

⑥ 使用压力式温度计时要注意温包不能超过规定的测温上限。

6.3.1.3 双金属温度计

双金属温度计也是膨胀式温度计中的一种。双金属温度计结构简单、耐震动、耐冲击、使用方便、维护容易、价格低廉，无汞害及读数指示明显，适用于震动较大场合的温度测量，在许多场合可以替代工业用玻璃液体温度计，应用广泛。目前，国产双金属温度计的使用温度范围为－80～＋500 ℃，精度为1.0、1.5和2.5级。

（1）测温原理

双金属温度计是利用由不同膨胀系数的两种金属构成的双金属元件（又称双金属片）作为感温元件，对温度进行测量的仪表。

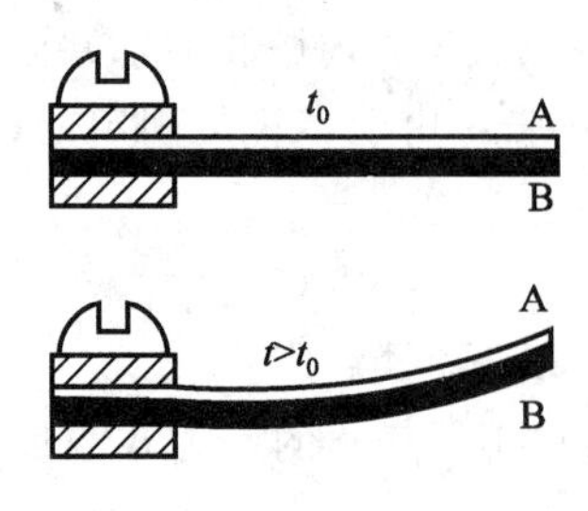

图 6-7 双金属片

双金属片是将两片线膨胀系数不同的金属片叠焊在一起制成的。双金属片受热后，由于膨胀系数大的主动层 B 的膨胀量大于膨胀系数小的被动层 A，造成了双金属片向被动层 A 一侧弯曲，如图 6-7 所示。在规定的温度范围内，双金属片的偏转角与温度有关。为提高测温灵敏度，通常将金属片制成螺旋卷形状。双金属温度计就是利用这一原理制成的。

（2）结构与分类

1）结构

工业上广泛应用的双金属温度计如图 6-8 所示。其感温元件为直螺旋形双金属片，一端固定，另一端连在刻度盘指针的芯轴上。为了使双金属片的弯曲变形显著，要尽量增加双金属片长度。在制造时把双金属片制成螺旋形状，当温度发生变化时，双金属片产生角位移，带动指针指示出相应温度。

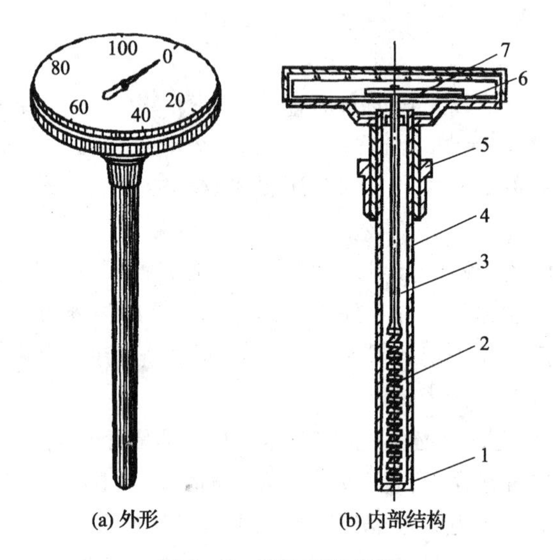

图 6-8 双金属温度计

1—固定端；2—双金属螺旋；3—芯轴；4—外套；5—固定螺帽；6—度盘；7—指针

2）分类

① 轴向型。指保护管的轴线与度盘平面成垂直的形式，如图 6-6 所示。

② 径向型。指保护管的轴线与度盘平面成平行的形式。

③ 万向形。指保护管的轴线与度盘平面的角度可以随意调整的形式。

（3）使用时的注意事项

双金属温度计安装使用中应注意以下方面：

① 保护管的浸入深度：保护管长度小于 300 mm 的，浸入深度应不小于 70 mm，保护管长度大于 300 mm 的，浸入深度不少于 100 mm。

② 安装时应避免碰撞保护管，勿使保护管弯曲变形。

③ 仪表经常工作的温度最好能在刻度范围的 1/2～3/4 处。

④ 仪表应在－30～80 ℃的环境温度内工作。

6.3.2 热电偶温度计

热电偶温度计以热电偶作为感温元件。热电偶是由两根不同的导体（或半导体）A和B焊接或铰接而成，如图6-9所示。A和B称为热电极，也叫热偶丝。焊接的一端称为热电偶的热端、工作端或测量端，测温时放在被测对象中。导线连接的一端称为热电偶的冷端、自由端或参比端。热电偶温度计一般用于测量500 ℃以上的高温，长期使用时其测温上限可达1 300 ℃，短期使用时可达1 600℃，特殊材料制成的热电偶可测量的温度范围为2 000～3 000 ℃。

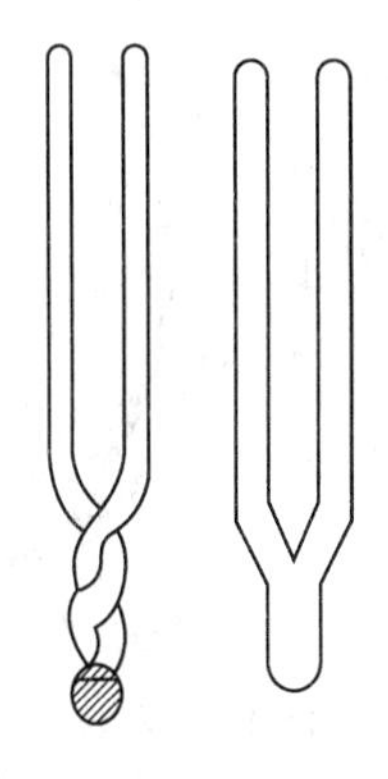

图6-9 热电偶热电极示意图

6.3.2.1 热电偶测温的基本原理

把热电偶的热端置于热源中，所处温度为t，把冷端置于外界环境中，所处温度为t_0。用导线将冷端连接起来，并串接一个毫安表，我们将发现毫安表有电流流过，这种电流叫热电流，产生热电流的电势叫热电势，这种现象称为热电现象。当冷端温度一定时，热电势是测量端t的函数。由物理学可知，此热电势由接触电势和温差电势两部分组成。

(1) 接触电势（珀尔帖电势）

如图6-10所示，当两种电子密度N不相等的均质导体A和B相接触时，由于它们的自由电子密度不同，设$N_A>N_B$，则从A扩散到B的电子数要比从B扩散到A的电子数多，结果A失去电子而带正电荷，B得到电子带负电荷。于是在A、B材料的接触面上便形成了一个方向由A指向B的静电场，这个静电场阻碍电子的进一步扩散。当扩散力与静电场阻力相平衡时，扩散就停止。此时在A、B间造成平衡电位差，这种电位差称为接触电势，也称珀尔帖电势。接触电势的数值取决于A、B材料的性质和接触点的温度，用$e_{AB}(t)$表示。

(2) 温差电势（汤姆逊电势）

如图6-11所示，均质导体A两端温度分别为t和t_0，设$t>t_0$。由于高温端的电子能量比低温端的电子能量大，导体两端电子扩散数量不等，高温端失去电子而带正电荷，低温端得到电子而带负电荷，从而形成一个由高温端指向低温端的静电场。建立的静电场吸引电子从温度低的一端跑向温度高的一端，在一定条件下，达到动态平衡。这时的电位差称为温差电势，也称汤姆逊电势。温差电势的数值取决于材料A的性质和其两端的温度，用$e_A(t,t_0)$表示，$e_A(t,t_0)=e_A(t)-e_A(t_0)$。

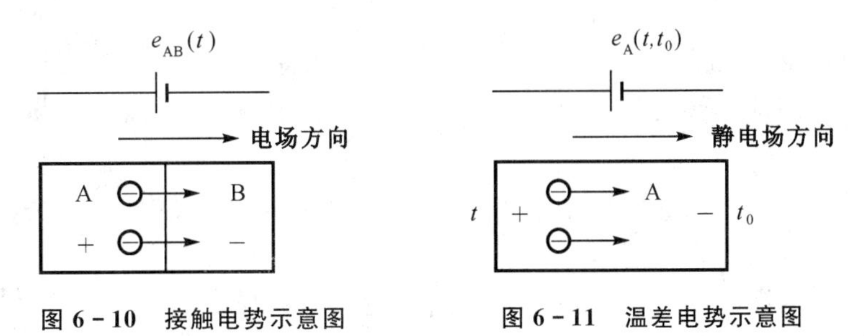

图6-10 接触电势示意图　　图6-11 温差电势示意图

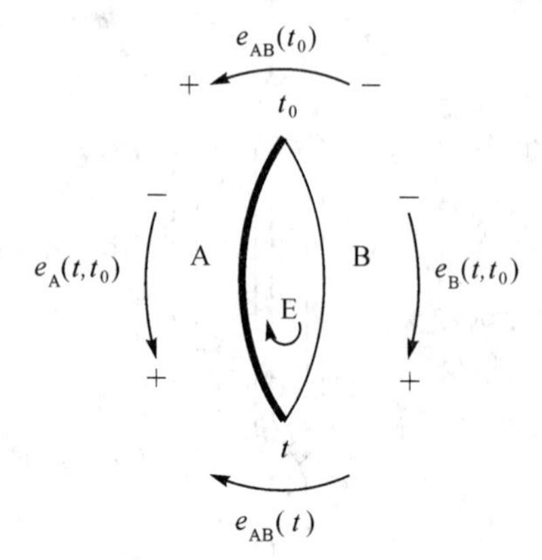

图 6-12　热电偶回路电势

（3）热电偶回路的电势（塞贝克电势）

图 6-12 是由两种不同的导体 A、B 组成的热电偶回路，设 $N_A > N_B$，$t > t_0$，则整个回路热电势 $E_{AB}(t,t_0)$ 由两个接触电势 $e_{AB}(t)$ 及 $e_{AB}(t_0)$ 和两个温差电势 $e_A(t,t_0)$ 及 $e_B(t,t_0)$ 组成，各个电势的方向如图6-12中所示。假设热电偶回路的电势按图中方向计算，则有

$$\begin{aligned}E_{AB}(t,t_0) &= e_{AB}(t) - e_{AB}(t_0) - [e_A(t,t_0) - e_B(t,t_0)] \\ &= [e_{AB}(t) - e_{AB}(t_0)] - [e_A(t) - e_A(t_0) \\ &\quad - e_B(t) + e_B(t_0)] \\ &= [e_{AB}(t) + e_B(t) - e_A(t)] - [e_{AB}(t_0) \\ &\quad + e_B(t_0) - e_A(t_0)] \\ &= f_{AB}(t) - f_{AB}(t_0)\end{aligned} \tag{6-30}$$

式（6-30）的说明：

① 热电偶回路的热电势是热电偶两端温度的函数 $f_{AB}(t)$ 和 $f_{AB}(t_0)$ 之差，不是温度差的函数，热电势与温度的关系不呈线性关系。其大小取决于热电偶两个热电极材料的性质和两端接点温度，而与热电极几何尺寸无关。

② 若将冷端温度 t_0 保持恒定，则对一定的热电偶材料，其总热电势就只是热端温度 t 的单值函数，即 $E_{AB}(t,t_0) = f_{AB}(t) - C$。只要测出热电势的大小，就能得到热端温度（被测温度）的数值。这就是热电偶的测温原理。

热电偶的热电势 $E_{AB}(t,t_0)$ 与温度 t 的数量关系称为热电特性，可用数据表或曲线表示，称为热电偶分度表或分度特性曲线。不同材料制成的热电偶在相同温度下产生的热电势是不同的。迄今为止，热电特性还不能由理论计算确定，通常都是在规定热电偶冷端温度 $t_0 =$ 0 ℃条件下，通过实验实测求出。

6.3.2.2　热电偶的基本定律

利用热电偶测温时要用到以下 3 条基本定律。

（1）均质导体定律

单根均质材料组成的热电偶回路，无论导体上温度如何分布以及导体的粗细长短如何，闭合回路的热电势总是为零。

利用均质导体定律可以检查单支热电极是否均质。将这单一导体闭合成回路，若测得有热电势产生，即说明热电极不是均质材料。

（2）中间导体定律

不同均质导体组成的热电偶回路，当接点温度相同时，回路总热电势仍为零。

由此定律可知，在热电偶回路中接入第三种均质导体，只要中间接入的导体两端具有相同的温度，就不会影响热电偶回路的热电势。中间导体定律为测量仪表接入热电偶回路测量热电势提供了理论基础。测量仪表接入热电偶回路如图 6-13 所示。

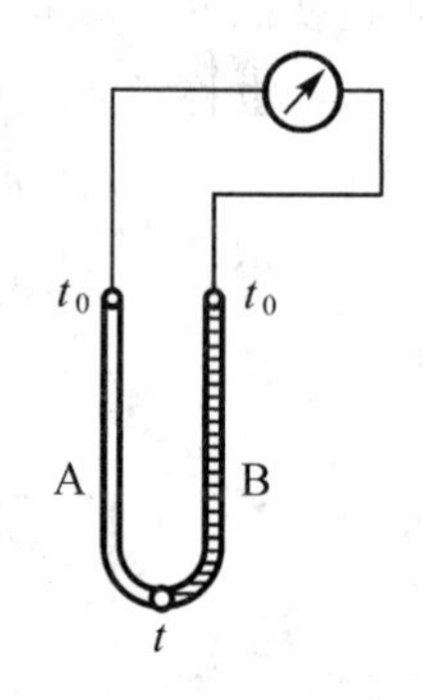

图 6-13　测量仪表接入热电偶回路

（3）中间温度定律

如图 6－14 所示，接点温度为 t_1, t_3 的热电偶产生的热电势等于接点温度分别为 t_1, t_2 和 t_2, t_3 的两支同性质热电偶产生的热电势的代数和，即

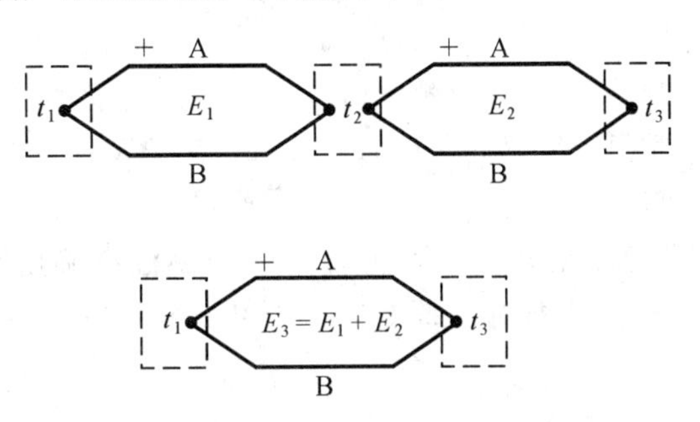

图 6－14　中间温度定律

$$E_{AB}(t_1, t_3) = E_{AB}(t_1, t_2) + E_{AB}(t_2, t_3) \tag{6-31}$$

由式（6－31）可得出

$$E_{AB}(t, 0) = E_{AB}(t, t_n) + E_{AB}(t_n, 0) \tag{6-32}$$

热电偶分度表是冷端温度 $t_0 = 0$ ℃时热电势与热端温度的关系，冷端温度 $t_0 \neq 0$ ℃时不能直接使用分度表。利用中间温度定律便可以在任何冷端温度下使用分度表了。

6.3.2.3　标准化热电偶

标准化热电偶指工业上大量生产和使用，工艺稳定，性能符合专业标准或国家标准，同时具有统一分度表的热电偶。目前国际上公认的、已经标准化的热电偶有铂铑 10-铂热电偶（分度号 S)、铂铑 30-铂铑 6 热电偶（分度号 B)、铂铑 13-铂热电偶（分度号 R)、镍铬-镍硅（镍铬-镍铝）热电偶（分度号 K)、镍铬-康铜热电偶（分度号 E)、铜-康铜热电偶（分度号 T)、铁-康铜热电偶（分度号 J)、镍铬硅-镍硅（分度号 N)。

（1）铂铑 10-铂热电偶（S 型）

这是一种贵金属热电偶，长期最高使用温度为 1 300 ℃，短期最高使用温度为 1 600 ℃。铂铑 10-铂热电偶的物理、化学性能良好，适用于氧化性气氛及中性气氛中使用，在热电偶系列中测量准确度最高，常用于科学研究和准确度要求比较高的测量工作。缺点是热电偶的热电势较小，灵敏度低，价格较贵。

（2）铂铑 13-铂热电偶（R 型）

这种热电偶的基本性能与使用条件和铂铑 10-铂热电偶相同，只是热电势略大些，欧美等国家使用较多。

（3）铂铑 30-铂铑 6 热电偶（B 型）

这是一种贵金属热电偶，它具备 S 型（或 R 型）的优点，长期最高使用温度为 1 600 ℃，短期最高使用温度 1 800 ℃。适用于氧化性气氛及中性气氛，也可短时于真空中使用。它的测温特点是稳定性好，精确度高，一个明显的优点是冷端温度在 0～100 ℃内可以不用补偿导线。这种热电偶的热电势较小，价格较贵。

（4）镍铬-镍硅热电偶（K 型）

这是一种应用十分广泛的贱金属热电偶。这种热电偶测量范围宽，其测温范围为－270

～1 300 ℃，输出热电势较大，线性度好，灵敏度较高；稳定性和均匀性好；抗氧化性能比其他贱热电偶好。适用于氧化性和中性气氛中测温，可短期在还原气氛中使用，但必须外加密封保护管。

（5）镍铬-康铜热电偶（E 型）

这种热电偶适用于－200～800 ℃的测温范围。这种热电偶的热电势率最高，具有稳定性好，价格低廉等优点，适用于氧化性、还原性气氛中测温及在 0 ℃以下测量温度。

（6）铜-康铜热电偶（T 型）

适用于－200～350 ℃的测温范围。其主要特性为测温准确度高，热电性能稳定，在－200～0 ℃下稳定性能更好。低温时灵敏度高且价格低廉，适合在氧化、还原、真空及中性气氛中使用。

（7）铁-康铜热电偶（J 型）

这是一种价格低廉的贱金属热电偶。测温范围为－210～1 200 ℃，但通常使用于 0～760 ℃。适用于氧化性和还原气氛中测温，亦可在真空和中性气氛中测温；具有稳定性好，灵敏度高，价格低廉等优点。

（8）镍铬硅-镍硅（N 型）

这是一种很有发展潜力的标准化镍基合金热电偶。N 型热电偶的抗氧化性能强，能在氧化环境中可靠使用，测温上限至少可到 1200 ℃；在 900 ℃以下，N 型热电偶的热电稳定性比 K 型热电偶更好。在氧化气氛中使用，其热电稳定性和 R 型、S 型热电偶几乎一样。其不能在高温下用于还原性或还原、氧化交替的气氛中，也不能在高温下用于真空环境的测量。

6.3.2.4　热电偶的冷端温度处理方法

由热电偶的测温原理可知，只有当冷端温度不变时，热电势才是热端温度的单值函数。但在实际应用中，由于热电偶冷端放置在距热端很近的大气中，容易受到高温设备和周围环境温度变化的影响，从而使测量得不到准确结果。因此，必须对热电偶冷端温度采取补偿措施。常用的处理办法有以下几种：

（1）冷端恒温法

此方法是将热电偶冷端置于恒温器中，使冷端温度恒定。常用的恒温器有冰点槽和工业恒温箱。冰点槽内充满蒸馏水与碎冰块的混合物，其温度保持为 0 ℃，如图 6－15 所示。为保持良好传热，试管中充有变压器油。冰点槽法是准确度很高的冷端处理方法，一般限于实验室精确测温或热电偶检定时使用。在现场，常使用电加热式恒温箱。这种恒温箱通过接点控制或其他控制方式维持箱内温度恒定（常为 50 ℃）。

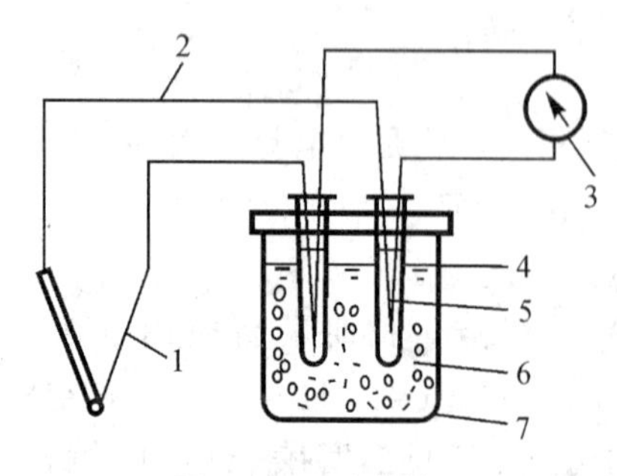

图 6－15　冰点槽法

1—热电偶；2—补偿导线；3—显示仪表；4—试管；5—变压器油；6—冰水混合物；7—容器

（2）计算修正法

如果在热电偶冷端温度为 t_0（$t_0 \neq 0$ ℃）时测得热电势为 $E_{AB}(t,t_0)$，根据热电偶的中间温度定律，可以采用式（6－33）求出 $E_{AB}(t,0)$，再查表得出热端温度 t

$$E_{AB}(t,0)=E_{AB}(t,t_0)+E_{AB}(t_0,0) \quad (6-33)$$

式中：$E_{AB}(t,0)$——冷端为 0 ℃、热端为 t ℃时的热电势；

$E_{AB}(t,t_0)$——冷端为 t_0℃、热端为 t ℃时的热电势，即实测值；

$E_{AB}(t_0,0)$——冷端为 t_0℃时应加的校正值。

此法利用人工进行冷端补偿，在测温现场使用很不方便，只适用于实验室。

现场中利用计算机软件可以方便地实现计算修正。具体方法是：热电偶的输出通过毫伏—电压变换器及模数转换器进入微处理器中。再使用一热电阻测量冷端温度，热电阻的阻值经过欧姆—电压变换器及模数转换器也进入微处理器中。由采样数字量 D_1 和 D_2 分别获得热电偶产生的热电势 $E_{AB}(t,\ t_0)$ 及冷端温度 t_0，然后计算可得 $E_{AB}(t,\ 0)=E_{AB}(t,\ t_0)+E_{AB}(t_0,\ 0)$，再查取存放在计算机存储器中的分度表，便得到数字量 t，这就是热电偶的热端温度值。

(3) 补偿导线法

在测温时，为了使热电偶的冷端温度保持恒定（最好为 0 ℃），可以把热电偶做得很长，使冷端远离热端，并连同测量仪表一起放置到恒温或温度波动较小的地方（如集中在控制室）。但这种方法一方面要耗费许多贵重的金属材料，另一方面使安装使用不方便。因此，一般是用补偿导线和热电偶的冷端相连接，将热电偶的冷端延伸出来，如图 6-16 所示。补偿导线是两种不同的金属丝，在一定的温度范围内（0～100 ℃）和所连接的热电偶具有相同的热电性质。我国规定补偿导线分为补偿型和延伸型两种。补偿型补偿导线的材料与对应的热电偶不同，是用廉价金属制成的，但在低温下它们的热电性质是相同的。延伸型补偿导线的材料与对应的热电偶相同，但其热电性能的准确度要求略低。

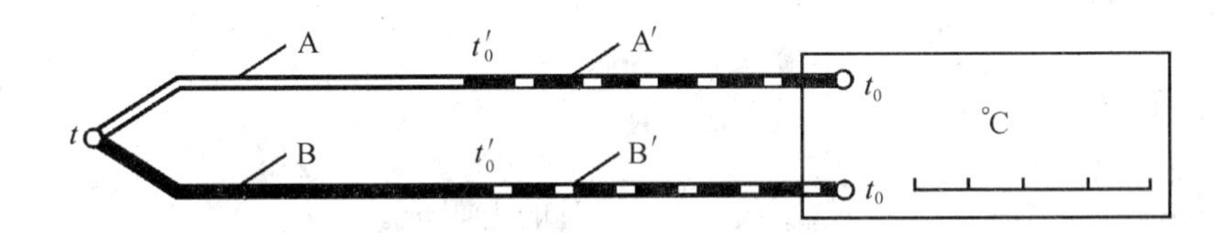

图 6-16 补偿导线在测温回路中的连接

A，B—热电偶热电极；A′，B′—补偿导线；t_0'—热电偶原冷端温度；t_0—新冷端温度

必须指出，补偿导线的作用是将热电偶的冷端延伸到温度相对恒定的地方，其本身并不能起到恒温作用。补偿导线的正负极必须与热电偶的正负极对应相接，两者分度号必须一致，热电偶与补偿导线连接点处温度相同且工作在 100 ℃以下。

(4) 机械零点调整法

当冷端温度 t_0 比较恒定，并且仪表的机械零点又易于调整时，可以采用此法实现冷端温度的补偿。具体的做法是将仪表的机械零点从 0 ℃移动到 t_0 处即可。机械零点调整法比较简单，但如果热电偶冷端温度波动频繁，变化较大，则不宜采用这种修正法。此法一般用于对测量准确度要求不高的场合。

(5) 补偿电桥法（冷端温度补偿器）

补偿电桥法是利用不平衡电桥产生的电压来补偿热电偶冷端温度变化所引起的热电势的变化。将冷端温度补偿器串接到热电偶回路中，当热电偶冷端温度升高而热端温度不变时，其输出电势减小，这时冷端温度补偿器也感受到冷端温度的变化，且其输出增大。当热电偶输出电势减小值等于冷端温度补偿器输出增大值时，可使总输出只随热端温度变化，而与冷端温度的变化无关。此方法可以自动地补偿冷端温度的变化。

6.3.3 热电阻温度计

用热电偶测量500 ℃以下温度时，输出的热电势小，测量精度低。工业上在测量低温时通常使用热电阻温度计。热电阻温度计的测量范围为－200～850 ℃，在特殊情况下，电阻温度计测量的低温可达到平衡氢的三相点温度（13.803 3 K），甚至更低（如铟电阻温度计可测到3.4 K，碳电阻温度计可测到1 K左右）；高温可测到1 000 ℃。热电阻温度计的最大优点是测量精确度高，在中低温（500 ℃以下）下测温，灵敏度高，无冷端温度补偿问题，特别适宜于低温测量。

6.3.3.1 热电阻的测温原理

热电阻温度计就是利用导体（半导体）的电阻值随着温度变化这一特性来进行温度测量的。温度变化所引起的导体（半导体）的电阻变化，通过测量桥路转换成电压（毫伏级）信号，然后送入显示仪表以指示或记录被测温度。

热电阻按材料分为金属测温电阻和半导体热敏电阻。实验证明，大多数金属电阻在温度每升高1 ℃时，其电阻值要增加0.4%～0.6%，而半导体热敏电阻的阻值却减少3%～6%。若能设法测出电阻值的变化，就可相应地确定温度的变化，达到测温的目的。

表征电阻与温度之间灵敏度的参数是电阻温度系数α，它定义为温度每变化1 ℃时，材料电阻的相对变化率，即

$$\alpha=\frac{1}{R}\ \frac{\mathrm{d}R}{\mathrm{d}t}\approx\frac{R_{100}-R_0}{R_0\times 100}\ (℃^{-1}) \tag{6-34}$$

式中，R_{100}表示100 ℃时的电阻值；R_0表示0 ℃时的电阻值。

材料的电阻温度系数α越大，制成的热电阻的灵敏度就越高，测量温度时越容易得到准确的结果。α一般并非常数，在不同的温度下具有不同的数值，且与材料的纯度有关。材料的纯度越高，α值就越大。所以一般多采用纯金属来制造热电阻。金属的纯度可用比值R_{100}/R_0反映。R_{100}/R_0越大，纯度越高，α值就越大。制作热电阻的材料除要求应有较高的电阻温度系数外，其物理化学性质稳定性要好，易于提纯和复制以及价格便宜等。工业中常用的热电阻材料有铂和铜，其次是铁、镍等。

6.3.3.2 标准化热电阻

标准化热电阻是指具有统一分度号、互换性强的工业热电阻，主要有铂热电阻与铜热电阻。

（1）铂热电阻

铂电阻的特点是稳定性好、准确度高、性能可靠，测温范围宽。但在还原性气氛中，特别是在高温下很容易被还原性气体污染，铂丝将变脆，并改变了电阻与温度间的关系。因此，必须用保护套管把电阻体与有害的气氛隔离开来。铂电阻被广泛用于工业上和实验室中。

铂电阻的温度特性可用下列公式表示：

在−200～0 ℃之间，有

$$R_t=R_0[1+At+Bt^2+Ct^3(t-100)] \tag{6-35}$$

在0～850 ℃之间，有

$$R_t=R_0(1+At+Bt^2) \tag{6-36}$$

以上两式中：R_t——t ℃时的电阻值；

R_0——0 ℃时的电阻值；

A，B，C——常数，对于工业用铂电阻，$A=3.908\,3\times10^{-3}$℃$^{-1}$，$B=-5.775\times10^{-7}$℃$^{-2}$，$C=-4.183\times10^{-12}$℃$^{-4}$。

国产标准化工业铂电阻的分度号为Pt10和Pt100，表示其R_0分别为10 Ω及100 Ω。后者用得较多。

(2) 铜热电阻

铜热电阻的价格比较便宜，电阻值与温度几乎是线性关系，且电阻温度系数也比较大，材料容易提纯，工业上在−50～+150 ℃测温范围内使用较多。铜电阻的缺点是容易氧化，其电阻率ρ比较小，所以做成一定阻值的热电阻时体积就不可能很小。一般用在低温及没有腐蚀性的介质中。

铜电阻的分度号是Cu50和Cu100，表示其R_0分别为50 Ω及100 Ω。

铜电阻在其测量范围内的温度特性可用下式表示：

$$R_t=R_0[1+\alpha t+\beta t(t-100)+\gamma t^2(t-100)] \tag{6-37}$$

式中：α，β，γ——常数，对于工业用铜电阻，$\alpha=4.280\times10^{-3}$℃$^{-1}$，$\beta=-9.31\times10^{-8}$℃$^{-2}$，$\gamma=1.23\times10^{-9}$℃$^{-3}$。

工业用铂热电阻、铜热电阻的技术性能如表6-6所示。

表6-6 工业用铂热电阻、铜热电阻的技术性能

热电阻名称	代号	分度号	R_0/Ω		R_{100}/R_0		测温范围/℃	基本误差	
			公称值	允许值	名义值	允许误差		温度范围/℃	允许值/℃
铂热电阻	WZP (IEC)	Pt10 Pt100	10	A级±0.006 B级±0.012	1.385	±0.001	−200～850	A级 −200～850 B级 −200～850	$\Delta t=\pm(0.15+2\times10^{-3}t)$ $\Delta t=\pm(0.3+5\times10^{-3}t)$
			100	A级±0.006 B级±0.012					
铜热电阻	WZC	Cu50 Cu100	50	±0.05	1.428	±0.000 2	−50～150	−50～150	$\Delta t=\pm(0.3+6\times10^{-3}t)$
			100	±0.1					

6.3.3.3 热电阻的测量方法

用来测量热电阻阻值的仪器种类很多。对于精密测量常选用电桥或电位差计，工业生产测温多用自动平衡电桥、不平衡电桥或数字仪表等。

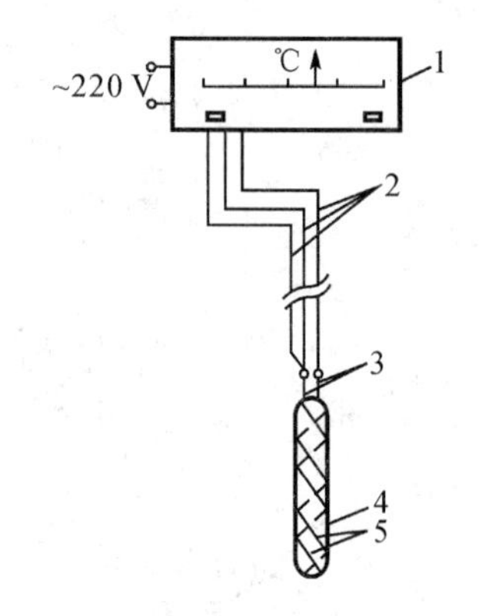

图 6-17　热电阻测温系统

1—显示仪表；2—连接导线；3—引出线；4—云母支架；5—电阻丝

热电阻测温系统如图 6-17 所示。

在测量热电阻阻值时，要注意选择显示仪表与热电阻的连接方式。国产热电阻的引出线有两线制、三线制和四线制三种。在热电阻体的电阻丝两端各连接一根导线的引线方式为两线制，见图 6-18（a）。这种方式在测温时存在引线电阻变化产生的附加误差。在热电阻体的电阻丝的一端连接两根引出线，另一端连接一根引出线，此种引出线方式称三线制，见图 6-18（b）。采用三线制连接的目的是减小引线电阻变化引起的附加误差。在热电阻体的电阻丝两端各连两根引出线，称四线制，见图 6-18（c）。在测温时，它不仅可以消除引出线电阻的影响，还可以消除连接导线间接触电阻及其阻值变化的影响。四线制多用在标准铂热电阻的引出线上。

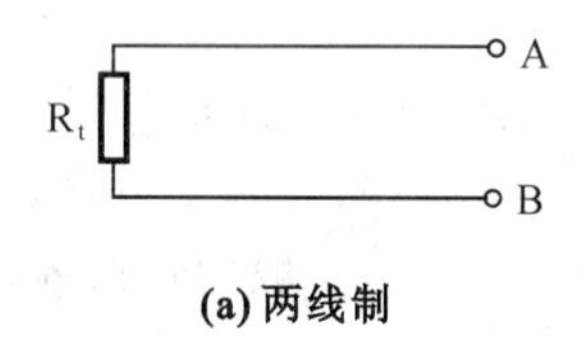

(a) 两线制

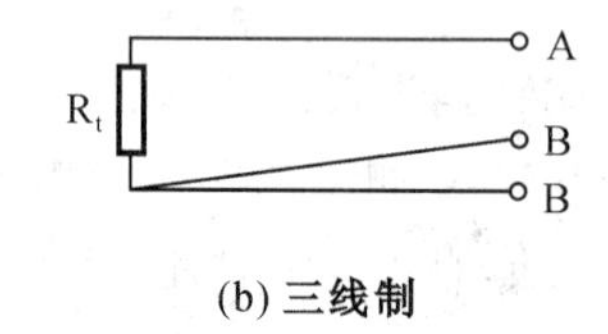

(b) **三线制**

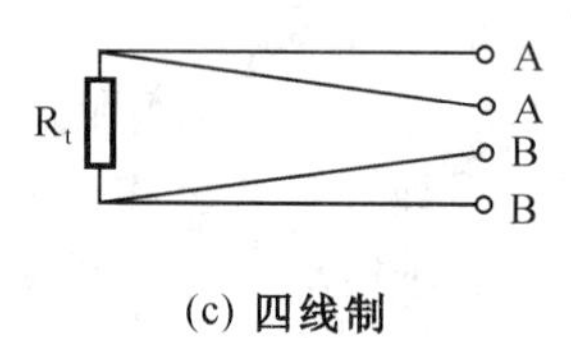

(c) **四线制**

图 6-18　热电阻感温元件的引出线形式

R_t—热电阻感温元件；A，B—接线端子的标号

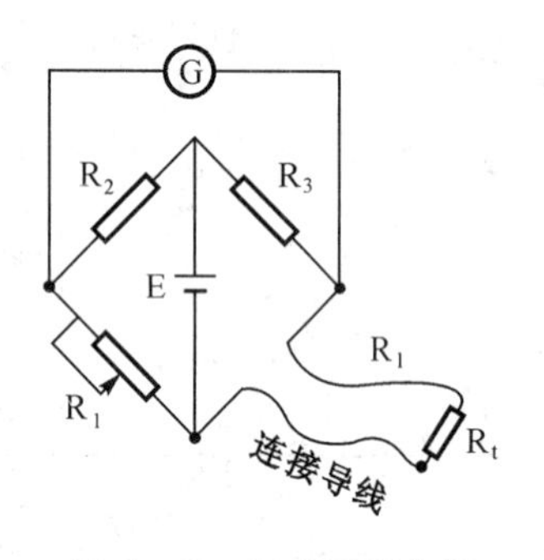

图 6-19　手动平衡电桥测量电阻

下面介绍手动平衡电桥测量电阻的方法。

手动平衡电桥测量电阻的原理线路如图 6-19 所示。图中 R_2 和 R_3 为两个锰铜丝绕制的已知电阻（通常令 $R_2=R_3$），R_1 为可变电阻，R_t 为热电阻，R_l 为连接导线的电阻，G 为检流计，E 为电池。

电桥平衡时，检流计中无电流通过，根据电桥平衡原理

$$R_1R_3=R_2(R_t+R_l) \qquad (6-38)$$

因为 $R_2=R_3$，所以可得 $R_t=R_1-R_l$。在滑线变阻器 R_1 上进行电阻或温度刻度，根据 R_1 的滑动触点位置便可确定热电阻的阻值。

从 $R_t=R_1-R_l$ 可知，R_t 不仅取决于 R_1 的触点位置，还与 R_l 有关，而 R_l 是随环境温度而变化的，这就使测量结果有误差。为了减小此误差，可采用如图 6-20 所示的三线制连接方法，此时电桥的平衡条件为：$R_1+R_W=(R_t+R_W)\dfrac{R_2}{R_3}$，其中 $R_2=R_3$，上式化简后得：$R_t=R_1$，可见三线制接法有利于消除连接导线电阻变化对测量的影响。

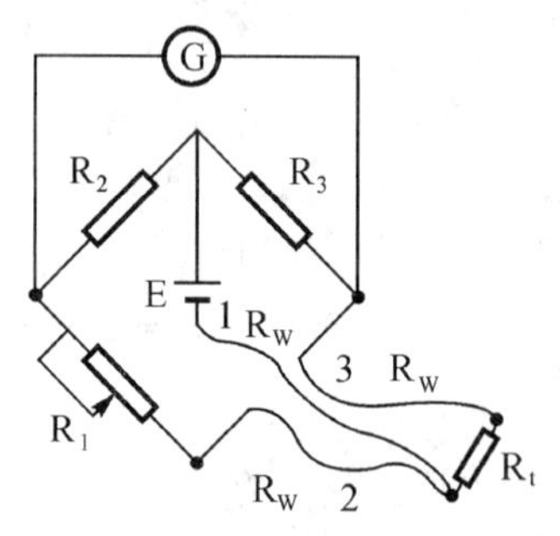

图 6-20　三线制电桥线路

6.3.4 辐射式高温计

辐射式测温仪表测温时任何部分都不与被测对象接触，它通过测量物体的辐射能或与辐射能有关的信号来实现温度测量。

6.3.4.1 辐射测温的基本原理

辐射式测温仪表的理论依据是热辐射理论。热辐射是 0.36～1 000 μm 的电磁波波动过程。任何热力学温度高于绝对零度的物体，会产生这一波段的热辐射；任何物体接受了这一波段的辐射后，会产生热效应（温升）。

普朗克定律确定了全辐射体的光谱辐射出射度 $M_{0\lambda}$ 与波长 λ 和温度 T 的关系，即

$$M_{0\lambda}=c_1\lambda^{-5}(e^{\frac{c_2}{\lambda T}}-1)^{-1} \tag{6-39}$$

式中：c_1——普朗克第一辐射常数，$c_1=3.741\ 3\times10^{-16}\,\mathrm{W\cdot m^2}$；

c_2——普朗克第二辐射常数，$c_2=1.438\ 8\times10^{-2}\,\mathrm{m\cdot K}$。

在 $T<3\ 000$ K 和可见光波长（波长 λ 较小）范围，式（6－39）可以简化成维恩公式

$$M_{0\lambda}=c_1\lambda^{-5}e^{-\frac{c_2}{\lambda T}} \tag{6-40}$$

式中符号含义同式（6－39）。

由式（6－39）和式（6－40）可知，在波长一定时，$M_{0\lambda}$ 就只是温度的单值函数，二者有一一对应关系，这是单色辐射高温计的理论依据。

全辐射体的辐射出射度 M_0 可由斯忒藩-玻耳兹曼定律确定：

$$M_0=\int_0^{\infty}M_{0\lambda}\,d\lambda=\sigma T^4 \tag{6-41}$$

式中：M_0——全辐射体的辐射出射度，$\mathrm{W/m^2}$；

σ——斯忒藩-玻耳兹曼常数，$\sigma=5.670\ 32\times10^{-8}\,\mathrm{W/(m^2\cdot K^4)}$。

可见，辐射出射度 M_0 是温度的单值函数，测得辐射出射度可求出物体的温度，这是全辐射高温计的理论依据。

实际物体不是全辐射体，式（6－39）～式(6－41）用于实际物体时可用以下公式修正：

$$M_\lambda=\varepsilon_\lambda c_1\lambda^{-5}(e^{\frac{c_2}{\lambda T}}-1)^{-1} \tag{6-42}$$

$$M_\lambda=\varepsilon_\lambda c_1\lambda^{-5}e^{-\frac{c_2}{\lambda T}} \tag{6-43}$$

$$M=\varepsilon\cdot\sigma T^4 \tag{6-44}$$

式中：ε_λ——实际物体在波长 λ 下的光谱发射率（光谱黑度）；

ε——实际物体的全辐射发射率（黑度）。

目前工业上常用的辐射式温度计有光学高温计、全辐射高温计、比色高温计和红外测温仪。

6.3.4.2 光学高温计

由式（6－42）可知，在波长一定时，物体的光谱辐射出射度 M_λ 就只是温度的单值函数。只要能测得物体的光谱辐射出射度 M_λ，就能得到物体的温度。但是直接测量光谱辐射出射度比较困难。由物理学可知，物体在高温状态下会发光，具有一定的亮度。物体的光谱辐射亮度（又称单色亮度）与同一波长下的光谱辐射出射度成正比，即

$$L_\lambda = \frac{1}{\pi} M_\lambda \tag{6-45}$$

而 M_λ 与温度 T 有关，所以受热物体的光谱辐射亮度 L_λ 也就反映了该物体的温度。需要说明的是，由于不同物体具有不同的光谱发射率 ε_λ，因而即使它们的亮度相同，它们的温度也是不同的。这就使得按某一种物体的温度刻度的光学高温计不能用来测量光谱发射率不同的另一物体的温度。为使仪表具有通用性，高温计按全辐射体的温度来刻度。当测量实际物体的温度时，所测得的结果不是物体的实际温度，而是对应亮度下全辐射体的温度，称为亮度温度，通过换算才能得到被测物体的真实温度。

若实际物体在波长为 λ、温度为 T 时的单色亮度 L_λ 与全辐射体在波长为 λ、温度为 T_s 时的单色亮度 $L_{0\lambda}$ 相等，则把 T_s 称为该实际物体在波长为 λ 时的亮度温度。根据亮度温度的定义，可推导出实际物体温度 T 与其亮度温度 T_s 的关系：

由于 $$L_\lambda = L_{0\lambda}$$

利用式（6－40）、式（6－43）和式（6－45），可得

$$\frac{1}{\pi}\varepsilon_\lambda c_1 \lambda^{-5} \mathrm{e}^{-\frac{c_2}{\lambda T}} = \frac{1}{\pi} c_1 \lambda^{-5} \mathrm{e}^{-\frac{c_2}{\lambda T_s}}$$

经整理可得

$$T = \frac{c_2 T_s}{\lambda T_s \ln \varepsilon_\lambda + c_2} \tag{6-46}$$

在已知实际物体的光谱发射率 ε_λ 和测得亮度温度 T_s 后，用式（6－46）即可求出物体的真实温度 T。因为 ε_λ 的数值在 0 和 1 之间，故仪表读得的亮度温度总是低于真实温度。

直接测量光谱辐射亮度较难实现，光学高温计采用了亮度比较的方法。具体实现原理为：在光学高温计中装一只亮度可调的灯泡，作为比较光源。该灯泡的光谱辐射亮度与其灯丝的电气参数（电流、电压降或电阻）之间有已知的确定关系。因此，测出其电气参数即知其亮度，进而可知温度值。测温时，在某一波长下用灯丝的光谱辐射亮度与被测物体的光谱辐射亮度进行比较，通过改变灯丝电流人工调整灯丝的亮度，使二者亮度相等，最终实现温度测量。

图 6－21 为国产 WGGZ 型光学高温计的结构原理图。整个光学高温计由光学系统与电气系统两部分组成。光学系统包括物镜、目镜、灯泡、红色滤光片、灰色吸收玻璃等。移动物镜可把被测物体的成像落在灯丝所在平面上。移动目镜使人眼同时清晰地看到被测物体与灯丝的成像，以比较二者的亮度。红色滤光片的作用是与人眼构成“单色器”，以保证在一定波长（0.66 μm 左右）下比较二者的光谱辐射亮度。灰色吸收玻璃只有在需扩展测温量程时才插入使用。电气系统包括灯泡、电源、调整电阻及测量线路。调整电阻可改变灯丝电流，以控制灯丝的亮度。测量线路用来测量与灯丝亮度相应的灯丝的电流、电压降或电阻等电气参数，并最终显示温度示值。在图 6－21 中采用的是测灯丝两端的电压降，不同型号的光学高温计的测量线路各有差异。

使用光学高温计时，人眼看到的图像如图 6－22 所示。在被测对象的背景上有一根灯丝，如背景暗而灯丝发亮，则说明灯丝亮度高于被测物体，应调整灯丝电流使其亮度降低；如背景亮而灯丝发黑，则灯丝亮度比被测物体低，应调整灯丝电流增高灯丝亮度。直到灯丝隐灭而看不清（即灯丝顶部与对象分不清），说明二者亮度相等，即可读取测量结果了。

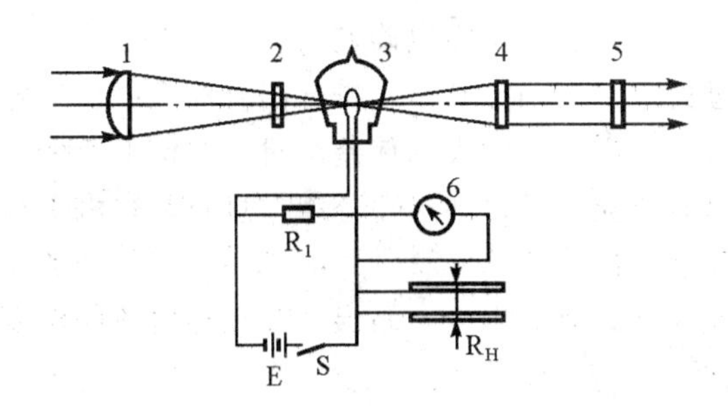

图 6-21　WGGZ 型光学高温计结构原理图

1—物镜；2—灰色吸收玻璃；3—灯泡；4—目镜；5—红色滤光片；6—显示仪表

(a) 灯丝亮度低　(b) 灯丝亮度偏高　(c) 灯丝和物像亮度一致(灯丝隐灭)

图 6-22　灯丝与物像亮度比较

使用光学高温计应注意以下几点：

（1）非全辐射体（非黑体）的影响。被测物体往往是非全辐射体（非黑体），且其光谱发射率 ε_λ 不是常数，它与波长 λ、物体表面情况及温度高低有关。通常将 ε_λ 视为常数，并由式（6-46）修正读数 T_s 得到 T，可认为消除了非全辐射体的影响。

（2）中间介质的影响。光学高温计与被测物体之间的中间介质，如灰尘、水蒸气、烟雾及二氧化碳等对被测物体的辐射能有一定吸收作用，因而造成测温误差。在实际测量时可用压缩空气吹净光路上的杂质，且光学高温计距离被测物体不要太远，一般在 1～2 m 之内比较合适。

（3）反射光的影响。光学高温计不宜测量反射光很强的物体，如日光灯发出的冷光辐射及燃油器喷嘴近口处发出的光辐射，它们的光波段都低于 0.36 μm，属紫外线范围，不属于热辐射。

6.4　热电偶温度计的检定

热电偶温度计是温度测量中使用最为广泛的一种温度计。它结构简单，可靠性高，准确度高，测温范围宽，使用方便，信号便于远传，测温上限可达 3 000 ℃（钨铼系热电偶）。铂铑 10-铂热电偶虽然已退出当前的 ITS-90 温标，但它在温度量值传递系统中仍然作为工作基准的计量器具使用。在温度计量器具的检定系统中，热电偶温度计仍占有很重要的位置。

热电偶在使用的过程中，由于受到测量环境的影响，使用一段时间以后其热电性能会发生变化。当热电偶性能变化超出规定的范围时，其测量值会具有较大的误差。因此，热电偶在使用前或使用一段时间以后要进行检定以确定其误差的大小。

新制造的热电偶通过检定可以确定其是否符合国家标准中所规定的技术条件。标准化的工业热电偶通过检定可以确定它对分度表的偏差。对于非标准化的工业热电偶，通过检定可以确定它的热电势与温度的对应关系，即进行分度。总之，热电偶检定对其在各个领域内的使用来说是非常重要的环节。

6.4.1 标准热电偶

在过去的ITPS－68国际实用温标中，基准铂铑10-铂热电偶定为复现温标的一种法定基准器。在当前的ITS－90国际温标中它已经退出了国际温标，也就是ITS－90温标中不再用铂铑10-铂热电偶来复现温标了。但国际温标咨询委员会（CCT）认为铂铑10-铂热电偶将以次级水平来复现ITS－90温标，这相当于我国温度量值传递系统中的工作基准。根据我国的实际情况，作为工作基准的铂铑10-铂热电偶被改称为标准铂铑10-铂热电偶。对标准铂铑10-铂热电偶的分度采用定点法，它向下一级的一等标准铂铑10-铂热电偶进行温度量值的传递，采用的是比较法。一等标准铂铑10-铂热电偶向二等标准铂铑10-铂热电偶进行温度量值的传递，采用比较法。

我国在热电偶检定传递系统中，在大区级建立工作基准，在省级建立一等标准，地专级及部分企业（大型企业）建立二等标准。

6.4.1.1 标准热电偶 $E \sim t$ 分度计算

现在的科学技术已经能制造出性能稳定，准确度高的热电偶。很多国家都在研究标准热电偶的性能。对于标准热电偶 $E \sim t$ 分度关系的给出从理论上是困难的。因此，都是采用实验研究的方法。英国国家物理研究所提出标准铂铑10-铂热电偶（S型）的 $E \sim t$ 关系须用9次多项式函数表示。美国标准技术研究院提出用7次多项式函数表示 $E \sim t$ 关系。标准热电偶的 $E \sim t$ 分度关系表示为

$$E(t) = \sum_{i=1}^{n} a_i t^i \tag{6-47}$$

推行ITS－90温标后，原来的ITPS－68温标中的基准铂铑10-铂热电偶关于 $E \sim t$ 的分度方法就不能使用了。同样，温度量值传递系统中标准铂铑10-铂热电偶以及标准镍铬-镍硅热电偶、标准铜-康铜热电偶、标准镍铬-金铁热电偶等，其 $E \sim t$ 的分度方法也不能再使用了。在分度方法上前后两个温标相差较多。

对于标准热电偶的分度进行实验研究很显然是要确定某支热电偶的具体的 $E \sim t$ 关系，需要对式（6－47）中的系数 a_i 确定其值的大小。确定的系数 a_i 的值不但对每一点都能有较好的拟合，而且在一个较宽的温度范围内也是适用的，并具有很高的标准度。显然，这需要很大的工作量。实验研究表明，近年标准化、规范化生产制造的某一种型号的热电偶，其热电性能都很接近，两支相同型号的热电偶，其热电势之差 ΔE 的数值较小。研究表明，ΔE 与温度 t 呈简单的多项式函数关系，对于S型、B型热电偶来说，ΔE 与温度 t 的关系为

$$\Delta E = a + bt + ct^2 \tag{6-48}$$

式中的系数 a，b，c 由每支热电偶在3个温度点上测得热电势代入式（6－48）求得。该支热电偶的分度关系为

$$E(t)=E_r(t)+\Delta E \tag{6-49}$$

式中：$E_r(t)$——选定的一支典型热电偶的热电势函数，称为参考函数；

$E(t)$——待确定热电偶热电势函数。

如前所述，很多国家都在研究热电偶的分度关系，并得到了能够实用的分度关系。鉴于ITS-90温标的推行，国际电工委员会（IEC）委托美国标准与技术研究所（NIST）完成了国际通用的8种热电偶的参考函数，并给出与此相一致的新分度表。这里强调说明的一点是，它们给出的参考函数 $E_r(t)$ 并不是代表某种型号热电偶的具体分度关系，它只是代表某种型号热电偶分度关系的参数关系。对于标准热电偶来说，检定时需给出其分度关系，这就要通过检定测试求出该支标准热电偶分度参考函数 $E_r(t)$ 的差值函数 $\Delta E(t)$，最后由式（6-49）求出 $E(t)$。

对于工业热电偶，如果要求得其分度关系，方法同上述标准热电偶。对于一支合格的工业热电偶来说，我们把参考函数视为这支工业热电偶的分度关系，即根据该支工业热电偶的热电势 $E(t)$，由参考函数 $E_r(t)$ 计算出对应的温度或直接查分度表得温度 t。国际电工委员会给出的8种通用的热电偶参考函数 $E_r(t)$，对标准热电偶检定时求取其分度关系 $E(t)\sim t$ 是不可缺少的。

对于S型、B型热电偶求取 $\Delta E(t)$ 中的系数 a、b、c，需在3个温度点分度确定。设3个温度点为 t_1、t_2、t_3（3个温度点是温标中规定的固定点），其值是已知的。通过对S型、B型的某支标准热电偶在3个温度点上的测试，得到热电势 $E(t_1)$、$E(t_2)$、$E(t_3)$，故得差值

$$\begin{cases}\Delta E(t_1)=E(t_1)-E_r(t_1)\\ \Delta E(t_2)=E(t_2)-E_r(t_2)\\ \Delta E(t_3)=E(t_3)-E_r(t_3)\end{cases}$$

由下述方程组求得系数 a、b、c 的值

$$\begin{cases}\Delta E(t_1)=a+bt_1+ct_1^2\\ \Delta E(t_2)=a+bt_2+ct_2^2\\ \Delta E(t_3)=a+bt_3+ct_3^2\end{cases}$$

将求得的系数 a、b、c 的值代入式（6-49）后，化简整理得到S型和B型热电偶的分度计算公式

$$\begin{aligned}E(t)&=E_r(t)+\left[\frac{(t-t_2)(t-t_3)}{(t_1-t_2)(t_1-t_3)}\Delta E(t_1)+\frac{(t-t_1)(t-t_3)}{(t_2-t_1)(t_2-t_3)}\Delta E(t_2)+\right.\\&\qquad\left.\frac{(t-t_1)(t-t_2)}{(t_3-t_1)(t_3-t_2)}\Delta E(t_3)\right]\\&=E_r(t)+[\varphi_1(t)\cdot\Delta E(t_1)+\varphi_2(t)\cdot\Delta E(t_2)+\varphi_3(t)\cdot\Delta E(t_3)]\end{aligned} \tag{6-50}$$

式中，$\varphi_1(t)=\dfrac{(t-t_2)t-t_3}{(t_1-t_2)(t_1-t_3)}$；$\varphi_2(t)=\dfrac{(t-t_1)(t-t_3)}{(t_2-t_1)(t_2-t_3)}$；$\varphi_3(t)=\dfrac{(t-t_1)(t-t_2)}{(t_3-t_1)(t_3-t_2)}$。

可以证明，$\varphi_1(t)+\varphi_2(t)+\varphi_3(t)=1$。

上述方法适用于确定S型、B型标准热电偶，一、二等标准热电偶。

6.4.1.2　标准热电偶的分度误差

分度后的标准热电偶是有误差的。它的分度误差是标准热电偶在各标准等级复现温度的极限误差，它由不确定度 δ 来表示。热电偶的分度误差是由高一级标准器的不确定度 δ_1，该

热电偶本身重复性误差 δ_2，测试仪器误差 δ_3，热电偶参比端温度不均匀误差 δ_4，热电偶短期稳定性误差 δ_5 以及内插式计算误差 δ_6（分度点温度无此项误差）等合成起来的总误差。合成的方法按方和根法，即

$$\delta = \sqrt{\sum_{i=1}^{n} \delta_i^2} \tag{6-51}$$

各类标准热电偶的不确定度见表 6－7。

表 6－7　标准热电偶的不确定度

标准热电偶	铂铑 10-铂		铂铑 30-铂铑 6		标准镍铬-镍硅热电偶	标准铜-康铜热电偶
	一等	二等	一等	二等		
总不确定度 δ	0.6 ℃	1.0 ℃	3.4 ℃	4.0 ℃	2.0 ℃	0.5 ℃

对于标准铂铑 10-铂热电偶，其不确定度为 0.4 ℃；对于标准铂铑 30-铂铑 6 热电偶，其不确定度为 3.1 ℃。

6.4.2　热电偶的检定方法

在热电偶检定中使用的方法有两种：定点法和比较法。

定点法主要用于标准等级较高热电偶的分度检定，如执行 ITS－90 温标后标准铂铑 10-铂热电偶的分度检定，其固定点是 ITS－90 温标规定的锌凝固点（419.527 ℃），铝凝固点（660.323 ℃），铜凝固点（1 084.62 ℃）。该方法准确度高，但设备和操作复杂。

比较法主要用于一、二等标准热电偶的分度检定及工业热电偶的检定。比较法是一种应用广泛的分度检定方法。用比较法检定热电偶时，要以高一等级的热电偶为标准器，通过对检定炉温的测试，由数据处理给出检定规程中要求的评价该热电偶是否合格的技术参数，并给出其分度公式。对于二等标准热电偶，还应给出在适用的温度范围内整百度点上的热电势值。对于普通工业热电偶，通常要求给出规定检定温度点的温度误差。普通工业热电偶规定的检定点温度见表 6－8。

表 6－8　普通工业热电偶检定温度点

热电偶名称	规定检定温度点/℃
铂铑 10-铂（S 型）	419.527，660.323，1 084.62
铂铑 30-铂铑 6（B 型）	1 100，1 300，1 500
镍铬-镍硅（K 型）	400，600，800，1 000，(1 200)
镍铬-康铜（E 型）	(200)，400，600，700

在热电偶的比较法检定中，根据热电偶的接线方式的不同，可以有三种不同的检定测试方法（包括接线方式、读数、数据处理方法），即双极法、同名极法、微差法。本节着重介绍比较法中这三种不同接线方式下的检定测试方法。

6.4.2.1　双极法及数据处理

（1）双极法接线

双极法是三种接线方式中使用最普遍的一种。双极法是将标准热电偶和被检热电偶捆扎

成束后，置于检定炉内同一温度下，用电测设备在各个检定点上分别测量出标准热电偶和被检热电偶的热电势，并进行比较，计算出相应电势值或误差的一种方法，接线方式如图6-20所示。

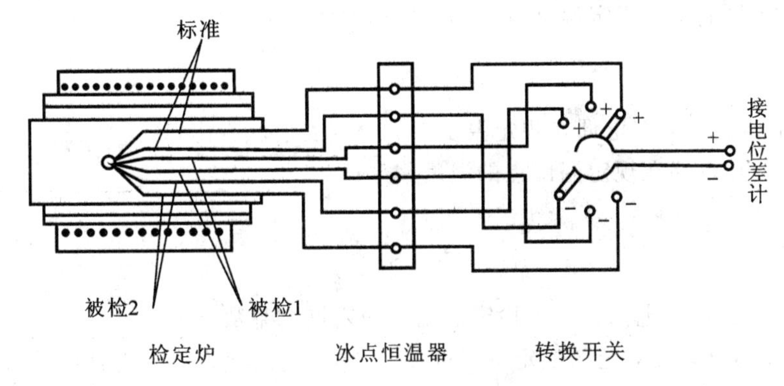

图6-23 双极法接线图

管形电炉稳定在要求的温度点上，在管形电炉的温控器上定温。但在温控器所能稳定的温度未必一定是要求的检定温度点，总会有些差异。温控器能够稳定的电炉温度称为测试温度点。分别测出标准热电偶和被检定热电偶在测试温度点上的热电势值。读数顺序：标准→被检1→被检2→…→标准。每只热电偶的读数不少于2次。

(2) 数据处理

计算出被检定热电偶在规定的检定点温度的热电势

$$e_{被}=\bar{e}_{被测}+\frac{e_{标证}-\bar{e}_{标测}}{S_{标}}\cdot S_{被} \tag{6-52}$$

式中：$e_{被}$——被检定热电偶在规定检定点温度的电势值；

$\bar{e}_{被测}$——被检定热电偶在测试温度点热电势平均值；

$e_{标证}$——标准热电偶在规定点温度的热电势值，由标准热电偶证书提供，已知值；

$\bar{e}_{标测}$——标准热电偶在测试温度点热电势平均值；

$S_{标}$——标准热电偶在规定检定点温度的电势变化率（塞贝克系数），已知值；

$S_{被}$——被检定热电偶在规定检定点温度的电势变化率（塞贝克系数），已知值。

如果被检定热电偶与标准热电偶型号相同，可认为 $S_{标}=S_{被}$，则

$$e_{被}=\bar{e}_{被测}+e_{标证}-\bar{e}_{标测}=e_{标证}+(\bar{e}_{被测}-\bar{e}_{标测})=e_{标证}+\Delta e \tag{6-53}$$

式中，$\Delta e=\bar{e}_{被测}-\bar{e}_{标测}$。

① 如果被检定热电偶是一、二等标准热电偶，求出的 $e_{被}$ 满足规程的要求时为合格。求出的被检热电偶在测试温度点的热电势用于计算在该检定温度点的热电势差值

$$\Delta E(t_1)=e_{被}(t_1)-E_r(t_1) \tag{6-54}$$

同理可计算出 $\Delta E(t_2)$、$\Delta E(t_3)$。由此，根据前述的分度方法可以求得被检定标准热电偶的分度公式

$$E(t)=E_r(t)+(\varphi_1(t))\cdot\Delta E(t_1)+\varphi_2(t)\cdot\Delta E(t_2)+\varphi_3(t)\cdot\Delta E(t_3)] \tag{6-55}$$

式中，$\varphi_1(t)=\frac{(t-t_2)(t-t_3)}{(t_1-t_2)(t_1-t_3)}$；$\varphi_2(t)=\frac{(t-t_1)(t-t_3)}{(t_2-t_1)(t_2-t_3)}$；$\varphi_3(t)=\frac{(t-t_1)(t-t_2)}{(t_3-t_1)(t_3-t_2)}$；$E_r(t)$为被检

定热电偶的参考函数。

② 如果被检定热电偶是普通工业热电偶，则应由计算出的 $e_{被}$ 求出工业热电偶在检定点温度的测量温度值 $t_{被测}$。计算方法如下

a. 求出工业热电偶在规定温度点的热电势偏差值

$$\Delta e = e_{被} - e_{被分} \tag{6-56}$$

式中，$e_{被分}$ 为被检定工业热电偶在规定温度点的分度表值（查出）。

b. 求出工业热电偶在规定温度点的温度偏差值

$$\Delta t = \frac{1}{S_{被}} \Delta e \tag{6-57}$$

式中，$S_{被}$ 为被检工业热电偶在规定检定点温度的塞贝克系数。

被检定工业热电偶在规定的检定点温度偏差 Δt 不超出允许值时为合格。

6.4.2.2 同名极法及数据处理

(1) 同名极法接线

所谓同名极法是指在检定中，被检定的热电偶和标准热电偶型号相同，在各个检定点上分别测出被检定热电偶正极与标准热电偶的正极间的热电势和被检定热电偶负极与标准热电偶负极间的热电势，最后用计算的方法得到被检热电偶的误差或相应的热电势值。被检定热电偶和标准热电偶在测量热电势的过程中接线相互有交联，接线如图 6-24 所示。

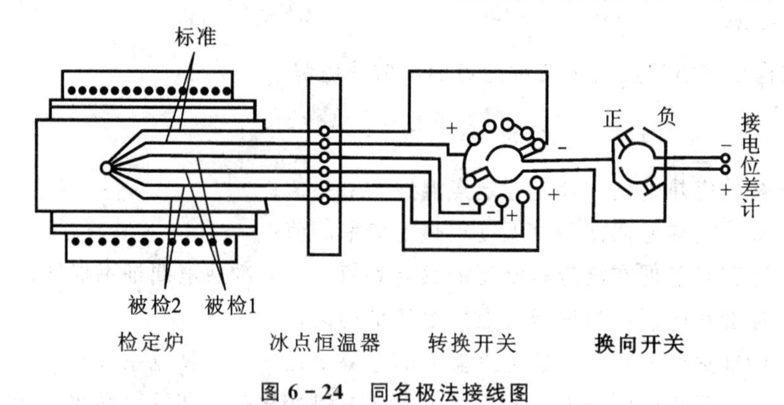

图 6-24 同名极法接线图

管形电炉稳定在要求的温度点上，在管形电炉的温度控制器上定温。但在温控器上所能稳定的温度未必一定是要求的检定的温度点，总会有些差异。与前述相同，把温控器能够稳定的电炉温度称测试温度点。把换向开关打至“正”位置，分别测出（调整转换开关）被检定热电偶正极与标准热电偶正极间的热电势及被检热电偶负极与标准热电偶负极间的热电势，测量读数不少于 2 次。

在测量热电势的过程中如果组合的热电势为负值时，则将换向开关转向“负”位置，测出的热电势值应冠以负号“－”。

(2) 数据处理

计算出被检定热电偶在规定的检定温度点的热电势值

$$e_{被} = e_{标证} + (\bar{e}_{PR测} - \bar{e}_{P测}) = e_{标证} + \Delta e$$

$$\Delta e=\bar{e}_{PR测}-\bar{e}_{P测} \tag{6-58}$$

式中：$e_{被}$——被检定热电偶在规定的检定点上的热电势；

$e_{标证}$——标准热电偶在规定检定点温度的热电势值，由标准热电偶证书提供，已知值；

$\bar{e}_{PR测}$——被检定热电偶正极与标准热电偶正极的组合热电势，由测量值得到；

$\bar{e}_{P测}$——被检定热电偶负极与标准热电偶负极的组合热电势，由测量值得到。

6.4.2.3 微差法及数据处理

(1) 微差法接线

所谓微差法是指在检定中，被检定热电偶与标准热电偶型号相同，将两支热电偶反向串联（测试过程中），测量两支热电偶的热电势的差值。其接线如图 6-25 所示。

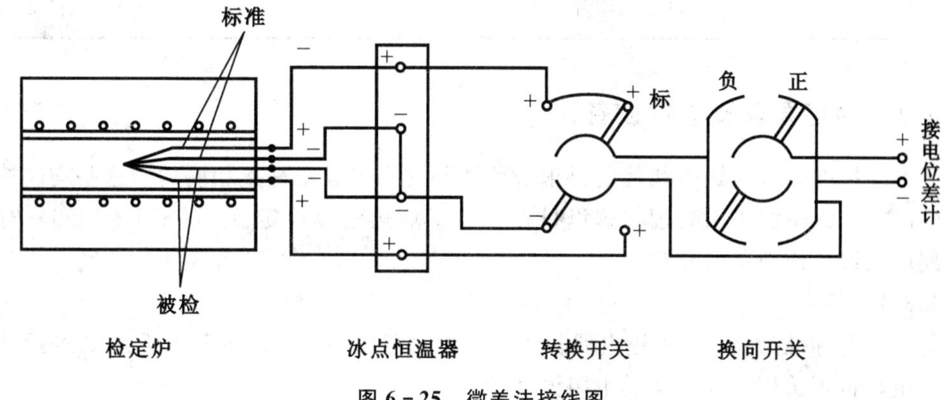

图 6-25 微差法接线图

管形电炉稳定在要求的温度点上，在管形电炉的温度控制器上定温。但在温控器上所稳定的温度未必一定是要求的检定温度点，总会有些差异。与前述相同，把温控器稳定的电炉温度称为测试温度点。把换向开关打至“正”位置，测出被检定热电偶与标准热电偶热电势的差值，读数不少于 2 次。如果测量的电势为负值，将换向开关打向“负”位置，测得数据要冠以负号“－”。

(2) 数据处理

根据微差法接线，其电路原理如图 6-26 所示。

根据图 6-26，显然测出的电势值 $\Delta e=e_{被测}-e_{标测}$。故被检定热电偶在规定的检定温度点的热电势计算式与式（6-53）是相同的，即

$$e_{被}=e_{标证}+(\bar{e}_{被测}-\bar{e}_{标测})=e_{标证}+\Delta e \tag{6-59}$$

式中：Δe——测量值，$\Delta e=\frac{1}{n}\sum_{i=1}^{n}\Delta e_i$；

$e_{标证}$——标准热电偶在规定检定温度点的热电势，由其证书提供，已知值。

求出被检定热电偶在规定温度上的热电势后的数据处理方法同前所述。

以上 3 种接线方式的检定方法，在检定时各有不同的要求，见表 6-9。

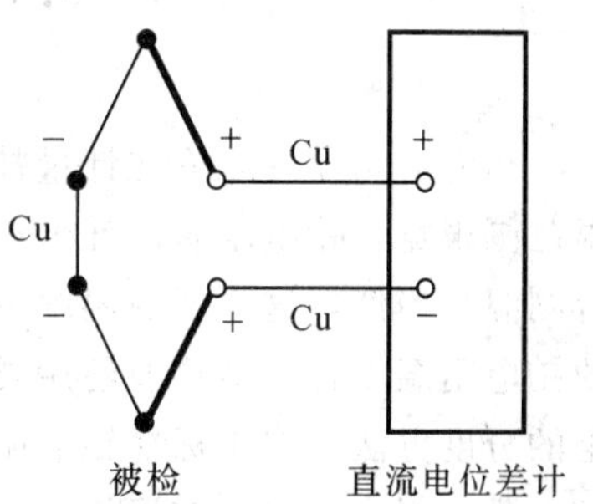

图 6-26 微差法电路原理图

表 6-9　3 种接线方式检定时的要求

	被检、标准热电偶型号	热电偶测量端是否捆扎	对管形炉径向温度场要求	对炉温控制要求	对电测系统要求
双极法	可以不同	捆与不捆均可，测量端靠近	较严	严，测量过程中炉温变化小于 0.5 ℃	不严
同名极法	必须相同	牢固捆扎	不严	不严，±10 ℃波动	严（测量微小电势）
微差法	必须相同	不捆，测量端靠近	最严	不严，±5 ℃波动	严（测量微小电势）

6.4.3　检定要求及检定设备

对于不同标准等级的热电偶检定要求及所需要的检定设备是不相同的。这些均应按照国家指定的检定规程中的要求处理。这里只把普通工业热电偶检定（JJG 351—1996）时的要求及所使用的设备作简单的介绍。

6.4.3.1　标准器

一等、二等标准铂铑 10-铂热电偶各 1 支；测量范围为（－30～300)℃的二等标准水银温度计一组，也可选用二等标准铂电阻温度计。

6.4.3.2　检定设备（主要设备）

（1）恒温油槽（提供中低温度场），在有效工作区域内温差小于 0.2 ℃。

（2）管形电炉（提供高温度场），其长度为 600 mm，加热管内径约为 40 mm；管式炉常用最高温度为 1 200 ℃。

（3）冰点器（冰点槽或 0 ℃恒温器），其内部温度为（0±0.1)℃。

（4）直流电位差计，准确度不低于 0.02 级，最小步进值不大于 1 μV。

（5）读数望远镜。

（6）电源设备。

对于检定设备的技术要求在检定规程中都有明确的要求。

6.5　热电阻温度计的检定

热电阻温度计无论在计量技术还是在工业测温中都是非常重要的一类测温仪表。它的测温范围很宽，铂电阻温度计可以在从比较低的 13.803 3 K 到中、高温的 961.78 ℃范围内进行测温。当然，这么宽的温度范围内不是一种铂电阻温度计能够完成的。适用不同温度范围的铂电阻温度计在结构及使用要求上不尽相同。在 ITS－90 温标中我们已经了解了标准铂电阻的分度方法。对于标准铂电阻温度计和工业热电阻的检定，在方法上、要求上及使用的设备上都有很多不同。在 ITS－90 温标中，铂电阻温度计被列为基准器以复现13.803 3 K～961.78 ℃范围的温标。

用于温度量值传递的标准铂电阻温度计按准确度可分为国家基准、副基准、工作基准、一等标准、二等标准。国家标准（一组基准电阻温度计和复现 7 个固定点的整套装置）由中国计量科学研究院建立并保存。副基准（不确定度与国家基准相当或相近）由中国测试技术研究院建立并保存。工作基准一般由大区级计量所建立，由中国计量科学研究院和中国测试技术研究院负责检定。省级计量研究所建立一等标准。地专级建立二等标准。每一级标准负责向下一级标准进行温度量值的传递。

6.5.1 标准铂电阻温度计

6.5.1.1 标准铂电阻的结构

适用不同温度范围的标准铂电阻温度计其结构及使用要求不尽相同。作为复现 ITS－90 温标的基准铂电阻温度计，其感温元件必须用纯度很高的铂丝绕制。制成的铂电阻温度计的电阻比应至少满足以下两个关系之一：

$$W(29.7646\ ℃)\geqslant 1.11807$$

$$W(-38.8344\ ℃)\leqslant 0.844235$$

当铂电阻温度计能使用到银凝固点时，则还必须满足：

$$W(961.78\ ℃)\geqslant 4.2844$$

目前，常用的标准铂电阻温度计其结构型式有 3 种：① 套管式铂电阻温度计；② 长杆式铂电阻温度计；③ 高温铂电阻温度计。

（1）套管式铂电阻温度计

套管式铂电阻温度计用于 13.8 K～156 ℃温度范围，有时可以达到 232 ℃。套管式铂电阻温度计在水三相点时的电阻约为 25 Ω，灵敏度约为 0.1 Ω/K。使用“冷拔”铂丝采用双绕法绕制而成。感温元件有 4 根引线，也是铂丝，与铂电阻元件焊接后用铂-玻璃封接来密封引出。再把铜引线焊到露出的铂引线上。套管为铂材料，密封状态，管内有氦气，压力为 30 kPa（室温）。使用方法为气浸入方式。其结构如图 6－27 所示。

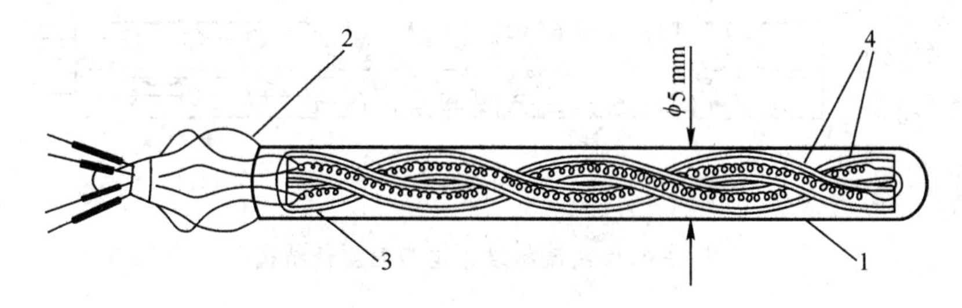

图 6－27　套管式标准铂电阻温度计结构

1—直径为 5 mm，长为 50 mm 的铂套管；2—装在两根玻璃管中的直径为 0.07 mm 的铂丝圈；3—与铂引线的火焰熔接点；4—玻璃-铂密封

（2）长杆式标准铂电阻温度计

长杆式标准铂电阻温度计用于 84 K～660 ℃温度范围的测温。长杆式铂电阻温度计在水三相点时的电阻约为 25 Ω，灵敏度为 0.1 Ω/K。感温元件在石英管中，管内充以空气，室温下管内压力约为 30 kPa。引线与输出接头同套管式铂电阻温度计。当温度计用于 500 ℃

以下时，其绕铂丝的骨架材料常用云母材料。当用于 500 ℃以上时，其骨架材料用耐热玻璃。长杆式铂电阻温度计外部的套管为玻璃材料。其结构如图 6-28 所示。

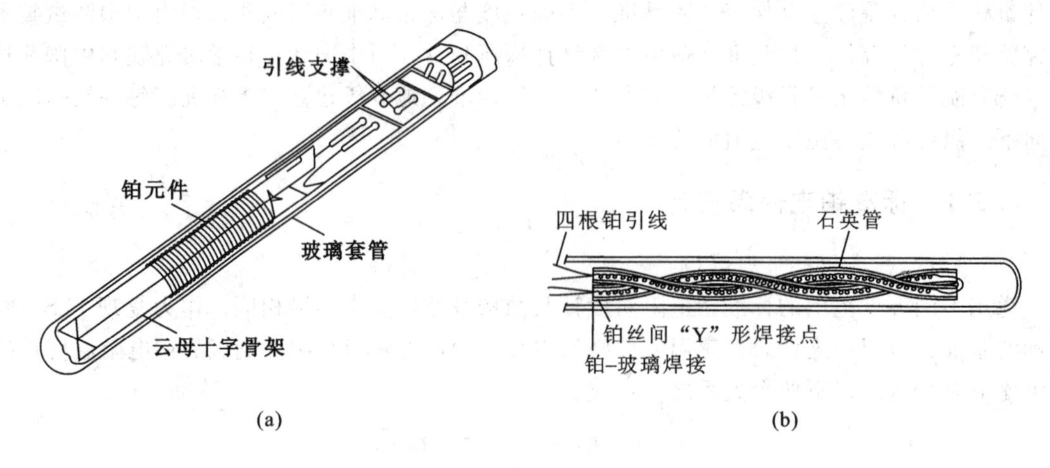

图 6-28 长杆式标准铂电阻温度计结构

(3) 高温铂电阻温度计

高温铂电阻温度计适用于测温上限为 961.78 ℃以下的高温范围。其在水三相点时的电阻共有两种，即 0.25 Ω 与 2.5 Ω。铂电阻温度计是否能适用于高温，关键在于减小电泄漏的影响、套管的消洁处理及保持洁净的方法。这些对铂电阻温度计的使用都有相应规定。高温铂电阻温度计结构如图 6-29 所示。

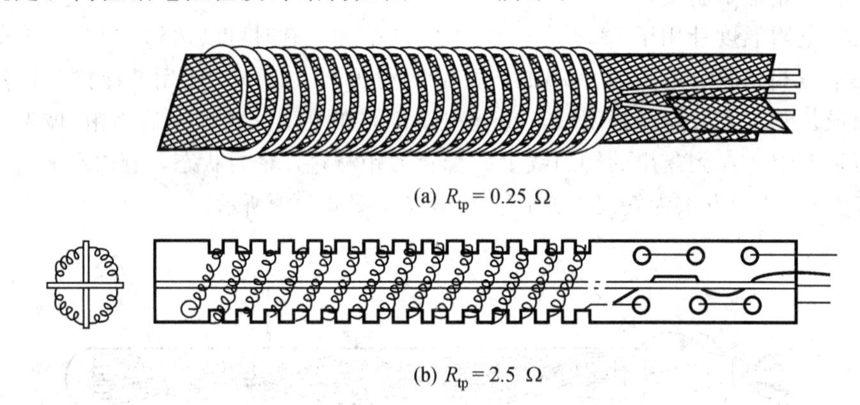

(a) $R_{tp}=0.25\ \Omega$

(b) $R_{tp}=2.5\ \Omega$

图 6-29 高温标准铂电阻温度计结构

6.5.1.2 标准铂电阻温度计的分度计算方法

在 ITS-90 温标中作为复现温标的基准铂电阻温度计，要求在镓熔点（29.764 6 ℃）其电阻比 W(29.764 6 ℃)≥1.118 07，或简写成 W_{Ga}≥1.118 07。这是对基准铂电阻温度计的主要技术要求。对于标准铂电阻的分度即是求取该铂电阻温度计的 $W(t)\sim T$ 关系，得到 $W(t)\sim T$ 的对应关系就可以直接求得温度 T_{90}。当然，也可以求得在镓熔点（29.764 6 ℃）的电阻比 W(29.764 6 ℃)。

标准铂电阻温度计的分度计算常用方法有两种：定点法和比较法。

(1) 定点法

适用于基准、工作基准、一等和二等标准铂电阻温度计。

定点法的检定点温度为 T_{90i}，检定规程要求一般为固定点温度或规定的已知温度。定点法分度计算分为两种情况：

1) 由 $W(T_{90})$ 计算 T_{90}

首先，在 ITS-90 温标中规定的固定点温度 T_j 上进行测量，求出各点上的 $W(T_j)$值。按照 ITS-90 给出的参考函数 $W_r(T)$求出各点上的参考函数值 $W_r(T_j)$。按照偏差函数 $\Delta W(T)=W(T)-W_r(T)$，计算出在 T_j 温度点上的偏差函数 $\Delta W(T_j)$。根据 ITS-90 温标给出的偏差函数 $\Delta W(T)\sim W(T)$的关系，在相应一定数量的固定点温度上列出满足求解偏差函数系数的方程组，求解方程组得到偏差函数的系数值。被分度的标准铂电阻温度计的 $W(T)\sim T$的关系即为

$$W(T)=W_r(T)+\Delta W(T) \tag{6-60}$$

将 $W(T)$值代入式 (6-60) 可直接解出 $W_r(T)$，根据 $W_r(T)$的反函数关系直接计算出 T 值。具体步骤如下：

① 计算 $W(T_{90i})=\dfrac{R(T_{90i})}{R(273.16\ \text{K})}=\dfrac{R(T_{90i})}{R_{\text{tp}}}$

② 利用式 (6-9) 或 (6-11) 计算 $W_r(T_{90i})$；

③ 由偏差方程组 $\Delta W(T_{90i})=f[W(T_{90i})]$，确定偏差函数中的系数 a，b，c_i 的值；

④ 由 $W(T_{90})=W_r(T_{90})+\Delta W(T_{90})$，得 $W_r(T_{90})=W(T_{90})-\Delta W(T_{90})$，使用 $W_r(T_{90})\sim T_{90}$的反函数直接计算 T_{90}。

2) 由 T_{90}计算 $W(T_{90})$

这种方法主要用于给出整百度点上的 $W(T_{90})\sim T_{90}$的对应关系，在热电阻分度时也会用到这种方法。由 T_{90}计算 $W(T_{90})$一般采用迭代计算的方法，计算的过程如下：

① 建立迭代方程：$W_n(T_{90})=W_r(T_{90})+f[W_{n-1}(T_{90})]$，其中，$f[W_{n-1}(T_{90})]$为偏差函数。

② 迭代计算过程：

令初始值 $W_0(T_{90})=W_r(T_{90})$，则有

$$W_1(T_{90})=W_r(T_{90})+f[W_0(T_{90})]$$
$$W_2(T_{90})=W_r(T_{90})+f[W_1(T_{90})]$$
$$\cdots$$

第 n 次计算后，当 $|W_n(T_{90})-W_{n-1}(T_{90})|<Z=10^{-8}$时，则

$$W(T_{90})=W_n(T_{90})$$

以上分度计算方法适用于基准及一、二等标准铂电阻温度计。计算中使用的参考函数 $W_r(T)$ 见式 (6-9) ~式 (6-12)，使用的偏差函数 $\Delta W(T)$ 见式 (6-15) 至式 (6-23)。

[例 6-1] 有某标准铂电阻温度计，试确定其在 83.805 8～273.16 K 温区内的分度计算式。

解： 测量水的三相点、氩三相点、汞三相点的电阻值，由电阻比定义计算得到

$$W(83.805\ 8\text{K})=0.216\ 128\ 27,\quad W(234.315\ 6\ \text{K})=0.844\ 198\ 46$$

查表计算在 83.805 8 K，234.315 6 K 温度的参考函数值

$$W_r(83.8058\ \text{K})=0.21585974,\quad W_r(234.3156\ \text{K})=0.84414220$$

计算偏差值

$$\Delta W(83.8058\ \text{K})=0.00026853,\quad \Delta W(234.3156\ \text{K})=0.00005626$$

由 83.805 8～273.16 K 温区的偏差函数（ITS－90 温标给出）

$$\Delta W(T_{90})=a[W(T_{90})-1]+b[W(T_{90})-1]\ln W(T_{90})$$

得到

$$\begin{cases}0.00026853=a(0.21612827-1)+b(0.21612827-1)\ln 0.21612827\\0.00005626=a(0.84419846-1)+b(0.84419846-1)\ln 0.84419846\end{cases}$$

解上述方程组，得

$$\begin{cases}a=-0.00036340\\b=-0.00001358\end{cases}$$

故求得了该标准铂电阻的偏差函数 $\Delta W(T_{90})=-0.00036340[W(T_{90})-1]-0.00001358[W(T_{90})-1]\ln W(T_{90})$。

因此，该支标准铂电阻温度计的分度计算公式为

$$W(T)=W_r(T)-0.00036340[W(T)-1]-0.00001358[W(T)-1]\ln W(T)$$

式中，$W_r(T)$为 ITS－90 给出的关系式（6－9）或式（6－11）决定的形式。

（2）比较法

检定点温度 T_i 是由恒温装置提供，但未必是规定要求的检定点温度 T_{90i}，此时的计算方法如下：

① 根据标准器标准铂电阻的阻值，计算 $W_{标}(T_i)=\dfrac{R_{标}(T_i)}{R_{标}(273.16\ \text{K})}$，根据被检铂电阻的阻值，计算 $W(T_i)=\dfrac{R(T_i)}{R(273.16\ \text{K})}$；

② 根据 $W_{标}(T_i)$ 计算 T_i，这可由标准铂电阻温度计的分度公式直接计算得到；

③ 计算 T_i（测试点）的参考函数 $W_r(T_i)$；

④ 计算被检铂电阻的偏差函数值（在 T_i 点）：$\Delta W(T_i)=W(T_i)-W_r(T_i)$；

⑤ 由偏差函数方程组，确定偏差函数中的系数 a、b、c_i 的值（注意：此处 a、b、c_i 的确定是在测试点温度 T_i，而非规定的检定点温度 T_{90i}）；

⑥ 此时，得到被检铂电阻的分度计算公式：$W(T)=W_r(T)+\Delta W(T)$；

⑦ 计算规程要求的检定点温度 T_{90i} 的 $W(T_{90_i})$值：由 T_{90i}计算 $W(T_{90i})$，采用迭代近似计算，方法同定点法的要求，特别是评价合格要求的 $W(T_{90i})$ 值要算出。

6.5.2 标准铂电阻温度计的检定

标准铂电阻温度计由于适用的温度范围不同、标准等级不同，所以有多种结构型式。不同型式的标准铂电阻温度计都有其所适用的检定规程。在检定规程中对其针对的标准铂电阻温度计在技术要求，检定设备、检定方法、检定项目、检定结果及检定周期等方面都有明确的要求与规定。表 6－10 列举了几种标准铂电阻温度计检定时主要技术要求。

表 6-10　几种标准铂电阻的主要技术要求

	一等标准套管式铂电阻温度计	一、二等标准长杆式铂电阻温度计	标准铂电阻温度计
检定规程	JJG 350—1994	JJG 859—1994	JJG 160—2007
适用的温度范围	13.803 3～273.16 K	83.805 8～273.16 K	0～419.527 ℃
电阻比 W 要求	W(234.315 6 K) ≤0.844 235	W(234.315 6 K) ≤0.844 235	W(29.764 6 ℃) ≥1.118 07
重复性（分度前后两次测定水的三相点，mK）	≤2.5	一等标准：≤2.5 二等标准：≤5	
稳定性（与上一周期检定结果之差，mK）	检定点 13.803 3 K：≤20 检定点 273.16 K：≤5	一等标准：水三相点≤5； 汞三相点≤10； 氩三相点≤10	一等标准：水三相点≤6； 锡凝固点≤9； 锌凝固点≤12
自热效应（mK）	≤1.5	一等标准：≤3.0 二等标准：≤4.0	一等标准：≤3.0 二等标准：≤4.0
绝缘电阻（温度 15～35 ℃，湿度＜80%时）	＞70 MΩ	＞70 MΩ	＞200 MΩ
检定证书给出的数据	R(273.16 K)； 规定检定点的 W 值； 偏差函数系数值； 不确定度； 检定点上的工作电流	R(273.16 K)； 规定检定点的 W 值； 偏差函数系数值	R(273.16 K)； W_{Ga}，W_{Sn}，W_{Zn}； 偏差函数系数值

对标准铂电阻的检定可用定点法也可用比较法。具体使用哪种方法要考虑到方法的复杂性或难度。比如，检定一种标准套管式铂电阻温度计，规程中规定使用的是比较法。因为在13.803 3～273.16 K 范围内采用定点法时，使用众多的固定点装置有一定的复杂性和难度。而采用比较法要求的检定设备是低温绝热恒温器（带温控装置）。检定一、二等标准长杆式铂电阻温度计时，可以使用定点法也可以使用比较法。使用定点法时，检定设备用汞三相点密封容器复现装置及氩三相点密封容器复现装置即可。

定点法检定的数据处理相对比较法来说简单一些。定点法检定时，测定固定点（规程要求的）的电阻值就可直接按定义计算出在固定点上的电阻比 W 值，检定点温度无须测量，是已知值。而比较法检定时，则需用标准铂电阻温度计和被检铂电阻温度计同时测定恒温装置提供的温度值，由标准铂电阻温度计计算出恒温器的温度（未必是要求的检定点温度）。以此计算偏差函数的系数，再计算出规定的检定点温度的电阻比 W 值。显然，在数据处理上，比较法要比定点法的工作量大一些。

计算要求的检定点的 W 值，一般是采用近似计算的迭代法。现以镓熔点 29.764 6 ℃温度值计算 W(29.764 6 ℃)，说明其计算方法。

在 0～419.527 ℃温区，其标准铂电阻温度计的分度公式为

$$W(t)=W_r(t)+a[W(t)-1]+b[W(t)-1]^2 \quad (6-61)$$

已知 $t=29.7646$ ℃，需计算的电阻比为 W_{Ga}，公式中的 a，b 是计算后的已知值。

令计算的初始值为：$W_{Ga}=W_r(29.7646\ ℃)$（可由参考函数计算出其值）

第一次计算为

$$W_{Ga1}=W_r(29.7646\ ℃)+a[W_{Ga0}-1]+b[W_{Ga0}-1]^2$$

第二次计算为

$$W_{Ga2}=W_r(29.7646\ ℃)+a[W_{Ga1}-1]+b[W_{Ga1}-1]^2$$

…

当 $|W_{Gai}-W_{Ga(-1)}|<1\times10^{-8}$时，可以认为

$$W_{Gai}=W_{Ga}$$

在别的温度范围，除了偏差函数不同外，其计算方法完全相同。

检定标准铂电阻温度计时，除了给出固定点电阻比 W 值和偏差函数 $\Delta W(t)$中的系数 a，b…值外，根据需要还可能要求给出标准铂电阻温度计的 $W(t)\sim t$ 数值分度表。一般给出的分度表中温度间隔可取 2 ℃，5 ℃，10 ℃或 1 ℃。显然，编制 $W(t)\sim t$ 的计算工作量比较大，一般可编制相应的软件，用计算机进行计算。当温度间隔为 5 ℃时，用线性插值法求其间隔内的 $W(t)$值，其对应的温度值 t 的误差不超过 0.001 ℃。

6.5.3 工业铂电阻温度计的检定

工业热电阻首先应满足工业环境的要求，如结实、耐用，其次是满足其他的性能，如复现性、稳定性等。所以，工业热电阻的准确度低于标准铂电阻温度计。工业热电阻的材料、制造工艺都已标准化，有统一的分度，使用方便。

检定工业热电阻温度计采用比较法，对其检定要求、内容、项目、检定设备、数据处理等在相应的检定规程中都有详细的规定。以下只对其数据处理的内容予以介绍。

检定要求给出：0 ℃、100 ℃时的阻值；电阻温度系数 α；0 ℃时温度偏差 $E(0\ ℃)$；电阻温度系数的偏差值 $\Delta\alpha$。根据检定规程的要求评价工业热电阻的合格特性，即 $E(0\ ℃)$、$\Delta\alpha$ 不超过允许值为合格。对于合格的工业热电阻应增加给出测温上限温度的阻值 $R_{上}$。如允许使用上限为 $t=300$ ℃时，要给出 $R(300\ ℃)$。

6.5.3.1 被检定工业热电阻 R（0 ℃）的计算

用标准铂电阻温度计和被检定工业热电阻同时测定冰点槽内冰水混合物（平衡状态）的温度 t_i。由于冰水混合物的水纯度问题，所以在平衡状态下的冰水混合物的温度 $t_i\neq0$ ℃。当然实际操作中，可能存在不完善的操作也使得 $t_i\neq0$ ℃。所以，0 ℃时工业热电阻的 $R(0\ ℃)$是计算出来的，即

$$t_i=\frac{R_{标}(t_i)-R_{标}(0\ ℃)}{\left.\frac{dR}{dt}\right|_{标t=0\ ℃}} \quad (6-62)$$

式中：$R_{标}(0\ ℃)$——标准铂电阻温度计在 0 ℃ 的电阻值

$$R_{标}(0\ ℃)=R_{标tp}/1.0000398$$

其中，$R_{标tp}$为标准铂电阻温度计在水三相点上的电阻值，在证书上可以查到，为已知值；

$\left.\frac{dR}{dt}\right|_{标t=0\ ℃}$——二等标准铂电阻温度计在 0 ℃时的电阻变化率

$$\left.\frac{\mathrm{d}R}{\mathrm{d}t}\right|_{标t=0\ ℃}=0.00399\cdot R_{标}(0\ ℃)$$

所以，被检定工业热电阻的 $R(0\ ℃)$有

$$R(0\ ℃)=R(t_i)-\left.\frac{\mathrm{d}R}{\mathrm{d}t}\right|_{t=0\ ℃}\cdot t_i \tag{6-63}$$

式中：$R(t_i)$——被检定工业热电阻在冰点槽温度 t_i时的电阻值（测量值）；

$\left.\frac{\mathrm{d}R}{\mathrm{d}t}\right|_{t=0\ ℃}$——被检定工业热电阻在 0 ℃时的电阻变化率，是可计算的已知值，

对于工业铂电阻温度计：$\left.\frac{\mathrm{d}R}{\mathrm{d}t}\right|_{t=0\ ℃}=0.00391\cdot R^{*}(0\ ℃)$

对于工业铜电阻温度计：$\left.\frac{\mathrm{d}R}{\mathrm{d}t}\right|_{t=0\ ℃}=0.00428\cdot R^{*}(0\ ℃)$

式中，$R^{*}(0\ ℃)$为被检定工业热电阻在 0 ℃时的名义值（已知）。

6.5.3.2 被检工业热电阻在 0 ℃时的温度偏差 $E(0\ ℃)$

被检工业热电阻在 0 ℃时的温度偏差 $E(0\ ℃)$，可由下式计算：

$$E(0\ ℃)=\frac{R(0\ ℃)-R^{*}(0\ ℃)}{\left.\frac{\mathrm{d}R}{\mathrm{d}t}\right|_{t=0\ ℃}} \tag{6-64}$$

6.5.3.3 被检工业热电阻 α 的计算

工业热电阻温度系数 α 的计算式为

$$\alpha=\frac{R(100\ ℃)-R(0\ ℃)}{100R(0\ ℃)} \tag{6-65}$$

从式（6-65）可以看出 α 的物理意义是 0～100 ℃范围内单位温度电阻的变化率（平均值）。由式（6-65）可知，计算 α 需要测定 100 ℃温度下的电阻值 $R(100\ ℃)$。与前述相同的道理，恒温器提供的温度不一定正好是 100 ℃，总有些差异。因此，100 ℃时的电阻值 $R(100\ ℃)$也是计算出来的。

测量恒温油槽温度 t_b（$t_b\approx 100$ ℃）下的阻值（铂电阻温度计和工业热电阻同时测量），得到 $R_{标}(t_b)$ 和 $R(t_b)$。

计算 t_b与 100 ℃的偏差：

$$\Delta t=t_b-100=\frac{R_{标}(t_b)-R_{标}(100\ ℃)}{\left.\frac{\mathrm{d}R}{\mathrm{d}t}\right|_{标t=100\ ℃}} \tag{6-66}$$

式中：$R_{标}(100℃)$——标准铂电阻温度计在 100 ℃的电阻值，由标准铂电阻温度计证书中给出的分度公式计算求出；

$\left.\frac{\mathrm{d}R}{\mathrm{d}t}\right|_{标t=100\ ℃}$——标准铂电阻温度计在 100 ℃时的电阻变化率，

$$\left.\frac{\mathrm{d}R}{\mathrm{d}t}\right|_{标t=100\ ℃}=0.00387R_{标\mathrm{tp}}$$

计算被检定工业热电阻 100 ℃时的阻值，有

$$R(100\ ℃)=R(t_b)-\left.\frac{\mathrm{d}R}{\mathrm{d}t}\right|_{t=100\ ℃}\cdot\Delta t \tag{6-67}$$

式中：$\left.\frac{\mathrm{d}R}{\mathrm{d}t}\right|_{t=100\ ℃}$——被检定工业热电阻在 100 ℃时的电阻变化率，

对于铂电阻：$\left.\frac{dR}{dt}\right|_{t=100\ ℃}=0.003\ 79R^*(0\ ℃)$

对于铜电阻：$\left.\frac{dR}{dt}\right|_{t=100\ ℃}=0.004\ 28R^*(0\ ℃)$

其中，R^*（0 ℃）为被检定工业热电阻在 0 ℃时的名义值（已知）。

6.5.3.4　电阻温度系数偏差 Δα 的计算

对于工业铂电阻：$\Delta\alpha=\alpha-0.003\ 851$

对于工业铜电阻：$\Delta\alpha=\alpha-0.004\ 280$

偏差值 Δα 应满足检定规程的要求，否则被检工业热电阻为不合格。0 ℃时的温度偏差 E(0 ℃）应满足检定规程的要求，否则被检定工业热电阻为不合格。

6.6　辐射高温计的检定

辐射式温度计的检定系统见图 6－4。由于辐射式温度计检定系统涉及的仪器仪表种类很多，在本节着重介绍标准温度灯、标准光学高温计的检定。

6.6.1　标准检定装置

由图 6－4 可以看出，在各种辐射温度计分度和检定时，必须选用合适的辐射源。常用的辐射源有温度灯、固定点（金属凝固点）黑体和实用黑体空腔。标准光学高温计是检定标准温度灯、标准辐射感温器、比色高温计、红外测温仪的标准器。

6.6.1.1　标准温度灯

温度灯是一种高稳定度的高温辐射源，是用来检定光学（光电）高温计的标准仪器，可复现 800～2 500 ℃范围内的亮度温度。在一定条件下，温度灯的辐射通量与通过的电流强度之间有稳定的确定的关系。因温度灯内的发热体选用钨带为材料，故温度灯又称钨带灯。

温度灯的结构简单、稳定度高、使用方便、易于携带、价格便宜，它的这些特点使其得到了广泛的应用。温度灯是目前国际上最重要最常用的一种标准辐射源。

温度灯主要作为基准器和标准器。基准温度灯组可以复现和保存金凝固点以及 800～2 000 ℃范围的国际实用温标，而量值传递是通过副基准温度灯组予以实现。日常的量值传递工作由几组工作基准温度灯组承担。工作基准温度灯组在光电比较仪上通过与副基准温度灯组进行亮度比较进行分度。它是检定光学高温计的标准器，而标准光学高温计又是检定标准温度灯的标准器。标准温度灯主要用于检定精密光学高温计和工业光学高温计。标准温度灯在光学高温计的检定系统中占有很重要的地位。

温度灯分为真空灯和充气灯两类。真空灯适用于低温范围，又称为低温灯或真空灯。充气灯适用于高温范围，又称为高温灯或充气灯。表 6－11 列出了国产 BW 系列温度灯和进口温度灯的种类及适用的温度范围。

真空温度灯的温度上限一般不超过 1 400 ℃。这是因为真空灯内虽是高真空，可防止钨在高温下的氧化，但在 1 400 ℃以上，钨还会气化。更高温度范围下使用充气温度灯。充气灯内充有惰性气体氮或氩等，以便抑制钨带在高温下的挥发，提高温度灯的寿命和稳定性。

充气温度灯常采用屏蔽结构，从而进一步阻止钨的挥发。所以，屏蔽式的充气温度灯可以用于更高的温度范围。

表 6-11 温度灯种类和温度范围

温度灯型号	种 类	温度范围/℃
BW-1400	真空	800～1 400
BW-2000	充气	1 400～2 000
BW-2500	充气	2 000～2 500
英国福斯特公司温度灯	真空	700～1 500
	充气	1 400～2 200
英国通用电气公司（G. E. C）温度灯	真空	700～1 700
	充气	1 600～2 200
前苏联 CN-10-300	真空	800～1 700
	充气	1 400～1 500

（1）温度灯的结构

温度灯由钨带、支架、指针、引线、泡壳、灯座等组成。钨带是温度灯的辐射体，它由高纯钨材料制成。温度灯的结构组成见图 6-30、图 6-31 和图 6-32。

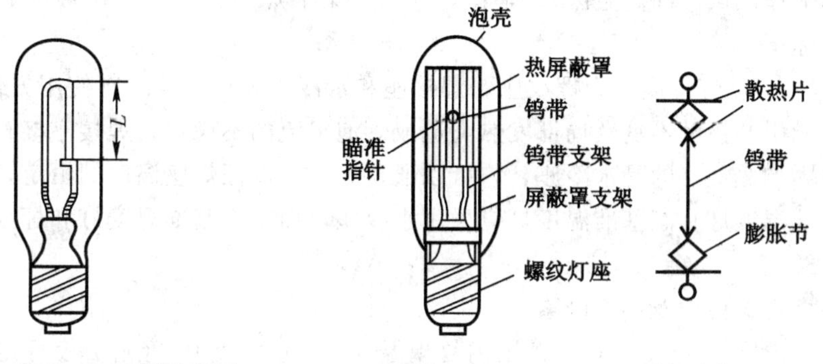

图 6-30 BW-2000 型温度灯

图 6-31 BW-2500 型温度灯

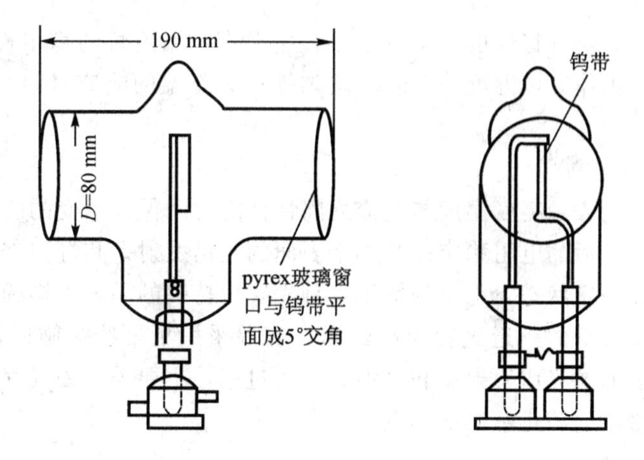

图 6-32 G.E.C 高稳定真空灯

① 钨带。温度灯的发热部分，它的形状及尺寸的设计主要考虑了瞄准目标的尺寸、瞄准温度区域的均匀性以及灯泡电流上限的要求等因素。目前国内使用的温度灯钨带的尺寸与电流的特性见表 6－12。

表 6－12　温度灯钨带尺寸及电气特性

温度灯型号	带长/mm	带宽/mm	带厚/mm	最大电流/A
BW－1400	47	1.60～1.65	0.05～0.06	10
BW－2000	32	1.60～1.65	0.055～0.065	20
BW－2500	20	1.60～1.62	0.055～0.065	28
G. E. C 真空	62	1.5	0.07	14
G. E. C 充气	34	1.5	0.07	21

② 支架。供安装钨带、指针、屏蔽罩。钨带本身均匀平直，其两端与支架焊接在一起。支架一般用镍或钼材料制成，上下支架的铜引线分别接到灯座的正负极。

③ 泡壳。一般采用透明度较高的钼组玻璃或派勒克斯玻璃。泡壳的形状有圆柱形、球形等。泡壳有的带窗口，有的不带窗口。

④ 指针。钨带的瞄准部位由一根指针指示。由于钨带具有温度梯度，所以必须由指针指示钨带的工作区域（即高温区）。常在灯泡的支架上焊一指针，或在钨带上冲一缺口标志或其他特殊标记。

⑤ 灯座。温度灯灯座分为螺纹座、焊接座和水冷座 3 种。螺纹座使用方便、易于携带，但通电后可能引起接触不良及局部发热，造成灯泡电流的不稳定。焊接座接触良好，但易受环境温度的影响。最好的是水冷座，它可以通过水冷来保证灯座温度的恒定，但使用比较麻烦。通常基准温度灯和副基准温度灯应采用水冷座，而工作基准温度灯和标准温度灯则采用焊接座和螺纹座。

（2）温度灯的使用及影响因素

温度灯一般在 800～2 500 ℃范围内复现温度（亮度温度）。经过分度标定的温度灯其电流与亮度温度的关系式是确定的。因此，可以根据电流值的大小得到温度灯在一定波长下的亮度温度。

温度灯在使用时影响其特性的因素有很多，主要有：温度灯的稳定性；环境温度波动；电流极性改变；灯带工作区域温度分布的不均匀性；升降温的响应时间；灯带位置的变化；温度灯对黑体的偏离等。

① 稳定性的影响

温度灯的稳定性是表示亮度温度与电流之间特性随时间保持不变的能力。影响其特性的因素主要有钨带在结晶后的电阻稳定性，钨带表面的光谱发射率和灯泡玻壳的透过率等。

要保持温度灯在一定状态下电阻的恒定，首先要保持钨的晶体结构的稳定和避免钨在高温下挥发损耗。在温度灯的制造过程中已经通过实验采用了一些措施以保持晶体结构的稳定。为了稳定钨带表面的光谱发射率和灯泡壳的透过率，主要采取去气程序和清洁处理，以及采用高纯度的钨带，以防止杂质的挥发。

② 环境温度的影响

温度灯的钨带与周围环境之间的热交换有 3 种形式：热辐射、热对流和热传导。当温度灯处于接近下限温度时，热交换以热传导为主要形式。因此，泡壳周围的空气成了温度灯的冷端，环境温度对钨带温度的影响实质上是一种冷端效应。钨带的热量通过灯带引线、灯头、灯座而散失。因此，钨带存在着一定的温度梯度。环境温度的变化将导致钨带温度梯度的变化，从而引起钨带工作区域温度的变化。所以，在电流恒定的条件下，钨带的亮度温度随着环境温度的变化而产生偏移。

当温度灯温度逐渐升高，热辐射形式的热交换逐渐变强，致使热传导的影响愈来愈小。所以，环境温度的影响在温度灯的下限温度比较显著。一般来说，灯的温度愈高，环境温度对灯带温度的影响愈小。大多数情况下，真空灯高于 1 200 ℃时，充气灯高于 1 600 ℃时，环境温度影响接近于零。

③ 电源极性变换的影响

温度灯为直流供电。直流电流通过具有温度梯度的钨带时，钨带要产生放热和吸热现象。根据物理学中的汤姆森效应，当电流方向是由高温端到低温端时，钨带吸收热量；当电流方向是由低温端到高温端时，钨带放出热量。如果灯带中间温度最高区域的温度梯度等于零时，则不论电流方向如何，都不会有热量的吸收和放出。但温度灯的指针所标记的区域不可能十分准确，总会有些差异，也就是说指针所标记的区域或多或少存在微小的温度梯度。因此，当电流方向改变时，由于吸热、放热的变换而改变了温度灯的亮度温度—电流的特性。这是我们所不希望的。所以，规定温度灯供电电源的极性是非常必要的。

④ 瞄准误差的影响

由于温度灯灯带温度场存在不均匀性，故设置了指针，以指示灯带的瞄准区域。指针所指示的区域为温度均匀性较好的区域。所谓瞄准误差，是指针指示标志位置的差异而产生的对测量的影响。为了减少乃至消除瞄准误差的影响应当做到：a. 所用温度灯架应有调节机构，微调量应达 0.1～0.2 mm；b. 指针标志在保持其刚性条件下，应尽可能地尖细，并尽量接近灯带。

⑤ 升、降温响应时间的影响

温度灯具有很大的惰性，当给温度灯供电一定时间后才会达到热电平衡，趋于稳定。钨带供电之后产生热量，通过放热逐渐达到热平衡。而电平衡过程是当供电以后，由于灯带温度的变化，产生温度灯电阻的变化，进而带来灯带温度的变化。从通电到达到平衡所需要的时间称为稳定时间，有时也称预热时间。

影响温度灯稳定时间的因素除了灯的结构形式外，升温方式也是一个重要的因素。实验表明，国产真空灯从室温升高到 900 ℃，须经 20 min 才能达到 1 ℃以内的偏差；从 900 ℃再升高到 1 000 ℃须经 10 min 才能达到 0.5 ℃以内的偏差。国产充气灯从室温升高到 1 400 ℃，只须经 5 min 即可达到 0.5 ℃以内的偏差。

从上述情况可以看出，真空灯比充气灯的惰性大。每一种温度灯的稳定时间各不相同，如果不充分估计到温度灯的预热时间就会带来误差。温度灯从室温升温到被测温度，预热时间至少需要 20 min，而以后各整百度之间可缩短到 5～10 min，稳定后方可进行亮度比较。

⑥ 温度灯偏离黑体的影响

温度灯是非黑体辐射光源，而非黑体辐射的单色辐射亮度是其波长和光谱发射率的函数。它所指示的只是亮度温度。如果温度灯的分度是在有效波长为 λ_1 的光学高温计上进行的，则其亮度温度 T_{λ_1} 与被测温度 T 的关系为

$$\frac{1}{T}-\frac{1}{T_{\lambda_1}}=\frac{\lambda_1}{c_2}\ln\varepsilon_{\lambda_1} \tag{6-68}$$

当用另一光学高温计在有效波长为 λ_2 下分度时，则其亮度温度 T_{λ_1} 与被测温度 T 的关系为

$$\frac{1}{T}-\frac{1}{T_{\lambda_2}}=\frac{\lambda_2}{c_2}\ln\varepsilon_{\lambda_2} \tag{6-69}$$

式（6-68）与式（6-69）相减后，得到

$$\frac{1}{T_{\lambda_2}}-\frac{1}{T_{\lambda_1}}=\frac{1}{c_2}(\lambda_1\ln\varepsilon_{\lambda_1}-\lambda_2\ln\varepsilon_{\lambda_2}) \tag{6-70}$$

由式（6-70）可以看出，当用具有不同有效波长光学系统的高温计分度同一温度灯时，就会得到不同的亮度温度值。这种差异是由于使用了非黑体辐射源所致。而对绝对黑体来说，不存在上述这种情况。当有效波长偏离 0.005 μm 时，对 2 000 ℃带来的亮度温度差值可达−1.7 ℃。如果偏离 0.01 μm 时，则差值可达−3.5 ℃。对由光学高温计有效波长的差异而产生的亮度温度差值，用下式计算：

$$\Delta T=T_S^2\cdot\frac{\Delta\lambda}{c_2}\ln\varepsilon_c \tag{6-71}$$

式中：T_S——温度灯的亮度温度，K；

ε_c——钨带的颜色发射率；

$\Delta\lambda$——有效波长的变化量，m。

在温度量值传递中，为了估计温度灯偏离黑体所带来的影响，必须考虑不同高温计的有效波长。

6.6.1.2 标准光学高温计

标准光学高温计与工业光学高温计在工作原理上是相同的，在结构和性能方面有所不同。标准光学高温计是用来复现温标的标准器，根据它的复现准确度等级可分为基准光学高温计、工作基准光学高温计、标准光学高温计。它们的外形结构都是相同的。以下着重介绍标准光学高温计。

标准光学高温计是用来分度标准温度灯和检定标准辐射感温器及精密测试仪器的。被测目标最小尺寸（直径）为 1 mm，工作距离为 800～2 000 mm。

（1）标准光学高温计的结构

标准光学高温计本身是一个观察器，它由主体、光学系统、灯泡三部分组成，外形如图 6-33 所示。

① 主体。主体是由支架和基座通过中心回转轴连接而成。它可以在水平方向作 360°旋转，在水平方向和光轴角度可做微动调节，以便对被测目标瞄准，调好并锁紧后可靠地定位。

② 光学系统。望远系统由物镜和目镜组成。物镜直径约为 83 mm，有效直径为 80 mm，焦距为 253 mm，具有 1∶3 的光强比，它能通过物镜使 0.8～2 m 的辐射体成像在灯丝平面上。目镜系统是一个放大倍率为 30 的显微镜。在目镜筒中装有分划板，便于将影像瞄准在视场中心。

吸收器由吸收盘和装在物镜前面的附加吸收玻璃组成。吸收盘置于物镜和灯泡之间，用来减弱被测辐射体的亮度。根据测温范围的需要，将吸收器转换到相应量程的位置。当需用

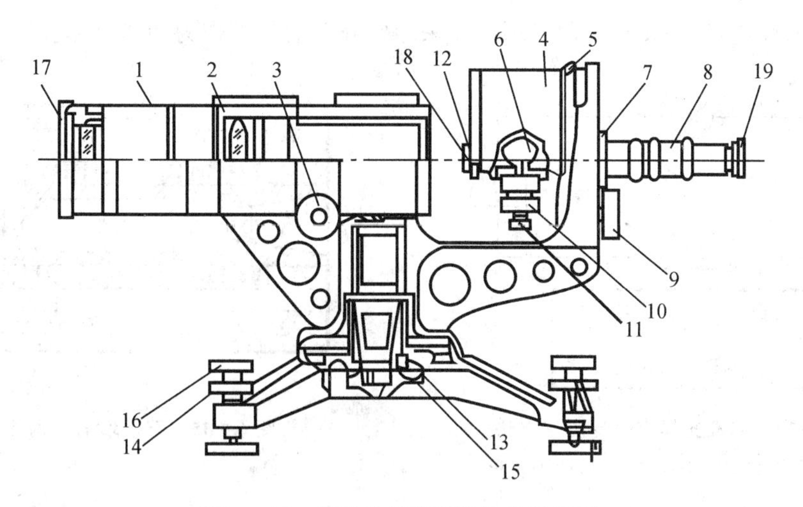

图 6-33　标准光学高温计结构示意图

1—物镜筒；2—物镜；3—物镜调焦旋钮；4—灯箱；5—滤光片组盘；6—灯泡；7—目镜系统固定座；8—目镜；9—灯泡转换手轮；10—灯泡止动螺帽；11—灯泡位置调节螺钉；12—防尘罩；13—主体定位螺钉；14—脚固定螺帽；15—主体旋转手轮；16—水平调节螺钉；17—防尘罩；18—吸收玻璃转盘；19—目镜

第4、第5量程时，应将附加吸收玻璃安装在物镜的前面；不用时，应将吸收玻璃包好，放入专用盒内，避免玷污和损坏。

③ 灯泡组件。标准光学高温计是用来复现实用温标的标准仪器，所以对灯泡的要求相当严格。为了保证示值的高度精确，标准光学高温计中设计有3只标准灯泡。它们组装在灯箱内，用手轮调节可以转换，可以随时检查其分度示值的准确性，从而保证温标传递的可靠性。

灯头安装在球形灯座上，可以调节不同方位。松开螺栓，旋动调节螺钉可使灯泡上下移动。从目镜观察，使灯丝顶端调整在视场中心位置，然后紧锁螺栓，灯泡就固定不动了。每一只灯泡只有灯丝在视场之中时电源才能接通，而其他两只灯泡均处于断路位置。

(2) 标准光学高温计的测量电路

标准光学高温计本身是一个观察器，与之配套使用的仪器有标准电阻、稳压电源、高精度低电势电位差计或者高精度数字电压表，其测量电路如图6-34所示。

在亮度平衡以后，用直流电位差计测量串联在灯丝回路中标准电阻上的端电压。由于标准电阻阻值已知，因此测出电压值就知道了流过灯丝的电流值。根据标准光学高温计的电流—温度特性得出相应的温度值。所配套使用的仪器仪表准确度在相应的标准光学高温计检定规程中都有明确的要求。

6.6.1.3　固定点（金属凝固点）黑体

这类黑体主要是金、银、铜的凝固点黑体，用于分度国家基准、标准等高精度的辐射温度计，由中国计量科学研究院研制并保存。如图6-35所示的石墨坩埚为黑体空腔的核心部分，空腔材料选用纯度为99.99%以上的高纯石墨制成，坩埚底部表面呈V型，以避免直接受镜面反射，其外部分别浸没于纯度达99.999%以上的高纯银、金、铜金属。坩埚出口处做成锥形小角度，在腔口前面配有用铂片制成的光阑。空腔底部有效发射率应达到0.999 9，腔内温度均匀性应在 10 mK 之内。为此，采用钠介质的热管作为加热黑体温度之用。

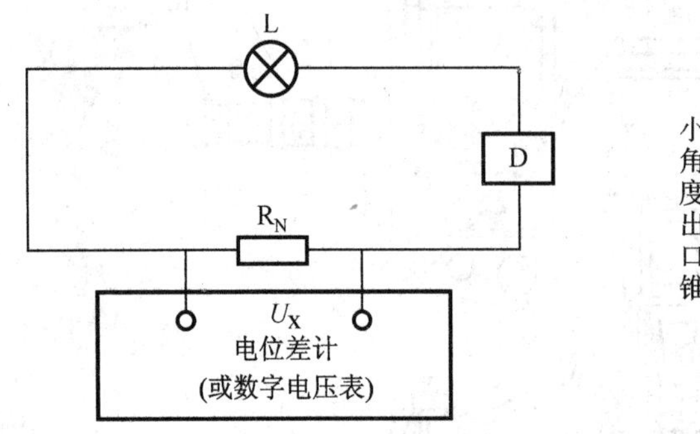

图 6-34 标准光学高温计测量电路

L—高温计灯泡；D—稳流电源；R_N—标准电阻

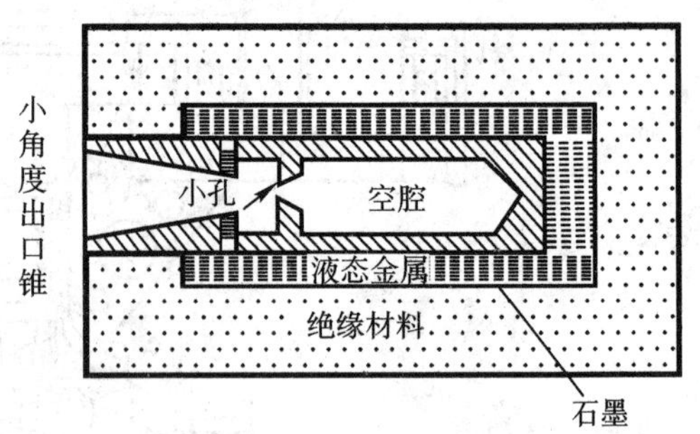

图 6-35 石墨坩埚结构图

6.6.1.4 实用黑体空腔

实用黑体空腔是一种能使温场稳定、均匀，发射率可达 0.99 的辐射热源，简称黑体炉。通常根据其加热温度范围分为高温、中温和低温黑体炉。按照腔体安装形式，黑体炉又可分为立式和卧式两种。

图 6-36 所示为卧式低温黑体空腔，腔体用高导热率的紫铜制成，腔体周围灌有凝固点低于－50 ℃的甲基硅油作为恒温介质，炉内温度以－20 ℃为起始点，低温区域用自然升温法，室温以上用自动控制器控制。为使硅油温度均匀，在油路通道上安置带孔的挡板。工作时开动马达循环硅油。其加热温度范围为－20～＋100 ℃，控温精度为±0.2 ℃。

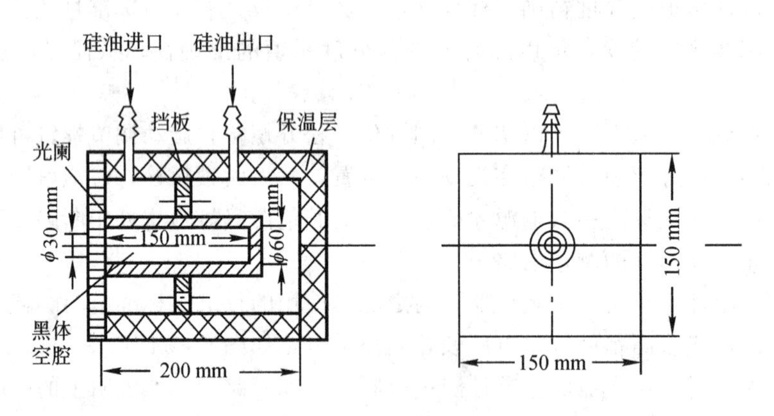

图 6-36 卧式低温黑体炉

图 6-37 为大口径中温黑体炉，腔体长150 mm，直径 50 mm，孔径 22 mm，腔体材料选用不锈钢。黑体炉的后面有一氧化铝套管，用热电偶监测空腔内温度。为了提高腔体有效发射率，腔体底部加工成 V 型槽面，夹角为 45°，槽深为 2 mm。在圆柱壁上设置若干光阑，以遮挡由底壁反射到圆柱壁的辐射。这种黑体空腔加热上限温度为 1 100 ℃，其有效发射率可达 0.99，控温精度可达 0.5 ℃/30 min。

图 6-38 所示高温黑体炉由炉体、控制柜、电源变压器三大部分组成。加热体是一个管式电阻炉。发热体采用石墨管，并在管的中央安装一石墨靶，将发热体分隔成两个黑体腔。

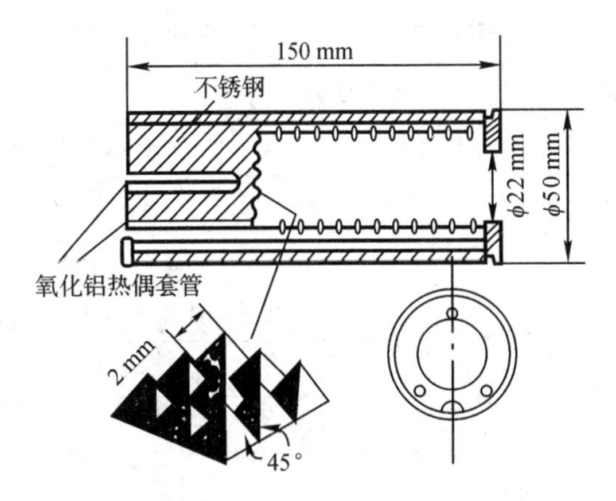

图 6-37　大口径中温黑体炉

在发热体两端通以低电压、大电流，使石墨管加热，由温度控制系统调节加热的电压和电流，达到控温目的。该炉的温度使用范围为 800～3 000 ℃，2 500 ℃以下在真空中使用，2 500～3 000 ℃时充入惰性气体。发热体的石墨管长 700 mm，内径分为 25 mm 和 50 mm 两种。腔体窗口用 10 mm 厚的石英玻璃。炉体外壳和电极用循环水冷却。采用可控硅电路，并用硅光电池控温接收器连接一自动平衡显示仪表和 PID 调节器自动控温。该炉的光谱发射率达 0.99。

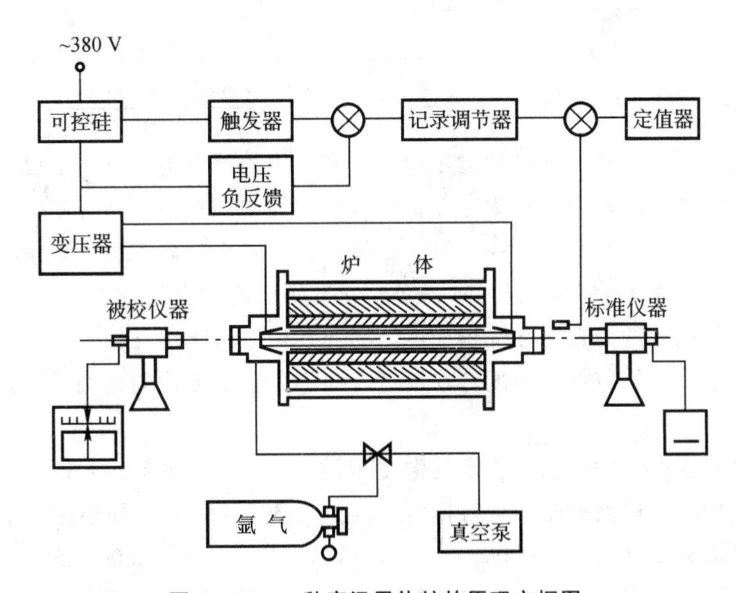

图 6-38　一种高温黑体炉的原理方框图

6.6.2　标准温度灯和标准光学高温计的检定

6.6.2.1　检定设备

检定标准温度灯和标准光学高温计应该具有的相应标准器及电测设备见表 6-13 中所列。全套电流测量装置应保证最大电流和最小电流测量值，应注意标准电阻的阻值及功率的选择正确性。

表 6-13　检定标准温度灯、光学高温计设备的技术要求

	被检仪器		标准光学高温计	标准温度灯	工业用光学高温计
标准器	标准等级		工作基准温度灯组（2套）	标准光学高温计	标准温度灯
	温度范围		800～1 400 ℃	1 400～2 000 ℃	2 000～2 500 ℃
电测仪器	电位差计准确度等级		0.01	0.01	0.05
	检流计		要求检定装置分辨率小于电位差计允许误差的 1/10		
	稳压电源		稳定度应小于电位差计的 1/10		
	标准电阻准确度等级		0.01	0.01	0.05
	电流最小测量值/A	小灯	1×10^{-5}	1×10^{-5}	
		大灯	1×10^{-4}	1×10^{-3}	$1\sim10\times10^{-3}$
稳流设备	输入电压/V		AC 220V±10%，50 Hz		
	输出电流/A		0～30 连续可调	0～1 连续可调	0.01～30 连续可调
	最大输出电压/V		12	4	8
	电流稳定度		0.000 2/20 min	0.000 05/20 min	0.000 1/ min
	波纹系数		<0.1%	<0.1%	<0.1%
蓄电池组	电压/V		12～18	4～6	8～12
	容差/(A·h)		>540	≥100	≥300

当前，在光学高温计和温度灯的检定中，原来使用的蓄电池组基本上已被晶体管稳流电源所代替。但是，在直流稳流电源中存在交流成分的问题。在技术指标中，一般要求电流稳定度要达到0.005%，纹波系数 $\mu<0.1\%$。纹波系数 μ 是指电源中交流分量与直流分量的比值。实验表明，当纹波系数 $\mu<0.1\%$时，交流分量所引起的亮度偏差约在 10^{-6} 数量级，它所对应的亮度温度偏差约为百分之几摄氏度。因此，可以忽略不计。

安装温度灯的支架，应保证温度灯在任意方向和位置上能均匀地调节和固定。

6.6.2.2　检定方法

标准温度灯和标准光学高温计检定的温度范围一般在 800～2 000 ℃，在此范围内检定方法采用亮度比较法。根据需要，可将检定范围扩大到 2 500 ℃。如果送检单位要求把高温计的检定范围扩大到 3 200 ℃，则在 2 000～3 200 ℃或 2 600～3 200 ℃范围可以采用计算方法。检定规程中已对检定方法作了明确的规定，这里仅对几个主要步骤概括如下：

(1) 标准光学高温计与温度灯的安装要求

温度灯和标准光学高温计的测量线路分为稳压电源供电和蓄电池组供电两种，如图 6-39、图 6-40 所示。接线中，一定要注意电源极性的正确连接。正确调节温度灯和高温计的工作位置，使得光学高温计的光轴位于水平位置；从目镜观察温度灯，使高温计灯丝的工作部分与指针标志的影像清晰地重合，并使灯带旁和背后的指针（或白点箭头标志）处于同一水平面上，后指针应刚好接触到钨带一侧的边缘，以保证有一个正确的瞄准位置和瞄准精度；然后，将高温计的红色滤光片和吸收玻璃置于规定的位置。

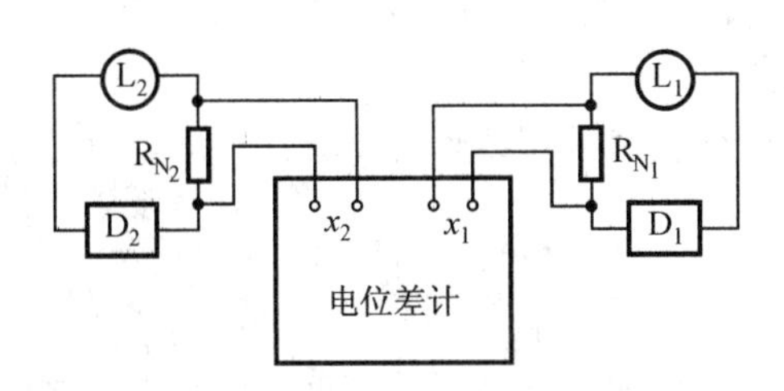

图 6-39 用稳压电源供电的线路图

L_1—温度灯；L_2—标准高温计灯泡；

R_{N_1}，R_{N_2}—标准电阻；D_1，D_2—稳流电源

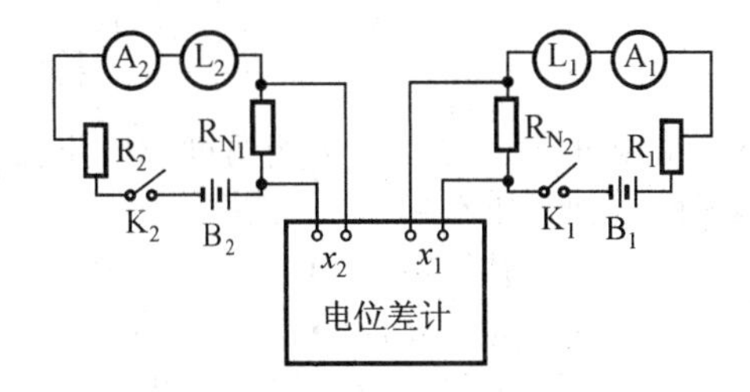

图 6-40 用蓄电池组供电的线路图

R_{N_2}—标准电阻；L_1—温度灯；L_2—标准高温计灯泡；

R_{N_1}，R_1，R_2—调节电阻；A_1，A_2—安培表；

B_1，B_2—蓄电池组；K_1，K_2—电源开关

(2) 灯泡的稳定时间

温度灯和标准光学高温计的分度与检定实质上是要确定灯泡在辐射平衡状态下电流与亮度温度的函数关系。在灯泡不处于热平衡状态时，这种分度与检定会产生较大误差，使分度检定失去意义。

在升温和降温过程中，灯泡由非辐射平衡状态到辐射平衡状态总要经历一段时间，这就是稳定时间。不同灯泡稳定时间是不同的。对于国产的标准光学高温计灯泡，检定规程规定，在起始温度点上稳定时间需要 20 min，而后每升高 100 ℃的稳定时间是 5 min。对标准光学高温计的这些规定是依据实验结果得到的。

(3) 偏离检定点温度的要求

检定标准光学高温计时，对偏离检定点温度的要求为±1 ℃；检定标准温度灯时，一般不超过±2 ℃。

(4) 亮度平衡方式

检定规程指出，在检定点附近做亮度平衡时，应由低到高，由高到低地交替进行。也就是高温计灯丝在温度灯灯带的背景上由暗到亮，由亮到暗交错平衡，以消除人眼灵敏阈产生的误差。一般要求不同的观察者完成 10 次观测读数，取平均值作为测量结果，以提高亮度平衡的准确度。

标准光学高温计 10 次观测数据最大的发散值在 800～1 400 ℃范围内不应超过±2 ℃；在 1 400～2 000 ℃范围内不应超过±3 ℃；在 2 000～2 500 ℃范围内不应超过±4 ℃。如果超过要求的值，则应重新进行亮度平衡。如果两个观测者读数之间始终存在较大偏差，则应查明原因。

用标准光电高温计进行亮度平衡时，由于光电倍增管噪声和暗电流的影响，指零仪表若在零线中心摆动，此时可认为已达到亮度平衡。

6.6.2.3 检定结果的处理

(1) 计算标准器（温度灯或标准光学高温计）的电流-亮度变化率

求取温度灯或标准光学高温计的电流-亮度变化率，可采用线性插值法或微分法。

采用线性插值法是依据给出的温度灯或光学高温计的整百度温度点电流—温度对应关系数据，用式（6-72）计算

$$\left.\frac{\mathrm{d}i}{\mathrm{d}t}\right|_{t}=\frac{i_{t+100}-i_{t-100}}{200} \tag{6-72}$$

对于一个温度范围的上下两端温度点的电流—温度变化率采用线性外推方法，如温度范围为$t_{上}\sim t_{下}$时，则计算公式为

$$\left.\frac{\mathrm{d}i}{\mathrm{d}t}\right|_{t_{下}}=\left.\frac{\mathrm{d}i}{\mathrm{d}t}\right|_{t_{下+100}}-\left.\frac{\mathrm{d}i}{\mathrm{d}t}\right|_{t_{下+200}};\quad \left.\frac{\mathrm{d}i}{\mathrm{d}t}\right|_{t_{上}}=\left.\frac{\mathrm{d}i}{\mathrm{d}t}\right|_{t_{上-100}}-\left.\frac{\mathrm{d}i}{\mathrm{d}t}\right|_{t_{上-200}} \tag{6-73}$$

采用微分法求取电流—温度变化率时，根据温度灯或光学高温计亮度温度与电流之间的函数关系（经验公式），一般表示成高次多项式形式，即

$$i=a+bt+ct^{2}+dt^{3} \tag{6-74}$$

通过对上式微分得到

$$\left.\frac{\mathrm{d}i}{\mathrm{d}t}\right|_{t}=b+2ct+3dt^{2} \tag{6-75}$$

式（6-74）中的参数a、b、c、d已知时，把各整百度温度值代入，即可得到各对应温度点下的$\frac{\mathrm{d}i}{\mathrm{d}t}$值；当参数未知时，要根据实验数据，应用最小二乘法求取参数a、b、c、d的最佳估计值。

对于温度灯或标准光学高温计的电流—亮度温度的关系也可以采用二次曲线，即

$$i=a+bt+ct^{2} \tag{6-76}$$

此时，对式（6-76）微分，可得

$$\left.\frac{\mathrm{d}i}{\mathrm{d}t}\right|_{t}=b+2ct \tag{6-77}$$

（2）计算实际检测点温度与整百度温度点的温度差Δt_J

① 计算标准器实际测量的平均值$\overline{i_n}$；

② 计算Δt_J

$$\Delta t_J=t_n-t_{NJ}=\frac{\overline{i_n}-i_{NJ}}{\left.\frac{\mathrm{d}i}{\mathrm{d}t}\right|_{t_J}} \tag{6-78}$$

式中：t_n——标准器的实际亮度温度，℃；

t_{NJ}——标准器整百度亮度温度，℃；

$\overline{i_n}$——标准器实测电流平均值，A；

i_{NJ}——标准器整百度对应的电流值（证书上提供），A；

t_J——整百度温度，℃。

（3）计算被检温度灯或光学高温计的示值误差

① 计算被检仪器实测的电流平均值$\overline{i_b}$；

② 计算被检仪器整百度温度t_J的电流—亮度温度变化率

$$\left.\left(\frac{\mathrm{d}i}{\mathrm{d}t}\right)_b\right|_{t_J}=\frac{i_{b(J+1)}-i_{b(J-1)}}{t_{J+1}-t_{J-1}} \tag{6-79}$$

式中：t_{J+1}、t_{J-1}——t_J温度点上下相邻两点实测温度值，℃；

$i_{b(J+1)}$、$i_{b(J-1)}$——t_{J+1}、t_{J-1}温度点的电流值（测量值），A。

③ 计算被检仪器整百度温度t_J的电流值

$$i_{b\,t_J}=\overline{i_b}-\Delta t_J\cdot\left.\left(\frac{\mathrm{d}i}{\mathrm{d}t}\right)_b\right|_{t_J} \tag{6-80}$$

式中：i_{bt_J}——被检仪器整百度 t_J 的电流值，A；

$\overline{i_b}$——被检仪器在 t_J 附近实测的电流平均值，A；

Δt_J——在 t_J 附近实测温度与整百度 t_J 的温度差值，℃，由式（6－78）计算。

（4）标准器亮度修正问题

检定标准光学高温计的标准器是工作基准温度灯，而工作基准温度灯是通过基准光电比较仪与副基准温度灯比较来得到分度。根据亮度温度定义，有：

$$\frac{1}{T_s}-\frac{1}{T}=\frac{\lambda_e}{c_2}\ln\frac{1}{\varepsilon_{\lambda_T}} \tag{6-81}$$

式中：T_s——工作基准温度灯亮度温度，K；

T——副基准温度灯的实际温度，K；

λ_e——基准光电比较仪的有效波长，m；

ε_{λ_T}——副基准温度灯的光谱发射率。

如果用工作基准温度灯检定标准光学高温计，当标准光学高温计的有效波长 λ'_e 与基准光电比较仪的有效波长 λ_e 相同时，即 $\lambda'_e=\lambda_e$ 时，则工作基准温度灯向标准光学高温计传递的亮度温度保持不变。当 $\lambda'_e\neq\lambda_e$ 时，则标准光学高温计的亮度温度 T'_s 与工作基准温度灯的 T_s 间会产生误差。对于标准光学高温计的亮度温度，有

$$\frac{1}{T'_s}-\frac{1}{T}=\frac{\lambda'_e}{c_2}\ln\frac{1}{\varepsilon_{\lambda_T}} \tag{6-82}$$

由式（6－81）和式（6－82）可得

$$\Delta T_s=T_s-T'_s=\frac{T'_s\cdot T_s}{c_2}(\lambda'_e-\lambda_e)\ln\frac{1}{\varepsilon_{\lambda_T}}=\frac{T_s^2}{c_2}(\lambda'_e-\lambda_e)\ln\frac{1}{\varepsilon_{\lambda_T}} \tag{6-83}$$

式中：ΔT_s——工作基准温度灯与标准光学高温计的亮度温度差值。

可见，在上述情况下进行温度的量值传递，被传递的标准光学高温计因有效波长的不同而产生与标准器的差异。因此，应该进行修正。修正方法为：在检定之前，须先把工作基准温度灯的亮度温度修正到被检标准光学高温计有效波长的亮度温度上，即

$$T_{s\lambda'_e}=T_s-\Delta T_s \tag{6-84}$$

式中：$T_{s\lambda'_e}$——工作基准温度灯修正后的亮度温度值。

根据量值传递准确度的要求，如果被检标准光学高温计与基准光电比较仪的有效波长偏差不大于 0.005 μm 时，则不需要进行修正；若偏差大于 0.005 μm 时，则需要进行修正。如果被检的标准光学高温计仅作为检定标准温度灯使用时，由于钨带灯与钨带灯之间的光谱辐射特性差异不大，它们之间的颜色系数近似等于 1，为了使全国的标准温度灯都能获得与国家基准光电比较仪在同一有效波长下的亮度温度，故要求标准光学高温计在检定标准温度灯时，不必对有效波长的差异进行亮度温度的修正。

第7章 压 力 计 量

7.1 概　　述

7.1.1 压力计量检定技术的发展

压力计量（测量）技术从1643年意大利科学家托利拆利研制的水银玻璃管装置（气压计）到现在已有三百多年的历史。真正的工业压力测量是从1847年法国人波登制造出的弹簧管压力表开始。随着压力计量技术的发展，压力计量检定技术也随之发展起来。

1884年，国际计量局研制了气压基准器，准确度为±0.005%，该基准器一直使用到1966年。1893年，美国人阿马伽发表了使用活塞压力计进行精密压力测量的论文。这种压力计的测压范围为$69\sim69\times10^6$ Pa，在每1%间隔的量程上测量误差为0.01%～0.05%。1958年，我国开始由国家科委计量局建立国家压力计量标准实验室。这标志着我国压力计量基准、标准器的建立和压力单位的复现等技术工作进入了发展时期。

在统一计量单位的基础上，全国各行各业对计量测试技术的研究日益受到重视，相继建立了一系列的压力标准实验室。

1961年试制成功一等标准活塞压力计，测压范围为0.04～250 MPa，准确度为±0.02%。1963年研制成功工作基准微压计，测压范围为0～4 000 Pa，后因不稳定而封存。

1965年研制成功国家基准活塞压力计，测压范围为0.1～10 MPa，准确度为±0.002 1%。1985年研制成功基准微压计，测压范围为0～4 000 Pa，准确度为±0.24 Pa，后因不稳定而封存。1986年建立起绝对压力、表压、差压的国家基准，测压范围上限为1.2×10^5 Pa，准确度为±0.000 3%。1987年研制成功国家基准微压计，测压范围为0～2 500 Pa，准确度为±0.1 Pa。

目前，我国各大区建立了压力工作基准，各省（市）、自治区和大型厂矿、事业、科研等部门建立了一等压力标准。各地（市）县和中小型厂矿、事业、科研等部门建立了二、三等压力标准。这些标准的建立已经形成了完备的压力量值复现传递系统，保证了压力计量测试技术的开展和进行。

7.1.2 压力计量检定基础知识

7.1.2.1 压力的概念及单位

压力又称压强，是垂直作用在单位面积上的分布力。压力定义的表达式为

$$p=\frac{F}{A} \tag{7-1}$$

式中，p 为压力；F 为作用于物体上的力；A 为力作用的表面积。

由压力的定义可知，压力是由作用力（F）和作用面积（A）来决定的。因此，压力是一个导出单位。实际工作中使用着多种压力单位：

（1）法定压力单位

压力的 SI 单位是帕斯卡，符号 Pa，它是 1 N 的力垂直均匀作用于 1 m^2 面积上所产生的压力，即 1 Pa=1 N/m^2。

（2）非法定压力单位

由于压力的应用范围甚广，在科学技术和工业生产上长久以来采用并保持了一系列实用压力单位，这些单位概念明确、简单、容易复制并直接运用在许多压力测量仪器中，现在工作中仍在使用的有：

① 标准大气压，又称物理大气压。1 标准大气压等于在 0 ℃、汞密度为 13.595 g/cm^3、重力加速度为 980.665 cm/s^2 时，高度为 760 mm 的汞柱所产生的压力，符号为 atm。1 atm=101 325 Pa。

② 工程大气压。一个工程大气压等于 1 kgf 垂直作用于 1 cm^2 的面积上所产生的压力，用千克力/厘米^2 表示，符号为 at。1 at=98 066.5 Pa。

③ 毫米水柱。1 mm 水柱等于在重力加速度为 980.665 cm/s^2、水密度为 1 g/cm^3 时，1 mm高的水柱所产生的压力，符号为 mmH_2O。

④ 毫米汞柱。在上述标准大气压的条件下，1 mm 汞柱所产生的压力，符号为 mmHg。1 mmHg=133.322 Pa。

7.1.2.2 压力的分类

（1）根据使用场合和条件不同，可以将压力划分为以下几类：

① 大气压力。大气自重所产生的压力，以 P_D表示。大气压力的量值随气象情况、海拔高度和地理纬度等的不同而改变。

② 绝对压力。以零为参考压力的压力。

③ 表压力。以大气压力为参考压力的压力，在不混淆的情况下简称为压力。使用中，表压力又可分为正压和负压。正压是绝对压力高于大气压力的表压力，以 p_+ 表示；负压是绝对压力低于大气压力的表压力，以 p_- 表示。

④ 真空度。低于大气压力的绝对压力。

⑤ 差压(力)。两个相关压力之差。

（2）根据压力的变化状态，压力又可分为静态压力和动态压力。静态压力是指压力大小不随时间变化或变化缓慢以致可以不考虑该变化的压力；动态压力是指随时间变化的压力。

（3）根据压力范围分类。为了表示压力的大小，大致了解被测压力的高低，把压力量值划分了范围。习惯上我国将压力范围划分为 5 类：

微压：$<1\times10^4$ Pa；

低压：$1\times10^4\sim2.5\times10^5$ Pa；

中压：$2.5\times10^5\sim1\times10^8$ Pa；

高压：$1\times10^8\sim1\times10^9$ Pa；

超高压：$>1\times10^9$ Pa。

国际计量委员会质量及相关量咨询委员会 1981 年将压力与真空划分为 4 类：

甚低压：$1\times10^{-4}\sim1$ Pa，处于低真空到高真空范围；

低压：1 Pa～1 kPa，处于微压到低真空范围；

中压：1 kPa～1 MPa，处于微、低压到中压范围；

高压：>1 MPa，处于中压到高压范围。

国际上的这种压力范围的划分主要是为了便于压力、真空量值的国际比对。

7.1.2.3　压力计量仪表的分类

由于在工农业生产、国防、科研和计量部门使用的压力计量仪器品种繁多，测量范围广泛，使用条件和要求多种多样，所以压力仪表的分类方法也有很多。例如可以根据仪表的工作原理分为液柱式压力计、活塞式压力计、弹簧式压力计和物性式压力计，也可根据准确度等级、测量范围和显示方法来分类。其中按准确度等级进行分类是根据国家压力计量检定的要求，以便于压力计的使用和管理。压力计按照准确度分类见表 7－1。

表 7－1　按准确度等级分类的压力表

压力表名称	等　　级	基本误差
液体压力计	国家基准器	±（0.005～0.002)%
	一等标准器	±0.02%
	二等标准器	±0.05%
	三等标准器	±0.2%
	工作用压力计	±（0.5，1.0，1.5，2.5)%
活塞式压力计	国家基准器	±0.002 1%
	工作基准器	±0.005%
	一等标准器	±0.02%
	二等标准器	±0.05%
	三等标准器	±0.2%
弹性式压力表	标准（精密）压力计	±（0.16～0.6)%
	工作用压力表	±（1.0～4.0)%

7.1.3　压力计量中的常用参数

7.1.3.1　重力加速度

在液柱式压力计、活塞式压力计的计量检定中会经常使用重力加速度的量值。在高准确度的压力计量测试中，重力加速度 g 对于压力的测量影响不可忽略。如液柱式压力计的液柱高度 h 对底面产生的压力为 ρgh，ρ 为液体的密度，因 g 的不同而产生的压力量值不同；再如活塞式压力计中砝码质量 m，因 g 的不同其重力量值也不同，这些差异将会引起测压误差。因此，在高精度的压力计量检定中应该考虑 g 的影响，进行必要的修正计算。

重力加速度 g 与测压地点的海拔高度 H 及纬度 φ 有关，其计算公式为

$$g(H,\varphi)=\frac{9.806\ 65\times(1-0.002\ 65\cos 2\varphi)}{1+\frac{2H}{R}} \tag{7-2}$$

式中：　R——地球半径，$R=6\ 371\times10^3\mathrm{m}$；

φ——测压地点的纬度，(°)；

H——测压地点的海拔高度，m；

$g(H,\varphi)$——测压当地的重力加速度，$\mathrm{m/s^2}$。

我国各地的重力加速度值有资料可查。

7.1.3.2　密度

在压力计量检定测试中，若要满足高准确度的测量要求，则要考虑到工作介质密度的影响。只有在工作介质密度变化对测压影响不大、可忽略时，才可以不进行修正计算，否则必须对这种影响进行修正计算。

(1) 气体的密度

气体、液体的密度主要受到压力和温度的影响，但它们受到影响的程度各不相同。气体密度受压力和温度的影响都较大，依据理想气体状态方程可以推导出密度 ρ、绝对温度 T、压力 p 之间的关系为

$$\rho=\frac{p}{RT} \tag{7-3}$$

式中，R 为气体常数，单位为 J/(kg · mol · K)。

由于被测气体多为混合气体，所以这些气体的密度需通过分析气体成分比例后求得。各种气体成分的密度可通过手册查取。若已知各种成分的容积比，则混合气体的密度 ρ 可由下式计算得到

$$\rho=\sum_{i=1}^{n}\rho_i X_i \tag{7-4}$$

式中：ρ_i——第 i 种气体成分的密度；

X_i——第 i 种气体成分的容积比。

如果已知标准状态下的气体密度 ρ_n，则在测量状态下，即热力学温度 T、压力 p 状态下气体密度 ρ 可由下式得到

$$\rho=\rho_n\frac{p}{p_n}\frac{T_n}{T}\frac{K_n}{K} \tag{7-5}$$

式中：T_n，p_n——标准状态下的热力学温度（273.15 K）和绝对压力（101 325.024 Pa）；

K_n，K——标准状态下和测量状态下的压缩系数，压力较低时，压缩系数为 1。

在实际测量时，测量状态下的气体密度也可由下式得出

$$\rho_2=\rho_1\cdot\frac{T_1}{T_2}\cdot\frac{p_2}{p_1}=\rho_1\cdot\frac{T_1}{T_2}\cdot\left(1+\frac{p_2-p_1}{p_1}\right)=\rho_1\cdot\frac{T_1}{T_2}\cdot\left(1+\frac{\Delta p}{p_1}\right)=\rho_1\cdot\frac{T_1}{T_2}\cdot\left(1+\frac{h}{H}\right) \tag{7-6}$$

式中：ρ_1，ρ_2——T_1，p_1 和 T_2，p_2 时对应的气体密度；

Δp——两种状态下的压力差；

h——Δp 下液柱式压力计的液柱高度；

H——p_1压力下对应液柱式压力计的液柱高度。

当温度 $T_1=T_2$时，式（7-6）可简化为

$$\rho_2=\rho_1\cdot\left(1+\frac{h}{H}\right) \tag{7-7}$$

在压力计量测试中，由于前后温度相差不大，故式（7-7）应用较多。

（2）液体的密度

液体密度也是压力和温度的函数。在中压以下，液体密度受压力变化的影响较小，可以忽略压力的影响；在高压条件下则必须考虑到压力的影响，进行压力修正计算。液体密度受温度的影响较大，在压力计量检定时，必须进行温度修正计算。

设液体温度 t_1 时测压的液柱高度为 h_1，液体温度 t_2 时测压的液柱高度为 h_2，则有

$$\rho_1 \cdot g \cdot h_1 = \rho_2 \cdot g \cdot h_2$$

又由

$$S \cdot h_2 = S \cdot h_1 \cdot (1+\beta \cdot \Delta t) \tag{7-8}$$

式中，S 为液柱截面积；Δt 为温度差，$\Delta t = T_1 - T_2$；β 为液体的平均体膨胀系数。可得

$$\rho_2 = \rho_1 \cdot \frac{1}{1+\beta \cdot \Delta t} \tag{7-9}$$

7.1.4 压力量值的传递

压力量值的传递是通过检定将压力的国家基准所复现的压力单位量值通过标准逐级传递，一直传递到工作用压力计量器具，以保证由被测对象所得到的压力量值的准确性和一致性。所谓准确性和一致性是指对同一量值用不同的压力仪表进行测量，所得到的测量结果在要求的准确度范围内达到统一。即用合格的压力仪表测量同一压力量值时，所得到的测量结果都在要求的准确度范围内。

很显然，量值准确一致的前提是测量得到的量值必须具有能与国家基准相联系的特性。要获得这种特性，就要求用于测量的测量仪表必须经过有适当准确度计量标准的检定，而该计量标准又要受到上一级计量标准的检定，逐级往上追溯，直到国家基准，或是国际基准，这就是“溯源性”。溯源性是量值传递的逆过程。

我国的压力计量器具的检定系统是根据自己的具体情况制定的。它所传递的压力仪表有活塞式压力计、液体式压力计、弹性式压力计、压力传感器、数字式传感器和压力发生器等。压力量值有表压、真空、绝对压力，其测量范围最高可达 2 500 MPa，下限从绝对压力为零开始。

由原国家技术监督局制定的《压力计量器具检定系统》（JJG 2023—1989）于 1990 年 5 月1 日开始实施，是目前现行的检定规程。在现行的量值传递系统中取消了原先在国家基准中的基准液体压力计和国家基准微压计，增加了压力工作基准带平衡装置的活塞式压力计，其测量范围为 0～0.25 MPa，相对不确定度 $\gamma_u = \pm 0.005\%$。我国现行的压力量值传递系统见图 7-1。

在压力量值传递系统中，压力基准是国家最高的标准等级。它由一套 5 个活塞系统的压力计组成国家压力基准装置，其不确定度 $\gamma_u = \pm 0.002\,1\%$。

国家基准全国只有一个，在中国计量科学研究院保存。国家基准的准确度既反映了国家的有关科学技术和工业的发展水平，又影响着本国科学技术和工业生产的发展。国家基准具有 3 种功能：复现压力基准、保存压力量值和传递压力量值。对国家基准的保存和保护有很高的要求。对于压力国家基准只有在非常必要时才可以使用。因此，压力基准又分为国家基准、副基准、工作基准。

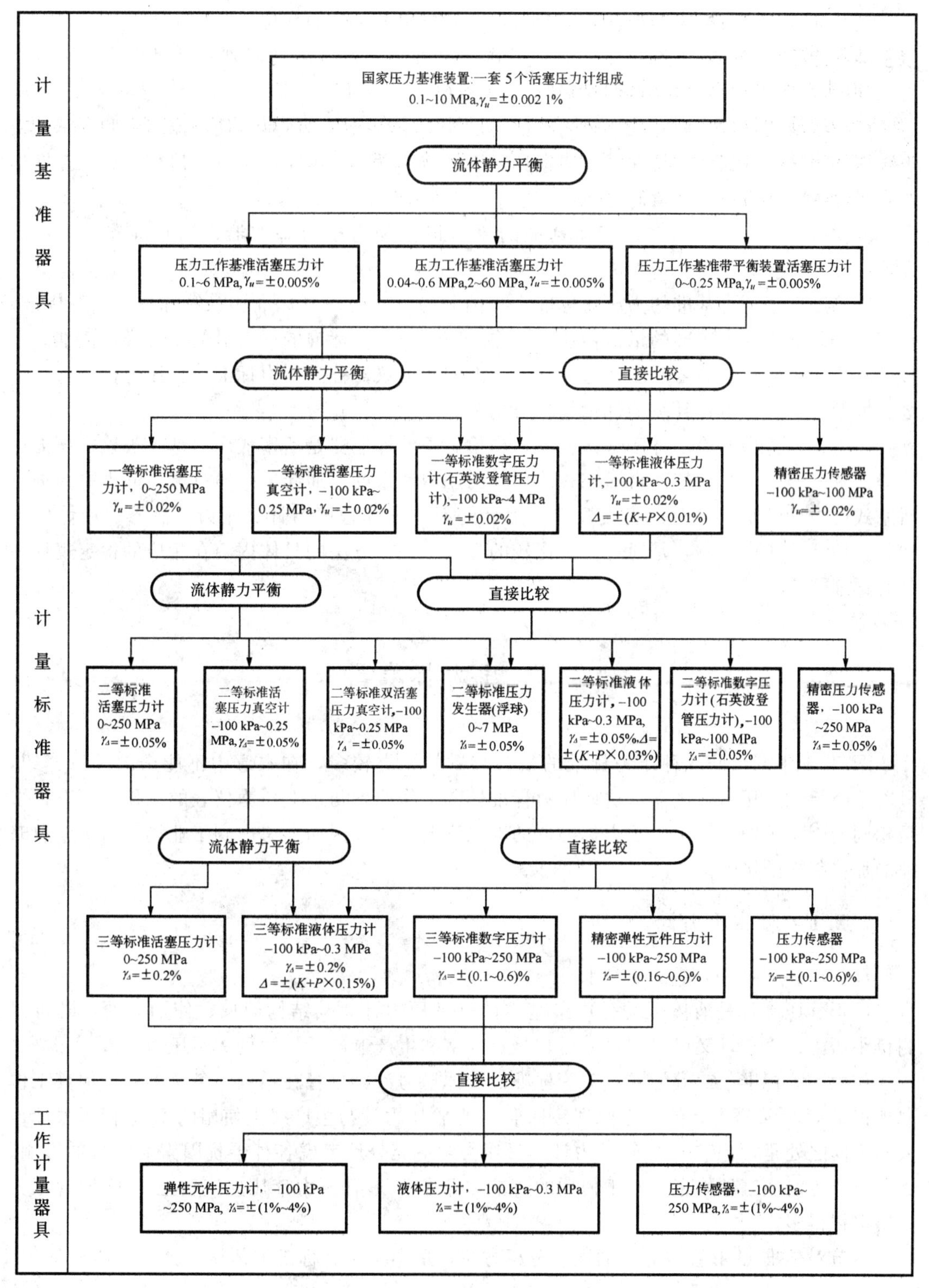

注：γ_Δ——最大允许误差。

图7-1　压力计量器具检定系统

副基准是通过与国家基准比较来定值，它复现压力单位的地位仅次于国家基准。一旦国家基准不能工作时，副基准可以用来代替国家基准。根据实际情况副基准可以设也可以不设。我国设立了压力副基准，但建造时间比较晚。

工作基准是通过与副基准比较来定值。设置工作基准的目的是不使国家基准和副基准由于频繁使用而降低其计量特性或遭受损坏。工作基准设立在国家计量测试研究院或工业发达的省级计量技术机构（计量研究所）。

复现压力基准、副基准、工作基准的压力仪器称为压力基准器、副基准器、工作基准器。

准确度低于压力基准的为压力标准。我国分为：压力一等标准、二等标准、三等标准。它们的任务是把压力基准的量值传递到工作压力计。三等标准的压力量值是标准量值准确度最低的压力量值。能够复现上述这些压力标准的压力仪器称为压力标准器。压力标准建在省级、大型厂矿、地市、县级的计量技术机构中。

压力量值传递的检定方法是比较法。当检定中的标准器是活塞式压力计，被检定压力计也是活塞式压力计时，把两台活塞式压力计的压力油系统连通起来，通过流体静力平衡进行活塞式压力计的示值比对；当被检定压力计是石英波登管压力计、压力传感器、液体压力计、弹性元件压力计时，是通过直接比较的方法。检定方法的具体内容在相应的检定规程中都有详细规定。

7.2 压力标准器

图 7-1 中列出的各种压力标准的复现装置的种类较多，在本章中不能全部予以介绍，只着重介绍几种压力标准器。这些压力标准器的工作原理与工业压力仪表的工作原理有很多是相同的，所不同的是由于压力标准器的准确度要求高，因而要考虑到工业测压情况下忽略掉的那些因素的影响。

7.2.1 液体压力计

7.2.1.1 标准 U 形管压力计

U 形管压力计是液体压力计中最基本的一种压力计。其结构简单、使用方便，既可以测量小压力、真空，又可以测量差压，是实验室和生产上广泛使用的一类压力计。

作为一等标准、二等标准、三等标准的液体压力计，尽管在结构上各有不同，但其工作原理都是 U 形管压力计的工作原理。标准 U 形管压力计与生产线上使用的 U 形管压力计最大的不同之处是，标准 U 形管压力计测量压力时应充分地考虑各种干扰因素对测量的影响，必要时要给以适当地修正。对于使用的要求，标准 U 形管压力计比生产线上的 U 形管压力计要严格得多。

本节对标准 U 形管压力计的误差分析方法，适用于所有标准液体压力计。

（1）结构及工作原理

1）结构

U 形管压力计的结构型式有两种：墙挂式和台式。U 形管压力计由 U 形管、封液、标尺等构成，见图 7-2。

U 形管的材料为玻璃，由两根互相平行而又连通成 U 形的管子组成，两侧的管子称为肘管。肘管要求内径不小于 10 mm，且内径、外径粗细均匀，不得有弯曲和影响计量性能的缺陷。封液是液体压力计的工作介质，许多液体都可以作为压力计的封液。常用的封液有纯水、水银、乙醇、甘油等。标尺是读取肘管液柱高度的量具，其刻度有两种，一是按长度单位（mm）刻度，二是按压力单位刻度。两肘管的端口连通被测压力 P 和大气或是连通被测差压 ΔP 的两个压力 P_1、P_2。连通被测压力 P 侧的肘管内封液上面的介质是压缩空气，连通大气侧的肘管内的气体是大气。

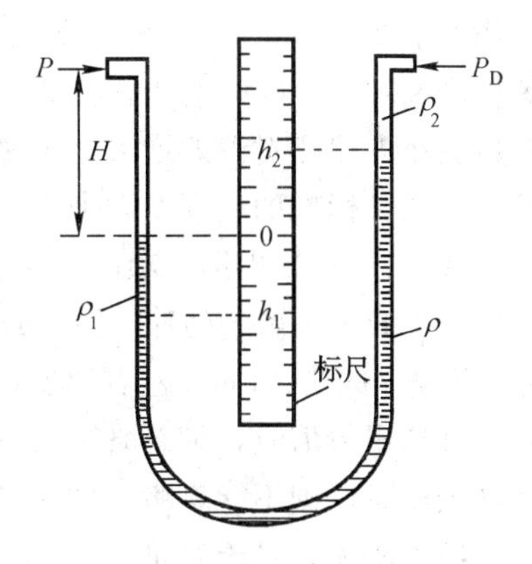

图 7-2　U 形管压力计的结构组成

2）工作原理

液体压力计是利用压力计中的液柱产生的静压力去平衡被测压力的原理进行测压的。U 形管内注入工作介质（封液）到零位处，肘管的一端接至被测压力 P，另一端连通大气，其压力为大气压力 P_D。U 形管内的封液在被测压力 P 和大气压力 P_D 的共同作用下，在肘管内将产生液柱的高度差，见图 7-2。当被测压力 P 一定时，在 U 形管中产生的液柱高度差也是一定的。根据流体静力学原理可以得到静力平衡方程式

$$P+\rho_1 g(H+h_1)=P_D+\rho_2 g(H-h_2)+\rho g(h_1+h_2)$$

$$P-P_D=(\rho-\rho_1)\cdot g\cdot(h_1+h_2)+(\rho_2-\rho_1)\cdot g\cdot(H-h_2)$$

即

$$p=(\rho-\rho_1)\cdot g\cdot(h_1+h_2)+(\rho_2-\rho_1)\cdot g\cdot(H-h_2) \qquad (7-10)$$

式中：p——被测压力 P 的表压力，$p=P-P_D$，Pa；

ρ_1、ρ_2——气体的密度，kg/m³；

ρ——封液的密度，kg/m³。

如果式（7-10）中的密度量的单位为 kg/m³，长度量的单位为 m，重力加速度的单位为 m/s²，则压力的单位为 Pa。

在使用该公式时，是否可以忽略掉气体的密度取决于对被测压力的精度要求，即使用 U 形管压力计测压是按照哪个标准等级（基准、一等标准、二等标准、三等标准、工作用压力计等）要求。现举例分析式（7-10）中的第二项对计算结果的影响。

[例 7-1]　U 形管压力计：$H=0.6$ m，$h_1=0.3$ m，$h_2=0.3$ m，$\rho=998.2$ kg/m³，$\rho_2=1.224\,2$ kg/m³，$g=9.800\,3$ m/s²，$P_D=1.05$ kgf/cm²，$t=20$ ℃，试分析舍去式（7-10）中的第二项和舍去第一项中的 ρ_1 时，对被测压力计算结果的影响。

解：计算被测压缩空气柱的密度 ρ_1，有

$$\rho_1=\rho_2\cdot\left[1+\frac{\rho g(h_1+h_2)}{P_D}\right]=1.224\,2\times\left[1+\frac{998.2\times9.800\,3\times0.6}{1.05\times1\,000\times9.806\,65}\right]=1.293\,98\text{ kg/m}^3$$

应用式（7-10），计算被测压力 p 有

$$p=(998.2-1.293\,40)\times9.800\,3\times0.6+(1.224\,2-1.294\,0)\times9.800\,3\times(0.6-0.3)$$
$$=586\,1.78\text{ Pa}$$

第二项的值：$(\rho_2-\rho_1)\cdot g\cdot(H-h_2)=-0.205\,2$ Pa

如果舍去第二项，则产生的误差为－0.003 5%。显然对于基准要求（±0.002 1%）和工作基准要求（±0.005%）来说，都不可以舍去第二项。舍去第二项所产生的误差对于一等标准要求（±0.02%）仅占要求精度的1/6。被测压力愈小，舍去第二项所产生的绝对误差也愈小，但相对误差增大，不过最大一般不超过±0.007%。所以对于一等标准及其以下的二、三等标准的精度要求来说，使用式（7-10）时可以忽略第二项的计算。

式（7-10）中第一项的ρ为封液的密度，ρ_1为压缩空气柱的密度。如果封液是纯水，ρ_1大约是ρ的1/1 000左右，如果封液是乙醇，ρ_1大约是ρ的1/800左右，如果封液是水银，ρ_1大约是ρ的1/13 600左右。所以U形管压力计测压时，对于工作用压力计，使用式（7-10）计算压力值时，可忽略第二项计算和第一项中的ρ_1，而对于三等标准及以上等级的压力计测压时，则不能忽略ρ_1的影响。

综上所述，对于基准、工作基准的U形管压力计，使用式（7-10）计算压力。对于一、二、三等标准压力计，计算压力值时使用下式

$$p=(\rho-\rho_1)\cdot g\cdot(h_1+h_2) \tag{7-11}$$

对于工作用压力计，计算压力值时使用下式

$$p=\rho\cdot g\cdot(h_1+h_2) \tag{7-12}$$

（2）U形管压力计的主要误差来源

一台合格的U形管压力计在测压使用时，也会由于许多因素的干扰而产生测量误差。这些干扰因素主要有：压力计的使用温度、重力加速度、毛细现象、读数误差、U形管安装的位置、压缩空气柱的高度、标尺的刻度精度等。

1）温度影响及其产生的误差

工作温度的变化将引起工作介质密度及标尺长度的变化，这无疑将引起测压误差。这种影响大小与否，能否忽略，将通过以下分析加以说明。

① 对工作介质密度的影响

众所周知，液体在常温下，压力变化对密度的影响较小，而工作温度的影响则对密度的影响相对较大。式（7-10）中的工作介质密度ρ，在计算中应当使用工作温度下的工作介质密度。

如果工作介质是纯水，4 ℃时的密度为1 000 kg/m³。在常温下，纯水的平均体膨胀系数β为20 ℃时纯水的体膨胀系数：$\beta=0.15\times10^{-3}/℃$。

因而测压使用的密度计算公式为：

$$\rho=\rho_0\cdot\frac{1}{1+\beta(t-t_0)} \tag{7-13}$$

式中：ρ_0——4 ℃时纯水的密度，$\rho_0=1\ 000\ \mathrm{kg/m^3}$；

β——20 ℃时纯水的体膨胀系数，$\beta=0.15\times10^{-3}\ ℃^{-1}$；

t_0——$t_0=4$ ℃。

当测压温度为$t=30$ ℃时，如果不按即时温度计算密度，而仍按$\rho_0=1\ 000\ \mathrm{kg/m^3}$进行压力计算，则水密度值增大0.39%，压力计算值相应增大0.39%。显然，这对于标准等级的压力测量来说，造成的误差是相当大的。对于工业测量来说，使用$\rho=\rho_0$来计算压力产生的测量误差一般可以忽略。

② 对标尺长度变化的影响及其产生的误差

温度变化会影响标尺的长度，压力计的标尺一般是在 20 ℃温度下定度的。现在标准等级的 U 形管压力计其标尺均为以 mm 刻度，过去旧式的 U 形管压力计是以 mmH_2O 或 mmHg刻度。不论以什么单位刻度，温度变化都将改变压力示值从而引起测压误差。

标尺是在 20 ℃下刻度的，当测压温度 $t\neq 20$ ℃时，其 t 温度下的标尺长度 l_t 是 20 ℃时标尺长度的 $[1+\alpha(t-20)]$ 倍。故测量示值（读数）缩小了 $[1+\alpha(t-20)]$ 倍。所以将示值放大 $[1+\alpha(t-20)]$ 倍，才是正确的示值 h（假如刻度是均匀的）。其示值修正公式为

$$h=h_t\cdot[1+\alpha(t-20)] \tag{7-14}$$

式中：α——刻度标尺的线膨胀系数，钢标尺 $\alpha=1.2\times10^{-5}$/℃，玻璃标尺 $\alpha=8\times10^{-5}$/℃。

对于钢制标尺，如果测压温度 $t=30$ ℃，仅因标尺的线胀而产生的示值误差为 −0.012%，所以由此产生的测压误差也是 −0.012%。显然，对于三等标准的检定测压，该项的影响不大，可忽略；对于二等标准，该项误差已占要求准确度的 1/4，应当考虑修正；对于一等标准，该项误差已占要求准确度的 1/2 多，必须进行修正。

对于玻璃标尺，引起的误差较钢制标尺要大 6 倍多。显然，对于标准压力计的检定，必须考虑对玻璃标尺的温度修正问题。

把式（7-14）代入式（7-11），则有

$$p=\rho\cdot g(h_{1t}+h_{2t})\cdot[1+\alpha(t-20)]-\rho_1\cdot g(h_{1t}+h_{2t})\cdot[1+\alpha(t-20)] \tag{7-15}$$

由于 $\alpha(t-20)$ 常温下小于 3×10^{-4}，考虑到 ρ_1 的影响，故式（7-15）可简化为

$$p=\{\rho[1+\alpha(t-20)]-\rho_1\}\cdot(h_{1t}+h_{2t})\cdot g \tag{7-16}$$

如果把温度对工作介质密度和标尺长度的影响一起考虑，则式（7-16）可写为

$$p=\left[\rho_0\frac{1+\alpha(t-20)}{1+\beta(t-t_0)}-\rho_1\right]\cdot(h_{1t}+h_{2t})\cdot g \tag{7-17}$$

式中：t_0——工作介质为纯水时，$t_0=4$℃，$\rho_0=1\ 000\ kg/m^3$；工作介质为水银时，$t_0=0$℃，$\rho_0=13\ 595\ kg/m^3$；

β——20℃时工作介质的体膨胀系数，$℃^{-1}$；

α——标尺的线膨胀系数，$℃^{-1}$。

2）重力加速度的影响及其产生的误差

压力计算公式中重力加速度 g 是测压当地的重力加速度。如果测压仪表是按压力刻度，则 g 是按照规定的重力加速度，比如 $g_0=9.806\ 65\ m/s^2$ 进行刻度的，如果测压地点的重力加速度 $g\neq 9.806\ 65\ m/s^2$，则需要对测量结果进行修正。

全国各地的重力加速度最大可相差为 0.3%。显然，不使用当地的重力加速度或对压力刻度不进行重力加速度的修正，该项影响造成的误差能达到 0.3%。

3）毛细现象的影响及其产生的误差

U 形管压力计中，工作介质为液体。由于液体的表面张力的作用而产生毛细现象，即液柱产生附加的升高或下降。其变化的大小取决于工作介质的种类、温度和测量肘管内径等因素。尤其是肘管内径的影响比较显著，管径愈小，产生的附加液柱高度愈大。

工作介质为水时，毛细现象产生的液柱附加高度为正值，即示值增大；工作介质为水银时，毛细现象产生的液柱附加高度为负值，即示值减少。

工作介质为水时，产生的附加高度估计为 30/d mm（d 为管径，mm）；工作介质为水银时，产生的附加高度估计为 −14/d mm。U 形管的内径要求不小于 10 mm，所以，工作介质为水时，液柱升高不超过 3 mm；工作介质为水银时，液柱升高不超过 1.4 mm。如果测压的液柱高度 h=500 mm 时，该项误差达到 0.28%～0.6%。显然，对于各种标准等级的测压来说此项影响是必须进行修正的。

4）读数误差

众所周知，读数时将会产生误差。如果标尺的最小分度值为 1 mm，则目测读数可估读到±0.5mm；如果用游标读数装置或光学读数装置可估读到 ±(0.05～0.2)mm。

如果估读误差为±0.5 mm，液柱高度 h=500 mm 时，该项产生的测压误差为±0.1%。如果进行两次读数，则该项产生的测压误差为±0.2%。读数误差属于随机误差，因此不能进行修正，此项误差将传递到测压误差中。通过以上分析可知，读数误差已与三等标准压力计的准确度要求相当，所以简单的 U 形管压力计不适用作为二等标准及以上的标准测压仪表。

5）安装位置的影响及其产生的误差

U 形管压力计使用时，应严格保持垂直位置，否则将产生不垂直误差。该项误差与压力计的倾斜角度 φ 及 U 形管两肘管间的距离 L 有关，见图 7-3。

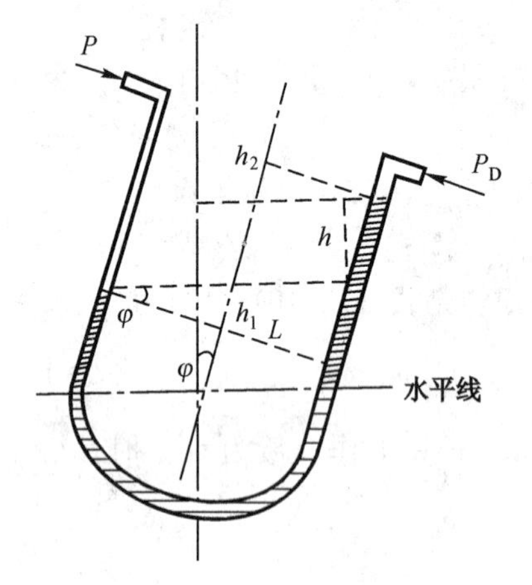

图 7-3　位置误差示意图

h_1、h_2是两肘管液柱高度的读数，根据静力学原理，高度差 h 是平衡被测压力 p 的液体的高度。由图 7-3 可知

$$h=(h_1+h_2)-L\cdot\tan\varphi \tag{7-18}$$

所以，由于 U 形管倾斜角度 φ 而产生的示值误差 Δh（不垂直度误差）为

$$\Delta h=(h_1+h_2)-h=L\cdot\tan\varphi \tag{7-19}$$

由式（7-19）可知，Δh 取决于 L 和 φ 的值。设 L=60 mm，$\varphi=2°$，由此产生的示值误差为

$$\Delta h=60\times\tan 2°=2.1\ \text{mm}$$

由此看出，此项误差比较大。使用中实际测定 U 形管的倾斜角度 φ 不太容易，应该尽量地竖直安装以避免产生不垂直度误差。

6）传压介质压缩气柱的影响及产生的误差

传压介质压缩气柱是指被测压力 p 一侧的肘管液柱上面的压缩空气柱。气体密度受压力影响比较大，不同的被测压力，其压缩气柱的密度变化相差比较大。前面已分析，对于标准等级的测压，式（7-11）中的压缩气体密度 ρ_1 是不能忽略的，在计算压力时，应根据被压缩的实际程度计算 ρ_1 的值。

由式（7-7）可知，压缩空气柱的密度为

$$\rho_1=\rho_D\left(1+\frac{h}{H_D}\right) \tag{7-20}$$

式中：h——被测压力 p（表压）对应的液柱高度，mm；

H_D——大气压力 P_D 对应的液柱高度，mm；

ρ_D——大气压力 P_D 下的气体密度，kg/m^3。

由式（7-20）容易看出，当被测压力 p 变化 100 mmH_2O 时，ρ_1 的值大约会变化 1%。

由式（7-17）易知，ρ_1的1%变化将会产生大约0.001%的测压误差（封液为水时）。若被测压力有600 mmH_2O的变化，将产生0.006%的测压误差。对于一等标准的压力计来说，已相当于准确度要求的1/3。所以，对于一等标准及以上的基准压力计，压缩空气柱的密度变化不可忽略，计算时应按实际的ρ_1值进行计算。对于二等标准及以下的压力计测压时，则可忽略ρ_1变化的影响。

（3）U形管压力计的示值修正

压力计示值修正是指压力计的示值以Pa或以mmH_2O（mmHg）为刻度，当测压条件偏离刻度条件时，对压力计的示值进行修正的问题。前面已经讨论过U形管压力计示值以mm刻度时，当测压温度偏离20℃对示值的修正计算问题。它采用的方法是把示值h_t修正到20 ℃时的示值（正确读数），然后进行压力计算。

以Pa或以mmH_2O（mmHg）为分度的压力计，其分度条件是：$t_0=20$ ℃，$g_0=9.806\ 6\ m/s^2$。当测压条件偏离分度条件时，就必须进行关于温度影响（工作介质密度、标尺刻度）、重力加速度影响的修正，毛细现象的影响在分度时没有考虑的必须进行修正，压缩空气柱密度的影响也须进行修正。

1）工作介质密度变化时的示值修正

设分度时，工作介质的密度为ρ_k，测压温度t偏离分度温度时，工作介质密度为ρ，分度时压缩空气柱密度为ρ'_k，则修正系数

$$K_\rho=\frac{\rho-\rho'_k}{\rho_k-\rho'_k} \tag{7-21}$$

2）标尺线膨胀时的示值修正

标尺分度是在20℃，当测压温度t偏离20℃时，其液柱的实际高度h在标尺上是h_t。h_t相对于h缩小了$[1+\alpha(t-20)]$倍，故h则应是h_t放大$[1+\alpha(t-20)]$倍后的数值，压力计的示值应放大$[1+\alpha(t-20)]$倍才是正确的。故标尺线膨胀的修正系数

$$K_{tr}=1+\alpha(t-20) \tag{7-22}$$

3）重力加速度变化时的示值修正

设压力计分度时的重力加速度为g_k，测压地点的重力加速度为g，则修正系数为

$$K_g=\frac{g}{g_k} \tag{7-23}$$

4）毛细现象影响的示值修正

封液为水，读数修正值为$\Delta h_f=-30/d$（mm）；封液为水银，读数修正值为$\Delta h_f=+14/d$（mm）

按压力计算公式可知，毛细现象引起的压力变化的修正值

$$C_f=A\cdot\Delta h_f \tag{7-24}$$

式中，A为系数。

被测的实际压力p与读出的压力值p_k有如下关系

$$p=p_k+C_f=K_f\cdot p_k \tag{7-25}$$

式中，K_f为毛细现象的修正系数，由式（7-25）可知

$$K_f=1+\frac{C_f}{p_k} \tag{7-26}$$

5）压缩空气柱密度影响的示值修正

设压力计分度时，压缩空气柱的密度为 ρ_{1k}，封液密度为 ρ_k，则修正系数

$$K_{\rho_1}=\frac{\rho_k-\rho_1}{\rho_k-\rho_{1k}} \tag{7-27}$$

式中，ρ_1 为压缩空气柱的实际密度

$$\rho_1=\rho_D\cdot\left(1+\frac{p_k}{P_D}\right) \tag{7-28}$$

式中，p_k 为压力计的示值读数，Pa；P_D 为大气压力，Pa；ρ_D 为大气密度，kg/m^3。

综合以上各种修正系数，则有

$$p=K_\rho\cdot K_{tr}\cdot K_g\cdot K_f\cdot K_{\rho_1}\cdot p_k=K\cdot p_k \tag{7-29}$$

式中，K 为总修正系数，$K=K_\rho\cdot K_{tr}\cdot K_g\cdot K_f\cdot K_{\rho_1}$。

7.2.1.2　补偿式微压计

在压力的计量检定中，微压范围内的标准器规定为补偿式微压计。这种微压计的测压上限可达 2 500 Pa，也可以测量负压或差压等。微压计的工作介质是纯水（蒸馏水），它能达到较高测压准确度。对于二等标准，测压范围为 0～1 500 Pa 时，准确度：±0.8 Pa；0～2 500 Pa 时，准确度：±1.3 Pa。对于一等标准，0～1 500 Pa 范围的准确度：±0.4 Pa；0～2 500 Pa 范围的准确度：±0.5 Pa。

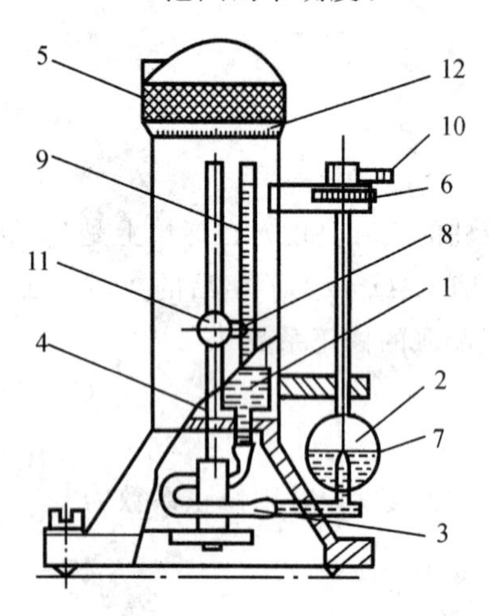

图 7-4　补偿式微压计结构示意图

1—可动容器；2—静止容器；3　导管；4—螺杆；5—测微螺帽；6—旋转螺帽；7，10，11—接嘴；8—垂直标尺；9—定标尺；12—旋转标尺

（1）结构

补偿式微压计由一个静止容器和一个上下可以移动的容器构成连通器。测压时，静止容器内的工作介质零点发生变化，通过可移动容器的上下移动使静止容器内工作介质的液面仍然保持在未施压状态时的零点液面位置。它的结构见图 7-4。

在可移动容器的中心底部有一个螺母，通过这一螺母贯穿一根螺杆 4，其上端与顶盖连接，下端以铰链方式与底座相连接。当旋转测微螺帽 5 时，可移动容器就沿着螺杆 4 向上或向下移动。静止容器（小容器）可以借助于旋转螺帽 6 的调节做上下小量的移动，有 2～4 mm的移动量，以达到调整仪器零位的目的。在静止容器 2 的内部有一个镀金的半圆锥体 7。测压时旋转螺帽 5，使静止容器 2 中的液面被调整成正好使圆锥尖与其倒影的锥尖接触，此时，与被测压力相平衡的液柱高度即可以从标尺和游标尺上读出。

（2）工作原理

虽然补偿式微压计在结构上与 U 形管压力计不同，但工作原理是一样的，都是利用液柱的压力平衡被测压力。因此，液柱的高度代表了被测压力的大小。补偿式微压计的液柱平衡原理见图 7-5。

图 7-5 中，H 是零位线到被测压力接嘴处的高度，h 是从标尺上读出的工作介质（纯水）液柱高度。ρ 是工作介质的密度，ρ_D 是大气密度，ρ' 是压缩气柱的密度。

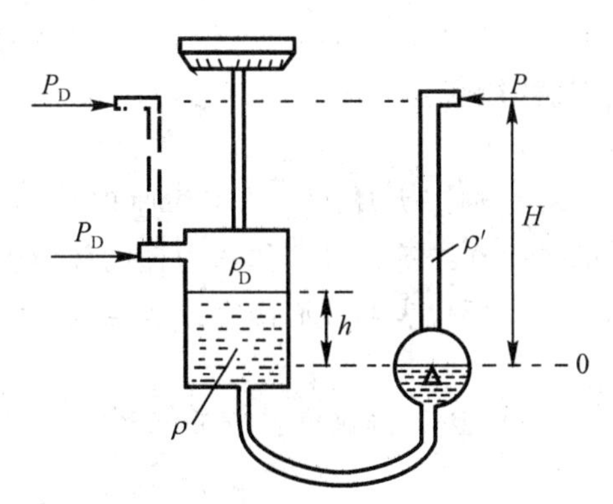

图 7-5　补偿式微压计工作原理图

根据液柱平衡原理，有

$$P+\rho'\cdot g\cdot H=P_D+\rho_D\cdot g\cdot(H-h)+\rho\cdot g\cdot h$$

$$P-P_D=(\rho-\rho')\cdot g\cdot h+(\rho_D-\rho')\cdot g\cdot(H-h)$$

即

$$p=(\rho-\rho')\cdot g\cdot h+(\rho_D-\rho')\cdot g\cdot(H-h) \tag{7-30}$$

式中：p——被测压力（表压力），$p=P-P_D$，Pa；

h——标尺读数，m；

H——结构尺寸，常数，m；

ρ——工作介质（纯水）的密度，kg/m^3；

ρ_D——大气密度，kg/m^3；

ρ'——压缩气柱密度，kg/m^3。

式（7-30）的使用就像在U形管压力计一节的分析一样：对于一、二等标准的压力检定，公式中的第二项：$(\rho_D-\rho')\cdot g\cdot(H-h)$ 的影响可以忽略，第一项中的 ρ' 不可忽略。因此，在一、二等标准压力检定中，补偿式微压计压力计算使用的计算公式为

$$p=(\rho-\rho')\cdot g\cdot h \tag{7-31}$$

被压缩空气柱如果是空气，则由前述给出的式（7-20）计算被压缩空气柱的密度为

$$\rho'=\rho_D\cdot\left(1+\frac{h}{H_D}\right) \tag{7-32}$$

（3）补偿式微压计的误差来源及修正

补偿式微压计同前述的U形管压力计一样，工作介质的温度将会影响压力示值（对同一压力而言）。所以，用式（7-31）计算被测压力时，应该使用即时温度下的工作介质密度，以保证压力测量的准确性。同样，用式（7-31）计算压力时，应使用当地的重力加速度值，以保证压力测量的准确性。除此之外，影响压力测量准确性一个重要因素是静止容器2中的液面与圆锥体尖头虚像接近时可能产生的误差，其与测量者的操作与判断有较大关系。

补偿式微压计的零位稳定性将对测量产生影响。由于温度的波动，毛细现象，或是工作介质中的气泡等都可以使压力计的零点发生变化，从而使读数产生误差。这种由于零位变化引起的误差，往往不易掌握，不便修正。因此，在使用压力计时要时刻注意零点的变化，随时调整正确。

在补偿式微压计的结构组成上，螺杆的齿间间隙也是影响测压准确性的因素。该因素的影响虽然在仪表的准确度性能中给予了考虑，但若要尽量地减小该因素的影响，则需尽量在

一个方向上使螺杆运动。如果在测压时需要回调标尺，应尽量在回调时调过量一些，之后再调整回来，以保证消除齿间隙的影响。

7.2.1.3　二等标准液体压力计

二等标准液体压力计是一种新型压力计。它的工作原理与U形管压力计、补偿式微压计相同。与上述压力计不同的是，在二等标准液体压力计的杯形管中用浮子随动标尺跟踪液面，通过光学系统把标尺的移动量所代表的液面高度差成像到固定的影屏上，从而使操作与观察读数都比较方便。

压力计的测压范围：0～25 000 Pa，准确度：±0.05%。

（1）结构

二等标准液体压力计主要由粗管、细管、浮子随动标尺、光学放大系统、基架等几大部分组成。其结构如图7-6，图7-7，图7-8所示。

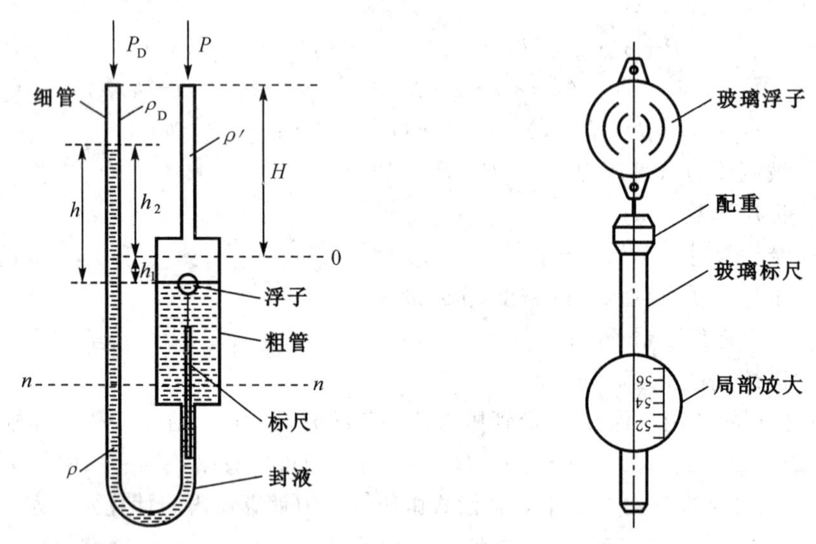

图7-6　二等标准液体压力计结构示意图　　　图7-7　二等标准液体压力计的随动标尺

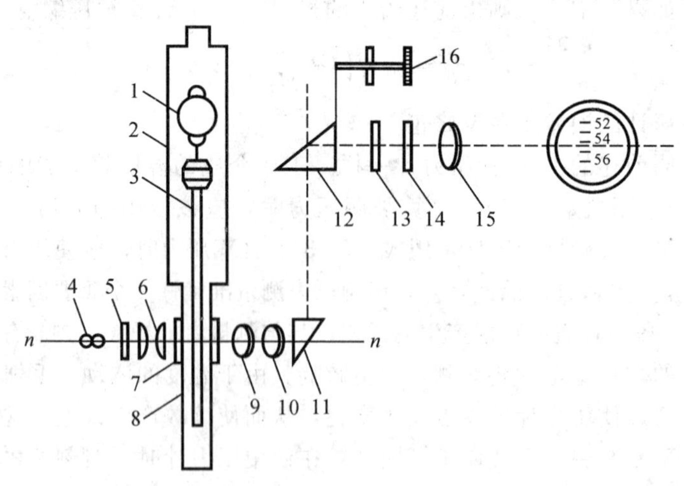

图7-8　二等标准液体压力计的光学放大系统

1—玻璃浮子；2—粗管；3—玻璃标尺；4—光源；5—滤光片；6—聚光镜；7—玻璃窗；8—细导管；9，10—物镜组；11，12—大小棱镜；13—分划板；14—影屏；15—读数放大镜；16—零位调节螺钉

① 粗管。材料是不锈钢，经过精密加工和抛光，内壁光洁度高，内径为 56 mm，管长 550 mm。

② 细管。材料是不锈钢，经过精密加工和抛光，内壁光洁度高，内径 28 mm，管长 2 300 mm。

③ 随动标尺。液柱随压力的变化而上升（或下降），标尺随液面下降（或上升）而向下（或向上）运动，故称为随动标尺。随动标尺是经过刻度的标尺。尺长为565 mm，宽8 mm，厚 1.3 mm，随动标尺的测量范围为－100～25 000 Pa，实际使用的范围是 0～25 000 Pa，标尺上的刻线和字码密而小，肉眼很难分辨，但经过光学放大系统投影到影屏上后，所测得的液柱高度就可以从影屏上显示出来。

④ 光学放大系统。它由光源灯泡、滤光片、聚光镜、前物镜、后物镜、小棱镜、分划板、影屏、读数放大镜、零位调节螺钉等组成。光源通过滤光片和聚光镜后，一束平行光照射到随动标尺上，将刻线与数码经过前物镜与后物镜的放大，再通过小棱镜和大棱镜的两次反射，将随动标尺刻线、数码以及分划板上的刻线一同成像在影屏上，最后将影屏上的影像经过放大，观察者就能清晰地读出被测压力的示值。光学放大系统的放大倍数为 9 倍，读数放大倍数为 2 倍，示值读数可准确到 0.2 mm，估计到 0.1 mm。零位调节螺钉的作用是改变大棱镜的角度，进而改变分度线在影屏上的投影位置，以达到调零的目的。光学系统中的光源灯泡使用交流 6 V 电压。因此，220 V 电压经变压器变为 6 V 电压后供给光学系统和指示灯用。

⑤ 基架。由上部支承框架和下部的支承组成。上部支承框架下面有两个水平调节螺钉和水准气泡，用以调节测量管的垂直度。仪器的测量管（粗管、细管）、光学系统都安装在基架上。

（2）工作原理

见图 7-6，0 线是浮子的初始位置线、随动标尺在 n 线为 0 刻度。n 线是标尺固定读数线。光学系统的标尺下降移动量（长度）是浮子在粗管中的下降移动量，也就是其管内液面的下降高度 h_1，光学系统中读出的数值是该下降高度代表的压力值。由于粗管内径是细管内径的 2 倍，因而细管液面上升的高度（相对 0 线）是 $4h_1$，即 $h_2=4h_1$。显然，由于被测压力 p 的作用，其两管内的液柱高度差为：$h=h_1+h_2=5h_1$。

由静力平衡原理，利用式（7-30），得到

$$p=P-P_D=(\rho-\rho')\cdot g\cdot 5h_1+(\rho_D-\rho')\cdot g\cdot(H-4h_1) \tag{7-33}$$

再利用式（7-32），压缩空气柱密度为

$$\rho'=\rho_D\left(1+\frac{5h_1}{H_D}\right) \tag{7-34}$$

将式（7-34）代入（7-33）的第二项中，得到

$$p=(\rho-\rho')\cdot g\cdot 5h_1-\rho_D\cdot\frac{5h_1}{H_D}\cdot g\cdot(H-4h_1) \tag{7-35}$$

设 $\rho_D=1.293\ \text{kg/m}^3$，$H_D=10.33$ m，$H=2$ m，显然，当 $h_1=0$（被测压力等于零）时，第二项值为零；当 $h_1=0.5$ m 时，第二项值亦为零；当 $h_1=0.125$ m 时，$\rho_D\cdot\frac{5h_1}{H_D}\cdot g\cdot(H-4h_1)$ 有极大值 1.15 Pa。

二等标准液体压力计的允许误差为±12.5 Pa。显然，作为二等标准液体压力计，式

(7-33)中的第二项可以忽略掉。计算压力的公式为

$$p=(\rho-\rho')\cdot g\cdot 5h_1 \tag{7-36}$$

式（7-36）中的 ρ' 是不可忽略的。因 ρ' 大约相当 ρ 的千分之一，如果忽略 ρ' 就会产生大约 0.1%的误差，这显然与二等标准的要求相距甚远。

将式（7-34）代入（7-36），得到

$$p=\rho\cdot g\cdot 5h_1-\rho_D\left(1+\frac{5h_1}{H_D}\right)\cdot g\cdot 5h_1 \tag{7-37}$$

仪器按压力单位 Pa 刻度，其分度条件是：工作介质水密度 $\rho_k=1\ 000\ kg/m^3$，（4 ℃时），重力加速度 $g_k=9.806\ 65\ m/s^2$，标尺定度温度是 20 ℃。当使用条件与刻度条件不相同时，就应该对仪器的示值进行温度和重力加速度的修正。修正主要是对工作介质水密度及重力加速度的修正。其修正公式为

$$p=p_k\cdot\frac{g}{g_k}\cdot\frac{\rho-\rho_D(1+5h_1/H_D)}{\rho_k-\rho_D(1+5h_1/H_D)} \tag{7-38}$$

式中：p_k——压力计的读数值，Pa；

ρ——测压温度时的工作介质水密度，kg/m^3。

对于工作温度对标尺影响的修正问题，在 U 形管压力计一节已经有详细分析。对于二等标准液体压力计在超出使用温度范围时要进行修正，在要求的使用温度范围内则不必进行修正。

（3）二等标准液体压力计的准确度评定

对于刚制造出来的二等标准液体压力计或者是对液体压力计进行检定或进行性能试验时，都要进行准确度评定。准确度的评定实际上是分析仪器的各项误差，最后将各项误差合成起来，给出评定的结果。对于二等标准液体压力计，其合格的标准是误差小于±0.05%。

① 粗、细管内径偏差引起的误差 Δ_1

液体压力计的粗、细管内径的制造误差都会反映到水柱高度 h 上来，产生水柱高度误差 δ_1。由 $h=\left(1+\frac{D^2}{d^2}\right)h_1$ 知，当 D、d 有制造误差时，水柱高度产生的误差 δ_1 为

$$\begin{aligned}\delta_1&=\left[\frac{\partial\left(1+\frac{D^2}{d^2}\right)\Delta D}{\partial D}+\frac{\partial\left(1+\frac{D^2}{d^2}\right)\Delta d}{\partial d}\right]h_1\\&=\frac{2D^2}{d^2}\left(\frac{\Delta D}{D}-\frac{\Delta d}{d}\right)h_1,\ \left(\frac{D^2}{d^2}=4\right)\\&=\frac{8}{5}h\left(\frac{\Delta D}{D}-\frac{\Delta d}{d}\right),\ (h=5h_1)\end{aligned} \tag{7-39}$$

管径制造的偏差不大于±0.004 mm。按式（7-36）计算的水柱高度最大为2 553 mm。故所产生的水柱最大误差

$$\delta_1=\frac{8}{5}\times 2\ 553\times\left(\frac{0.004}{56}+\frac{0.004}{28}\right)=0.875\ mm$$

② 随动标尺的刻线误差引起的测量误差

随动标尺分度值的刻线误差显然影响到读数 h_1 的值。由于水柱高度 h 是 $5h_1$ 的值，因而 h 产生的误差是 h_1 误差的 5 倍。刻线误差小于 0.01 mm，所以产生的水柱高度误差 δ_2 为

$$\delta_2=0.01\times 5=0.05\ mm$$

③ 两根测量管不平行引起的测量误差

设计要求两根测量管的平行度误差小于 20′。不管两测量管的不平行状况是什么情况，都将引起水柱高度的误差。其误差 δ_3 为

$$\delta_3=\frac{1}{5}\cdot h\cdot\frac{D^2}{d^2}\cdot\frac{1-\cos 20'}{\cos 20'}=\frac{1}{5}\times 2\ 553\times\frac{56^2}{28^2}\times\frac{1-\cos 20'}{\cos 20'}=0.033\ 7\ \text{mm}$$

④ 液体压力计垂直度误差引起的测量误差

压力计调整水平时允许垂直度误差小于 20′，由此所产生的水柱误差 δ_4 为

$$\delta_4=h\cdot(1-\cos 20')=2\ 553\times(1-\cos 20')=0.042\ \text{mm}$$

⑤ 水温变化引起的测量误差

水温变化对工作介质水的密度将产生影响，应该进行密度修正。但在检定过程中水温的波动也会引起误差。检定规程中规定在检定过程中温度的波动不应超过±1 ℃，一般恒温房间工作 4 h 温度的波动小于±0.5 ℃，由此产生的水柱误差 δ_5 为

$$\delta_5=\frac{\Delta\rho}{\rho}\cdot 0.5h=0.000\ 21\times 0.5\times 2\ 553=0.268\ \text{mm}$$

式中，$\Delta\rho$ 为水温在 20 ℃时，每变化 1 ℃引起水的密度变化值。

⑥ 水温测量误差引起的水柱误差

水温测量允许误差为±0.1 ℃，对水柱高度引起的误差 δ_6 为

$$\delta_6=\frac{\Delta\rho}{\rho}\cdot 0.1h=0.000\ 21\times 0.1\times 2\ 553=0.053\ 6\ \text{mm}$$

⑦ 读数误差

压力计的分辨率为 0.1 mm，因此读数误差为 0.05 mm，故引起水柱高度误差 δ_7 为

$$\delta_7=0.05\times 5=0.25\ \text{mm}$$

⑧ 温度变化影响标尺（玻璃）刻度变化引起的测量误差

玻璃刻度标尺定度温度为 20 ℃，使用温度为（20±5)℃，由于标尺受温度变化的胀缩，引起的水柱高度误差为 δ_8 为

$$\delta_8=\alpha_{玻}\cdot 5h=7\times 10^{-6}\times 5\times 2\ 553=0.089\ \text{mm}$$

⑨ 重力加速度影响引起的测量误差

测压地点的重力加速度如果经实际测定并代入公式中进行修正计算，则重力加速度因素不影响仪器测量的准确度。如果不实地测量当地重力加速度，而是使用资料中给出的数据，则会因重力加速度的偏差而引起仪表的测量误差 δ_9。重力加速度的偏差不大于±0.000 5 m/s^2，引起的水柱误差 δ_9 为

$$\delta_9=\frac{\Delta g}{g}\cdot h=\frac{0.000\ 5}{9.806\ 65}\times 2\ 553=0.130\ \text{mm}$$

以上讨论的误差中，有些是系统误差，如 δ_1，δ_2，δ_3，δ_4，δ_9 等；有些可列为随机误差，如 δ_5，δ_6，δ_7 等。这些误差都具有比较高的置信度。将上述误差 δ_i（$i=1$，2，…，9）用取方和根的方法来进行综合，其结果即是二等标准液体压力计的总误差 δ，即

$$\delta=\left(\sum_{i=1}^{9}\delta_i^2\right)^{0.5}=0.996\ \text{mm}$$

误差 δ 引起的压力误差为

$$\delta_p=(\rho-\rho')\cdot g\cdot\delta=(1\ 000-1.293)\times9.806\ 65\times0.996\times10^{-3}=9.46\ \text{Pa}$$

二等标准液体压力计的准确度为±0.05%，允许误差为±25 000×0.05%＝±12.5 Pa。经以上分析评定，该液体压力计满足二等标准的要求。

经过以上的分析评定可以看出，要保证二等标准液体压力计的准确度，显然应该保证压力计工作在规定的条件下。比如，测量管（粗管、细管）内径误差要保证不大于±0.004 mm；两管的不平行度应小于20′；压力计的垂直度保持在20′之内；水温变化保持在±0.1 ℃之内；工作的房间恒温，其温度波动小于±0.5 ℃等。这些前提条件均应该保证，否则不能保证二等标准液体压力计的准确度。

(4) 液体压力计的使用和维护

液体压力计具有结构简单，使用方便，准确度高等优点。但也有结构不牢固、玻璃管易碎等缺点。如果使用与维护不当，测量结果将达不到应有的准确度。

1) 使用中的注意事项

① 仪器使用人员应全面了解仪器结构与原理，以便能熟练地使用和维护仪器，完成测量任务。了解仪器首先是细读仪器的使用说明书，明了仪器的功能、调整部位及调整方法。

② 对于使用较久的压力计，其测量管和大杯容器可能受到污染，致使回零不好，示值超差，这种情况必须拆卸清洗。对于玻璃管可以先使用清洁液（包括酸）清洗；对于金属管和大杯容器可以先使用120号溶剂汽油清洗，再用蒸馏水和酒精清洗并烘干。注意不要损伤管子内壁。在拆装过程中，要仔细，用力要均匀，以防损坏仪器。

③ 在使用仪器前，首先应使仪器处于垂直状态，避免由不垂直产生的系统误差。仪器上有铅垂直线的，应调好铅垂位置；有水准泡的，应调好仪器的水平位置。

④ 仪器使用的工作介质应符合有关检定规程的要求。常用的工作介质有蒸馏水、纯净的汞和酒精。这些工作介质使用一段时间后，蒸馏水容易脏污，汞易氧化，酒精易挥发，这些现象都会使工作介质的密度失准，从而使测量产生系统误差。失准的工作介质应予更换。

⑤ 当向仪器灌注工作介质后，应彻底排除仪器内腔和工作介质中的空气。如果工作介质中有空气存在，在仪器使用时，当空气溢出后，最容易发生的误差是零位恢复误差。这项误差的大小，取决于空气含量多少。排气的方法是：开始时，可缓慢加压使液位升高，液柱升至测量管中部时加压稍快，临近测量上限时再缓慢加压，直至测量上限处，并作耐压试验。如果仪器密封性合格，再缓慢减压至零位。如此反复几次，就可将工作介质中的空气或测量管内壁上可能吸附的气体排除干净，同时也润湿了管壁，这对于保证测量的准确度是有益的。

⑥ 调整好液柱的零点值。液柱对准零点刻线的调整一般分为粗调和细调两个步骤：

i) 粗调。工作介质注入仪器的容器内，液柱不一定是刚好对准零点刻线。如果是蒸馏水，最好适当多注一点，这样在调试仪器的密封性和液体浸润管壁后，液位就可以对准零点刻线了；如果工作介质是水银，也可以适当多一些，但要注意适量，避免过多的增减工作介质的工作。

ii) 细调。在排除工作介质中空气的基础上，再调整零点示值的效果较好。最好的调零状态是液柱高度处于标尺零刻线的中心。如果液柱不在零刻线上，可移动零位调节部件或者用加、减工作液的办法来达到调准零点的目的。

⑦ 仪器与压力源之间的连接管最好是软管。注意软管的强度，不要因受压而膨胀，减压而收缩。测量负压的软管最好是真空管。无论测量是正压或负压的连接管，在极限压力作用下，都不应有变形现象发生。

⑧ 防止汞溢出仪器。为了防止水银突然加压过大而冲出仪器外面，可用软管套在通大气的玻璃管上，另一端放在盛水的容器内，这样可使冲出的水银盛在有水的容器内，以免水银流失，造成实验室的污染。

⑨ 检定或使用旧单位制的一、二、三等标准液体压力计时，应进行温度、重力加速度和传压气柱密度的修正。采用法定压力单位 Pa 的新制仪器根据情况也应进行上述的修正。

⑩ 标准仪器与工作仪器检定与使用的环境温度为

一等标准器：(20±2)℃，温度波动不超过±0.5 ℃；

二等标准器：(20±5)℃，温度波动不超过±1 ℃；

三等标准器：(20±10)℃，温度波动不超过±5 ℃；

工作用仪器：检定温度（20±10)℃，温度波动不超过±5 ℃。

⑪ 测压介质不能与仪器的工作介质混合或起化学反应。当被测介质与水或水银发生反应时，应更换工作介质或采用隔离液的方法，常用的隔离液如表 7－2 所示。

表 7－2　常用隔离液

测量介质	隔离液	测量介质	隔离液
氯气	98%的浓硫酸或氟油、全氟三丁胺	氨水、水煤气、醋酸、碱	变压器油
氯化氢	煤油	苛性钠	磷酸三甲酚酯
硝酸	五氯乙烷	氧气	甘油、水
三氯氢硅	石蜡液	重油	水

⑫ 仪器应定期清洗，定期更换工作介质，定期检定。检定周期一般为 2 年，检定合格方能使用。

⑬ 仪器使用完毕后，应将压力或负压全部消除，使其处于正常状态。仪器能通大气的管子应加防尘罩或塞堵，以免液面氧化或脏污。仪器暂时不用时，应当用仪器罩罩上，防止灰尘侵入仪器内部。

2）使用中常见的故障及处理

常见故障及处理方法见表 7－3。

表 7－3　常见故障及处理

故障现象	原　因	处　理　方　法
仪表指示不正常，小于或反应不出被测介质的压力变化	引压管密封性不良，有渗漏现象； 测量连接管处不密封； 容器底部有浮游渣滓	检查管线，找出泄漏处，并加以消除； 选择内径略小于玻璃管外径的塑料管或扎牢； 拆卸底部，取出渣滓

续表

故障现象	原　　因	处　理　方　法
仪表无指示	引压管堵塞； 露于大气一端的通口堵塞； 容器底部接头堵塞； 容器与测量管连接的塑料管或测量管与引压塑料管因弯折而堵塞	逐段检查引压管堵塞处，并加以疏通； 排除通口处的堵塞物； 切断引压管，拆开容器，吹洗接头； 调整塑料管的长度，放大曲率半径，固定好或选用厚壁塑料管； 更换密封垫片
测量管接头连接处渗水	塑料管老化； 连接用的塑料管内径太大	更换塑料管； 选用内径略小于玻璃管外径的塑料管
刻度不清晰	工作液体或测量管脏	清洗工作液体或测量管； 清洗大容器、测量管、更换工作液体

7.2.2　弹簧管式压力计

弹簧管压力表是应用非常广泛的测压仪表。它可以测量压力，也可以测量真空。常见的弹簧管压力表有单圈弹簧管压力表和多圈弹簧管压力表。按精度分，有精密压力表、标准压力表、普通工业压力表。按照适用的条件分，有耐振型、耐热型、耐腐蚀型、抗冲击防爆型以及专用压力表等。

下面以单圈弹簧管压力表为例，介绍其结构与工作原理。

7.2.2.1　弹簧管压力表的结构与工作原理

弹簧管压力表（又称波登管压力表）主要由弹簧管、传动机构、指示机构和表壳等四大部分组成。图 7－9 为其结构示意图。

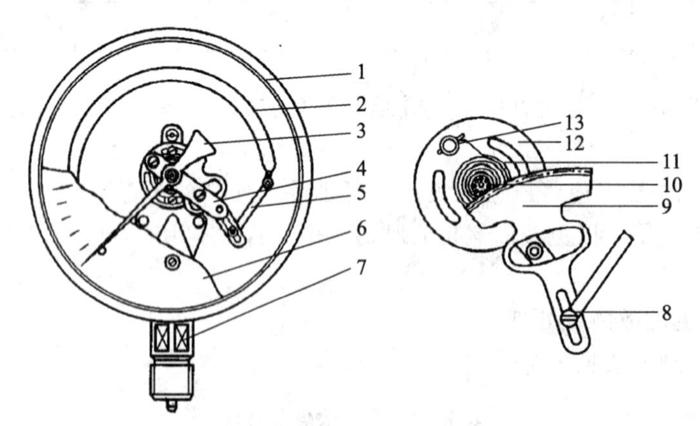

图 7－9　弹簧管压力表结构示意图

1—表壳；2—弹簧管；3—指针；4—上夹板；5—连杆；6—刻度盘；7—接头；8—示值调节螺钉；9—扇形齿轮；10—中心齿轮；11—游丝；12—下夹板；13—固定游丝螺钉

（1）弹簧管

它是一根弯曲成圆弧形状、横截面常常为椭圆形或扁圆形的空心管子。它的一端焊接在压力表的管座上固定不动，并与具有一定压力的介质相连通，管子的另一端是封闭的自由端。具有一定压力的被测介质进入弹簧管内腔时，由于短轴方向的面积较长轴方向大，非圆形截面力图变成圆形，使管子的刚度增加有伸直的趋势，从而使自由端产生位移，此位移与被测压力相对应。

弹簧管自由端位移与压力的关系和很多因素有关，下面以椭圆形截面的单圈弹簧管为例对弹簧管受压后的变形情况作定性分析。

如图 7-10 所示，设弹簧管内通入的压力较管外高，椭圆截面的长轴为 $2a$、短轴为 $2b$，弹簧管弯曲半径外侧为 R_1、内侧为 R_2，初始中心角为 γ，并设 R'_1、R'_2、b'、γ' 为受力变形后的相应值，且弹簧管变形后长度不改变。

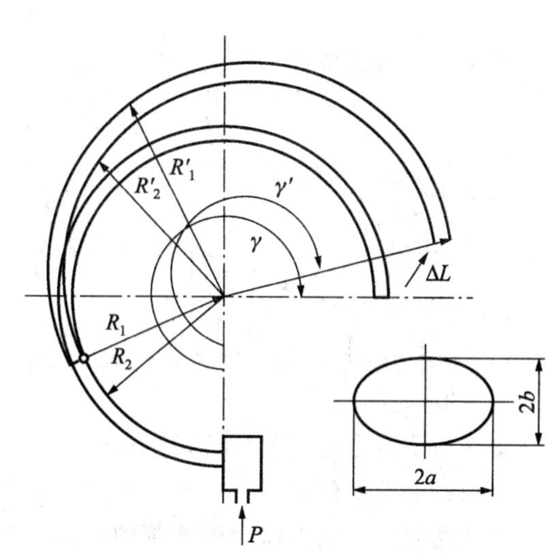

图 7-10　弹簧管变形示意图

由于弹簧管变形后长度不变，则有如下关系

$$R_1\gamma=R'_1\gamma'$$
$$R_2\gamma=R'_2\gamma' \qquad (7-40)$$

上两式相减得

$$(R_1-R_2)\gamma=(R'_1-R'_2)\gamma'$$

即

$$2b\gamma=2b'\gamma' \qquad (7-41)$$

弹簧管内充压后，短轴增大，即 $b'>b$。由式（7-41）可知，$\gamma'<\gamma$，此时自由端向外移动。该位移量相应于某一压力值。同样，当弹簧管内通入的压力低于管外压力时，自由端会向内移动。设

$$b'=b+\Delta b$$
$$\gamma'=\gamma-\Delta\gamma \qquad (7-42)$$

代入（7-41），可得

$$\Delta\gamma=\frac{\Delta b}{b+\Delta b}\gamma \qquad (7-43)$$

由式（7-43）可以看出，弹簧管原来弯曲的角度越大，管截面短轴越短，则角度变化 $\Delta\gamma$ 越大，也就是自由端位移越大。为了得到较高的灵敏度，可以采用螺旋形多圈弹簧管。

弹簧管自由端位移与管内通入压力的关系，目前只能用半理论公式表示，然后用实验方法给出。

对于薄壁扁圆形截面的弹簧管，弹簧管中心角角度的变化与压力的关系为

$$\frac{\Delta\gamma}{\gamma}=p\,\frac{1-\mu^2}{E}\frac{R^2}{b\delta}\left(1-\frac{b^2}{a^2}\right)\frac{\alpha}{\beta+x^2} \qquad (7-44)$$

式中：$\Delta\gamma$——弹簧管中心角度变化量；

γ——弹簧管初始中心角；

R——弹簧管工作半径；

μ——弹簧管材料泊松比；

E——弹簧管材料弹性模量；

δ——弹簧管壁厚；

a、b——弹簧管截面长、短轴半径；

α、β——与 a/b 比值有关的系数；

x——弹簧管的几何参数，$x=R\delta/a^2$。

对某特定管子而言，上式中除 p 外均已知，用常数 C_1 表示，则式（7-44）成为

$$\frac{\Delta\gamma}{\gamma}=C_1 p \tag{7-45}$$

弹簧管自由端位移 Δl 与管子中心角角度的变化之间的关系为

$$\Delta l=\frac{\Delta\gamma}{\gamma}R[(\gamma-\sin\gamma)^2+(1-\cos\gamma)^2]^{0.5} \tag{7-46}$$

当 $\gamma=270°$时，则有

$$\Delta l=0.58R\frac{\Delta\gamma}{\gamma}=0.58RC_1 p=Cp \tag{7-47}$$

其中，$C=0.58C_1R$。

由式（7-47）可知，弹簧管经过精心设计制造加工后，在一定压力范围内，其输入-输出关系一般为线性。

单圈弹簧管自由端的位移量不能太大，一般不超过 2～5 mm。为了提高弹簧管的灵敏度，增加自由端的位移量，可采用多圈弹簧管。多圈弹簧管多用于压力记录仪表中。

弹簧管的横截面形状对弹簧管的性能有着重要的影响。常见的弹簧管截面形状如图 7-11 所示。扁圆形、椭圆形和 D 形是常见的横截面形状。椭圆形截面和扁圆形截面制造简单，在相同的外形尺寸下具有较大的灵敏度。D 形截面的灵敏度相对来说要小一些，工艺比较困难，但是它的测压范围比椭圆形及扁圆形截面要宽。双零形截面主要用于某些要求弹性元件具有最小起始容积的仪表中。8 字形和厚壁扁圆形截面的弹簧管的强度高，阻碍弹簧管形变能力强，常用于高压测量。另外，偏心形截面的压力弹簧管也在高压测量中得到广泛的应用。

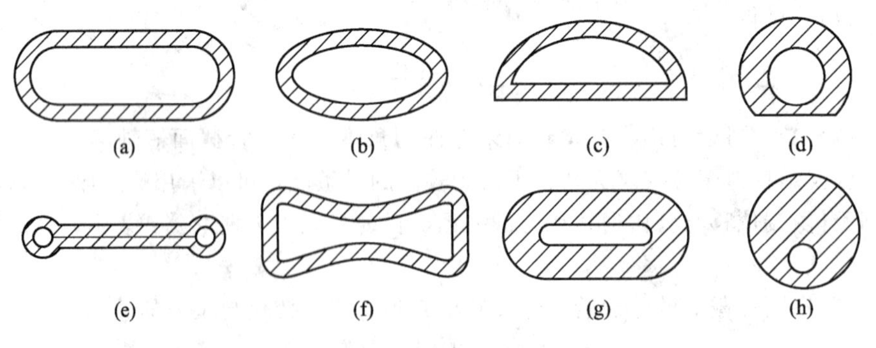

图 7-11　常见的弹簧管截面形状

(a) 扁圆形；(b) 椭圆形；(c) D 形；(d) 偏心形；(e) 双零形；(f) 8 字形；(g) 厚壁扁圆形；(h) 厚壁偏心形

(2) 传动机构

一般称为机芯，它包括扇形齿轮、中心齿轮、游丝和上下夹板、支柱等零件。传动机构的主要作用是将弹簧管的微小弹性变形加以放大，并把弹簧管自由端的位移转换成仪表指针

的圆弧形旋转位移。

(3) 指示机构

包括指针、刻度盘等，其作用是将弹簧的弹性变形通过指针指示出来，从而读取压力值。

(4) 表壳

它的主要作用是固定和保护上述三部分以及其他的零部件。

弹簧管压力表的工作过程为：压力从接头7处引入弹簧管的空腔内，弹簧管的截面因压力的作用由椭圆形趋于圆形，同时，弹簧管的弯曲角度变小，相应地管子略有伸展，使其自由端产生位移，自由端的位移带动连杆5一起动作，使扇形齿轮9和中心齿轮10所组成的传动机构把自由端的线性位移变为中心齿轮轴的转动，从而带动装在齿轮轴上的指针3转动，同时带动中心齿轮10下面的游丝11一起扭转，使游丝具有一定的工作扭矩，游丝的作用是消除中心齿轮与扇形齿轮啮合时的配合间隙。当压力消除后，弹簧管力图恢复原状，其恢复力与游丝扭矩一起使指针回复到零位。

7.2.2.2 精密压力表

西仪-HEISE精密压力表（以下简称精密压力表）为西安仪表厂引进美国Dresser公司制造技术生产的产品，其准确度可达到0.1级，测量范围从0～100 kPa到0～700 MPa，度盘直径最大为406 mm，刻度标尺长达2 032 mm，因而可得到最佳的分辨率，适用于压力计量和精密测量。

精密压力表分CC型、CM型、CMM型三种，其工作原理与单圈弹簧管压力表的工作原理一样。当被测介质压力由压力表接头引入后，弹簧管自由端产生位移，此位移通过扇形板及扇形板导板、拉杆和微调导板、扇形齿轮等传动机构放大后，带动中心轴，使指针指示出相应的压力值，其结构示于图7-12。

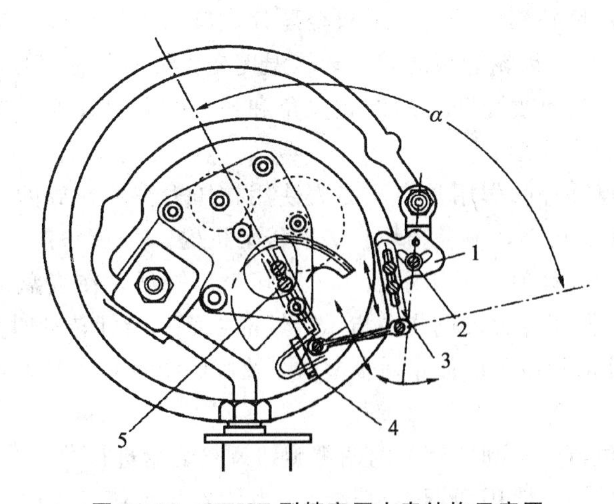

图7-12 HEISE型精密压力表结构示意图

1—扇形板；2—扇形板螺钉；3—微调导板；4—微调螺钉；5—微调导板螺钉

(1) 精密压力表的结构

① 弹簧管。弹簧管具有多种截面形状，它的接头、管本体和排泄阀是在一个整体材料上成型的，所以称为组合式弹簧管。组合式弹簧管不采用钎焊焊接和螺钉连接，因而控制了

应力分布，各种规格弹簧管的应力都均匀分布。弹簧管分单圈和双圈两种，双圈的弹簧管的长度约三倍于普通型压力表弹簧管的长度。管长的增加，减少了转角比，从而降低了应力，实际上消除了滞后、变形，增加了使用寿命。弹簧管的固定端用自身的螺纹直接连在压力表入口接头上，而不是采用传统的焊接方法；自由端的排泄阀，拧开其管帽，即可用液体或气体进行管内部的自身清洗，从而提高了测量准确度。在制造弹簧管时采用了特殊工艺，管子在高真空中进行了热处理。

② 传动机构。传动机构的特点是，在一个坚实的铸件上，支撑着仪表的全部转动部件而形成整体，这样的机构可保证在各种情况下转动部分同心，不会由于支撑部分移动变位而造成测量误差；对全部传动部件进行超声波清洗；在中心轴上采用了精密微型不锈钢滚珠轴承，摩擦很小，从而提高了灵敏度，测量时不需轻敲表壳，可准确地反映很小的压力变化；传动机构不需要进行润滑。

③ 表壳和表盘。精密压力表表壳为铸铝安全表壳，背后有一弹性光亮的不锈钢板。当弹簧管意外爆裂时，不锈钢板自动打开，压力由背后逸出，避免伤人。表壳上装有限制弹簧管自由端位移的上、下限制器，用以限制弹簧管自由端的位移范围。

表盘采用了白底黑色分度盘，并带反射镜面的度盘和刀口型指针，便于读数，视差很小。度盘刻度，CC 型和 CM 型为单圈，指针的回转角度分别为 300°和 350°；CMM 型为双圈，指针回转角度为 660°。度盘直径为 152 mm，216 mm，305 mm 和 406 mm。由于刻度标尺的增长，提高了分辨率。双圈度盘设有圈数指示器，可表示出指针的指示值在第一圈还是第二圈。

表盘设有零位调整旋钮，可把度盘零位调整到大气压力或其他需要的工作点上作为零位。零位调整范围，即度盘的转动圆弧为 30°。精密压力表除上述主要结构外，还可根据需要带有下列附件：

① 温度补偿器。温度补偿器是一个用双金属片成型的连杆部件，安置于弹簧管自由端端块和齿轮传动机构的扇形齿轮导板之间。环境温度变化影响双金属片，使扇形齿轮导板的活动点产生圆弧运动，从而改变两者间的相关角和导板的有效长度。在环境温度为－30～50 ℃范围可实现自动温度补偿。

② 带槽连杆。带槽连杆的作用是当压力表使用在压力突然释放的工作条件（如拉力试验）下，防止指针的猛烈抖动，避免损坏仪表的传动机构。

③ 峰值压力指示器。峰值压力指示器用于当压力下降后，在表盘上保留曾达到的最高指示值。峰值压力指示器穿过表玻璃装在指示指针的上面，指针转动时只在升压方向带动峰值压力指示器。通过外部旋钮可以使指示器复位。在 CC 型和 CM 型上可装设此种指示器。

（2）精密压力表的调整

① 零位调整。零位调整是利用外部的调零旋钮调整度盘进行的。

② 量程调整。量程调整使用微调螺钉进行。当仪表指示值偏大时，逆时针方向旋转微调螺钉；示值偏小时，顺时针方向旋动微调螺钉。量程调整后应重新检查和调整零位。

如量程范围的调整量最大时，可松开微调导板的两个螺钉，向上移动微调导板，使量程增加；向下移动微调导板，则使量程减小。

③ 线性度调整。线性度调整是利用扇形板导板或微调导板进行的。当实际测量范围上限值大于两倍的测量范围中间值时，松开扇形板导板上的两个夹紧螺钉，将其向上移动，从

而减小 α 角（见图 7－12）。如果误差很小，可以逆时针方向转动指针轴，使达到约有两倍的误差值，在此位置上保持指针不动，松开扇形板螺钉，调整其位置，然后紧固，这样也可以减小 α 角。

当实际测量范围上限值小于两倍的测量范围中间值时，调整方向相反，即向下移动扇形板导板，增大 α 角。或者在误差很小时，顺时针方向转动指针轴，使其达到约有两倍的误差值，在这个位置上保持指针不动，松开扇形板螺钉，调整其位置，然后拧紧，这样也可增大 α 角。

线性度调整和量程调整是互相影响的，应该反复进行。

④ 当仪表用于测量液体压力时，应拧开排泄阀的管帽，排除弹簧管内部残留的气体，以保证能获得准确的读数。在拧开排泄阀的管帽时，要用手指支撑弹簧管的自由端，防止齿轮脱离啮合，导致拉杆或端块变位。排泄阀的打开应缓慢进行，稍微打开通以压力，在液体溢出几秒钟后弹簧管内的气体即可全部排出，然后拧紧排泄阀的管帽。

（3）主要技术特性

压力测量范围：CC 型 0～0.1 MPa 到 0～100 MPa；CM 型 0～0.1 MPa 到 0～700 MPa；CMM 型 0～0.2 MPa 到 0～70 MPa；

准确度等级：0.1 级；

灵敏度：±0.01％；

重复性：±0.02％；

使用温度：－30～50 ℃

7.2.2.3　多圈弹簧管压力表

单圈弹簧管压力表在受压时，由于自由端的位移和转动力矩小，只能作指示式仪表用，而现代工业生产的压力测量中，还需要记录压力在某段时间中变化的情况，因此需要压力记录仪表。为了能带动记录机构运动，就需要弹簧管自由端有较大位移和转动力矩，如采用单圈弹簧管转上数圈，这样就成了多圈弹簧管压力表，如图 7－13 所示。弹簧管的圈数一般有 2.5 圈至 9 圈，根据需要而定，管端的转角一般在 54°左右。

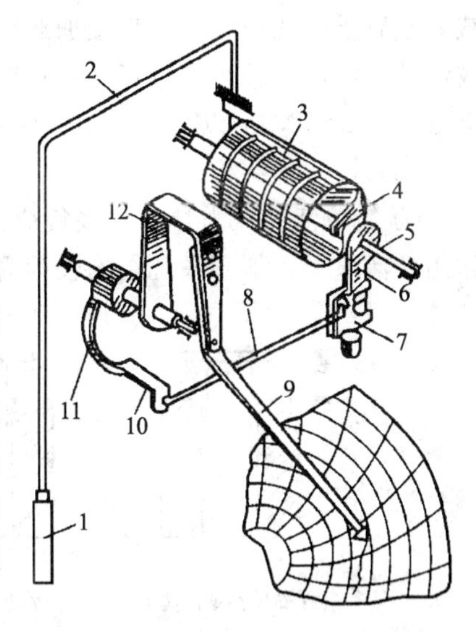

图 7－13　多圈弹簧管压力表示意图

1—管接头；2—引压管路；3—弹簧管；4—连接片；5—转轴；6—杠杆；7—滑架；8—拉杆；9—指针；10—支架；11—金属补偿器；12—弯杆

图 7－13 为一多圈弹簧管的示意图。弹簧管 3 一端固定在支架上和管路 2 相连，另一端则和连接片 4 相连，连接片又连接着杠杆 6。当弹簧管中承受压力后，其自由端转动，带动轴 5 转动，通过滑架 7、拉杆 8 等一套传动机构而使指针 9 转动。指针端部装有记录笔头，用来在记录纸上记录下压力变化的曲线。

7.2.3　活塞式压力计

活塞压力计是利用作用在活塞上的砝码重力与被测压力作用在活塞上所产生的力相平衡的原理进行工作的。当作用在活塞上的两个力平衡时，所加载砝码的重力就代表了被测压力值。

活塞式压力计是压力量值传递技术中很重要的一类压力计。它的测压范围很宽，为−0.1～2 500 MPa；准确度很高，为（0.002～0.2）%。在低压范围内，近年来已取代液体压力计。活塞压力计结构简单，使用方便，种类较多，价格相对便宜。它的不足之处是，在压力作用下，由于活塞与活塞筒之间的间隙，会使工作液体（工作介质）发生泄漏；以及测压点的压力示值不能连续显示等。

7.2.3.1 活塞式压力计的类型

活塞式压力计可以按照活塞的结构、砝码的加截方式及工作介质等进行分类。

（1）按工作介质分类

活塞式压力计按活塞系统中所使用的工作介质分为液压型和气动型两类。液压型活塞压力计常使用的工作介质有变压器油、药用蓖麻油、甘油与乙二醇的混合液；气动型活塞压力计常用的工作介质有空气、氮气等。

（2）按活塞加载砝码方式分类

① 直接负荷式活塞压力计。砝码的重力直接作用在活塞带有的承重底盘上。这种活塞压力计的测压上限在 10 MPa 以下。国家基准和一般中低压力量程范围的压力标准器均属此类。

② 间接负荷式活塞压力计。此类压力计用于较高压力的测量。测量较高的压力时所加载的砝码质量相应较大，直接加载容易使活塞系统折断。因此，采用承重杆，外加滑动轴承或滚动轴承，以减小承重杆和承重筒之间的摩擦，提高压力计的灵敏度。这类压力计的测压上限可在 250 MPa 以下，工作基准和一般标准器的一部分在此测量范围之内。

（3）按活塞结构分类

① 简单活塞压力计。直接负荷式活塞压力计的活塞就属于简单活塞。砝码的重力直接作用在活塞上，活塞系统结构较为简单，见图 7-14（a）。

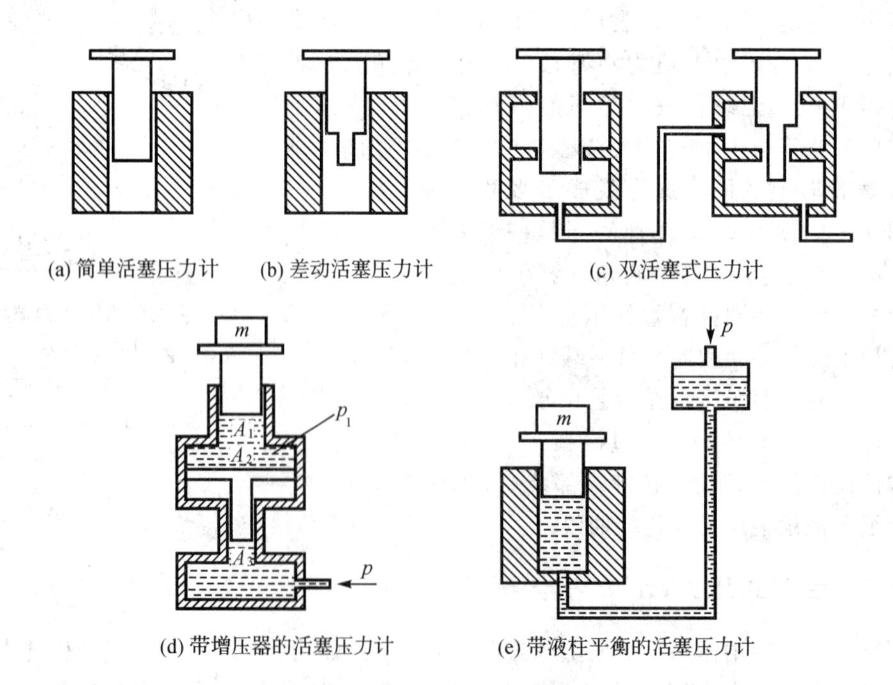

(a) 简单活塞压力计　(b) 差动活塞压力计　(c) 双活塞式压力计

(d) 带增压器的活塞压力计　(e) 带液柱平衡的活塞压力计

图 7-14　活塞结构形式

② 差动活塞压力计。压力计的活塞结构形状是一阶梯形，其活塞面积是大小截面之差，即环形面积，见图 7-14（b）。差动活塞结构适合于有零位调整的压力计，能提高调整的灵敏度。

③ 双活塞式压力计。双活塞式压力计的活塞有两个，一个是简单活塞，一个是差动活塞。这种活塞结构适合于压力、真空的测量，并且有零位调整功能。其结构形式见图7-14（c）。

④ 带增压器的活塞压力计。这种活塞结构适用于高压力的测量，使用的砝码质量相对简单活塞压力计在测量同样压力情况下要小得多，其结构形式见图 7-14（d）。

⑤ 带液柱平衡的活塞压力计。这种压力计的活塞系统结构见图 7-14（e）。压力计中的液柱作用有两个：一是利用一定高度（可调节）的液柱平衡活塞及承重盘重力。活塞的起始压力是大气压，当调整液柱高度使之平衡时，则完成了压力计的零位调整，所以压力计的起始测压为零。再一个作用是隔离传压介质（气体）。虽然传压介质是空气或氮气，但作用在活塞上的压力是液体压力。

除了以上的几种结构形式外，还有一些其他的结构形式，如可控间隙式、反压圆筒式、浮球式等，在此不予详述。

7.2.3.2　活塞式压力计的基本结构

由于活塞压力计的类型比较多，其结构也有所不同，现仅就简单活塞压力计介绍其结构。

活塞式压力计主要由活塞系统、专用砝码、检验器及工作介质组成，见图 7-15。

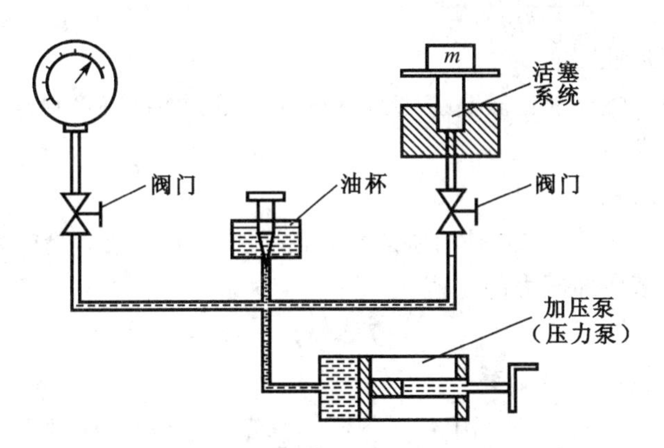

图 7-15　活塞压力计结构示意图

① 活塞系统。是由活塞、活塞筒组成的测压部件。活塞面积及活塞与活塞筒之间的间隙都很准确、精密。

② 专用砝码。砝码的质量很准确，其重力作用在活塞上来平衡工作介质压力作用在活塞上所产生的作用力。砝码是与活塞配套使用的，与其他压力计的砝码不能互换使用。

③ 校验器。它由压力泵、导压连接管等组成。用以安装基准活塞系统、被检器，并有造压功能，对密封性要求高。

④ 工作介质。传递液体压力并作用于活塞。通常使用的工作介质有变压器油、蓖麻油、甘油等。对于气体活塞压力计使用的工作介质是空气或氮气，例如浮球式活塞压力计。

7.2.3.3 活塞压力计的工作原理

活塞压力计在开始工作时，先松开油杯手柄，即压力计的油系统，通大气。摇动压力泵的手轮，退出压力泵的活塞，使校验器内充满工作介质油；旋紧油杯手柄，使油系统与大气压隔离。活塞承重盘上放置与欲加压力相对应的专用砝码，摇动压力泵的手轮推入压力泵的活塞给压力计加压。当压力上升到砝码对应的压力时，活塞上升到标定的位置，此时说明压力计的油压力就是专用砝码对应的压力值，也即达到了砝码重力与工作介质作用于活塞的作用力的平衡，则有

$$p \cdot S_e = m \cdot g$$

$$p = \frac{m \cdot g}{S_e} \tag{7-48}$$

式中：S_e——活塞的有效面积，与活塞的几何面积、活塞系统间隙、被测压力 p 及重力加速度有关，m^2；

m——砝码质量，kg。

7.2.3.4 活塞压力计的性能参数

活塞压力计的性能参数有：测压范围、密封性、活塞的有效面积、活塞下降速度、活塞转动延续时间、灵敏限、允许误差、活塞系统受压变形等。这些参数都直接与压力计的性能有关。

(1) 测压范围

活塞压力计的测压下限由活塞及承重盘的重量决定。所以，测压下限一般不为零；如果压力计带有平衡装置（零位调整），则压力计的测压下限为零。压力计的测压上限则取决于活塞系统及导压管路的结构、材料。

(2) 校验器的密封性

对于压力计的密封性要求比较高。密封性愈好，测压的准确度愈高。在检定规程中，对其密封性有确定的要求。

(3) 活塞的有效面积

活塞的有效面积（图 7-16）是活塞压力计的重要性能参数，是需要检定的量。它是活塞上的砝码重力与活塞底部压力的比值

$$S_e = \frac{G}{p} \tag{7-49}$$

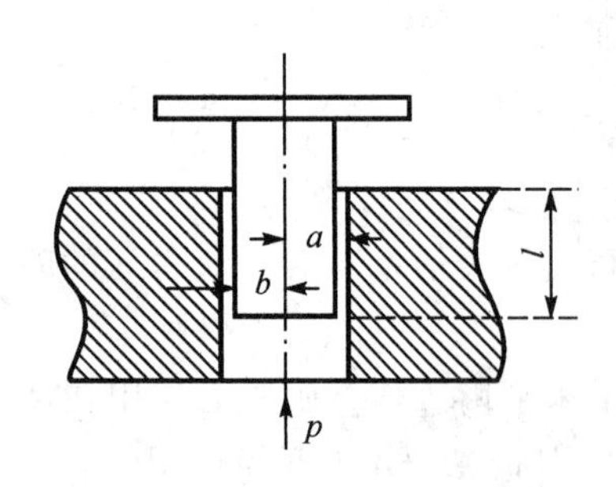

图 7-16 活塞有效面积示意图

式中，G 为砝码重力（$G=mg$）；p 为压力计油系统压力。

式（7-49）是根据活塞受力平衡关系得到的结果。S_e 不只取决于活塞的几何面积，影响 S_e 的因素还有：活塞与活塞筒之间的间隙、被测压力、工作介质的物理性质等。式（7-49）是检定中确定 S_e 的基本关系式之一。下面讨论活塞的有效面积 S_e 与其影响因素之间的关系。

活塞在工作状态下，工作介质会在活塞与活塞筒之间的间隙发生漏流，而且活塞会以一定的微小速度下降。根据流体力学的知识可知，活塞除了受重力、工作介质对活塞底端面的作用力 F_1 外，还将受到间隙中的漏流给予活塞侧壁上的粘滞摩擦力 F_2 的作用，其方向是向上的，与工作介质作用于活塞底端面的作用力方向相同。此时近似有力平衡方程

$$G=F_1+F_2 \tag{7-50}$$

故活塞的有效面积为

$$S_e=\frac{F_1}{p}+\frac{F_2}{p}=\pi b^2+\frac{F_2}{p} \tag{7-51}$$

式中，b 为活塞的几何半径。

求解 F_2 的难度较大，其推导过程从略，仅给出结论。活塞有效面积的计算公式为

$$S_e=\pi b^2+\frac{\pi}{2}(a^2-b^2)-\frac{\pi}{2}(a^2-b^2)\frac{\rho g l}{p} \tag{7-52}$$

式中，a 为活塞筒的半径；l 为活塞浸入活塞筒中的长度。

设活塞间隙为 h，则 $h=a-b$ 。

令
$$S^{(0)}=\pi b^2+\frac{\pi}{2}(a^2-b^2) \tag{7-53}$$

$S^{(0)}$ 为零级有效面积，式（7－53）是常用的活塞有效面积公式。

令
$$\Delta S^{(0)}=\frac{\pi}{2}(a^2-b^2) \tag{7-54}$$

$\Delta S^{(0)}$ 为活塞有效面积的修正量，其数值是活塞系统间隙面积的一半。故有

$$S^{(0)}=\pi b^2+\Delta S^{(0)} \tag{7-55}$$

令
$$\Delta S^{(-1)}=-\frac{\pi}{2}(a^2-b^2)\frac{\rho g l}{p} \tag{7-56}$$

$\Delta S^{(-1)}$ 为与被测压力 p 成反比的修正量。当该项中的 $\frac{\rho g l}{p}$ 比较小时，该项数值亦比较小，故可以不考虑此项的值。但当被测压力较低，而且要求有较高的测压准确度时，则该项不可忽略。由于间隙面积的一半可近似地表达成 πbh，即

$$\frac{\pi}{2}(a^2-b^2)\approx\pi bh \tag{7-57}$$

所以，有效面积公式为

$$S_e=\pi b^2+\Delta S^{(0)}+\Delta S^{(-1)}\approx\pi b^2+\pi bh\left(1-\frac{\rho g l}{p}\right) \tag{7-58}$$

式（7－58）也是确定活塞有效面积的基本关系式之一。

当压力较大时，$\Delta S^{(-1)}$ 修正项比较小可以忽略，活塞的有效面积 S_e 就是零级有效面积的值。它只与活塞半径 b 和活塞筒半径 a 有关，其数值是活塞面积与活塞系统间隙面积之半的和。而与活塞系统的衔接长度 l 以及工作介质粘度无关。

当压力较低时，由式（7－58）可看出，$\Delta S^{(-1)}$ 影响较显著。$\Delta S^{(-1)}$ 对考虑压力较低时有效面积的误差和零级有效面积适用的压力范围有一定的意义。

［例 7－2］ 一台二等标准活塞压力计，已知活塞筒半径 $a=0.564\ 5\times10^{-2}\,\text{m}$，活塞半径 $b=0.564\ 2\times10^{-2}\,\text{m}$，工作介质密度 $\rho=860\ \text{kg/m}^3$，重力加速度 $g=9.806\ 65\ \text{m/s}^2$，活塞浸入活塞内的长度 $l=0.08\ \text{m}$，计算压力 $p=1\ 500\ \text{Pa}$ 时，忽略 $\Delta S^{(-1)}$ 项的误差为多少？

解： 将已知数据代入 $\Delta S^{(-1)}$ 公式，得到

$$\Delta S^{(-1)}=-\frac{\pi}{2}(a^2-b^2)\frac{\rho g l}{p}=-2.4\times10^{-8}\,\text{m}^2$$

活塞的零级有效面积

$$S^{(0)}=\pi b^2+\frac{\pi}{2}(a^2-b^2)=1.000\ 569\ 955\times10^{-4}\ \mathrm{m}^2$$

所以

$$\gamma_s=\frac{\Delta S^{(-1)}}{S^{(0)}}=-0.023\ 98\%$$

二等标准活塞压力计有效面积允许误差为±0.02%。显然，压力 $p=1\ 500$ Pa 时是不可以忽略 $\Delta S^{(-1)}$ 项的。

当被测压力 $p=0.5\sim20$ MPa 时，忽略 $\Delta S^{(-1)}$ 项时产生的误差 γ_s 在±（0.002%～0.000 05%）范围内。显然，在上述的压力范围内，则完全可以忽略 $\Delta S^{(-1)}$ 的影响了。

（4）活塞下降速度

活塞下降速度也是活塞压力计的重要参数，是需要检定的量。活塞下降是由于活塞间隙中的漏流引起的，如果活塞下降速度太大，活塞压力计就无法进行压力测量了。在规定压力下，由于活塞间隙的漏流不可避免，必然会产生活塞的下降。最重要的是活塞的下降速度应保持在规定的范围内。

活塞下降的速度取决于活塞间隙的漏流大小。由于活塞筒内液体的泄漏，活塞会以一定的速度下降来填充液体泄漏的体积。所以活塞下降速度 v 与工作介质从间隙中的溢流流量 q_v 成正比，即有

$$q_v=S_1v \tag{7-59}$$

式中，S_1 为活塞的几何面积，$S_1=\pi b^2$。

当活塞压力计在工作压力下活塞系统无形变时，工作介质与活塞筒的间隙中的溢流流量 q_v，可以由下式给出

$$q_v=\frac{\pi bh^3p}{6\eta l} \tag{7-60}$$

式中：η——工作介质的动力粘度，Pa·s；

p——活塞压力计的工作压力，Pa。

由式（7-59）、式（7-60）可得到活塞的下降速度 v

$$v=\frac{h^3p}{6\eta bl} \tag{7-61}$$

式（7-61）是在压力不大的条件下（其活塞的形变及液体粘度的变化可忽略），活塞下降速度的表达式。从式（7-61）可以看出：

① 活塞下降速度与被测压力成正比，在不同的压力下，活塞的下降速度不同。因此，考核压力计活塞下降速度这一指标时，就不能在任意压力下进行。检定规程规定，必须在测量上限压力下进行。

② 下降速度与工作介质粘度成反比。显然，要减小活塞的下降，可以增大工作介质的粘度。反之，如果工作介质的粘度减小了，活塞的下降速度会增大。因此，在活塞压力计检定时，检定规程中规定了工作介质的粘度。

③ 活塞下降速度与活塞浸入活塞筒内的长度成反比。因此，在测定活塞下降速度时，活塞工作位置应保持在正常位置上，否则测定得不到正确的结果。

④ 活塞下降速度与活塞系统间隙大小成正比。间隙的大小是影响活塞下降速度的最重要的原因之一，它是以三次方关系增大的。活塞间隙越小，下降速度越小，但同时活塞系统

的机械摩擦力增大，使活塞压力计的灵敏度有所降低。因此活塞与活塞筒必须经过精密研磨后配对使用。

⑤ 利用下降速度计算公式，根据测得的活塞下降速度数据，反过来可求出间隙的大小。它对于活塞浸入活塞筒中的长度测量结果也是一个有力的旁证。

综上所述，活塞下降速度的定义为：活塞在正常工作位置，压力在测量上限时，活塞承重盘顺时针转动时关闭活塞阀门，在一分钟内活塞下降的距离称为活塞的下降速度。

该定义实际上提供了在检定时测定活塞下降速度的方法。式（7－61）也是活塞下降速度测定的一种方法。在实际检定工作中常用的方法是根据定义测定下降速度。

对于二、三等标准活塞压力计，其活塞下降速度的要求见表7－4。

表7－4　二、三等活塞压力计活塞下降速度

	量程上限 MPa	工作介质	活塞有效面积 S_e 的名义值 cm^2	允许下降速度 mm/min	
				二等	三等
直接加载荷的活塞压力计	0.6	变压器油	1	2	3
	5，6		0.5	1.5	3
	5，6		1	1.5	3
	10		1	1.5	3
	10		0.5	1.5	3

（5）活塞转动延续时间

活塞压力计在测量压力时，需要活塞转动。这样做的目的是利用活塞与活塞筒的相对运动，尽可能消除它们之间的直接接触而产生的机械摩擦，从而可以提高测压的准确度。活塞转动延续时间就是对活塞自由转动要求的指标参数，该参数也是需要检定的量值。

活塞转动延续时间的定义为：在规定的起始转速下，活塞自由转动的时间称为活塞转动延续时间。

显然，活塞与活塞筒的机械摩擦会影响活塞转动延续时间。对于二、三等标准活塞压力计的活塞转动延续时间的要求见表7－5。

表7－5　二、三等活塞压力计活塞转动延续时间

	测压上限/MPa	载荷压力/MPa	专用砝码直径 不大于/mm	转动延续时间 (最小值)/min
直接加载荷的活塞压力计	0.6	0.3	140	2.5
	5，6	2.5，3	230	5
	10	5	230	5

由定义可知，活塞转动应有起始转动速度的要求。检定规程要求起始转动速度应不低于（0.5～1）rad/s。定义实际上给出了测定转动延续时间的方法。

在测定活塞转动延续时间时，应注意活塞与砝码的重力应与活塞轴线保持同心，否则会出现不应有的机械摩擦力及改变活塞及砝码位置的转动惯量，这些因素都会影响活塞转动延续时间。

(6) 灵敏限

活塞达到测压平衡后，能使平衡破坏的最小值，称为活塞压力计的灵敏限。

灵敏限参量也是计量检定时需要测定的。各标准等级的活塞压力计有其特定的要求，见表 7-6。

表 7-6 活塞压力计的灵敏限

测压上限/MPa	活塞有效面积 S_e 的名义值/cm^2	灵敏限允许值/g	
		二等标准	三等标准
0.6	1	0.12	0.15
5	1	1	2.5
6	1	1.2	3
5	0.5	0.5	1.25
6	0.5	0.6	1.5
10	1	2	5

(7) 允许误差

允许误差是对一台合格的活塞压力计最基本的准确度要求。按照以上所述的各个参量进行计量测定，如果满足应有的要求，则这台压力计的测压基本误差就应在给出的允许误差范围之内。各种标准等级的活塞压力计的允许误差值见表 7-7。

表 7-7 标准活塞压力计的允许误差

标准等级	允许误差	压力上限的 10%以下时	压力上限的 10%～100%时
一等标准	±0.02%	按上限的 10%的±0.02%	按实测压力值的±0.02%
二等标准	±0.05%	按上限的 10%的±0.05%	按实测压力值的±0.05%
三等标准	±0.2%	按上限的 10%的±0.2%	按实测压力值的±0.2%

7.2.3.5 活塞压力计的测量误差及修正

影响活塞压力计测压误差的因素很多，主要有：活塞压力计自身的结构特性；环境条件(温度，压力)；操作使用等。有些因素的影响不能确切分析误差的大小，比如不当的操作、压力计的自身结构特性等。有些因素的影响能够确切分析所产生误差的大小，比如温度、重力加速度、空气浮力的影响等。能够进行确切分析的误差，通过分析后可以对压力计的示值进行修正。由于活塞压力计是在一定条件下进行定度的，所以一旦受到上述因素影响时，进行示值的修正是非常重要的。

(1) 温度变化引起的误差及修正

由前面的分析可知，压力在 0.5～20 MPa 范围内时可以忽略压力对活塞有效面积的影响。故式 (7-52) 可舍去 $\Delta S^{(-1)}$ 项，即有

$$S_e=\frac{\pi}{2}(a^2+b^2) \tag{7-62}$$

考虑温度对活塞有效面积的影响，活塞筒与活塞的半径 a、b 将随温度 t 发生膨胀。因此，S_e 将随之变化。我国活塞压力计是在 20 ℃定度（砝码标定），要求检定温度是在 20 ℃。当使用温度 $t\neq20$ ℃时，由线膨胀公式，有

$$\begin{cases}a_t=a_{20}[1+\alpha_1(t-20)]\\ b_t=b_{20}[1+\alpha_2(t-20)]\end{cases} \tag{7-63}$$

式中，a_{20}、b_{20} 分别为 20 ℃时活塞筒及活塞的半径；α_1、α_2 分别为活塞筒及活塞的线膨胀系数。

$$\begin{cases}\Delta a=a_{20}\cdot\alpha_1\cdot(t-20)\\ \Delta b=b_{20}\cdot\alpha_2\cdot(t-20)\end{cases} \tag{7-64}$$

所产生的有效面积误差（忽略高阶小量）为

$$\Delta S_{et}=\frac{\pi}{2}(2a_{20}\cdot\Delta a+2b_{20}\cdot\Delta b)=\pi(a_{20}\cdot\Delta a+b_{20}\cdot\Delta b)$$

将 Δa、Δb 代入上式，整理后得到

$$\Delta S_{et}=\pi(t-20)[\alpha_1\cdot a_{20}^2+\alpha_2\cdot b_{20}^2] \tag{7-65}$$

活塞压力计在 t 温度下测压时，由于 t 温度下的有效面积 S_{et} 偏离了定度时的有效面积 S_e 值，故测压平衡后，其示值即产生误差。

下面分析由温度计算出的 ΔS_{et} 对测压示值的影响及其修正的方法。

设被测压力为 p；当地重力加速度 $g_0=9.806\ 65\ \text{m/s}^2$；测压平衡时砝码质量为 m；p_k 为砝码压力刻度值；S_e 为活塞有效面积的名义值。

根据砝码的定度条件，有

$$p_k=\frac{m\cdot g_0}{S_e} \tag{7-66}$$

由测压平衡，有

$$p=\frac{m\cdot g_0}{S_e+\Delta S_{et}} \tag{7-67}$$

由上面两式，可以得到

$$p_k\cdot S_e=p(S_e+\Delta S_{et})$$

所以

$$p=\frac{S_e}{S_e+\Delta S_{et}}\cdot p_k=K_{t_{se}}p_k \tag{7-68}$$

式中，$K_{t_{se}}$ 为活塞温度修正系数，是可计算的量。

式（7－68）是压力示值进行温度修正的计算公式。

（2）活塞受压所产生的误差及修正

活塞压力计在测压时，其活塞系统将产生有效面积的变化 ΔS_{ep}。对于测压上限为6 MPa 以下的活塞压力计，由于被测压力较小，对活塞系统的变形影响小，可不进行此项修正。当然活塞压力计的准确度中已包含有该项误差。当被测压力为 6 MPa 时，测压误差可达 0.001 7％；被测压力为 25 MPa 时，测压误差可达 0.007％；被测压力 60 MPa 时，测压误差可达 0.017％。所以，对于 25 MPa 以上的被测压力，此项误差必须修正。对于 6～25 MPa范围内的被测压力，则需根据要求进行修正，其修正计算公式为

$$\Delta S_{ep}=S_e \cdot \beta \cdot p \tag{7-69}$$

式中，β为活塞系统受压变形修正系数，$(\mathrm{MPa})^{-1}$。

变形修正系数β理论上可用下式计算

$$\beta=\frac{1}{2E_b}\left[3\mu_b-1+\frac{E_b}{E_a}\left(\frac{R^2+a^2}{R^2-a^2}+\mu_a\right)\right] \tag{7-70}$$

式中：R，a——活塞筒、活塞半径；

E_a，E_b——活塞筒、活塞材料的弹性模量；

μ_a，μ_b——活塞筒、活塞材料的泊松比。

显然，活塞系统变形的修正系数β与活塞几何尺寸、材料有关。而与活塞的几何尺寸有关，即是与活塞的面积有关。目前我国使用的测压上限为250 MPa以下的活塞压力计，其活塞系统材料为合金钢。标称有效面积为0.5 cm^2时，其活塞变形系数$\beta=2.7\times10^{-6}(\mathrm{MPa})^{-1}$。对于反压圆筒的活塞系统，$\beta=-5.5\times10^{-6}(\mathrm{MPa})^{-1}$。对于可控间隙类型的活塞压力计，其变形影响可不考虑。ΔS_{ep}引起的测压误差按下式进行修正

$$p=K_{S_{ep}} \cdot p_k \tag{7-71}$$

式中：p_k——压力计示值；

$K_{S_{ep}}$——压力引起活塞变形时压力示值的修正系数，

$$K_{S_{ep}}=\frac{S_e}{S_e+\Delta S_{ep}} \tag{7-72}$$

（3）重力加速度影响所产生的误差及修正

目前生产的活塞压力计的专用砝码质量是按标准重力加速度（$g_0=9.806\ 65\ \mathrm{m/s^2}$）计算并标刻的。这就意味着活塞压力计的压力示值是按标准重力加速度进行标定的，即砝码质量m所对应的被测压力p是在标准重力加速度g_0下，由砝码重力平衡关系计算出来的。显然，当被测压力地点的重力加速度g不为标准重力加速度时，测压平衡后，砝码刻度值m所代表的压力值即偏离了被测压力。如在我国的成都，使用活塞压力计测压时，由于成都的重力加速度$g=9.791\ 3\ \mathrm{m/s^2}$，所以被测压力的示值（砝码质量标刻值）的误差可达$\pm0.157\%$。显然，此项影响不可忽视。

重力加速度的影响可按下式进行修正计算

$$p=K_g \cdot p_k \tag{7-73}$$

式中，K_g为重力加速度影响的修正系数

$$K_g=\frac{g}{g_0} \tag{7-74}$$

（4）空气浮力引起的误差及修正

砝码在空气中使用，空气的浮力作用显然会使测压产生误差。此项影响将使示值偏高，估算有$+0.015\%$的误差。砝码在定度时一般已考虑了这种影响，不必再进行修正计算。

7.2.4 双活塞压力真空计

双活塞压力真空计是由简单活塞和差动活塞彼此连接组成的直接负荷式的活塞压力计，

可以测低压和真空。双活塞压力真空计的测压范围：测量压力范围为0～0.25 MPa，测量负压范围为0～－0.1 MPa。准确度：二等标准为±0.05%，三等标准为±0.2%。适用于对精密压力表，液体压力计，压力传感器或一般压力计进行检定或压力测试。

使用简单活塞压力计测量0.1 MPa以下的压力时存在着许多问题，例如压力计的灵敏限不太高，活塞转动延续时间太短，测压活塞底面位置的高度不准确、活塞自重较大，测量下限太高等。为解决这些问题，对低压活塞压力计作了以下的一些改进：

① 活塞做成空心状，以减轻活塞自重和降低压力计的测量下限。

② 改活塞与活塞筒的全面接触为两个环的接触，环宽为3～4 mm，相距30 mm。由此减小接触摩擦，提高灵敏限。

③ 为了增大转动惯量而将砝码制成空心状，增加了砝码半径，由此提高活塞转动延续时间。

④ 使用气体做传压介质，以减小由液柱引起的误差。

⑤ 附加一个固定的压力，使活塞存在一个起始平衡零点，从而把测量下限降至零。

7.2.4.1 双活塞压力真空计的结构

双活塞压力真空计主要由简单活塞、差动活塞、油气隔离器、微调器、加压泵等组成，见图7-17。其中，油气隔离器连通构成零点补偿系统，使压力计的测量起始压力为零，并利用补偿系统完成对正、负压的测量。补偿系统的工作介质为变压器油。微调器可以进行压力计零点的调整。

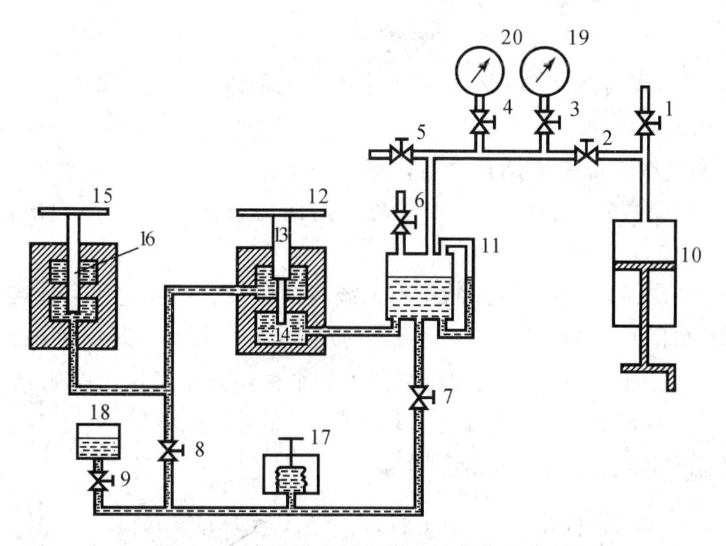

图7-17 双活塞压力真空计结构示意图

1～9—阀门；10—加压泵；11—油气隔离器；12—差动活塞承重盘；13—差动活塞上半部 A_2；14—差动活塞下半部 A_1；15—简单活塞承重盘；16—简单活塞；17—微调器；18—油杯；19，20—被检压力

7.2.4.2 工作原理

双活塞压力真空计可以进行压力和真空的测量，但是无论做何种测量都需要进行压力计的零位调整。因此，在使用压力计测量压力时都要进行两个过程的平衡调整，即零位平衡调整和压力（真空）平衡调整。零位平衡调整在测压或真空过程之前进行。

压力计的零位平衡调整和测压平衡调整都是基于流体静力学的力平衡原理。在相应的阀门状态条件下，通过调整微调器（零位调整时），或调整活塞承重盘上的砝码（测压调整时），使活塞达到指定的位置（标记位置），就达到平衡状态了。

（1）零位平衡调整

使用压力计测压之前，首先应该进行零位平衡调整，调整方法是：

① 打开阀门6、7、8、9，油气隔离器通大气。大气压通过工作介质（变压器油）作用于简单活塞和差动活塞。

② 启动电机，使两个活塞转动（减小活塞的摩擦阻力）。

③ 调整微调器门，改变油气隔离器内工作介质（变压器油）的液面高度，使两活塞稳定地处于工作位置，达到力平衡状态。平衡的调整也可以通过向承重盘加（减）小砝码的方法来实现。平衡状态时，有方程式

$$\frac{m_2 g}{A_3}(A_2-A_1)+\rho g h A_1=m_1 g \tag{7-75}$$

式中：m_1——差动活塞及其连接件的质量，kg；

m_2——简单活塞及其连接件的质量，kg；

A_1——差动活塞下部小活塞有效面积，m^2；

A_2——差动活塞上部大活塞有效面积，m^2；

A_3——简单活塞有效面积，m^2；

ρ——工作介质（变压器油）的密度，kg/m^3；

h——油气隔离器液面与差动活塞下端面之间的液柱高度，m。

（2）测压平衡调整

测压平衡的调整在零位平衡调整之后，其方法是：

① 关闭阀门1、5、6、7、8、9，使压力计的压力系统与大气压力隔离，成为密闭状态。

② 打开阀门2、3、4，使压力计的压力系统与加压泵、被检定压力计接通。

③ 用加压泵加压（手轮摇进），差动活塞的承重盘12上升，简单活塞承重盘15下降。

④ 在承重盘12上加砝码，调整加压情况下的平衡，直至使两活塞恢复到平衡位置。调整过程中，承重盘12下降，承重盘15上升。

测压平衡状态时，有方程式

$$\frac{m_2 g}{A_3}(A_2-A_1)+\rho g h A_1+p A_1=(m_1+m'_1)g \tag{7-76}$$

式中：m'_1——承重盘12上所加砝码的质量，kg；

p——被测压力（加压泵所加压力），Pa。

由方程式（7-75）和（7-76）得到

$$p=\frac{m'_1 g}{A_1} \tag{7-77}$$

（3）真空测量的调整

真空测量的平衡调整也是在零位平衡调整之后，其调整的方法是：

① 关闭阀门1、5、6、7、8、9，使压力计的压力系统与大气隔离，成为密闭状态。

② 加压泵手轮退出产生负压，承重盘12下降，承重盘15上升。

③ 在承重盘15上加砝码，调整真空情况下的平衡，直至两活塞恢复到平衡位置。调整过程中承重盘12上升，承重盘15下降。

真空平衡状态时，有方程

$$\frac{(m_2+m'_2)\ g}{A_3}\ (A_2-A_1)\ +\rho g h A_1+pA_1=m_1 g \tag{7-78}$$

由方程式（7-75）和（7-76）得到

$$p=-\frac{m'_2 g}{A_1 A_3}\ (A_2-A_1)\ =-K\frac{m'_2 g}{A_1} \tag{7-79}$$

$$K=\frac{A_2-A_1}{A_3} \tag{7-80}$$

式中，m'_2 为承重盘15上所加砝码的质量，kg；负号的意义表示被测量的 p 为负压（真空）。

双活塞压力真空计所用专用砝码的质量，应按差动活塞有效面积、使用地点重力加速度和空气浮力进行配重。测量压力时，砝码质量与被测压力 p 的关系为

$$m=pA_1\frac{1}{g}\left(1+\frac{\rho_b}{\rho_c}\right) \tag{7-81}$$

式中：ρ_b——空气密度值，取1.2 kg/m^3；

ρ_c——砝码材料密度值，钢取7 800 kg/m^3。

7.3 常用压力计的检定

压力计的种类很多，按照准确度分为：工作用等级和标准等级。不同标准等级的压力计，其检定的要求及方法等都不同。各种类型压力计的检定规程见表7-8。

表7-8 各类型压力计的检定规程

压力计	检定规程	压力计	检定规程
一等标准液体压力计	JJG 240—1981	活塞式压力计	JJG 59—2007
精密杯形和U形液体压力计	JJG 241—2002	活塞式压力真空计	JJG 236—2009
补偿式微压计	JJG 158—2013	二、三等标准活塞式压力真空计	JJG 239—1994
倾斜式微压计	JJG 172—2011	双活塞式压力真空计	JJG 159—2008
弹性元件式精密压力表和真空表	JJG 49—2013	弹簧管式一般压力表、压力真空表和真空表	JJG 52—2013
一等标准活塞式压力计	JJG 129—1990		

7.3.1 液体压力计的检定

7.3.1.1 检定设备

根据被检定液体压力计的准确度等级、测量范围和其他要求，选择标准器和有关的设

备。选择的标准器，其准确度等级应比被检定的压力计准确度等级高一级，或者标准器与压力计最大允许误差的绝对值的比值：0.05 级不大于 1/2；0.2 级、0.4 级不大于 1/3。所选择的标准器的测量上限与被检定压力计的测量上限相近。

其他设备：气泵、抽气泵、温度计、气压表、橡胶管、真空胶管、调节设备及常用工具等。

仪器使用的工作介质：纯净的汞、蒸馏水或其他纯净的液体。

7.3.1.2 检定前的准备

(1) 选择符合被检压力计要求的标准器，其他设备和工作介质。

(2) 做好标准仪器和被检仪器的清洗工作，清除仪器内的脏物和污垢，使仪器保持清洁。由于仪器多是玻璃制品，所以拆装和清洗时要特别小心，以防损坏。洗而不净，特别是标准器，其灵敏度要受到影响，甚至造成示值误差。

(3) 排除工作液体中的气体。排气的方法：加压至仪器的测量上限（或上限的 90%），然后匀速减压，使液柱回到零位，如此反复进行 2～3 次，即可排除工作液体中的空气。

(4) 调整好液柱对刻度标尺的零位。零位不准，会给仪器带来系统误差。液柱对准零位的方法：移动刻度标尺，使液柱和标尺零线对准；或增减液柱高度使零线对准，且对准零线的中心线位置。

(5) 仪器实验室的环境温度、室内温度的波动及仪器的预热时间，应严格执行检定规程的要求，以防止由于室内温度偏离要求的范围而使工作液体密度发生过大的变化，给测压带来误差。

7.3.1.3 检定项目及方法

(1) 外观检定

这是所有液体压力计相同的检定项目，而具体的检定内容因各种仪器结构的不同而异，应须按检定规程要求进行。

(2) 密封性检查

这是压力计检定时，都要进行检定的项目。密封性不好，压力保持不住，会使读数困难且不准确。在工作压力测量时，由于泄漏会造成压力表的示值偏低。对测量部分密封性的检定方法：在测量仪器系统中制造产生等于测量上限的压力或负压值，关闭压力源或负压源的阀门，保持规定的时间，若液柱的示值不变，则认为仪器的密封性符合要求。同时，检查仪器连接处是否有漏液现象，若有漏液应排除之。

(3) 零位误差检定

其主要检定内容有：

① 零点对准误差检定：将仪器调整水平和零位液面调整后，加压或抽空，使工作液体在管内上下移动，然后去掉压力或负压，进行零位对准读数，如此反复 3 次，其中偏离零位的最大读数不得超过规程的要求。

② 零位回复误差的检定：升压检定的零位读数与降压检定零位读数之差称为零位回复误差，其误差值不得超过规程的规定要求。

造成零位误差的原因，除了毛细现象、温度波动、环境振动、液体中的气体外，很重要的因素是测量管壁粘附液体，使回程零位偏低。液体的粘附与测量管壁的光洁度以及管壁的不清洁有关。

（4）示值检定

示值检定是压力计检定的主要工作。

① 检定点的选择：检定点应均匀分布在全量程的范围内。各种准确度仪器检定点的确定在检定规程中都有明确的规定。有时按规定的检定点检定不方便时，可增加检定点。

② 检定时，按压力的大小依次进行检定，升压检定时从零至测量上限，降压检定时从上限至零倒序回检。检定的次数规程中有明确的规定。

③ 对于同时用作负压测量的仪器，还要进行负压示值检定。

在示值检定中如果发现示值超差，读数不准，操作失误以及数据处理后发现仪器的准确度等级降低等问题，在分析原因后，可进行复检。

（4）示值的修正

① 对使用旧制单位的一、二、三等标准液体压力计，各检定点须进行温度、重力加速度和传压气柱高度差的修正。

② 新制仪器以 Pa 为单位的刻度标尺，如果仪器的使用地点与检定计量部门的地点不同，则要进行重力加速度的修正。

③ 新制仪器如标尺刻度为 mm，则每一点的压力示值应按规定的压力计算公式计算后得到。

④ 环形液体压力计的刻度标尺未作容器截面比值修正的，则需对各检定点示值读数进行修正。

⑤ 仪器各检定点修正后的示值与标准器的示值之差，不超过该仪器的允许误差值的视为示值检定合格，否则视为示值检定不合格。

7.3.1.4 检定结果的处理

（1）凡符合检定规程要求的液体压力计，即认为合格，发给合格证书。

（2）不合格的液体压力计，发给检定结果通知书，并尽可能提出处理意见。

7.3.2 弹簧管式压力表的检定

弹簧管式压力表从准确度等级上可分为两类：弹性元件式精密压力表和真空表，以及弹簧管式一般压力表、压力真空表和真空表。

弹性元件式精密压力表和真空表的准确度等级有：0.1、0.16、0.25、0.4、0.6 级。其中 0.6 级的压力表又称为降级使用的精密压力表。

弹簧管式一般压力表的准确度等级有：1.0、1.6（1.5）、2.5、4.0 级。

由表 7-8 中知，弹性元件式精密压力表和真空表的检定规程为：JJG 49—2013；弹簧管式一般压力表的检定规程为：JJG 52—2013。检定弹簧管式压力表应按规程的要求进行。

7.3.2.1 检定前的准备工作

（1）标准器

弹簧管式的压力表准确度较低，能做检定用的标准器较多。用于检定弹性元件式精密压力表和真空表的准确器有：① 活塞式压力计；② 双活塞式压力真空计；③ 浮球式压力计；④ 弹性元件式精密压力表和真空表；⑤ 0.05 级数字压力表；⑥ 标准液体压力计；⑦ 其他符合要求的标准器。

用于弹簧管式一般压力表的标准器有：① 弹性元件式精密压力表和真空表；② 活塞式

压力计；③ 双活塞式压力真空计；④ 标准液体压力计；⑤ 补偿式微压计；⑥ 0.05 级及以上数字压力表；⑦ 其他符合要求的标准器。

检定时，标准器最大允许误差绝对值应不得大于被检压力表最大允许误差绝对值的1/4。

对于弹性元件式精密压力表准确度的选择按下式计算确定：

$$\text{精密表级}\leqslant\frac{1}{4}\times\text{被检定表的级数}\times\frac{\text{被检表测量上限}}{\text{精密表测量上限}}$$

[例 7-3] 有一只 2.5 级，0～4 MPa 的弹簧管一般压力表，检定时选用哪一级准确度和测量范围的精密压力表作为检定用的标准器?

解： 所选精密压力表的测量上限＝被检表测量上限$\times\left(1+\frac{1}{3}\right)=4\times\frac{4}{3}=5.33$ MPa

所以，应选用量程为 0～6 MPa 的精密压力表。

所选精密压力表级数$\leqslant\frac{1}{4}\times$被检表级数$\times\frac{\text{被检表测量上限}}{\text{精密表测量上限}}=\frac{1}{4}\times0.25\times\frac{4}{6}=0.42$

所以，应选准确度为 0.4 级的精密压力表。

故应选用的精密压力表是的测量范围为 0～6 MPa，准确度等级为 0.4 级。

（2）其他设备

① 压力（真空）校验器。

② 压力真空泵。

③ 油-气、油-水隔离器。

（3）工作介质

工作介质应符合下列要求：

① 对测量上限值不大于 0.25 MPa 的精密表、一般压力表，工作介质为清洁的空气或其他无毒、无害及化学性能稳定的气体。

② 对于测量上限大于 0.25 MPa 到 400 MPa 的压力表，工作介质应为无腐蚀性液体或标准器所要求的工作介质。

③ 对于测量上限大于 400 MPa 的压力表，工作介质应为药用甘油和乙二醇混合液或标准器所要求的工作介质。

7.3.2.2 弹簧管式压力表的检定

检定应按照检定规程逐条进行，本节着重介绍检定中的注意事项和操作方法。

（1）环境条件

① 温度条件

0.1、0.16、0.25 级精密表：(20±2)℃；

0.4、0.6 级精密表：(20±3)℃；

1～4 级一般压力表：(20±5)℃；

② 湿度条件：≤85%；

③ 环境压力：大气压力。

为使压力表中的弹性元件及各部件的温度符合规程要求，仪表在检定前应在规定的温度下静置 2 h 以上，才能检定。

(2) 外观检查

检定规程中规定了几条检定内容，应注意两点：

① 严格区别压力表的类别，按要求进行外观检查，同时做好示值检定的准备工作，特别应注意的是不能把禁油氧气压力表误用油介质传压而进行检定，以防事故发生。

② 由于使用中的压力表经多次检定，难免要进行调修，指针与表盘的起、装容易造成指针的轴的弯曲，指针和薄壁表盘的变形，从而使指针与表盘之间的距离达不到规程要求的距离。如果距离大，则读数视差大；如果距离小，容易造成指针与表盘的摩擦，使压力表不合格。指针与表盘距离的测定方法：在示值检定前，对被检压力表缓慢升压至测量上限，然后缓慢降至零。在加压、减压过程中观察指针与表盘的距离是否符合要求，还应观察指针有无跳动，呆滞等现象，以及指针位移是否符合要求，如果发现问题，应及时调修。这样做还达到了对弹簧管进行预压的目的，为示值检定创造了良好的条件。

(3) 示值检定

这是压力表检定中最重要的一环，不可疏忽大意。

① 正确理解规程中每条规定的物理意义。例如，当传动机构的工作状态正常，示值的回差便反映了弹簧管受压后的弹性迟滞特性是否合乎要求。又例如，轻敲位移反映了游丝力矩的大小，中心齿轮与扇形齿轮接触状态及各连接处活动部位的摩擦力是否合乎要求。

② 检定 0.6 MPa（包含 1 MPa）以下测量范围的精密压力表，检定安装时，应使压力计活塞下端面和被检精密压力表指针轴处在同一水平平面上，否则应该对精密压力表示值进行液柱高差的修正。其修正公式为

$$\delta_p=\rho \cdot g \cdot h(\mathrm{Pa}) \tag{7-82}$$

式中，h 为活塞升到工作位置时下端面至被指定精密压力表指针轴之间的距离，m。

从以上计算出的修正值可看出，其修正值比较大，不可忽略，其修正的方法：按公式(7-82) 计算出修正值，然后将此值加到各检定点的算术平均值中去。

在指针轴高于活塞下端面的情况下，为了使数据简化，避免差错，将液柱差修正的压力，用三等标准的小砝码直接加到活塞承重盘上进行修正。经过这样的修正后，弹簧管压力表的示值中已不含有从弹簧管压力表指针轴到活塞下端面高度的液柱影响所产生的误差。

检定测量上限小于或等于 0.25 MPa 的精密压力表和一般压力表，或者是用于测量 2.5 MPa 以下精密压力表是用空气或惰性气体作为工作介质。从指针轴到活塞下端面之间的传压气柱所产生的附加误差也同样适用以上所述的修正方法。

③ 检定方法

a. 精密压力表一般应检定 8 点或 8 点以上（不包括零值），一般表按标有数字的分度线进行检定（不少于 5 点）。这些检定点应均匀分布在整个分度盘上。

b. 检定时应均匀地升压（或降压），并在测量上限处耐压 3 min（精密真空表在 −0.092 MPa 或 700 mmHg 处耐压，个别低气压地区，按该地区气压值的 90% 以上的负压值进行耐压检定)，然后按原检定点倒序回检。每个检定点应进行两次读数，第一次在轻敲表壳前进行，第二次在轻敲表壳后进行，读数应读到 1/10 分度值，并将轻敲表壳后的读数及指针位移记入检定记录中。

上述检定，对 300 分格式的精密压力表应连续进行两次，按 MPa 分度的精密压力表只进行一次，一般压力表只做升降压的一次检定。在检定过程中，不允许调整被检定的压力

表，否则应重新进行检定。

c. 检定时将被检压力表按工作位置安装在压力校验器上，在没有压力（或负压）的情况下，检查被检表指针对零点的偏差和用手指敲表壳引起指针的示值变动值。

在升压检定至上限压力值后，关闭被检表阀门，对被检表进行耐压。耐压检定后，进行升压检定，当倒序回检零点时，压力降至距零点 3 mm～5 mm 处，缓慢打开油阀门，观察指针回零情况，即精密表是否回零，一般压力表的指针是否紧靠挡销，缩格力是否符合规程要求。零点不符合要求时，应对被检表进行调修，合格后再进行其他检定点的检定。

④ 检定数据计算

a. 最大和最小示值之间的差数（即回差），是每个检定点读数中的最大值减最小值。

b. 示值误差为压力表读数与标准器读数值之差，要求是不能超过允许基本误差。

c. 300 分格精密压力表的 4 次平均值是将每个检定点的 4 次读数之和除以 4，4 次示值平均值的尾数修约按“四舍六进五奇进”的原则处理。

d. 300 分格精密压力表各相邻检定点的间隔值是 4 次平均值中的后一点减去前一点的差值。

e. 两检定点间的间隔是 300 分格除以检定点数。例如，检定点为 10 点时，其相邻两点间的间隔为 30 分格。相邻两点间的间隔允许误差值是间隔值的 1/10，即 3 分格。

f. 检定完毕后，若发现纪录可疑，应重新检定，不应随意更改记录数据值。

7.3.2.3 检定结果的处理

经检定符合检定规程要求的精密压力表，认为合格，予以封印并发给检定证书，不合格的精密压力表，发给检定结果通知书。

经检定不符合原有准确度的精密压力表，如能满足下一准确度等级的要求，允许降级使用，经检定超过原有准确度的精密压力表，一般不予升级。

检定合格的 300 分格的精密压力表，应将包括零点在内的每一检定点 4 次读数平均值，对 MPa 分度的精密压力表，每一检定点的两次读数平均值填入检定证书（修约到 1/10 格）。对有零点校正器的精密压力表，证书中不填写零点示值。

精密压力表检定周期应根据情况确定，一般最长一年。

7.3.3 活塞式压力计的检定

活塞式压力计在压力的量值传递系统中占有重要的地位。它的种类较多，使用普遍。活塞式压力计的检定应按照相应的检定规程进行。各类活塞式压力计的检定规程见表 7-8。

标准活塞式压力计使用普遍，而且是精密弹簧管式压力表、一般弹簧管式压力表、压力传感器、压力真空表、血压计等许多压力表进行检定时的主要标准器。因此，以 JJG 59—2007《活塞式压力计》为例介绍活塞式压力计的检定。

需要说明的是：JJG 59—2007 适用于测量范围上限为 0.6 MPa～500 MPa，工作介质为液体的活塞式压力计的检定；它规定的准确度等级为：0.005 级、0.01 级、0.02 级、0.05 级四级；取消了 0.05 级（三等标准），增加了一个 0.01 级的准确度等级，与原有的《压力计量器具检定系统》（JJG 2023—1989）不相吻合。因此，该规程目前只能作为活塞压力计的检定来使用，将来还需对压力量值传递系统做出必要的修改。

7.3.3.1　标准器、其他检定设备与检定条件

（1）标准器

0.005 级的活塞式压力计由国家压力基准传递，其他等级的活塞式压力计检定，可选用有效面积的最大允许误差小于被检压力计有效面积的最大允许误差的 1/2 的活塞压力计。一般选用相同测量上限的活塞式压力计检定。

（2）其他设备

标准天平或质量比较器；标准砝码；砝码（g 组、mg 组）；

水平仪，分度值为 $1'\sim2'$；百分表或千分表，量程为 5 mm 或 10 mm；秒表，分度值为 1/10 s 或 1/5 s；精密压力表。

（3）检定条件

① 环境要求

检定活塞有效面积时，0.005 级为（20±0.2）℃、0.01 级为（20±0.5）℃、0.02 级为（20±1）℃、0.05 级为（20±2）℃；其他项目检定，(20±2)℃。

相对湿度为 80%以下。

压力计检定之前，须在恒温室放置 2 h 以上，使仪器各部件恒定在规定的温度范围内。

② 压力计使用的工作介质（工作液体）要求

变压器油或变压器油与煤油的混合油，工作介质运动粘度（20 ℃时）为 $(9\sim12)\times10^{-6}\ m^2/s$；

癸二酸酯（癸二酸二异戊酯或癸二酸二异辛酯），工作介质运动粘度（20 ℃时）为 $(20\sim25)\times10^{-6}\ m^2/s$。

7.3.3.2　检定项目及方法

压力计检定前用航空汽油（或溶剂汽油）清洗活塞、活塞筒和校验器，对脏物污物要彻底清除，并把清洗好的活塞筒安装在压力计校验器上。用校验器的手轮加压，使工作介质压入活塞筒内；当工作介质溢出活塞筒时，在活塞表面涂以工作介质并插入活塞筒内。安装完毕后，将活塞升至工作位置，并将水准器放在承重盘的中心处，调整专用螺钉，使水准气泡处于中间位置。然后，将水准器转动 90°，用同样的方法进行调整，直至各个位置的水准气泡处于中间位置。在每一个位置上均将承重盘转动 90°，180°，读取水平仪气泡对中间位置的偏离值，0.05 级活塞式压力计不大于 $5'$，其他等级不大于 $2'$。

（1）外观检查

按检定规程要求，一用手感、目测或通电检查。

（2）校验器的密封性检定

各种测量范围的压力计校验器的试验压力，检定规程有不同的要求。耐压时间均为 15 min，计算后 5 min 的压力降，其值不能超过规程的要求。

（3）承重盘平面对活塞中心线垂直度检定

这项工作在安装中已经作过。如果压力计活塞系统的不垂直度在允许误差范围内，这项误差可以忽略，如果超差，其误差计算式为

$$\delta p=p\left(\frac{1}{\cos\alpha}-1\right) \tag{7-83}$$

式中，α 为活塞中心偏离竖直垂线的角度。

其相对误差为

$$\gamma=\frac{\delta p}{p}=\frac{1-\cos\alpha}{\cos\alpha} \tag{7-84}$$

所以，当倾斜角 $\alpha=1°$时，则会带来误差为±0.02%。

(4) 活塞转动延续时间检定

检定时，按测量范围下限（测量下限无法确定的按测量上限的10%计算）的负荷压力用校验器造压使活塞处于工作位置，并以（20±1)r/10s的角速度按顺时针方向转动，自开始转动至完全停止的时间间隔为活塞转动延续时间。在检定过程中，活塞应保持初始工作位置。延续时间的检定须进行3次，取其平均值。

影响转动延续时间的因素：① 在同一质量下，直径大的砝码的转动延续时间长，反之则短；② 承重底盘平面对活塞中心线或承重杆中心线垂直性的好坏也直接影响转动延续时间，如垂直性好，则机械摩擦小，转动延续时间就长，反之则短；③ 活塞、活塞筒（承重杆、承重筒）锈蚀、碰伤、严重划痕、光洁度降低等也直接影响转动延续时间；④校验器内工作介质的清洁程度也直接影响转动延续时间；⑤ 工作介质不合规定，粘度大的，转动延续时间就短一些，反之则长。

转动延续时间的长短，直接影响压力计灵敏限的测定。

(5) 活塞下降速度检定

检定时，按测量上限的负荷压力用校验器造压使活塞处于工作位置，将通向活塞的阀门关闭，在专用砝码中心处放置百分表（或千分表)，使表的触头垂直于专用砝码的水平面且升高（3～5）mm，然后约以（30～60)r/min的角速度使活塞按顺时针方向自由转动，保持3 min后，观察百分表（或千分表）指针移动距离，同时用秒表测量时间，每次测量时间不少于1 min，记录1 min的活塞下降的距离，检定3次，取其最大值，其下降速度应符合检定规程要求。

影响活塞下降速度测定的因素有：① 活塞与活塞筒之间有间隙，在压力计上限压力作用下，工作介质从间隙中溢出活塞筒外，工作介质溢出后减少的体积，由活塞下降来填补，这是造成活塞下降的主要原因，也是测定的主要目的；② 阀门和活塞与校验器连接处密封性的好坏，也直接影响下降速度的大小。如密封性好，下降速度真实地反映活塞系统中间隙的大小，反之则增大下降速度，甚至使仪器不合格；③ 工作介质的粘度大，下降速度慢，反之则快；④活塞工作位置高，下降速度大，反之则相应减小；⑤ 被测压力值大，下降速度大，被测压力减小，下降速度也随之减小。

若下降速度很大，就无法进行操作检定，因此必须对活塞系统或校验器进行修理。

(1)～(5) 项检定内容应在同一台压力计（校验器、砝码、活塞系统器号相同）上进行检定，以检查压力计各个参数是否符合检定规程的要求。对活塞有效面积的测定，可将被检活塞系统安装在标准压力计的校验器上，与标准活塞进行比较检定。活塞有效面积检定前应做完上述（1)～(5）项检定内容。

(6) 活塞有效面积检定

活塞有效面积等于活塞的截面积加上活塞与活塞筒之间的环隙面积之半。

将被检定活塞压力计式与标准活塞式压力计安装在同一校验器上（或将标准活塞压力计式与被检活塞式压力计通过管路连接起来)，调整活塞的垂直位置。在流体静力平衡状态下，

标准器压力与被检压力相等，即

$$p' = p$$

又

$$p' = \frac{m'g + \Delta m'g}{A'};\ p = \frac{mg + \Delta mg}{A}$$

$$\frac{(m' + \Delta m')g}{A'} = \frac{(m + \Delta m)g}{A} \tag{7-85}$$

将上式化简整理后，得被检活塞有效面积

$$A' = A \cdot \frac{m' + \Delta m'}{m + \Delta m} \tag{7-86}$$

式中，A'——被检压力计活塞有效面积值，m^2；

A——标准压力计活塞有效面积值，m^2；

m'——起始平衡零点后，各检定点加在被检压力计上的专用砝码的质量，kg；

$\Delta m'$——起始平衡零点后，各检定点加在被检压力计上的小砝码的质量，kg；

m——起始平衡零点后，各检定点加在标准压力计上的专用砝码的质量，kg；

Δm——起始平衡零点后，各检定点加在标准压力计上的小砝码的质量，kg。

现以起始平衡法为例介绍活塞有效面积的测量方法：

首先起始平衡点，起始平衡点压力一般为活塞式压力计测量范围上限的10%～20%。在标准活塞和被检活塞上加放相应数量的砝码，用校验器加压使两个活塞升至工作位置。在检定过程中，两压力计的活塞均保持各自的工作位置，约以（30～60)r/min的旋转速度使两活塞按顺时针方向转动，若两活塞不平衡，则在上升活塞上加放相应的小砝码，直至两活塞平衡为止。起始平衡后，上面所加所有砝码作为起始平衡质量，必须保持不变。

起始平衡后，均匀地升压、降压进行检定，检定点不少于5点，尽量在检定范围内均匀分布。每一点检定方法与起始点的检定方法相同。各点检定完后，须对起始平衡点进行复测，检定前后起始平衡质量之差不得超过该点最大允许误差的10%压力的小砝码质量，否则应重新检定。

经过检定，活塞有效面积平均值为

$$A' = \frac{1}{n}\sum_{i=1}^{n} A'_i \tag{7-87}$$

式中，n为检定次数。

活塞有效面积的实验标准差：

$$s_{A'} = \left[\frac{\sum_{i=1}^{n}(A'_i - A')^2}{n-1}\right]^{1/2} \tag{7-88}$$

活塞有效面积的极限误差为

$$\delta_{A'} = \pm 3s_{A'} \tag{7-89}$$

活塞有效面积平均值的允许范围、数据修约及相对误差允许值见表7-9。

（7）鉴别力的检定

压力计灵敏阈的测定，是在检定活塞有效面积过程中，测量上限平衡时进行。当压力平衡后，在被检活塞式压力计上加放能破坏两活塞平衡的最小砝码质量的值为该压力计的鉴别力。

表 7-9 活塞有效面积最大允许误差

准确度等级	活塞有效面积的最大允许误差
0.005	±0.003%
0.01	±0.006%
0.02	±0.01%
0.05	±0.02%

(8) 专用砝码、活塞及其连接件质量检定

按活塞有效面积、压力计使用地点的重力加速度、空气浮力等条件对砝码进行修正。

对于测量上限为 6 MPa 及以下的压力计，其质量计算式为

$$m=p\cdot A'\cdot\frac{1}{g}\cdot\left(1+\frac{\rho_b}{\rho_c}\right) \tag{7-90}$$

式中，p——测量的压力值，Pa；

A'——被检压力计活塞有效面积值，m^2；

ρ_b——空气密度，kg/m^3；

ρ_c——专用砝码材料密度，kg/m^3；

g——压力计使用地点重力加速度，m/s^2。

测量上限大于 25 MPa（包括 25 MPa）的活塞式压力计，并用于测量压力值时，配套的专用砝码必须按顺序号放置使用，专用砝码、活塞及其连接件质量计算式为

$$m_j=\frac{p_jA'}{g}\left(1+\frac{\rho_b}{\rho_c}\right)\cdot[1+(2j-1)\lambda p_j] \tag{7-91}$$

式中：m_j——按次序加载的第 j 块砝码的质量；

p_j——在参考温度和标准重力加速度下，加载第 j 块砝码产生的的压力值，Pa；

λ——活塞-活塞筒压力变形系数，Pa^{-1}。

7.3.3.3 检定结果数据计算和处理

对于（1）～（8）项检定内容，按照检定规程给定的方法和要求去进行检定，同时将检定结果逐项填入检定记录。每项检定完毕后都有数据计算和结果处理，应按照给定的定义或公式进行结果处理。这其中以活塞有效面积和砝码质量的计算较为繁杂一些，计算时应以注意。测定数据的记录格式都有相关规定，可参阅相关检定规程的要求，这里不再赘述。

7.3.4 压力变送器的检定

压力变送器是一种将压力变量转换为可传送的标准化输出信号的仪表，且输出信号与压力变量之间有一定的连续函数关系（通常为线性函数）。根据输出信号的不同，它可分为电动和气动两大类。电动的标准化输出信号主要为 0～10 mA 和 4～20 mA（或 1～5 V）的直流电信号；气动的标准化输出信号主要为 20～100 kPa 的气体压力。

压力变送器通常由感压单元、信号处理和转换单元组成。有些变送器增加了显示单元，有些还具有现场总线功能，如图 7-18 所示。

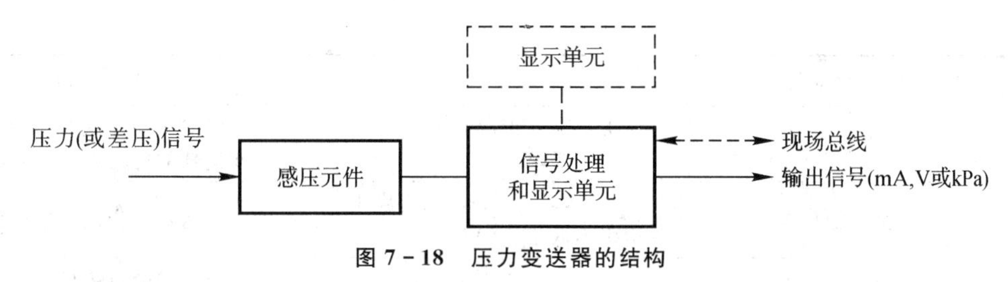

图 7－18　压力变送器的结构

压力变送器按原理可分为电容式、压阻式、振弦式、力平衡式等。

对压力变送器的检定要按照国家计量检定规程进行，现使用的压力变送器的检定规程为 JJG 882—2004。

7.3.4.1　检定条件

(1) 检定设备

检定时所需的标准仪器及配套设备可按被检压力变送器的规格参照表 7－10 进行选择并组合成套。成套后的标准器，包括整个检定设备在内检定时引入的扩展不确定度 U_{95} 应不超过被检压力变送器最大允许误差绝对值的 1/4；对 0.1 和 0.05 级被检压力变送器，由此引入的 U_{95} 应不超过被检压力变送器最大允许误差绝对值的 1/3。

表 7－10　标准仪器及配套设备

序号	仪器设备名称	技术要求	用　　途
1	压力标准器： 活塞式压力计 或液体压力计 或数字压力计 或标准压力发生器	0.2 级～0.01 级， 通过不确定度分析确定	向压力变送器输入端提供标准压力信号； 作为气动变送器输出信号的测量标准
	标准高静压差压 活塞式压力计		用于差压变送器定型鉴定，首次检定和强制检定时向输入端提供标准压力信号
2	直流电流表	0～30 mA 0.01 级～0.05 级	电动变送器输出信号的测量标准
3	直流电压表	0～5 V，0～50 V 0.01 级～0.05 级	直流电压表可作为电动变送器电压输出信号的测量标准；
4	标准电阻	100 Ω (250 Ω) 不低于 0.05 级	二者组合取代直流电流表作为电动变送器电流输出信号的测量标准
5	压力表	不低于 1.6 级	密封性试验
6	绝缘电阻表	输出电压：直流 500 V，100 V 10 级	检定绝缘电阻
7	耐电压测试仪	输出电压：交流 0～1 500 V 频率：45～55 Hz 输出功率：不低于 0.25 kW	检定绝缘强度

续表

序号	仪器设备名称	技术要求	用　途
8	真空机组	机械泵、扩散泵的真空度应符合要求	绝对压力变送器及负压力变送器的压力源
9	交流稳压源	220 V，50 Hz，稳定度 1%，功率不低于 1 kW	变送器的交流供电电源
10	直流稳压源	24 V，允许误差±1%	变送器的直流供电电源
11	气源装置及定值器	稳定输出压力 126～154 kPa，允许误差±1%，无油无灰尘，露点稳定并低于变送器壳体 10 ℃	气动变送器的气源

(2) 环境条件

① 环境温度：(20±5)℃，每 10 min 变化不大于 1 ℃；相对湿度：45%～75%；

② 压力变送器所处环境应无影响输出稳定的机械振动；

③ 电动压力变送器周围除地磁场外，应无影响其正常工作的外磁场。

(3) 其他条件

① 电源：交流供电的压力变送器，其电压变化不超过额定值的±1%、频率变化不超过额定值的±1%；直流供电的压力变送器，其电压变化不超过额定值的±1%。

② 气源：气动压力变送器的气源压力为 140 kPa，变化不超过±1%。气源应无油无灰尘，露点稳定并低于压力变送器壳体 10℃。

7.3.4.2　检定时设备的连接与安装

压力变送器检定时的设备连接方式包括输出部分的连接和输入部分的连接，如图 7-19～图 7-23 所示。

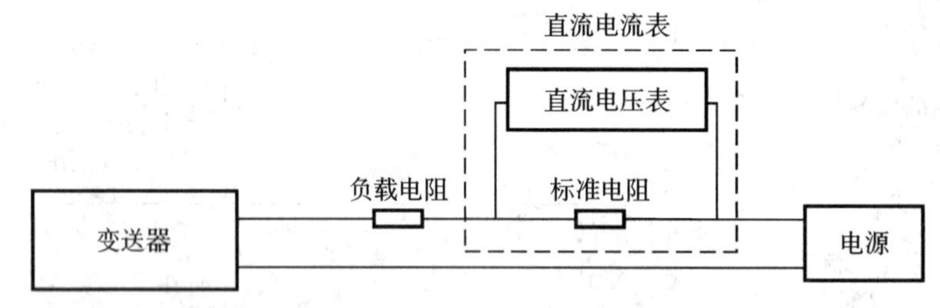

图 7-19　二线制电动压力变送器输出部分的连接

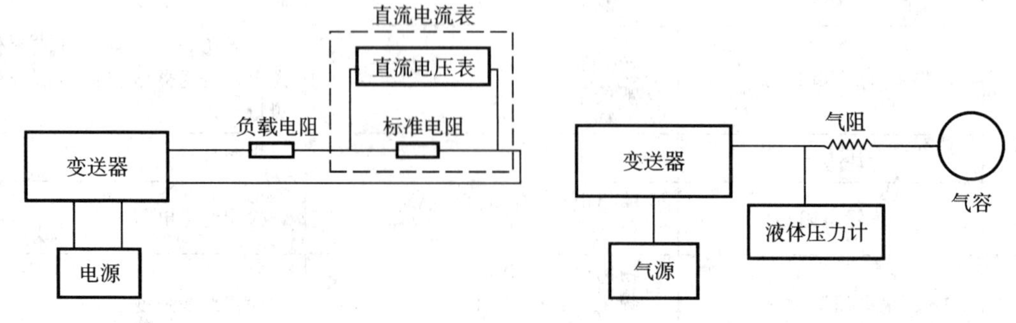

图 7-20　四线制电动压力变送器输出部分的连接

图 7-21　气动压力变送器输出部分的连接

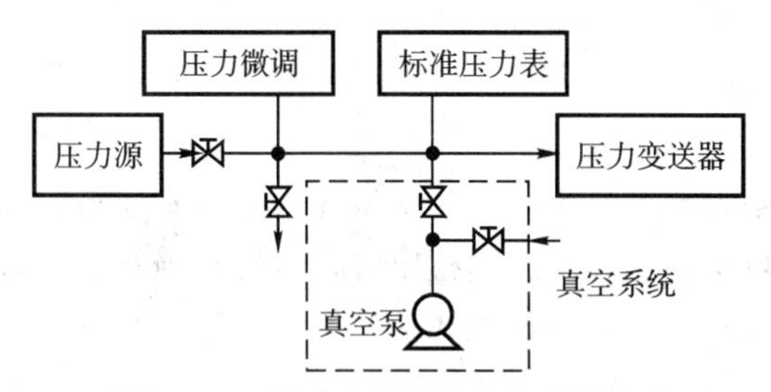

图 7-22　压力变送器输入部分的连接

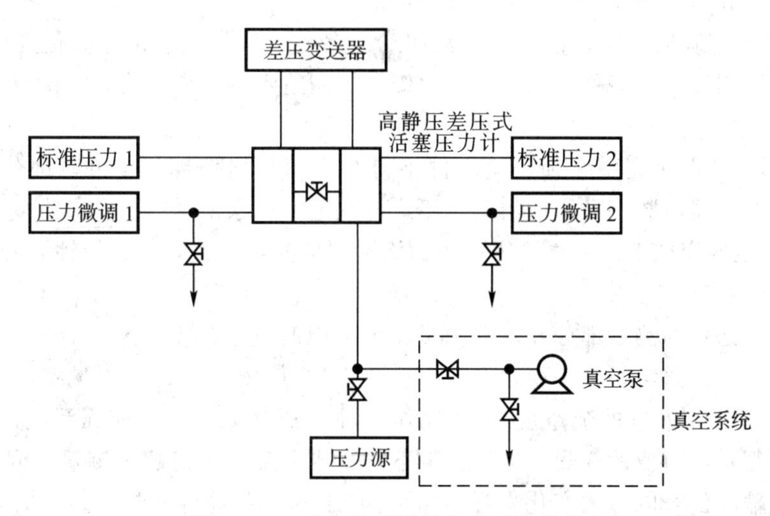

图 7-23　差压变送器输入部分的连接

连接好后，导压管中要充满传压介质。传压介质为气体时，介质应清洁、干燥；传压介质为液体时，介质应考虑制造厂推荐的或送检者指定的液体，并应使变送器取压口的参考平面与活塞式压力计的活塞下端面（或标准器取压口的参考平面）在同一水平面上。当高度差不大于式（7-92）的计算结果时，引起的误差可以忽略不计，否则应予修正。

$$h=\frac{|\alpha\%|p_m}{10\rho g} \tag{7-92}$$

式中：h——允许的高度差，m；

α——变送器的准确度等级；

p_m——变送器的输入量程，Pa；

ρ——传压介质的密度，kg/m^3。

对首次检定、后续检定和使用中检验的差压变送器，静态过程压力可以是大气压力（即低压力容室通大气）；对强制检定的差压变送器，检定时的静态过程压力应保持在工作压力状态。

检定设备和被检变送器为达到热平衡，必须在检定条件下放置 2 h；准确度低于 0.5 级的变送器可缩短放置时间，一般为 1 h。

输出负载按制造厂规定选取。如规定值为两个以上的电阻值，则对直流电流输出的变送器应取最大值，对直流电压输出的变送器应取最小值；气动变送器的负载为内径 4 mm、长

8 m 的导管做成的气阻，后接 20 cm^3 的气容。

7.3.4.3　压力变送器的检定

(1) 检定项目

检定项目有外观、密封性、绝缘电阻、绝缘强度、基本误差、回差、静压影响。在首次检定时，所有的检定项目均要完成。后续检定时密封性和绝缘强度可不检定，静压影响必要时应检定。在使用中检验时，要检定外观和基本误差，静压影响必要时应检定。

(2) 检定方法

1) 外观检查

用目力观测和通电检查。外观应符合下面的要求：

① 变送器的铭牌应完整、清晰，应注明产品名称、型号、规格、测量范围等主要技术指标，还应标明制造厂的名称或商标、出厂编号、制造年月。差压变送器的高、低压容室应有明显标记。

② 变送器零部件应完整无损，紧固件不得有松动和损伤现象，可动部分应灵活可靠。有显示单元的变送器，数字显示应清晰，不应有缺笔画现象。

③ 首次检定的变送器的外壳、零件表面涂覆层应光洁、完好、无锈蚀和霉斑。

2) 密封性检查

要求压力变送器的测量部分在承受测量压力上限时（差压变送器为额定工作压力），不得有泄漏现象。具体做法是：平稳地升压（或疏空），使压力变送器测量室压力达到测量上限（或当地大气压力 90%的疏空度），关闭压力源。密封 15 min，应无泄漏。在最后5 min 内通过压力表观察压力值的变化，其压力值下降（或上升）不得超过测量上限值的 2%（也可通过变送器输出信号的等效变化来观察）。对差压变送器进行密封性检查时，高、低压容室连通，并同时引入额定工作压力进行观察。

3) 绝缘电阻的检定

断开压力变送器电源，将电源端子和输出端子分别短接。用绝缘电阻表分别测量电源端子与接地端子（外壳），电源端子与输出端子，输出端子与接地端子（外壳）之间的绝缘电阻。要求测量时应稳定 5 s 后再读数。在环境温度为 15～35 ℃，相对湿度为 45%～75%时，变送器各组端子（包括外壳）之间的绝缘电阻应不小于 20 MΩ。

4) 绝缘强度的检定

断开压力变送器电源，将电源端子和输出端子分别短接。环境温度为 15～35 ℃，相对湿度为 45%～75%时，在变送器各组端子（包括外壳）之间施加试验电压。记压力变送器端子标称电压为 U，当 $0<U<60$ 时，施加 50 Hz，500 V 的试验电压；当 $60\leqslant U<250$ 时，施加 50 Hz，1 000 V 的试验电压。此时用耐压电试验仪分别测量电源端子与接地端子（外壳），电源端子与输出端子，输出端子与接地端子（外壳）之间的绝缘强度。测量时应注意，试验电压应从零开始增加，在 5～10 s 内平滑均匀地升至规定值（误差不大于 10%），保持 1 min 后，平滑地降低电压至零，并切断试验电源。

5) 测量误差的检定

① 通电预热和检定前的调整

检定前，电动变送器一般需通电预热 15 min，再进行检定前的调整。具体方法是：用改变输入压力的办法对输出下限值和上限值进行调整，使其与理论的下限值和上限值相一致。一般可以通过调整“零点”和“满量程”来完成。具有现场总线的压力变送器，必须分别调整输入部分及输出部分的“零点”和“满量程”，同时将压力变送器的阻尼值调整为零。

绝对压力变送器的零点绝对压力应尽可能小，由此引起的误差应不超过允许误差的1/10～1/20。

② 选择检定点并进行检定

检定点的选择应按量程基本均布，一般应包括上限值、下限值（或其附近10%输入量程以内）在内不少于5个点。优于0.1级和0.05级的压力变送器应不少于9个点。

对于输入量程可调的变送器，首次检定的压力变送器应将输入量程调到规定的最小、最大量程分别进行检定；后续检定和使用中检验的压力变送器可只进行常用量程或送检者指定量程的检定。

选择好检定点之后，从下限开始平稳地输入压力信号到各检定点，读取并记录输出值直至上限；然后反方向平稳改变压力信号到各个检定点，读取并记录输出值直至下限，这为一次循环。如此进行两个循环的检定。

强制检定的压力变送器应至少进行上述3个循环的检定。

在检定过程中要注意：不允许调整零点和量程，不允许轻敲和振动变送器，在接近检定点时，输入压力信号应足够慢，避免过冲现象。

③ 测量误差的计算

压力变送器的测量误差

$$\Delta_A = A_d - A_s \tag{7-93}$$

式中：Δ_A——压力变送器各检定点的测量误差，mA，V或kPa；

A_d——压力变送器上行程或下行程各检定点的实际输出值，mA，V或kPa；

A_s——压力变送器各检定点的理论输出值，mA，V或kPa。

误差计算过程中，小数点后保留的位数应以舍入误差小于压力变送器最大允许误差的1/10～1/20为限。判断压力变送器是否合格应以舍入以后的数据为准。

合格的压力变送器的测量误差应不超过表7-11的规定。

表7-11　准确度等级及最大允许误差、回差

准确度等级	最大允许误差/%		回差/%	
	电动	气动	电动	气动
0.05	±0.05	—	0.05	—
0.1	±0.1	—	0.08	—
0.2（0.25）	±0.2（±0.25）	—	0.16（0.20）	—
0.5	±0.5	±0.5	0.4	0.25
1.0	±1.0	±1.0	0.8	0.5
1.5	±1.5	±1.0	1.2	0.75
2.0	±2.0	±2.0	1.6	1.0
2.5	—	±2.5	—	1.25

注：最大允许误差和回差是以输出量程的百分数表示的。

6）回差的检定

回差的检定与测量误差的检定同时进行。回差

$$\Delta A = |A_{d1} - A_{d2}| \tag{7-94}$$

式中：ΔA——压力变送器的回差，mA，V或kPa；

A_{d1}、A_{d2}——压力变送器上行程及下行程各检定点的实际输出值，mA，V或kPa。

首次检定的压力变送器，其回差不超过表7-11的规定为合格。后续检定和使用中检验的压力变送器，其回差应不超过最大允许误差的绝对值。

7）静压影响的检定

静压影响只适用于差压变送器，以输出下限值和量程的变化来衡量。

7.3.4.4 检定周期

压力变送器的检定周期可根据使用环境条件、频繁程度和重要性来确定。一般不超过1年。

第8章 流 量 计 量

8.1 概 述

各种物质流量的测量对于工业生产过程和国民经济的许多部门都有着极其重要的现实意义。比如，火力发电厂的生产过程中，锅炉给水、主蒸汽等流量参数对发电生产的安全性和经济运行有着非常重要的作用，它不但是保证生产过程安全经济运行的一个必要条件，而且也是进行成本核算所必需的参数。显然，流量参数测量的准确与否与生产有着重大的关系。在商业及民用领域中，对于水流量、油流量的计量测试也是非常重要的，它保证了商贸活动的正常运行和经济核算。

由于流体种类的多样性和流量测量仪表工作原理的多样性，现有的流量仪表种类繁多。这么多种类的流量仪表的研制、开发、制造和使用，都需要有与这些流量仪表进行参数比对测试的流量标准装置。这些流量标准装置的研制与建立也是很复杂的技术工作。流量标准装置在流量的量值传递过程中是标准器，它有较高的准确度。要保证流量仪表能顺利地研制、开发出来，要使流量量值按准确度等级要求进行传递，流量的标准装置的建立工作是不可或缺的。

世界各国对流量标准装置的研制与开发都非常重视。有些国家还成立了专门的研究机构，并建立起了许多的流量标准装置。我国的中国计量科学研究院、中国计量测试研究院以及各个地区、省市都建立了相应的流量标准装置。这些流量标准装置的建立保证了我国流量仪表的研制与开发及流量量值的传递。

近些年来，在国际流量学术会议上，流量标准装置是讨论的议题之一。国际计量组织制定了许多关于流体流量测量的国际标准。

目前，我国关于液体流量测量的手段已经基本满足需要，而气体流量测量还远未解决。表现为气体流量计品种不全、准确度不高，特别是大口径、大流量的气体流量测量更为困难。要发展气体流量测量仪表，就必须研制和建立能满足需求的气体流量标准装置。流量标准装置的研制，往往是与流量测量仪表的研制同时进行的。一种新型流量仪表的产生，同时也就会有相应的流量标准装置的产生。

8.1.1 流量计量基础知识

8.1.1.1 流量的概念及单位

流量是指流体流过一定截面的体积或质量与时间之比。随着工艺要求不同，它的测量又可分为瞬时流量和累积流量的测量。

（1）瞬时流量

瞬时流量是指单位时间内流过某一截面流体的数量。若流体数量以质量表示，称为质量

流量；流体数量以体积表示，称为体积流量。用数学表达式可以表示为

$$q_m = \lim_{\Delta t \to 0} \frac{\Delta m}{\Delta t} = \frac{dm}{dt} = \rho u A \tag{8-1}$$

$$q_V = \lim_{\Delta t \to 0} \frac{\Delta V}{\Delta t} = \frac{dV}{dt} = uA \tag{8-2}$$

式中，q_m 是质量流量；q_V 是体积流量；V 是流体体积；m 是流体质量；t 是时间；p 是流体密度；u 是管内平均流速；A 是管道横截面积。

质量流量和体积流量的关系为

$$q_m = \rho q_V \tag{8-3}$$

所以，常用的流量单位为：

质量流量：千克/秒（kg/s），千克/小时（kg/h），吨/小时（t/h）；

体积流量：米 3/秒（m^3/s），米^3/小时（m^3/h），升/分（L/min）。

（2）累积流量

累积流量义称为总量，它是指正一段的时间内流过某一截面的流体总量，可以用体积利质量来表示。在数值上它等于瞬时流量对时间的积分，数学表达式可以表示为

$$Q = \int_{t_1}^{t_2} q dt \quad 或 \quad Q = \sum_{i=1}^{n} q_i \Delta t \tag{8-4}$$

上两式中，前式是总量的定义及计算法则，后一公式适用于计算机运算，其中 Δt 为采样时间段，i 为采样时间。

所以，累积质量流量的单位是千克（kg）：累积体积流量的单位是米^3（m^3）。

8.1.1.2　流量仪表的分类

流量测量的方法很多，其测量原理利采用的仪表结构各不相同。分类可以按不同原则划分，至今尚未有统一的分类方法。

（1）按输出信号分类

按输山信号，流量仪表可分为脉冲频率信号输出和模拟电流（电压）信号输出两类。

以脉冲频率信号输山的流量计称为脉冲频率型流量计，如涡轮流量计、涡街流量计或带发信装置的容积式流量计等；以模拟电信号输出的流量计称为模拟输出型流量计，如差压式流量计、转子流量计等。

（2）按测量原理分类

按不同的测量原理，流量仪表可分为容积式、速度式和质量式三类。

容积式流量计是利用流体在单位时间内连续通过固定容积的数日作为测量依据的流量仪表，有腰轮流量计、椭圆齿轮流量计、刮板流量计等。

速度式流量计是以测量流体在管道内的流动速度作为测量依据的流量仪表，有差压式流量计、涡轮流量计、涡街流量计、电磁流量计、超声波流量计等。

质量流量计主要是利用测量流过流体的质量 M 为测量依据的流量仪表。它具有测量精确度不受流体的温度、压力、粘度等变化影响的优点，可分为直接质量式流量计和间接质量式流量计。直接质量式流量计有科里奥利质量流量计、热式质量流量计等。间接质量式流量计是通过不同仪表的组合来间接推知质量流量的量值，如利用体积流量计利密度计组合测量质量流量。

8.1.1.3　流量计量相关知识

在对工业管道流体进行流量测量时，需要研究流体的流动状态、流速分布及遵循的一般规律，同时也会遇到一系列反映流体属性和流动状态的物理参数，常用参数有流体的密度、流体的粘度、绝热指数和等熵指数以及雷诺数等。

(1) 流体的流动状态

流体可分为单相流和多相流两类。管道中只有一种均匀状态流体流动的称为单相流；管道中同时有两种及以上的不同流体流动的称为多相流。如果流体的流动不随时间变化，则称为定常流或稳定流；若流体的流动随时间发生变化，则称为非定常流或不稳定流。

管内流体的流动状态分为两种情况，层流和紊流。层流是指流体沿管道轴向做分层流动，没有垂直于主流方向的横向运动，流层间互不混杂，有规则的流线。随着管内流体速度的增大，流体的流动不仅有轴向的运动，而且还伴随着剧烈的无规则横向运动，这种流动状态称为紊流。

在不同的流动状态下，流体有不同的流动特性。在层流状态下，流量与压力降成正比，流速分布以管道轴线为中心线呈抛物线分布，在管道中心线达到最大流速 u_{max}。在紊流状态下，流量与压力降的平方根成正比，流速分布同样以管道中心线成轴对称分布，但其分布呈指数曲线形式。

(2) 两个流动基本方程

在研究管内流动及进行流量计量时，流体力学中的流动连续性方程和伯努利方程会被经常用到。

① 流动连续性方程

这是一个物质平衡方程。在工程上研究流体流动时，一般认为表征流体属性的密度、速度、压力等物理量的分布是连续的。根据这一假设来讨论某一管道内流体的流动，如图 8-1 所示，任取一段管道，设截面Ⅰ和截面Ⅱ处的面积、流体密度和截面上的流体平均流速分别为 A_1、ρ_1、u_1 和 A_2，ρ_2、u_2，则由质量守恒关系，得到流动连续性方程为

$$\rho_1 u_1 A_1 = \rho_2 u_2 A_2 \quad (8-5)$$

② 伯努利方程

伯努利方程是流体运动的能量方程。当理想流体在重力场作用下，在管道内部定常流动时，根据流体力学理论分析可以得到以下结论：

如图 8-2 所示，对于管道中的任意截面Ⅰ和截面Ⅱ，有如下关系成立

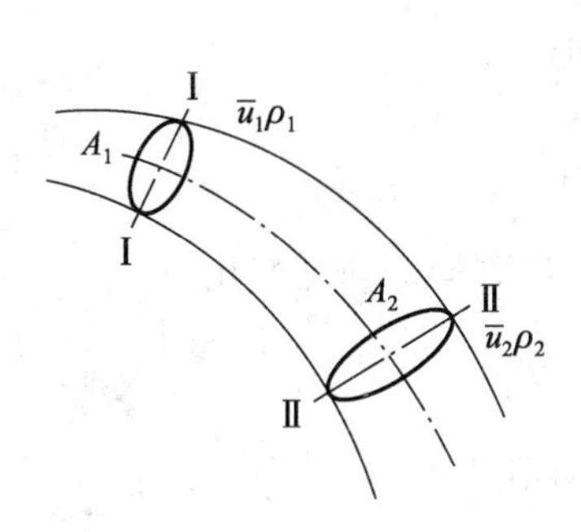

图 8-1　流动连续性方程示意图

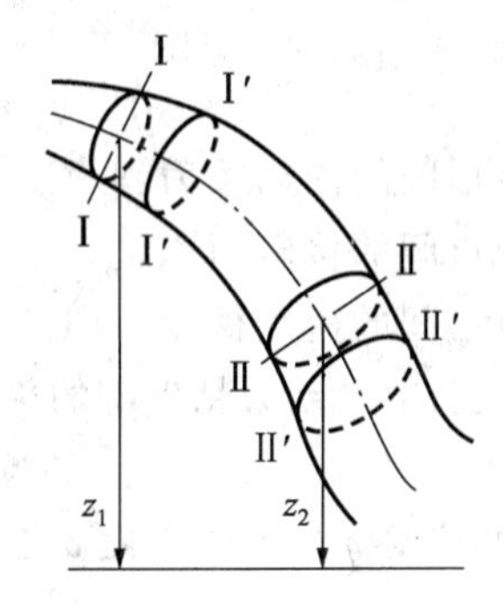

图 8-2　伯努利方程示意图

$$gz_1+\frac{p_1}{\rho}+\frac{u_1^2}{2}=gz_2+\frac{p_2}{\rho}+\frac{u_2^2}{2} \tag{8-6}$$

式中：g——重力加速度；

z_1、z_2——截面Ⅰ和截面Ⅱ相对于某一基准线的高度；

p_1、p_2——截面Ⅰ和截面Ⅱ上的流体静压力；

u_1、u_2——截面Ⅰ和截面Ⅱ处流体的平均流速。

在实际流动中，由于流体不是理想流体，流体与管壁间的摩擦、流体内部的相互摩擦等都会使流体中的一部分机械能转换为热能而耗散。因此，实际流动的伯努利方程可写为

$$gz_1+\frac{p_1}{\rho}+\frac{u_1^2}{2}=gz_2+\frac{p_2}{\rho}+\frac{u_2^2}{2}+h_{wg} \tag{8-7}$$

式中：h_{wg}——截面Ⅰ到截面Ⅱ之间实际流体流动产生的机械能损失。

（3）常用物理参数

① 流体的密度

单位体积内流体的质量称为流体密度，以 ρ 表示。由于流体的密度是其状态（压力、温度）的函数，即流体的密度 ρ 随压力 p 和温度 t 而变化，因此在测量流量时应该考虑流体状态对密度的影响。

在低压及常温下，压力变化对液体密度的影响很小，所以工程计算上往往可将液体视为不可压缩，即可不考虑压力变化的影响。对于气体，温度、压力变化对其密度的影响较大，所以在流量测量中必须考虑其影响。

② 流体的粘度

流体具有粘性，当流体在管道内流动时，紧贴管壁的流体将被粘附于管壁上，而管中心的流体则以一定速度流动。所以，由于粘性力的作用，管内各流体层将形成一定规律的速度分布。

粘度也是温度 t、压力 p 的函数。当温度上升时，液体的粘度就下降，气体的粘度则上升。在工程计算上，对于液体的粘度，只需考虑温度对它的影响，仅在压力很高的情况下才需考虑压力的影响。水蒸汽及气体的粘度与压力、温度的关系十分密切。

表征流体的粘度，通常采用动力粘度 η 和运动粘度 v。

流体动力粘度 η 可用牛顿粘性定律来表示：当流体流动时，流层间发生相对滑移而产生的内摩擦力与流层间的速度梯度、接触面积成正比，且与流体的性质有关。其数学表达式为

$$\eta=\frac{F/A}{\mathrm{d}u/\mathrm{d}y} \tag{8-8}$$

式中　F——流层间的内摩擦力；

A——流层间的接触面积；

$\mathrm{d}u/\mathrm{d}y$——流层间的速度梯度，即流体垂直于速度方向的速度变化率。

在国际单位制中，动力粘度 η 的单位为 $\mathrm{N\cdot s/m^2}$；在工程单位制中，动力粘度 η 的单位为 $\mathrm{kgf\cdot s/m^2}$。

流体的动力粘度 η 与流体密度 ρ 之比称为运动粘度 v

$$v=\frac{\eta}{\rho} \tag{8-9}$$

在国际单位制中，运动粘度 v 的单位为 m^2/s。

③ 绝热指数及等熵指数

测量气体或蒸汽的流量时，需要了解流体流经流量测量元件（如节流元件）时的状态变化，为此需要知道被测气体或蒸汽的绝热指数或等熵指数。

流动工质在状态变化过程中若不与外界发生热交换，则该过程称为绝热过程。若绝热过程没有（或不考虑）摩擦生热，即可逆绝热过程。根据熵的定义，在可逆绝热过程中熵（S）值不变（S=常数），故可逆的绝热过程又称为等熵过程。例如，用节流孔板测量气体流量，流体流经节流件时，因为节流元伯很短，其与外界的热交换及摩擦生热均可忽略，所以该过程可近似认为是等熵过程。在此过程中，流体的压力 p 与比容 v 的 k 次方的乘积为常数，即 pv^k=常数，k 称为等熵指数。实际气（汽）体的等熵指数，可从有关手册的图表上查取。如空气的等熵指数为 1.40，过热蒸汽的等熵指数为 1.30。

④ 雷诺数 Re

根据流体力学中的定义，流体流动的雷诺数是流体流动的惯性力 F_g 与其粘性力（内摩擦力）F_m 之比，即

$$Re=\frac{F_g}{F_m}=\frac{v}{\eta}\rho l \tag{8-10}$$

式中：v——特征流速，在管流中为有效截面上的平均流速，m/s；

ρ——流体密度 kg/m^3；

η——在工作状态下流体的动力粘度；

l——流束的定型尺寸，在圆管流中为管道内径，m。

当流体在圆管内流动时，雷诺数的流量表达式为

$$Re_D=345\times10^{-3}\frac{q_m}{D_t\eta} \tag{8-11}$$

式中：q_m——质量流量，kg/h；

D_t——工作温度下的管道内径，mm；

η——动力粘度，Pa·s。

雷诺数是判别流体状态的准则。一般认为，管道雷诺数 $Re<2320$ 为层流状态，而当雷诺数大于此值时，流动将开始转变成紊流状态。在工程应用中，认为雷诺数相等的流动其流动是相似的，因而流量仪表在某种标定介质（通常气体流量计用空气，液体流量计用水）中标定得到的流量系数可以根据在相同雷诺数下流量系数相等的原则换算出另一种介质（被测介质）的流量（或流速）。这是许多流量计实际标定的理论基础。

8.1.1.4　流量测量中常用的术语

（1）流量范围

流量计的流量范围是指流量计在正常使用条件下，测量误差不超过允许值的最人至最小流量范围。最大与最小流量值的代数差称为流量量程。在保证仪表的准确度的条件下可测的最大流量与最小流量的比值通常称作流量计的量程比。

（2）额定流量

流量计在规定性能或最佳性能时的流量值，称为该流量计的额定流量。

（3）流量计特性曲线

流量计特性曲线是描述随流量变化流量计性能变化的曲线，主要有两种不同的表示形式：一种是表示流量计的某种特性（通常是流量系数或仪表系数，也有的是某一与流量有关的输出量）与流量 q 或雷诺数 Re 的关系；另一种是表示流量计测量误差随流量 q 或雷诺数 Re 变化的关系，这种特性曲线一般称为流量计的误差特性曲线。

流量计的特性曲线可以通过对流量计进行理论分析而得到，而更为准确可靠的是通过对流量计的检定，即在整个流量计的流量范围上进行一系列的实验得到。

（4）流量系数

流量计的流量系数表示通过流量计的实际流量与理论流量的比值，一般是通过实验确定。

（5）仪表系数

流量计的仪表系数表示通过流量计的单位体积流量所对应的信号脉冲数。它是脉冲信号输出类型流量计的一个重要参数。

（6）重复性

流量计的重复性表示用该流量计连续多次测量同一流量时给出相同结果的能力。

（7）线性度

流量计的线性度是表示在整个流量范围上的特性曲线偏离最佳拟合直线的程度。对于用仪表系数 K 来评定流量计特性的脉冲输出流量仪表来说，其线性度通常用整个流量范围的平均仪表系数 $\overline{K}$ 与仪表系数对平均值的最大偏差 ΔK 的比值 $\Delta K/\overline{K}$ 来表示。

8.1.2　检定方法与检定系统

无论是工作用流量计，还是检定系统使用的流量标准装置，都需要进行周期检定。流量计及流量测量装置的检定方法可分为直接检定法利间接检定法。

（1）直接检定法。就是将被检流量计的示值直接与流量标准器的示值（测量结果）进行比对，这是一种常用的方法。

在直接检定法中，按照测量流量的原理与方法可以分为称重法、容积法、标准表法。由流量的定义和流量测量的基本原理可知，称重法和容积法都涉及质量和容积的测量。因此，质量测量、容积测量都会直接溯源于国家质量基准、长度基准。时间测量会涉及时间基准，温度测量也会涉及温度基准。

（2）间接检定法。就是被检流量计不进行与流量标准装置的测试比对，而是对不与测量误差直接有关的量（间接量）进行检定测试。如对标准节流孔板的检定可以采用间接检定法。即，不是将其安装在试验管线上测量流量，而是对其结构尺寸、表面光洁度等参量进行测定，根据测定结果判定其是否合格。

由于流量仪表种类繁多，适用的条件也具有很大的差异性，比如工作介质、测量范围、管道条件、安装条件等。因此，对适用于流量计检定的条件要求也比较复杂。这就给流量计的检定造成了一定的困难。而间接检定法恰恰是不需要进行测试安装，只需按检定规程的要求逐项检查测定要求的参数，就完成了流量计的检定。

流量计的检定方法和检定系统是由国家规定的。由于适用液体、气体的流量计，其检定方法和程序会有较大的不同，故国家规定流量计量器具的检定系统是按液体和气体流量装置分别给出的。

液体流量计量器具的检定方法有：称重法、容积法、标准表法。气体流量计量器具的检定方法有：容积法、标准表法。标准表法是流量计量器具检定的一种基本方法。

（1）称重法。由一段时间 Δt 内流过流体的质量，通过标准秤称量计算其质量，根据流量定义计算其流量，计算流量与被检定的流量计或装置进行比对。

（2）容积法。由一段时间 Δt 内流过流体的体积，通过标准容积的测量、计算流量的体积，计算流量与被检定流量仪表或装置进行比对。

（3）标准表法。流体流过流量标准仪表和被检定的流量仪表或装置，将其示值直接进行比对。

我国的流量计量器具检定系统分别见图 8－3，图 8－4，图 8－5。

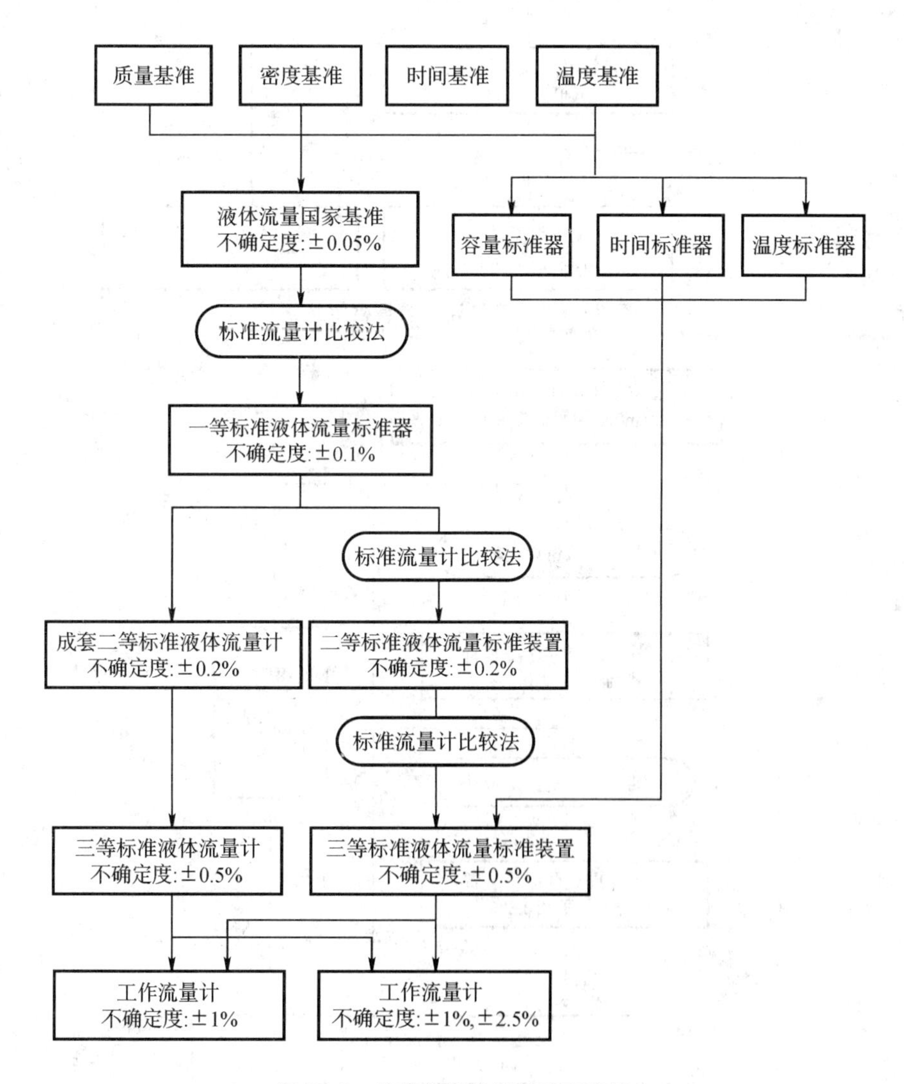

图 8－3　液体流量计器具检定系统

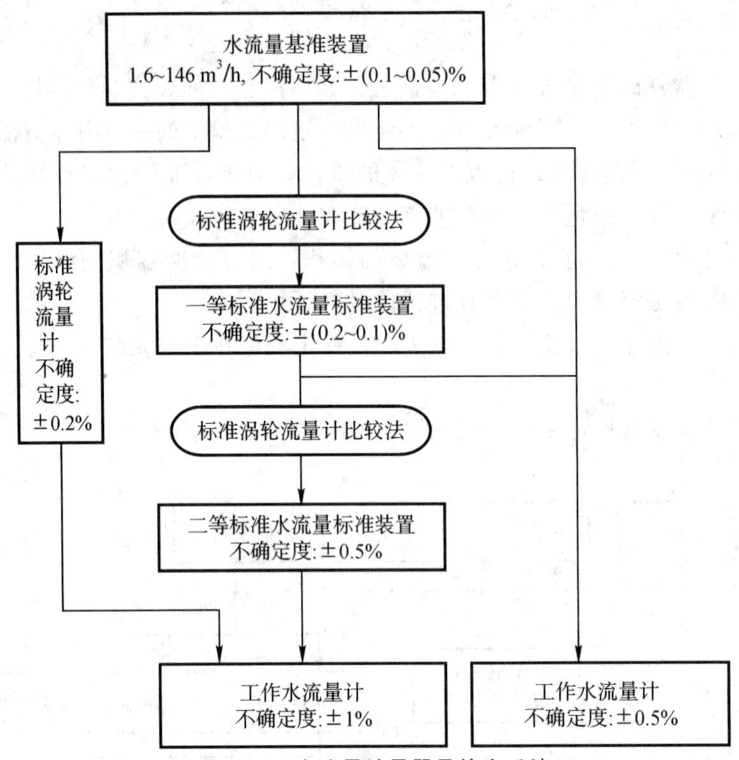

图 8-4　水流量计量器具检定系统

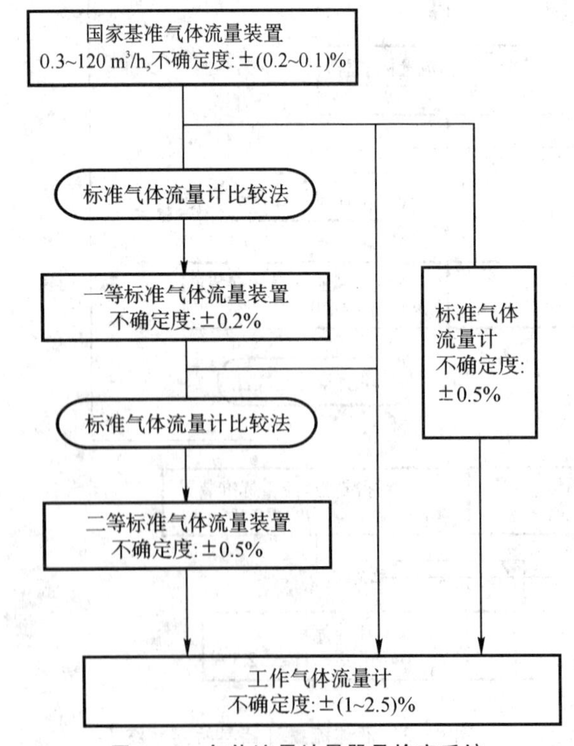

图 8-5　气体流量计量器具检定系统

8.1.3 流量标准装置的分类

流量标准装置通常按液体和气体进行分类。对于液体流量标准装置的分类方法比较多，常用的分类有：

（1）按测量方法，分为静态法和动态法。所谓静态法，就是测量时被测介质是静态的；所谓动态法，就是测量时被测介质是动态的，即在流体流动过程中进行测量。

（2）按稳压源的种类，分为水塔稳压法和容器稳压法。

（3）按检查的原理方法，分为称重法、容积法及标准表法。

（4）按被测介质，分为水、油、气流量标准装置。

（5）按标准装置的类别，分为原始流量标准装置和传递流量标准装置。

原始流量标准装置（也称一次标准），是依据流量基本定义进行流量测量的标准装置，即通过测量流体的质量 m 或测量流体的容积 V，结合测量的时间来计算被测流体的流量。

传递流量标准装置（又称次级标准），是通过原始流量标准装置进行量值传递，具有良好的重现性和稳定性的标准流量装置，一般是标准流量计。传递流量标准装置便于实现实验室或现场流量计的检定测试。它也是原始标准装置和现场工作流量计的中间环节，可以避免原始流量标准装置的频繁使用，保证原始流量标准装置的高准确度。在使用中，传递流量标准装置要比原始流量标准装置简单、方便。

传递流量标准装置需要定期检定，以此保证其准确度和可靠性。

流量标准装置的用途概括起来，有以下几个方面：

（1）进行流量量值传递。

（2）进行流量及性能的试验研究。通过试验研究可以确定流量计的准确度、测量范围、过载能力、可靠性与寿命、重复性等，以便对流量仪表进行设计、开发、研制。通过试验还可以考察研究测量条件对测量结果的影响及其适用的条件。

（3）提供必需的数据进行国家（或企业）标准和检定规程的制定。

（4）解决商贸、技术工作中的争端，进行权威性的仲裁工作。

8.2 静态容积法水流量标准装置

静态容积法水流量标准装置是流量计检定常用的一种标准装置。它的准确度为：±0.2%（一等标准）；±0.5%（二等标准）。根据标准装置的规模可以有较大或者较小的流量测量范围。

8.2.1 结构及工作原理

8.2.1.1 结构

静态容积法水流量标准装置是一个比较复杂的大系统，它由水泵、水塔、水池、闸阀、溢流管、截止阀、稳压容器、夹表器（伸缩器）、流量调节阀、换向器、喷嘴、工作量器（标准容器）、放水阀、温度计、回水管路及计时器等组成，其结构见图 8-6。

水塔实际是一个高位水箱，主要作用是保持水流系统的一个稳定水压。它的内部有溢流

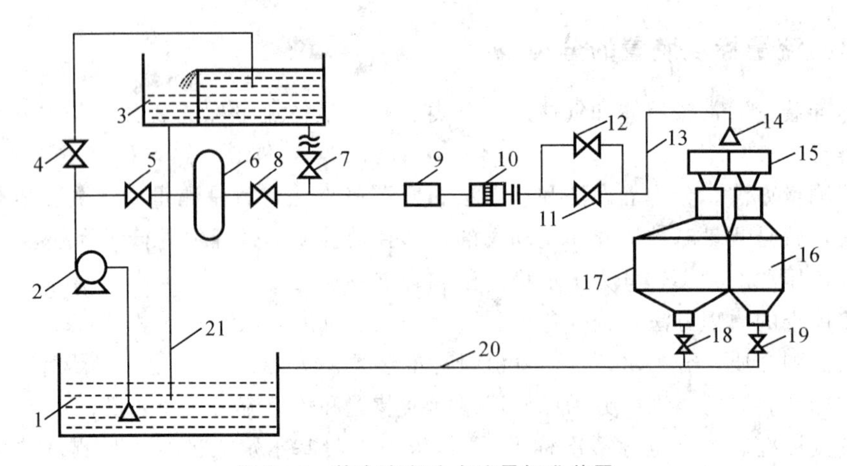

图 8-6 静态容积法水流量标准装置

1—水池；2—水泵；3—水塔；4，5，7，8—截止阀；6—稳压容器；9—被检流量计；
10—夹表器（伸缩器）；11，12—流量调节阀；13—温度计；14—喷嘴；15—换向器；
16，17—工作量器（标准容器）；18，19—放水阀；20—回水管；21—溢流管

结构，工作时始终保持一定高度的水头。在水塔中溢出来的水通过溢流管注入水池。

水泵是系统的动力源，工作时将水池中的水打入水塔，水流通过被检定流量计及以后的装置返回水池，形成水的循环。

夹表器又称为伸缩管，它可以调整因安装被检定流量计造成的管路不协调的情况。通过调整夹表器可以使管路很合适地正常工作。有了夹表器，不同长度尺寸的被检定流量计均可在该系统上被检定安装。

流量调节阀的作用是调整流过被检定流量表的水流量。它被安装在下游，以减小对被检定流量计的干扰。

换向器安装在工作量器的入口（管路的出口），用以改变水流入工作量器的方向。计量测试的预备阶段，水流入一个工作量器，又通过其下方的放水阀流回水池。当计量检定时，通过换向器的操作使水流入另一个工作量器。换向器的换向性能直接影响流量测量的准确性。

工作量器是标准容器，具有较高的测量准确度，它的作用是测量出注入其中的水的体积。通过标准容器旁边的水位标尺来读数。

计时器用来测量在系统检定测试时水注入工作量器的时间。它具有较高的计时准确度，显然也直接影响系统流量测量的准确度。

8.2.1.2 工作原理

系统工作时，首先用水泵 2 将水池 1 中的水打入水塔 3 中。在整个试验过程中使水塔的水处于溢流状态，以保证系统的压头不变。打开截止阀门 7，水通过上游直管段、被检定流量计 9、下游直管段、夹表器 10、流量调节阀 11、温度计 13 和喷嘴 14 流出试验管路。在试验管路出口处装有换向器 15，通过换向器，水流入工作量器 16 或 17 中。换向器启动时，触发计时控制器，以保证水量和时间的同步测量。

试验时，可根据流量的大小选用其中的一个工作量器，而另一个容器的水通过其中而流回水池。当达到预定的水量或时间时，操作换向器，使水流入另一个工作量器，计时也同时

停止。记下工作量器所收集到的水量 V 和计时器显示的测量时间 Δt。

此时，流量可按下式计算

$$q_V=\frac{V}{\Delta t} \tag{8-12}$$

式中：V——测量的工作量器中的水体积，m^3；

Δt——计时器测量的水注入工作量器的时间，s。

测量时要求水温度在（20±5)℃的范围，如果实际水温超出上述范围，则要对工作量器的容积进行温度修正，其修正计算公式为

$$V_t=V_{20}[1+\beta(t-20)] \tag{8-13}$$

式中：V_{20}——工作量器的刻度容积（20 ℃时分度），m^3；

V_t——t ℃时工作量器的容积，m^3；

β——工作量器材料的体膨胀系数，$℃^{-1}$；

t——实际水温，℃。

8.2.2 标准装置的技术要求及特点

静态容积法水流量标准装置是一个规模较大、要求较高的复杂装置。要保证系统有较高的测量准确度，对其各部分都应有具体的要求。

8.2.2.1 标准装置的性能参数

标准装置的性能参数包括：测量范围、准确度、适用的流量计口径、工作量器的数量、最短测量时间（一次测量的时间不应小于的时间限值）、计时器的准确度、换向器的换向时间误差（系统误差和随机误差）、稳定性误差以及工作量器的使用量限、放水时间、工作量器的总误差（δ_V）等。

装置的准确度等级及稳定度见表 8-1。

表 8-1 装置准确度等级及稳定度

装置准确度等级	0.05	0.1	0.2	0.5
装置准确度 δ/%	$\lvert\delta\rvert\leqslant0.05$	$0.05<\lvert\delta\rvert\leqslant0.1$	$0.1<\lvert\delta\rvert\geqslant0.2$	$0.2<\lvert\delta\rvert\leqslant0.5$
装置稳定度 δ_{q_V}/%	$\lvert\delta_{q_V}\rvert\leqslant0.025$	$\lvert\delta_{q_V}\rvert\leqslant0.05$	$\lvert\delta_{q_V}\rvert\leqslant0.1$	$\lvert\delta_{q_V}\rvert\leqslant0.25$

8.2.2.2 装置各部分的技术要求

（1）稳压水源

水源可以使水塔稳压，也可以使容积稳压，但不管哪种方式都要求压力波动要小。一般用波动系数来衡量这一技术要求，波动系数

$$\delta_W=\frac{q_{V\min}-q_{V\min}}{q_{V\max}+q_{V\min}} \tag{8-14}$$

式中：$q_{V\max}$——某流量点测定的最大值；

$q_{V\min}$——某流量点测定的最小值。

系统中的水质应清洁，每升水含杂质不能超过 0.02 ml，才不影响流量测量的准确度。

（2）管路、直管段和流量调节阀

系统中的管路应采用最少的弯头和阻力件，因为水流量标准装置管路的设计是短管计

算，流通能力主要取决于局部阻力件的阻力系数。如果阻力件过多，同样压头的水塔流通能力就满足不了流量的要求。

系统中被检定流量计的上下游直管段因流量计的类型不同要求也不尽相同。因此，要求直管段能适应多种流量计的要求，这无非是加大直管段的长度。直管段的确定也取决于上游阻力件的形式。根据不可压缩流体流量计上下游直管段评定方法，在水流量标准装置上设置流量计上游直管段为 $100D$，下游直管段为 $5D$。

流量调节阀应安装在下游直管段的后面，而且流量调好后，调解阀的阻力系数应保持不变。

（3）换向器

换向器工作时应不产生溅水和渗漏现象。换向器在换向时应不对试验管段内的流量产生影响。换向器的换向时间应足够的短，其正反行程的时间差一般不超过 0.02 s。如果标准装置的测量最短时间为 30 s，则正反行程时间差一般应不超过 0.015～0.010 s。

（4）工作量器

工作量器的读数部分应装有水位测量器具，其分辨力折合成容积与被测量容积之比应不超过工作量器准确度的 1/5～1/3。

（5）计时器

计时器的分辨力应不大于 0.001 s。

8.2.2.3 静态容积法水流量标准装置的特点

（1）设备简单、易掌握，是标定流量计的一种简便方法；

（2）可以适用较大流量的标定工作；

（3）标定中不用测量流体密度；

（4）换向器往返换向时间很难调整到相等；

（5）仅适用于输送低粘度介质（如水、柴油）等流量计的检定工作。

8.2.3 水流量标准装置的误差

评定水流量标准装置的准确度时，要考虑到标准装置的误差源。分析清楚这些误差源产生的误差，就可以求得整体装置的准确度。

8.2.3.1 工作量器容积的温度修正及误差问题

工作量器的容积及标准器的容积都是在 20 ℃温度条件下标定的。在工作量器检定时，由于工作介质水温（在标准器内的水温及工作量器内的水温）变化的原因，会造成示值与实际水体积的偏差。其误差是可以计算的，属附加的系统误差。要消除这种误差的影响，对系统进行修正是必要的。

（1）温度对水体积的影响

设工作量器标尺的温度为 t_1；工作量器水温度为 t_2；标准器量器水温度为 t_3；水体膨胀系数为 β_w；标尺线膨胀系数为 α_1；工作量器线膨胀系数为 α_2；标准器量器线膨胀系数为 α_3。

检定工作量器时，标准器量器的示值为 $V_{名}$，因为标准器量器的膨胀，t_3温度下的水真实体积为 V_{t_3}，故有

$$V_{t_3}=V_{名}[1+\beta_3(t_3-20)] \quad (8-15)$$

式中，β_3 为标准器量器的体膨胀系数

$$\beta_3 = 3\alpha_3 \tag{8-16}$$

t_3温度下，V_{t_3}体积的水注入工作量器后，水温度发生变化为 t_2。因水膨胀的原因，在工作量器内，t_2温度下水的体积为

$$V_{t_2} = V_{t_3}[1+\beta_w(t_2-t_3)] \tag{8-17}$$

式中，β_w 为水的体膨胀系数。

所以

$$V_{t_2} = V_{名}[1+\beta_3(t_3-20)][1+\beta_w(t_2-t_3)] \tag{8-18}$$

（2）温度对工作量器示值的影响

工作量器因热胀因素，V_{t2}体积的水注入后，其示值是多少呢？应该是工作量器标定的示值 V_{20}在附加上它的容积变化量 ΔV。

近似地将工作量器视为圆柱体（缩颈容器也是如此），其容积为

$$V_{20} = \pi R^2 h \tag{8-19}$$

工作量器因热胀因素，其容积的相对变化量为

$$\frac{\Delta V}{V_{20}} = 2\frac{\Delta R}{R} + \frac{\Delta h}{h} \tag{8-20}$$

所以

$$\Delta V = V_{20}\left[2\frac{\Delta R}{R} + \frac{\Delta h}{h}\right] = V_{20}\left[2\frac{R\alpha_2(t_2-20)}{R} + \frac{h\alpha_1(t_1-20)}{h}\right]$$

$$= V_{20}[2\alpha_2(t_2-20)+\alpha_1(t_1-20)]$$

则

$$V_{20} + \Delta V = V_{20}[1+2\alpha_2(t_2-20)+\alpha_1(t_1-20)] \tag{8-21}$$

由式（8－18）与式（8－21）相等，即 $V_{20}+\Delta V = V_{t2}$，有

$$V_{20}[1+2\alpha_2(t_2-20)+\alpha_1(t_1-20)] = V_{名}[1+\beta_3(t_3-20)][1+\beta_w(t_2-t_3)]$$

所以

$$V_{20} = V_{名}\frac{[1+3\alpha_3(t_3-20)][1+\beta_w(t_2-t_3)]}{[1+2\alpha_2(t_2-20)+\alpha_1(t_1-20)]} \tag{8-22}$$

由于 $2\alpha_2(t_2-20)+\alpha_1(t_1-20)\leqslant 1$，根据麦克劳林近似公式 $\frac{1}{1+x}\approx 1-x$（$|x|\leqslant 1$），可以将上式简化为如下形式

$$V_{20} = V_{名}[1+3\alpha_2(t_3-20)][1+\beta_w(t_2-t_3)][1-2\alpha_2(t_2-20)-\alpha_1(t_1-20)]$$

$$\approx V_{名}[1+3\alpha_2(t_3-20)+\beta_w(t_2-t_3)][1-2\alpha_2(t_2-20)-\alpha_1(t_1-20)]$$

$$\approx V_{名}[1+3\alpha_2(t_3-20)+\beta_w(t_2-t_3)-2\alpha_2(t_2-20)-\alpha_1(t_1-20)]$$

所以

$$V_{20} = V_{名}[1-\alpha_1(t_1-20)-2\alpha_2(t_2-20)+3\alpha_3(t_3-20)+\beta_w(t_2-t_3)] \tag{8-23}$$

式（8－23）就是工作量器（二等标准）标定时的修正公式。其含义是：工作量器在标定时，在上述的假设条件下，标准容器（一等标准量器）的读数 $V_{名}$，经式（8－23）的修正计算，其得数应刻在 20℃时工作量器的液面位置上。

关于式（8－23）的讨论：

① 当 $t_1=t_2=t_3=20$ ℃时，$V_{20}=V_{名}$。

② 当 $t_1\neq t_2\neq t_3\neq 20$ ℃时（这种情况是常有的），假设：$\alpha_1=\alpha_2=\alpha_3=\alpha$（标准量器、工作量器、标尺等材料相同）；$\Delta t_1=t_2-t_1$，$\Delta t_3=t_2-t_3$，则由式（8－23）有

$$\Delta V = V_{20} - V_{名} = V[\alpha\Delta t_1 + (\beta_w - 3\alpha)\Delta t_3] \tag{8-24}$$

式（8－24）与式（8－23）相除，得到误差的相对值

$$\delta_V = \frac{V_{名}[\alpha\Delta t_1 + (\beta_w - 3\alpha)\Delta t_3]}{V_{名}[1+\beta_w\Delta t_3]} = \frac{\alpha\Delta t_1 + (\beta_w - 3\alpha)\Delta t_3}{1+\beta_w\Delta t_3}$$

$$= [\alpha\Delta t_1 + (\beta_w - 3\alpha)\Delta t_3][1-\beta_w\Delta t_3]$$

则

$$\delta_V \approx \alpha\,\Delta t_1 + (\beta_w - 3\alpha)\Delta t_3 \tag{8-25}$$

设标准容器、工作量器、标尺为不锈钢材料，其线膨胀系数 $\alpha = 11\times10^{-6}$ ℃$^{-1}$，而水的体膨胀系数 β_w 是温度的函数。表 8-2 列出了工作量器内不同水温度时 δ_V 值的计算公式。

由表 8-2 可知，Δt_3 对附加误差的影响比 Δt_1 大得多。所以在工作量器标定时，应特别注意一等标准量器与工作量器的温差。

表 8-2　工作量器不同水温度下的 δ_V

t_2/℃	10	15	20	25	30
$\beta_w\times10^{-6}$/℃$^{-1}$	95.0	145	202	252	299
$\delta_V\times10^6$	$11\Delta t_1+62\Delta t_3$	$11\Delta t_1+112\Delta t_3$	$11\Delta t_1+164\Delta t_3$	$11\Delta t_1+219\Delta t_3$	$11\Delta t_1+266\Delta t_3$

8.2.3.2　换向器的随机误差

换向器是由电磁铁的通断电方法使截流隔板绕轴转动，从而使水流方向改变。换向器的作用是在一个确定的时间内将水注入工作量器内。通过对换向器工作时间（注水时间）的测量和对注入工作量器内水体积的测量可以计算出流量值。因此，换向器换向时间的准确性对流量测量的影响是很关键的。

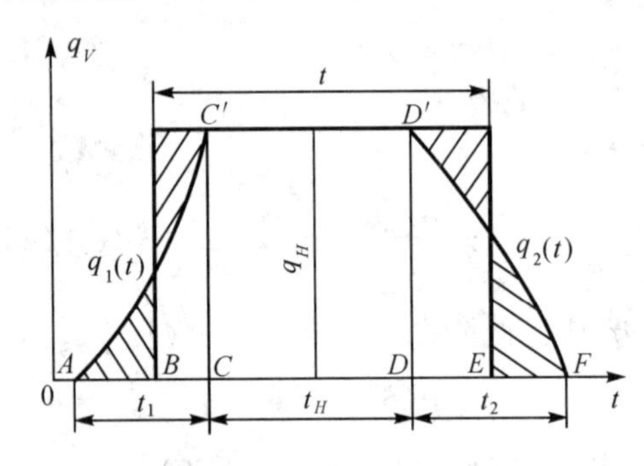

图 8-7　流入工作量器的水流量变化曲线

对换向器计时准确性的影响机理比较复杂。如果换向器从注水开始到注水结束这一段时间内，流入工作量器内的水流量是恒定的（不变化），则只要准确测定换向器注水开始和注水停滞的时间间隔就可以达到较高的测量准确度。但实际情况不是这样，其注入工作量器内的水流量的变化曲线如图 8-7 所示。

换向器开始换向，从时间 A 点开始注水，其流量是上升变化的，到达时间 C 点流量变化到 q_H（管路中的流量），这段时间为 t_1。流量稳定后经过 t_H 的时间间隔到达时间点 D 时，换向器又开始换向，流入工作量器内的水流量是下降变化的。到达时间点 F 时，换向器完成换向，此时流入工作量器内的水流量为零。从图 7-5 可以看出，若计时从点 A 到点 F，时间为（$t_1+t_H+t_2$）时，根据注入工作量器的水的体积，再按时间（$t_1+t_H+t_2$）计算出的流量不是被测量流量 q_H。如果流量曲线 AC' 段与曲线 $D'F$ 段均线性变化，且斜率绝对值相等，则时间段 AC 与 DF 相等，即 $t_1=t_2$。在此条件下，计时只计 AD 段(t_1+t_H) 或只计 CF 段(t_2+t_H)，根据注入工作量器的水体积计算出的流量就是被测流量 q_H 了。通常的实际情况不是以上的理想条件，而是$t_1\neq t_2$，且上升和下降的两段流量曲线变化不相同；同时，计时 AD 段的时间（t_1+t_H）也会出现计时误差，最后这些误差会反映到流量测量的误差上。计时误差一般在 0～25 ms 之间，称此误差为换向器时间误差。换向器时间误差与流量大小，换向器定点在每个方向上通过液体的速度以及触发器相对于喷嘴流出的液流的确切位置有关。该时间误差的影响不可忽视，必须用实验方法加以确定。

换向器时间误差的测量方法：

选择一台准确度 $\delta=\pm(0.1\sim0.2)\%$，稳定度为 $\pm(0.05\sim0.1)\%$ 的涡轮流量计或电磁流量计，安装在需要测量换向器时间误差的试验段上。通水排气后，用流量调节阀把流量调节到某一要求的流量值上；待稳定后，进行一次正常的流量测量，测出工作量器中水的体积 V_1，涡轮流量计所累积的总脉冲数 N_1 及测量时间 t_1'。在相同流量下，操作换向器 n 次，又测得工作量器中水的体积 V_2，涡轮流量计所累积的总脉冲数 N_2 及测量时间 t_2'。下面分两种情况分析计算换向器的时间误差 Δt（$\Delta t=t_2-t_1$）。

（1）流量相等条件下换向器的时间误差

由

$$\frac{V_1}{t_1'+\Delta t}=\frac{V_2}{t_2'+n\Delta t} \tag{8-26}$$

得到

$$\Delta t=\frac{V_2t_1'-V_1t_2'}{nV_1-V_2} \tag{8-27}$$

式（8-27）是不用涡轮流量计的数据，就可以测出换向器时间误差的计算公式。

（2）流量不相等条件下换向器时间误差

两次流量测量的数据同上，则有

$$\begin{cases} q_1=\dfrac{V_1}{t_1'+\Delta t} \\ q_2=\dfrac{V_2}{t_2'+n\Delta t} \end{cases} \tag{8-28}$$

设涡轮流量计的仪表常数为 ξ，则有

$$\begin{cases} q_1=\dfrac{N_1}{\xi t_1'} \\ q_2=\dfrac{N_2}{\xi t_2'} \end{cases} \tag{8-29}$$

所以

$$\frac{N_1}{\xi t_1'}=\frac{V_1}{t_1'+\Delta t} \tag{8-30}$$

$$\frac{N_2}{\xi t_2'}=\frac{V_2}{t_2'+n\Delta t} \tag{8-31}$$

式（8-30）与式（8-31）相除，得到

$$\frac{N_2t_1'V_1}{N_1t_2'V_2}(t_2'+n\Delta t)=t_1'+\Delta t$$

化简得

$$\Delta t=\frac{(N_1/N_2-V_1/V_2)t_1'}{(nV_1t_1')/(V_2t_2')-N_1/N_2} \tag{8-32}$$

式（8-32）是两次测量流量不相同时，计算 Δt 的公式。

8.3　静态质量法液体流量标准装置

静态质量法液体流量标准装置也称为静态称量法液体流量装置。它是一种准确度很高的液体流量计检定标准装置，准确度 $S=\pm$（0.05～0.2）%，准确度 $S=\pm0.05\%$已经是流量基准级装置的等级了。由于准确度高，所以在流量测量的使用中要考虑到空气浮力的影响、水密度的影响、称量用的标准秤臂比系数 K 的变化影响等问题。

8.3.1　结构及工作原理

8.3.1.1　结构

静态质量法液体流量标准装置也是一个比较大的系统，它由以下几个部分组成：稳压水管、水泵、水池、换向器、夹表器（伸缩管）、标准秤、流量调节阀、控制台（计时器、开关、显示表计）、称量容器、喷嘴、截止阀、管路等。其结构如图 8-8 所示。

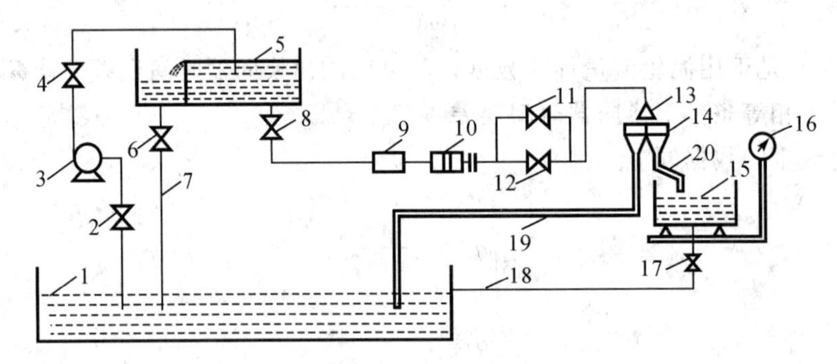

图 8-8　静态质量法水流量标准装置

1—水池；2，4，6，8，17—截止阀；3—水泵；5—水塔；7—溢流管；9—被检流量计；10—夹表器；11，12—流量调节阀；13—喷嘴；14—换向器；15—称量容器；16—标准秤；18，19—回水管；20—旁通路

系统工作时，首先用水泵 3 将水池 1 中的水打入高位的稳压水塔 5 中。在整个工作过程中水塔 5 始终处于溢流状态，以保持系统的压头不变（压力稳定）。打开试验管路上的截止阀 8，水流通过被检定流量计及前后的直管段，流量调节阀 11、12，喷嘴 13 流出试验管路。当系统处于预备阶段时，流出试验管路的水通过回水管 19 流回水池 1 中；当系统处于测试工作阶段时，流出试验管路的水通过旁通路 20 流入称量容器 15。水流入称量容器 15 的启动是由换向器 14 完成的。启动的同时触发计时器，以保证水流入称量容器的水量与时间的同步测量。

系统中除标准秤、称量容器外，其他部件装置与前述的容积法液体流量标准装置基本相同，其性能及要求均与容积法液体流量标准装置相同，在此不予赘述。

8.3.1.2　工作原理

流量测试开始时，换向器 14 将喷嘴 13 置于回水管 19 的一侧，使水流流入水池 1。这时由标准秤称量无水状态下的称量容器 15 的起始质量 M_0。用调节阀调节所需要的流量，待流量稳定后，启动换向器，使水流由旁通管 20 流入称量容器 15 中。在换向器启动时，同时启动计时器和被检流量计 9 的脉冲计数器。当达到预定的水量或脉冲数时，将换向器换向，使水流又流回水池。称量并记录称量容器 15 中收集到水的最后质量 M，记录计时器显示的测量时间 Δt 和流量计脉冲计数器的脉冲数。

设标准秤的力臂比为 K，称量无水状态下称量容器的砝码质量为 m_{f_0}，砝码的刻度值为 $m_{f_{0k}}$。测量过程满足的力平衡方程式为

$$M_0 g = K m_{f_0} g = m_{f_{0k}} g \quad (m_{f_{0k}} = K m_{f_0})$$

所以

$$M_0 = m_{f_{0k}} \tag{8-33}$$

称量容器收集完流入的水后，在称量的过程中满足的力平衡方程式为

$$M \cdot g = K \cdot m_f \cdot g = m_{fk} \cdot g$$

所以

$$M = m_{fk} \tag{8-34}$$

式中：m_f——称量入水后，称量容器的砝码质量，kg；

m_{fk}——称量入水后，称量容器的砝码刻度值，kg，$m_{fk} = K m_f$。

所以，流量

$$q_M = \frac{M - M_0}{\Delta t} = \frac{m_{fk} - m_{f_{0k}}}{\Delta t} \tag{8-35}$$

8.3.2 影响测量准确度的因素及修正

8.3.2.1 空气浮力的影响及修正

标准秤砝码的刻度未考虑其自身及称量物空气浮力的影响。对于高准确度的标准装置，空气浮力的影响到底有多大、是考虑还是不考虑、是否要予以修正，这要对测量结果进行分析后才能决定。称量水时，示值比实际质量低 0.08%，显然对基准和一等标准来说，这个误差已经很大了，所以应该予以修正。修正计算公式为

$$q_M = \frac{m_{fk} - m_{f_{0k}}}{\Delta t}(1+\varepsilon) \tag{8-36}$$

式中，ε 为空气浮力影响的修正值系数，$(1+\varepsilon)$ 为修正系数，其中

$$\varepsilon = \rho_a \left(\frac{1}{\rho_w} - \frac{1}{\rho_f}\right) \tag{8-37}$$

式中：ρ_a——空气密度，kg/m^3；

ρ_w——工作介质水的密度，kg/m^3；

ρ_f——砝码材料密度，kg/m^3。

如果在检定称重时，标准秤没有砝码（如采用称量传感器时，其显示是仪表显示），则只考虑空气浮力对水的影响，根据力平衡方程式，导出

$$M - M_0 = (m_{fk} - m_{f_{0k}})\left(1 - \frac{\rho_a}{\rho_w}\right)^{-1} = (m_{fk} - m_{f_{0k}})\frac{\rho_w}{\rho_w - \rho_a} \tag{8-38}$$

所以，流量修正公式为

$$q_M = \frac{m_{fk} - m_{f_{0k}}}{\Delta t}\frac{\rho_w}{\rho_w - \rho_a} \tag{8-39}$$

8.3.2.2 水密度 ρ_w 的测量及修正

在式（8-39）的流量计算公式中，考虑空气浮力的影响就须用到水的密度值。式中的

ρ_w是介质水的密度，而实际工作介质水的密度与纯水密度偏差不容忽视（对高精确测量来说）。因此，工作介质水密度ρ_w应该进行实际测量确定。

用比重瓶测量水密度的步骤如下：

(1) 称重空比重瓶；

(2) 称重满装蒸馏水的比重瓶；

(3) 称重满装工作介质水的比重瓶。

根据 (1)、(2) 项测量值可以求出比重瓶的容积。

经过以上的3次称量后，可以列出3个力平衡方程式，解出实际工况下介质水的密度计算公式。为推导简便，设标准秤的力臂比$K=1$，称重空瓶时的力平衡方程式为

$$m_1 g-\frac{m_1}{\rho_f}\rho_a g=M_B g-\frac{M_B}{\rho_B}\rho_a g \tag{8-40}$$

式中：m_1——称重空瓶时（在空气中）砝码质量，kg；

M_B——比重瓶质量（未知），kg；

ρ_B——比重瓶材料密度，kg。

称量满装蒸馏水时，力平衡方程式为

$$m_2 g-\frac{m_2}{\rho_f}\rho_a g=M_B g-\frac{M_B}{\rho_B}\rho_a g+M_{ZW} g-\frac{M_{ZW}}{\rho_{ZW}}\rho_a g \tag{8-41}$$

式中：m_2——称重满装蒸馏水比重瓶时，砝码质量，kg；

M_{ZW}——蒸馏水质量（未知），kg；

ρ_{ZW}——蒸馏水密度（已知），kg/m^3。

称重满装工作介质水时，力平衡方程式为

$$m_3 g-\frac{m_3}{\rho_f}\rho_a g=M_B g-\frac{M_B}{\rho_B}\rho_a g+M_{SW} g-\frac{M_{SW}}{\rho_{SW}}\rho_a g \tag{8-42}$$

式中：m_3——称重满装工作介质水时，砝码质量，kg；

M_{SW}——工作介质水的质量（未知），kg；

ρ_{SW}——工作介质水密度（未知，待求量），kg/m^3。

由式（8-40）、式（8-41）可以得到比重瓶的容积V

$$V=\frac{M_{ZW}}{\rho_{ZW}}=\frac{(m_2-m_1)\left(1-\frac{\rho_a}{\rho_f}\right)}{(\rho_{ZW}-\rho_a)} \tag{8-43}$$

由式（8-40）、式（8-42）得到比重瓶的容积V

$$V=\frac{M_{SW}}{\rho_{SW}}=\frac{(m_3-m_1)\left(1-\frac{\rho_a}{\rho_f}\right)}{(\rho_{SW}-\rho_a)} \tag{8-44}$$

由式（8-43）、式（8-44），有

$$\frac{(m_2-m_1)\left(1-\frac{\rho_a}{\rho_f}\right)}{(\rho_{ZW}-\rho_a)}=\frac{(m_3-m_1)\left(1-\frac{\rho_a}{\rho_f}\right)}{(\rho_{SW}-\rho_a)}$$

故
$$\rho_{SW}=\frac{m_3-m_1}{m_2-m_1}(\rho_{ZW}-\rho_a)+\rho_a \tag{8-45}$$

或
$$\rho_{SW}=\frac{m_{3k}-m_{1k}}{m_{2k}-m_{1k}}(\rho_{ZW}-\rho_a)+\rho_a \tag{8-46}$$

式中：m_{1k}——称重空比重瓶时，砝码刻度值；

m_{2k}——称重满装蒸馏水时，砝码刻度值；

m_{3k}——称重满装工作介质水时，砝码刻度值。

8.3.2.3　测量时间的影响及修正

由前面所述的换向器工作原理可知，计时器所记的时间 t 是从启动信号到切断信号之间的时间间隔；而注水到称量容器的时间是从开始注水到停止注水的时间间隔，该时间间隔并不等于计时器所记录的时间 t。造成这种不一致的原因主要是：换向器的开始注水动作与计时器启动信号相比有延迟，换向器的停止注水动作与计时器切断信号相比有延迟，而且开始注水的动作延迟与停止注水动作延迟一般不相等，由此产生了计时器所记的注水时间 t 与实际注水时间的误差。该误差不可忽视，需要测量并进行流量计算的修正。

测定计时误差的方法：

换向器计时误差的测量是在流量稳定条件下进行的。在一个稳定的流量条件下，首先用正常的流量测量一次。然后不调节计时器和标准秤，把正常测量流量的时间 t 分为相等的 n 个计时时间 t_i，分别依时间 t_i 向称量容器进行 n 次注水。记录下正常方法测量时的称重砝码刻度值 $m_{测}$；计时时间 t；分 n 次注水时的称量砝码刻度值 $m'_{测}$。设换向器的计时误差 Δt = 开始注水时的时间延迟 − 停止注水时的时间延迟，则

$$\begin{cases} q_M = \dfrac{m_{测} - m_{测}}{t - \Delta t} \\ q_M = \dfrac{m'_{测} - m_{0测}}{n(t_i - \Delta t)} \end{cases} \tag{8-47}$$

故有

$$\frac{m_{测} - m_{0测}}{t - \Delta t} = \frac{m'_{测} - m_{0测}}{n(t_i - \Delta t)}$$

由于 $nt_i = t$，由上式得到

$$\Delta t = \frac{m'_{测} - m_{测}}{(n-1)m_{0测} - (nm_{测} - m'_{测})} \cdot t \tag{8-48}$$

式（8-48）是在某一稳定流量下得到的结果。Δt 值与很多因素有关，如换向器的结构；流量的大小；换向器定点在每个方向上通行液流速度以及触发器相对于喷嘴流出的液流的确切位置。对于一个确定的换向器必须通过实验测试方法确定其 Δt 的大小。不同流量下，其 Δt 也有所不同。通过上述的测试方法可以测出各种不同流量 q_{Mi} 下的 Δt_i 值，从而得到一组数据：$(q_{Mi}, \Delta t_i)$。按最小二乘法拟合给出 $q_M \sim \Delta t$ 的经验公式

$$q_M = f(\Delta t)$$

在实际的流量检定中，对于标准流量装置的流量 q_M 的计算，考虑计时误差的修正，其计量公式为

$$\begin{cases} q_M = \dfrac{m_{测} - m_{0测}}{t - \Delta t} \\ q_M = f(\Delta t) \end{cases} \tag{8-49}$$

式中：$m_{0测}$——测量空工作容器时砝码刻度值；

$m_{测}$——流量测量时砝码刻度值；

t —— 流量测量时计时器显示的计时值。

解方程组（8-49），得到 q_M 值。

8.3.2.4 标准秤力臂比 K 的影响

对于称量用的标准秤的臂比 K，在工作原理的讨论中都是假设为常数的。当称重时，考虑空气浮力的影响时，K 与标准秤的载荷有关，并随之而发生变化。当被称物体的密度与标准秤砝码材料密度相同时，则标准秤的臂比 K 是常数；当被称物体密度小于标准秤砝码材料密度时，K 将随着标准秤的载荷的增大而减小；当标准秤的机械臂比一定时，一定的载荷 M 对应着一定的砝码值 m，也相应地对应着一定的标准秤臂比 K 值。如果求得了一组载荷 M 下的 m 与 K 的对应关系，在实际应用时，由于砝码 m 是已知的，就可以根据对应关系求出 K 值，进而根据力平衡原理求得被测物体的 M 值。

通过测试确定 $K-M$ 的经验公式，测试方法：将作为载荷的二级砝码加到标准秤的台板上，将一级标准砝码加到天平盘上，使之平衡，经过一系列测量得到一组测量数据，通过数据处理而得到 $K-M$ 经验公式。

测量步骤为：

（1）计算质量比 K_i

$$K_i=\frac{M_i}{m_i} \tag{8-50}$$

式中：M_i—— 标准秤台板上二级砝码质量，kg；

m_i—— 标准秤天平盘上一级砝码质量，kg。

（2）根据力平衡原理，考虑到空气浮力影响时，有

$$Mg-\frac{M}{\rho_M}\rho_a g=K_i\left(mg-\frac{M}{\rho_m}\rho_a g\right) \tag{8-51}$$

所以

$$K_i=\frac{M_i\rho_m\ (\rho_M-\rho_a)}{m_i\,\rho_M\ (\rho_m-\rho_a)} \tag{8-52}$$

式中：K_i—— 考虑空气浮力影响时的臂比；

ρ_M—— 二级砝码材料的密度，取 $8.4\times10^3\ kg/m^3$；

ρ_m—— 一级砝码材料的密度，取 $7.2\times10^3\ kg/m^3$；

ρ_a—— 空气密度，取 $1.2\ kg/m^3$。

假设 K 与 m 成线性关系，其关系式为

$$K=a+bm \tag{8-53}$$

按照最小二乘法求出臂比式（8-53）中的系数 a 和 b，从而可以得到 $K-M$ 的经验公式。

8.4 标准体积管流量标准装置

标准体积管是对流量计进行检定的一种流量标准装置。它适用于液体流量计的检定，特别是油流量计的在线检定；各种容积式的液体流量计及涡轮流量计的检定；大流量及高粘性流体流量计的检定，其准确度可达到±(0.02～0.05)%。

8.4.1　标准体积管的种类

标准体积管的种类较多，按置换器的运动方向可分为单向型、双向型；按使用球体的数量可分为一球式、二球式、三球式；按体积管本身的结构可以分为阀结构切换式、无阀式。标准体积管的分类见图 8－9。

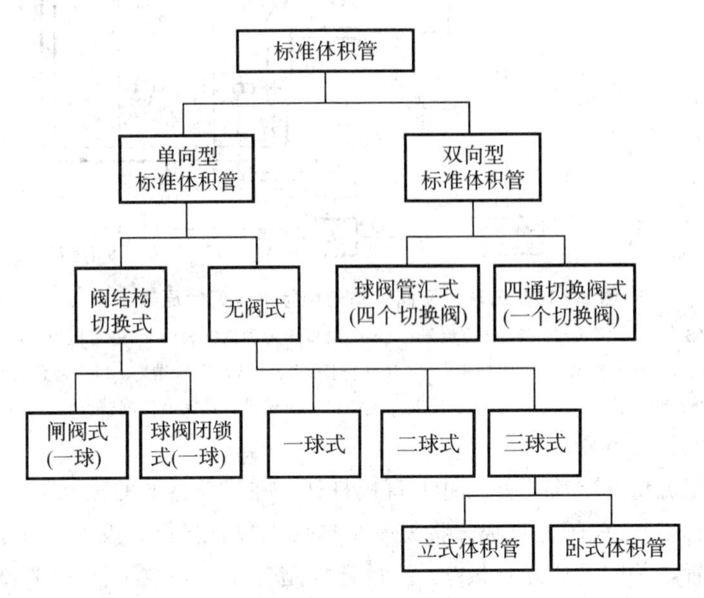

图 8－9　标准体积管分类

使用广泛的标准体积管有三球式、无阀、单向型和一球、无阀、单向型标准体积管。以下仅以三球、无阀、单向型标准体积管为例介绍其结构、特点和工作原理。

8.4.2　三球、无阀、单向型标准体积管基本结构及工作原理

所谓单向型体积管就是置换器（球或是活塞）在标准体积管内只朝一个方向运行。把置换器在一次单行程中，在两个检测开关之间置换出来的液体体积作为检定流量计的标准容积值。该型式的体积管总共有 3 个球，其中两个球在密封段中起密封作用（在密封段内，隔绝进出口液流以阻止在此处串通），另一个球在体积管段内运行起置换作用。通过推球器、上插销、下插销的协调配合操作，每个球顺次变换其职能。这种形式的标准体积管分为立式和卧式。

三球、无阀、单向型立式标准体积管是在三球、无阀、单向型卧式体积管的基础上发展起来的一种改型体积管。与卧式结构的体积管相比，该种体积管的特点是：① 上插销可以不用，操作简便安全；② 投球取球都很方便；③ 大流量检表时，球能容易地被推入密封段；④ 小流量标定体积管时，球容易进入标准段；⑤ 占地面积小；⑥ 压力波动时，体积管整体晃动较大；⑦ 固定整个体积管的框架比较笨重。

三球、无阀、单向型立式标准体积管由标准体积管段、检测开关、密封球、推球器、上下插销、进出口温度表压力表、盲板等组成，见图 8－10。

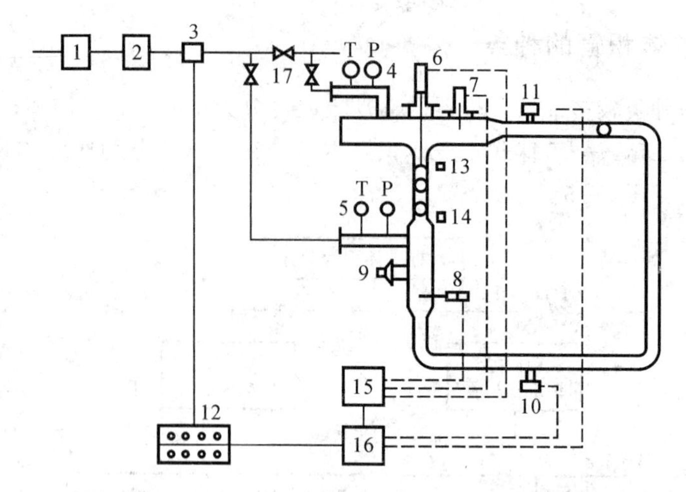

图 8-10　三球、无阀、单向型标准体积管原理结构

1—过滤器；2—消气器；3—被检流量计；4—出口压力和温度表；5—进口压力和温度表；6—推球器；7—上插销；8—下插销；9—快开盲板；10—起始检测开关；11—终止检测开关；12—计数器；13，14—上、下行程开关；15—液压系统；16—控制台；17—阀门

在体积管检定流量计之前，首先将上盲板打开。在推球器 6 的推动下，将两个球先置于密封段（见图中状态），关闭上盲板。将另一个球由下快开盲板 9 投入，置于下插销 8 上面，处于工作待发位置，关闭下快开盲板 9。流量计检定开始时，收下插销 8，球在液流推动下进入标准体积管的标准段运行。当球经过起始检测开关 10 时，立即引起检测开关 10 瞬时闭合。与此同时，电子计数器 12 启动时钟脉冲并开始计数。当球经过终止检测开关 11 时，也同样引起检测开关 11 的瞬时闭合。与此同时，电子计数器停止计数。至此，体积管检定流量计的工作完毕。这时球继续运行，至分离三通上面时收推球器 6，使球落入密封段的上喇叭口。在推球器的推动下，运行过来的球又被推入密封段，而密封段最下面的球被推落在下插销 8 的上面，又处于工作待发状态，恢复了体积管运行前的工作准备状态。

标准体积管的标准管段是由起始检测开关 10 到终止检测开关 11 之间的管段。该标准管段的容积 V 是固定容积，为常数。该标准管段的容积准确度决定了标准体积管流量检测的准确度。

设球从起始检测开关 10 运行到终止检测开关 11 的计时时间为 Δt，则标准管体积测量的流量

$$q_V = \frac{V}{\Delta t} \tag{8-54}$$

8.4.3　影响标准体积管流量测量的因素及修正

标准体积管段是经过特殊工艺制造而成，得出的容积 V_0 是在 20 ℃、一个标准大气压条件下的体积。而在实际检定测试中，由于受到工作温度、工作压力的影响，实际的标准体积管测量流体的体积会偏离 V_0，此偏离不容忽视，要给予修正。

影响标准体积管流量测量的因素有：标准体积管段的温度、标准体积管段的工作压力、工作介质的压力、工作介质的温度等。

（1）标准体积管温度的影响及修正

标准体积管的标准管段因受环境温度和工作介质温度的影响，其管壁温度会偏离 20 ℃工作条件。标准管段自身因热膨胀，其容积发生变化时，有

$$V_{ts}=V_0\left[1+\beta_s\left(t_s-20\right)\right]=V_0\left(1+x_{ts}\right) \tag{8-55}$$

式中：β_s——标准体积管的温度膨胀系数，$℃^{-1}$；

t_s——标准体积管的壁温（取体积管进出口介质温度的平均值），℃；

x_{ts}——体积管温度修正值系数，$x_{ts}=\beta_s\left(t_s-20\right)$。

（2）标准体积管压力的影响及修正

标准体积管的标准段因受工作介质压力的影响，其自身的容积要偏离 V_0 值。

$$V_{ps}=V_0\left(1+\frac{P_sD}{E\delta}\right)=V_0\left(1+x_{ps}\right) \tag{8-56}$$

式中：P_s——标准体积管的工作压力，Pa；

D——标准管段的内直径，m；

E——标准体积管材料纵向弹性模量，Pa；

δ——标准体积管段的壁厚，m；

x_{ps}——标准体积管压力修正值系数，$x_{ps}=\dfrac{P_sD}{E\delta}$。

（3）工作介质压力的影响及修正

工作介质因工作压力变化而产生体积的变化时，由于流经被检定流量计的工作介质压力不同于流经标准体积管的工作介质压力，因此将产生标准表与被检流量计的测量误差。即

$$V=V_0\left[1+c\left(P_s-P\right)\right]=V_0\left(1+x_p\right) \tag{8-57}$$

式中：c——工作介质的压缩系数，Pa^{-1}；

P——被检流量计的工作压力，Pa；

x_p——工作介质压力修正系数，$x_p=c\left(P_s-P\right)$。

（4）工作介质温度的影响及修正

工作介质温度变化使得工作介质体积变化时，由于流经被检流量计的工作介质温度不同于流经标准体积管的工作介质温度，因此将产生标准与被检流量计的测量误差。即

$$V=V_0\left[1+\beta_l\left(t_l-t\right)\right]=V_0\left(1+x_t\right) \tag{8-58}$$

式中：β_l——工作介质的膨胀系数，$℃^{-1}$；

t_l——流经标准体积管工作介质的温度，℃；

t——流经被检流量计工作介质的温度，℃；

x_t——工作介质温度修正系数，$℃^{-1}$。

以上 4 种因素同时考虑时，修正公式为

$$\begin{aligned}V&=V_0\left(1+x_{ts}\right)\left(1+x_{ps}\right)\left(1+x_p\right)\left(1+x_t\right)\\&\approx V_0\left(1+x_{ts}+x_{ps}+x_p+x_t\right)\end{aligned} \tag{8-59}$$

所以，流量计算公式为

$$q_V=\frac{V_0}{\Delta t}\left(1+x_{ts}+x_{ps}+x_p+x_t\right) \tag{8-60}$$

8.5 气体流量标准装置

8.5.1 钟罩式气体流量标准装置

钟罩式气体流量标准装置是气体流量的传递标准和气体流量计检定的主要设备。它在国内气体流量计量测试中有着广泛的应用。

钟罩式气体流量标准装置的工作压力一般比较小，小于 10^5 Pa。其流量取决于钟罩的体积大小及测试技术，目前国内钟罩式气体流量标准装置可测量的最大流量可达4 500 m^3/h。标准装置的准确度优于±0.5%；如果环境条件好，如温度控制在（20±1)℃范围内，则准确度可达±0.2%。

8.5.1.1 结构

钟罩式气体流量标准装置的主要组成部件有：钟罩、液槽、标尺、光电发生器、配重物、补偿机构、导轮、导轨、导管等，见图 8-11。

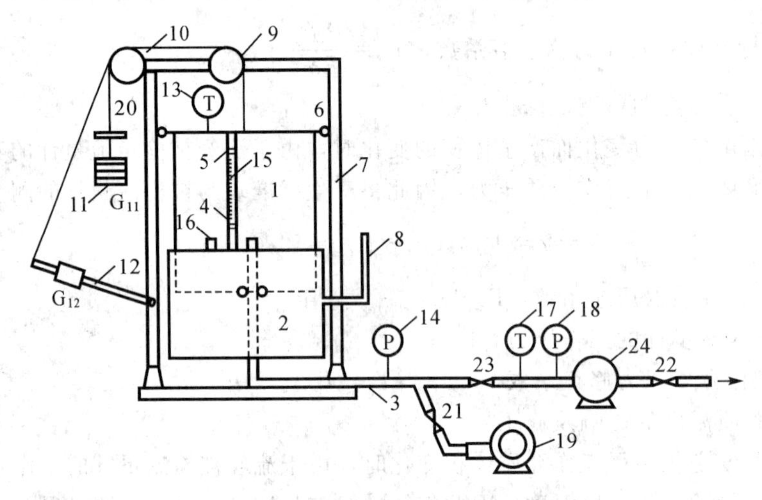

图 8-11　钟罩式气体标准流量装置

1—钟罩；2—液槽；3—导管；4—下挡板；5—上挡板；6—导轮；7—导轨；8—水位管；9，10—定滑轮；11—配重物；12—补偿机构；13，17—温度计；14，18—压力计；15—标尺；16—光电发讯器；19—鼓风机（气泵）；20—压板；21，23—阀门；22—调节阀；24—被检流量计

钟罩 1 是一个上部有顶盖，下部有开口的容器，它开口朝下扣在液槽 2 上面，液槽的液面与其构成气体压力空间。液槽 2 内盛满水或不易挥发的油等。由于液封的作用，使得钟罩 1内的压力空间成为一个密封的容器空间。导管 3 一端连接气体动力系统，一端插入钟罩 1 内，其顶端露出液面外，露出的高度以不碰到装置工作时下降的钟罩顶部为宜。钟罩 1 两边和钟罩内下部装有导轮 6。两边的导轮沿导轨 7 滚动，下部的导轮沿导管 3 滚动，从而保证了钟罩在下降运动时不会发生晃动。钟罩 1 顶的上部系有钢丝绳或柔绳，通过定滑轮 9、10，配重物 11 来调整钟罩内的压力，使之保持恒定。补偿机构 12 是一杆件，一端与钢丝绳连接，一端以铰链形式与装置的机体相连。杆件上配有可调整位置的配重物块 G_{12}。

补偿机构12的作用是：当钟罩1下降时，由于液槽2内的水对钟罩的浮力增大会影响钟罩内压力空间的压力，补偿机构12能够使得钟罩内的气体压力保持恒定。它的补偿原理是：装置工作时，钟罩1下降，钟罩浸水部分增加，水对钟罩浮力增大，钟罩内压力减小。由于补偿机构12杆件与竖直向上的夹角随钟罩的下降而减小，钢丝绳提供给钟罩的拉力亦减小，从而补偿了液槽水对钟罩浮力增大对钟罩内气体压力的影响。

导管3在装置工作开始前是向钟罩内导入气体，钟罩1升高到一定高度后关闭阀门21、22，使得钟罩内保持一定数量的气体。温度计13检测钟罩1内的气体温度，压力计14检测钟罩1内的气体压力。温度计17、压力计18检测被检流量计24前的气体温度和压力。

配重物11给钟罩提供一个固定、向上的钢丝绳拉力。鼓风机19是给装置提供风量的动力装置。

8.5.1.2 工作原理

（1）钟罩式气体流量标准装置的工作过程

① 打开阀门21，关闭阀门23，开启鼓风机（气泵）19，使气体导入钟罩1内，并使得钟罩1上升到一定高度。停止气泵19并关闭阀门21。

② 检定流量计时，打开阀门23，调整流量调节阀22。流量稳定后，钟罩1以一定的速度下降。钟罩1下降到上挡板对准光电发讯器16时，发讯器16发出开始计时的触发脉冲；钟罩下降到下挡板时，发讯器16发出停止计时的触发脉冲。记下钟罩内气体的温度 T_Z（温度计13示值）及压力 P_Z（压力计14示值）和被检流量计前的气体温度 T（温度计17示值）及压力 P（压力计18示值）。

（2）流量计算

设钟罩上下挡板之间的容积为 V_Z（已知）；流过被检流量计的气体体积为 V；计时时间为 Δt。

由于钟罩内的气体温度压力与流过被检流量计的气体温度压力不尽相同，所以 $V_Z \neq V$。在计算流过被检流量计的标准流量时，应该换算到温度 T 及压力 P 状态下的流量。这样才能与被检流量计的流量示值进行比对。

在钟罩工作温度 T_Z、工作压力 P_Z 状态下，标准流量

$$q_V(T_Z, P_Z) = \frac{V_Z}{\Delta t} \tag{8-61}$$

根据气体方程进行气体在两种状态下的换算，有

$$\frac{P_Z V_Z}{Z_Z T_Z} = \frac{PV}{ZT} \tag{8-62}$$

式中：V——P_Z，T_Z 状态下的气体体积换算为 P，T 状态下的气体体积；

Z_Z——P_Z，T_Z 状态下的气体压缩系数；

Z——P，T 状态下的气体压缩系数。

故有

$$V = \frac{Z}{Z_Z} \frac{P_Z T}{P T_Z} V_Z \tag{8-63}$$

钟罩式气体流量标准装置在温度 T，压力 P 状态下，标准流量

$$q_V(P, T) = \frac{V}{\Delta t} = \frac{Z}{Z_Z} \frac{P_Z T}{P T_Z} \frac{V_Z}{\Delta t} \tag{8-64}$$

8.5.1.3　使用说明

(1) 由于钟罩式气体流量标准装置的准确度在±(0.2～0.5)%，在进行工作流量计的检定时不必进行钟罩容积的温度、压力影响的修正。不修正时误差在10^{-6}～10^{-5}水平上。

(2) 工作流量计检定测试中，计时器控制无机械机构动作，准确度高，不必进行计时误差的修正。

8.5.2　音速喷嘴

音速喷嘴是近期发展很快的一种新型气体流量试验装置，又称为临界流流量计。它适用于高压力、大流量气体流量的检测和气体流量标准的传递。其测量准确度高，可到±0.2%。

8.5.2.1　结构

喷嘴的流道或孔径是逐渐收缩缩小的，最小孔径的流道部分称为喷嘴的喉部。如果喉部以后孔径是逐渐扩大的圆锥形的流道则称为文丘里喷管（喷管）。如图8-12所示。

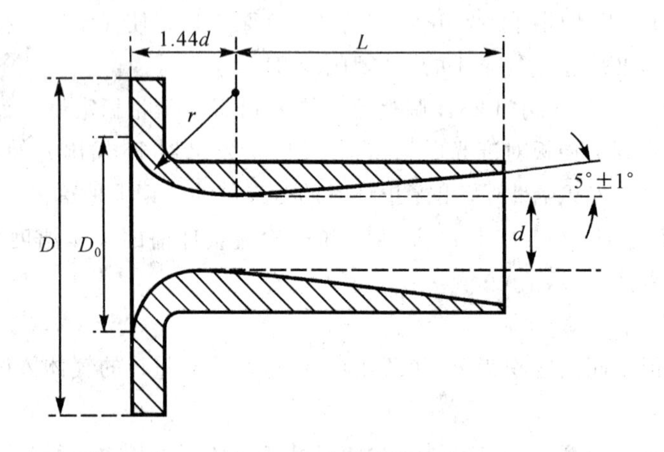

图8-12　音速喷管简图

d—音速喷嘴喉部直径；D—被测管道内径；$D \geqslant 4d$；$D_0=2.41d$；$r=1.82d$；$L \geqslant 4d$

对于音速喷嘴和喷管（喉部气流速度低于音速），在长期的实践中已积累了足够的资料，亦已标准化。对于亚音速喷嘴或喷管来说，其流量不仅与其上游压力有关，也与其下游压力有关。在推导其流量公式时，常把上下游的压力差作为计算流量的信号，其流出系数的影响因素也多，要提高其准确度是有困难的。

理论和实验均证明，当喷嘴的下游压力与上游压力之比达到临界状态（对空气是0.528）时，音速喷嘴或喷管的喉部气流会达到音速。即便其下游的压力再下降（意味着下游压力与上游压力之比减小），其流速（流量）也保持恒定。这种现象在流体力学中称为壅塞现象。这时流经音速喷嘴的质量流量称为临界流量。临界流量仅与喷嘴入口处介质的性质（等熵指数k和气体常数R）及热力学状态（温度和压力）有关，而与下游状态无关。气体流量标准的传递就是利用了这一特性，建立起了气体流量标准装置。音速喷嘴还可以作为流量标准与被检流量计串连，进行在线检定。

8.5.2.2　流量公式

根据简化的理论模型，推导音速喷嘴的流量公式为

$$q_m=\varphi S\frac{P_0}{\sqrt{RT_0}} \tag{8-65}$$

式中：φ——临界流函数，$\varphi=\sqrt{k}\left(\frac{2}{k+1}\right)^{\frac{k+1}{2(k-1)}}$；

k——气体的等熵指数；

R——气体常数；

S——音速喷嘴喉部截面积，m^2；

P_0——音速喷嘴喉部入口处滞止压力，Pa；

T_0——音速喷嘴入口处温度，K。

可以看出，测得了音速喷嘴入口处的压力 P_0 和温度 T_0，由式（8－65）就可以计算流量了。式（8－65）是在简化的理论模型下推导出来的，表达了流量 q_m 与音速喷嘴入口处压力、温度参数的关系。但用式（8－65）计算 q_m 时不能准确地代表其真实流量。

在实际应用时，还必须在式（8－65）右边乘上一个系数 C，才能得到实际流量。所以，实际应用时，应采用如下流量公式

$$q_m=C\varphi S\frac{P_0}{\sqrt{T_0}} \tag{8-66}$$

式中，C 为音速喷嘴的流出系数，无量纲。C 是“一维、等熵流动”这种假设条件下的修正系数。实验表明，C 是雷诺数 Re_D 的函数。这就是说，不同流量下其 C 值不同。现已有实验数据给出了流出系数 C 与 Re_D 的关系 。

因此，要从测得的结果 P_0、T_0 计算流量 q_m，实际上是解以下方程组

$$\begin{cases}q_m=C\varphi S\dfrac{P_0}{\sqrt{T_0}}\\ C=f(Re_D)\\ Re_D=\dfrac{4q_m}{\pi d\eta}\end{cases} \tag{8-67}$$

8.5.3 pVT 法气体流量标准装置

pVT 法气体流量标准装置是一个系统装置。按使用的气流对标准容器的进出方向，pVT 法气体流量标准装置可分为流入式和流出式；按气源的压力，可分为常压（标准容器抽空）和高压两种。

8.5.3.1 结构

pVT 法气体流量标准装置主要由固定容积 V 的标准容器、音速喷嘴、光电脉冲讯号转换器、计时器、温度表、压力表、真空泵等组成，如图 8－13 所示。

8.5.3.2 工作原理

（1）工作过程

该系统所用的介质是氮气。氮气流经音速喷嘴 4 进入标准容器 10。标准容器 10 事先抽成一定程度的真空。在氮气流经音速喷嘴进入标准容器的过程中，尽管标准容器的压力是不断变化的，但不会影响音速喷嘴流量稳定的特性。所以，经过一定时间后，关闭该系统，停止氮气进入标准容器，测量标准容器内的压力、温度等参数。氮气进入标准容器前，用天平

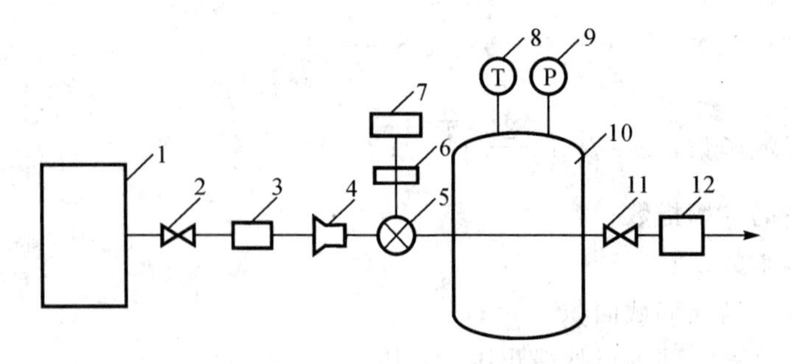

图 8-13　pVT 法气体流量标准装置

1—高压氮气瓶；2—阀门；3—被检流量计；4—音速喷嘴；5—开关阀；6—光电脉冲讯号转换器；7—计时器；8—温度计；9—压力计；10—标准容器；11—阀门；12—真空泵

称出高压氮气瓶的质量 m_2，由此可计算出进入标准容器的氮气的质量 m_0。根据气体方程，计算出气体标准状态（20 ℃，101 325 Pa）下的氮气体积。根据流量定义，可以计算出气体的体积流量。

测试用氮气要求其纯度为 99.999%，操作过程是：

① 用真空泵将标准容器抽真空后，充入氮气，清扫容器；

② 用真空泵将氮气抽出，直到压力小于 1 kPa 左右；

③ 待容器内的氮气稳定后，测量其压力和温度；

④ 用天平称出高压氮气瓶的质量 m_1；

⑤ 将高压氮气瓶（气源）中的氮气充进标准容器内，直到压力达到 50 kPa 左右，记下充气时间；

⑥ 待容器内氮气稳定后，测量其压力和温度；

⑦ 用天平称出高压氮气瓶的质量 m_2。

由标准容器的测量参数求得的氮气流量是标准气流流量。如果是检定其他气体流量计，可将被检流量计串接入管道中，以便于求值比对。

（2）容积计算

设标准容器抽真空后，还没有充气前，标准容器内残留的氮气质量为 $V_t \cdot \rho_E$，充气后氮气的质量为 $V_t \cdot \rho_F$，则有

$$V_t \cdot \rho_E = V_t \cdot \rho_F + m \tag{8-68}$$

式中：V_t—— 标准容器在温度 t 下的容积，m^3；

ρ_E—— 充气前容器内的氮气密度，kg/m^3；

ρ_F—— 充气后容器内的氮气密度，kg/m^3；

m —— 标准容器所充氮气质量，$m = m_1 - m_2$。

所以

$$V_t \cdot \rho_F - V_t \cdot \rho_E = m_1 - m_2 \tag{8-69}$$

根据理想气体状态方程，求得的气体密度与实际气体密度之间在各种压力和温度下有不同程度的偏差。气体压缩系数就是衡量这种偏差的尺度，气体压缩系数

$$Z_1 = \frac{P_1}{\rho_1 R T_1}$$

由气体性质，可知

$$\begin{cases}\rho_E=\dfrac{P_E}{T_EZ_E}\dfrac{T_NZ_N}{P_N}\rho_N\\ \rho_F=\dfrac{P_F}{T_FZ_F}\dfrac{T_NZ_N}{P_N}\rho_N\end{cases} \tag{8-70}$$

式中：P_E，T_E，Z_E——充氮前标准容器内氮气的压力、温度、压缩系数；

P_F，T_F，Z_F——充氮后标准容器内氮气的压力、温度、压缩系数；

Z_N——标准条件下（P_N，T_N），氮气的压缩系数；

ρ_N——标准条件下（P_N，T_N），氮气的密度。

由式（8-69）、式（8-70）得到

$$V_t=\frac{m_1-m_2}{\dfrac{P_F}{T_FZ_F}-\dfrac{P_E}{T_EZ_E}}\frac{P_N}{T_NZ_N}\rho_N \tag{8-71}$$

以上是由天平称量标准容器充气前后的质量和测量充气前后的压力、温度参数计算标准容器容积的方法。所以，气体的体积流量

$$q_V(p,t)=\frac{V_t}{\Delta t} \tag{8-72}$$

当标准容器经标定给出其标准容积时，则可以由式（8-71）得到

$$m=V_t\left(\frac{P_F}{T_FZ_F}-\frac{P_E}{T_EZ_E}\right)\frac{T_NZ_N}{P_N\rho_N} \tag{8-73}$$

故，气体的质量流量

$$q_m=\frac{m}{\Delta t} \tag{8-74}$$

当把标准容积的容积 V_t 换算成标准状态下（20 ℃，101 325 Pa）的容积时，则有

$$V_{20}=V_t\left[1-3\alpha(T-20)\right] \tag{8-75}$$

式中，α 为标准容器材料的线膨胀系数，$\alpha=11\times10^{-6}$ ℃$^{-1}$。

8.6 标准节流装置的检定

标准节流装置是工业测量流量中广泛使用的一类流量仪表，尤其是火电厂对高温、高压的蒸汽、水的流量测量，非它莫属。

节流式流量计一般由标准节流装置、差压变送器、显示仪表 3 部分组成。有些在现场进行流量显示的节流式流量计，由标准节流装置和差压计组成。对于节流式流量计的检定，一般是分开进行的，即单独检定标准节流装置、差压变送器和检定显示仪表。由标准节流装置构成的差压式流量计的检定，现行的检定规程是 JJG 640—1994，它代替了以前的 JJG 267—1982，JJG 311—1983，JJG 271—1984，JJG 621—1989，JJG 640—1990 等检定规程。JJG 640—1994 也适用于均速管流量计、楔形流量传感器及弯管流量计的检定。

JJG 640—1994 规定的检定方法有两种：几何检验法和系数检验法。工业上用的标准节流装置的检定一般是采用几何检验法，只有对下述标准节流装置才用系数检定法：

① 几何检定法不合格，而又提不出修正系数及误差的标准节流装置；

② 提高准确度使用的标准节流装置；

③ 使用中有争议的，必须做系数检定的标准节流装置。

几何检验法是一种间接检定的方法。它是对标准节流装置的各个部件的几何参数进行检查测试，评定其是否合乎要求，而不是由测量误差来评定其是否合格。

系数检定法是一种直接检定法。它是通过检定测试，计算出流量系数 α，流出系数 C 的基本误差限、重复性误差限，按准确度要求评定其是否合格。系数检定法涉及到的检定设备、技术要求比较复杂，实现起来有一定的难度。

8.6.1 几何检定法

几何检定法包括对节流件、取压装置及上下游管道的检验。本节仅对标准节流装置中的标准孔板、标准喷嘴、长径喷嘴的检验内容、要求及方法给予介绍说明。

8.6.1.1 技术要求

（1）标志及随机文件

① 节流装置的明显部位应有流向标志，还应有铭牌。铭牌上注明制造厂名、产品名称及型号、制造日期、编号、公称通经、工作压力、节流件孔径等。

② 节流装置应有设计计算书及使用说明书。

（2）节流件

1）标准孔板

标准孔板的取压方式有角接取压、法兰取压及$\left(D-\frac{1}{2}D\right)$取压三种。

标准孔板的结构如图 8－14 所示。

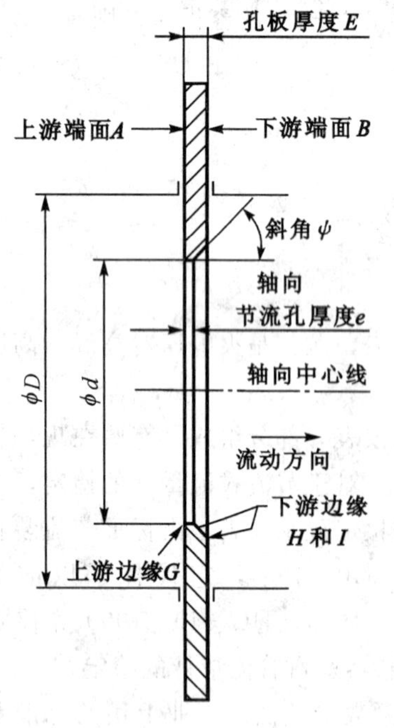

图 8－14 标准孔板

① 上游端面 A 的平面度应小于 0.5%。

② 上游端面 A 及开孔圆筒形 e 面的表面粗糙度 Ra 应满足：$Ra \leqslant 10^{-4}d$。

③ 边缘 G，H，I

a. 上游边缘 G 无卷边和毛刺，亦无肉眼可见异常；

b. 边缘应是尖锐的，其圆弧半径 r_k 不超过 $\pm 0.0004d$；

c. 下游边缘 H 和 I 不允许有明显的缺陷。

④ 厚度 E 及开孔圆筒形长度 e

a. e 在 $0.005D \sim 0.02D$ 之间，任意位置上测得的 e 值之差不超过 $\pm 0.001D$；

b. E 在 $e \sim 0.05D$ 之间（当 $D=50$ mm 时，E 可以等于 3.2 mm）。任意位置上测得的 E 值之差不超过 $\pm 0.001D$。

⑤ 节流孔径 d

a. $d \geqslant 12.5$ mm；

b. 任意一个直径与直径平均值之差不大于直径平均值的 $\pm 0.05\%$。

⑥ 出口斜角 ψ 在 $30° \sim 60°$ 之间。

2）标准喷嘴

标准喷嘴的结构形状如图 8－15 所示。

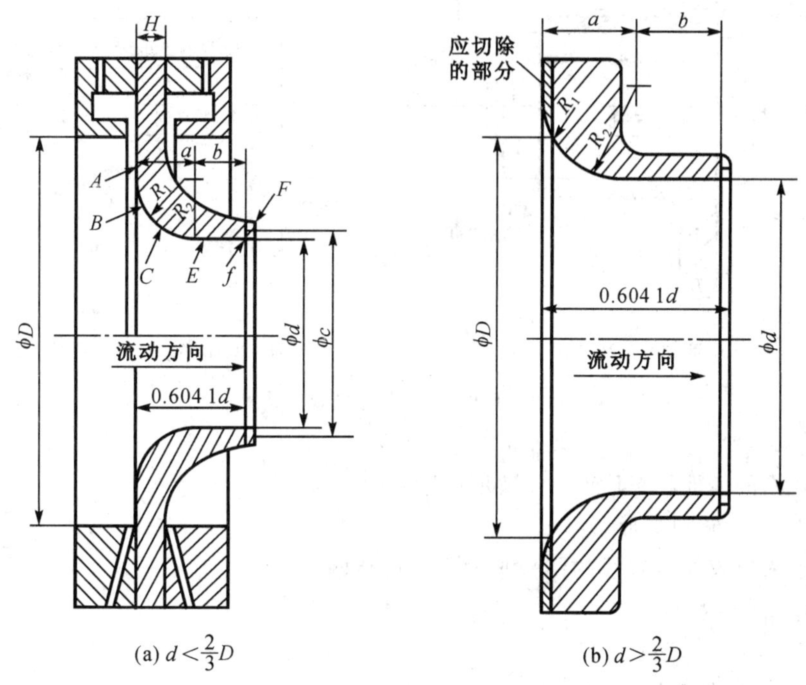

图 8－15　标准喷嘴

喷嘴在管道内的部分是圆的，喷嘴是由圆弧形的收缩部分和圆筒形喉部组成，标准喷嘴采用角接取压法。

① 上游端面 A 及喉部 E 的表面粗糙度 $Ra\leqslant10^{-4}d$ 。

② 入口收缩段的廓形在垂直于入口收缩段轴线同一平面上，任意两个直径之差不超过平均直径的±0.1％。

③ 喉部 E 的直径 d

a. 喉部长度 $b=0.3d$；

b. 喉部是圆筒，横截面上的任一个直径 d 与直径的平均值之差不大于直径平均值的±0.05％。

④ 出口边缘 f 应锐利，无明显缺陷。

⑤ 喷管总长度 l 的数值列于表 8－3。$\Delta l=\pm0.005l$

表 8－3　喷嘴总长度

β	喷嘴总长度 l（不包括保护槽长度）
$0.032\leqslant\beta<\frac{2}{3}$	$0.604\ 1d$
$\frac{2}{3}<\beta\leqslant0.8$	$[0.404\ 1+(0.75/\beta-0.25/\beta^2-0.522\ 5)^{0.5}]d$

3）长径喷嘴

长径喷嘴有两种结构形式，见图 8－16。两种形式的喷嘴都是由型线为 1/4 椭圆的入口收缩部分、圆筒形喉部组成。它采用$\left(D-\frac{1}{2}D\right)$取压法。

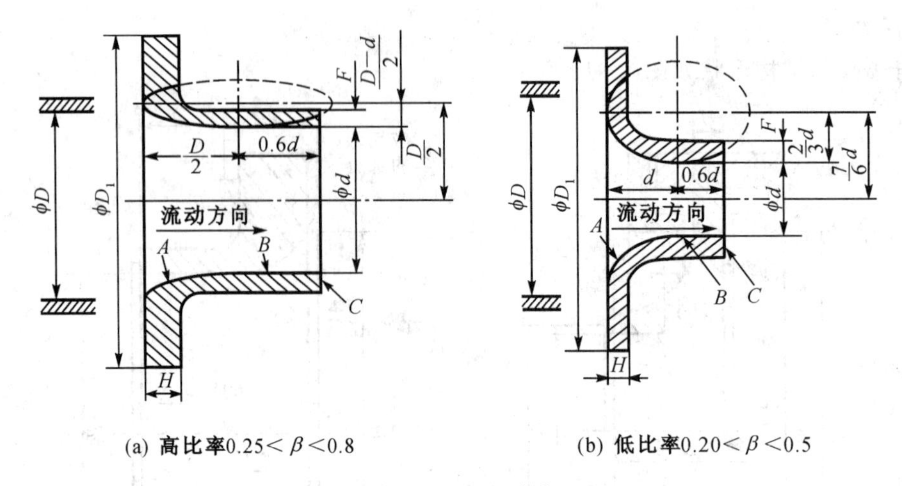

(a) 高比率$0.25<\beta<0.8$　　(b) 低比率$0.20<\beta<0.5$

图 8－16　长径喷嘴

① A、B 面的表面粗糙度 Ra 应满足：$Ra\leqslant 10^{-4}d$。

② 收缩段 1/4 椭圆廓形

在垂直于入口收缩段轴线的同一平面上，任意两个直径之差不超过平均直径的±0.1%。

③ 喉部

a. 喉部长度 $b=0.6d$；

b. 任意直径 d 与平均直径之差不大于平均直径的±0.05%；

c. 在流动方向上，喉部只许有轻微的收缩，但不允许有扩张。

（3）取压装置

1）$\left(D-\frac{1}{2}D\right)$取压方式和法兰取压方式。

① $\left(D-\frac{1}{2}D\right)$及法兰取压口间距如图 8－17 所示。取压口间距 l 是取压口轴线与孔板的某一规定端面的距离。设计取压口位置时，预先应考虑垫圈和密封材料的厚度。

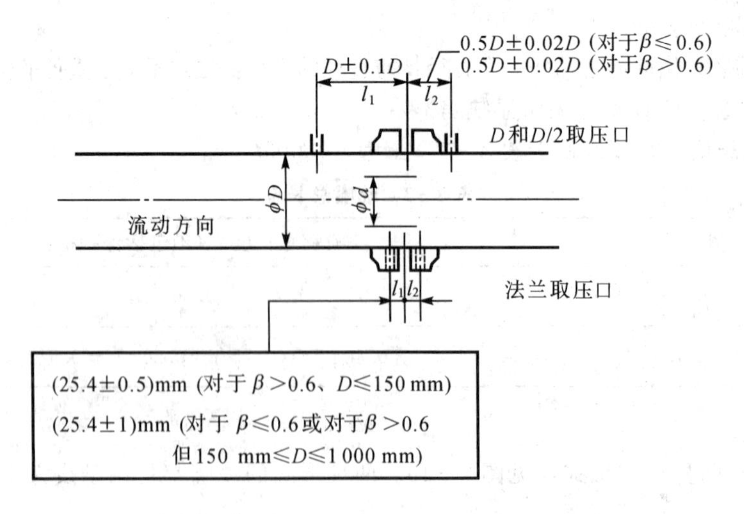

图 8－17　$\left(D-\frac{1}{2}D\right)$取压方式和法兰取压孔板的取压口距离

$\left(D-\frac{1}{2}D\right)$取压：$l_1$、$l_2$都是指取压口轴线到孔板上游端面的距离。

法兰取压：l_1是取压口轴线到孔板上游端面的距离；l_2是取压口轴线到孔板下游端面的距离。

② 取压口的轴线与管道轴线应成直角，见图 8-18。

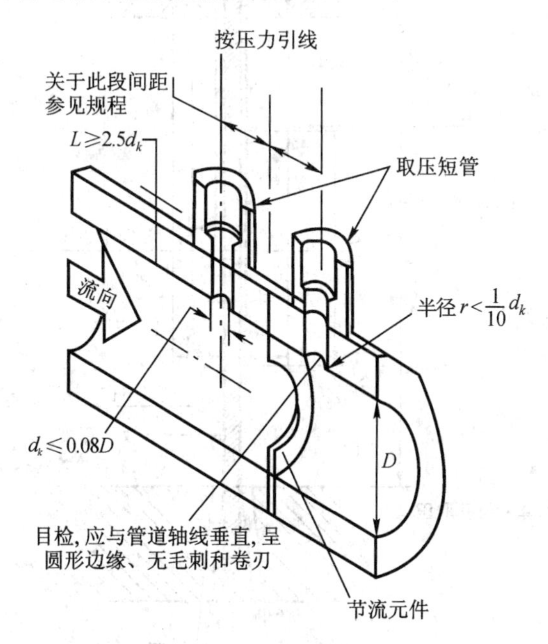

图 8-18　取压口检验要求

③ 在孔的穿透处其投影为圆形的边缘，与管壁内表面平齐，允许有倒角但应尽量小，圆弧半径小于取压口直径的 1/10。在连接孔的内部，在管壁上钻出的孔的边缘或靠近取压口的管壁上下不得有不规则的情况。

④ 取压口直径应小于 $0.13D$，同时小于 13 mm。上、下游取压口的直径相同。

⑤ 从管道内壁起至少在 2.5 倍取压口直径长度范围内，取压孔是圆筒形的。

⑥ 取压口的轴线允许位于管道的任一轴向平面上。在单次流向改变之后（弯头或三通），如果采用一对单独钻孔的取压口，那么取压口的轴线垂直于弯头或三通所在平面。

⑦ 孔板不同形式的取压装置允许一起使用，但应避免相互干扰，在孔板一侧的几个取压口的轴线不得处于同一轴向平面内。

2）角接取压方式

① 角接取压有两种形式，即具有取压口的夹持环（环室）（见图 8-19（a））和具有取压口的单独钻孔（见图 8-19（b））。

② 取压口轴线与孔板各相应端面之间的间距，等于取压口直径之半或取压口环隙宽度之半。取压口出口边缘与管壁内表面平齐。如果采用单独钻孔取压，则取压口的轴线尽量与管道轴线垂直。若在同一个上游或下游取压口平面上有几个单独取压口，它们的轴线应等角度均匀分布，取压口直径 a 的数值如下：

对于清洁流体和蒸汽：

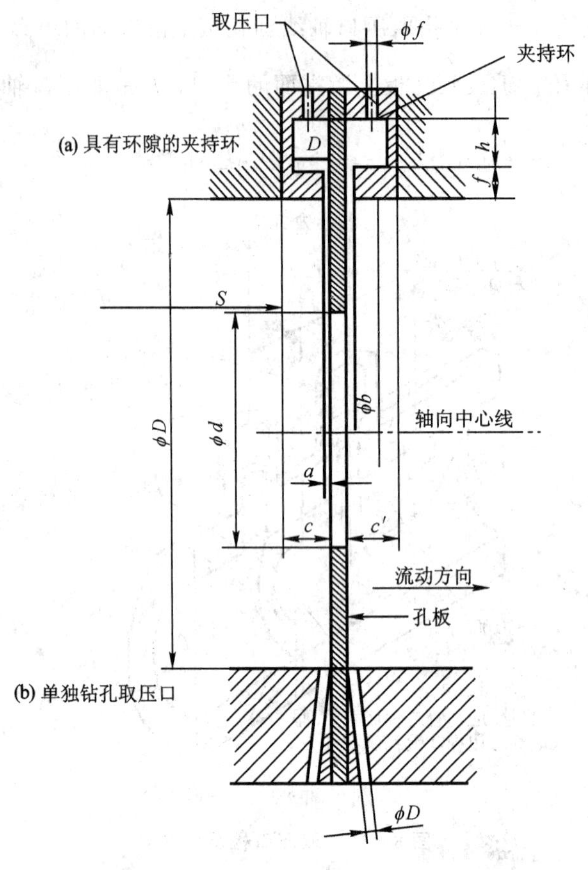

图 8-19　角接取压

f—环隙厚度；c—上游环长度；c'—下游环长度；

S—从上游台阶到夹持环的距离；a—环隙宽度或单个取压口直径

当 $\beta \leqslant 0.65$ 时，$0.005D \leqslant a \leqslant 0.03D$；

当 $\beta > 0.65$ 时，$0.01D \leqslant a \leqslant 0.02D$；

对于任何 β 值，清洁流体：$1\ \text{mm} \leqslant a \leqslant 10\ \text{mm}$；

用单独钻孔取压测量蒸汽和液化气时：$4\ \text{mm} \leqslant a \leqslant 10\ \text{mm}$；

用夹持环取压测量蒸汽时：$1\ \text{mm} \leqslant a \leqslant 10\ \text{mm}$。

③ 夹持环的内径 b 应等于或大于管道内径 D，以保证它不至于突入管道内，并满足式（8-76）要求

$$\frac{b-D}{D} \times \frac{c}{D} \times 100 \leqslant \frac{0.1}{0.1+2.3\beta^4} \tag{8-76}$$

上、下游夹持环长度分别为 c 和 c'，且不大于 $0.5D$。此外，b 值在如下极限值范围内：

$$D \leqslant b \leqslant 1.04D。$$

④ 所有与被测流体接触的夹持环的表面应是清洁、光滑的。

3）标准喷嘴的取压方式

标准喷嘴采用图 8-19 的角接取压方式。

① 上游取压口应符合角接取压的规定。

② 下游取压口按角接取压口进行设置，也可以设置在较远的下游处；但在任何情况下，取压口轴线与喷嘴端面 A 之间的距离 l_2 应满足以下要求：

当 $\beta \leqslant 0.67$ 时，$l_2 \leqslant 0.15D$；

当 $\beta > 0.67$ 时，$l_2 \leqslant 0.2D$。

4）长径喷嘴的取压方式

长径喷嘴采用图 8-18 所示的 $\left(D-\frac{1}{2}D\right)$ 取压方式。

① 上游取压口的轴线距离喷嘴入口端面的距离 l_1 为 $1.2D \sim 0.9D$。

② 下游取压口的轴线距离喷嘴入口端面的距离 l_2 为 $0.5D \pm 0.01D$，但在任何情况下不得在喷嘴出口的更下游处。

③ 其余要求应符合孔板 $\left(D-\frac{1}{2}D\right)$ 取压方式的要求。

（4）管道

1）节流装置安装在两段有恒定截面的圆筒形直管段之间，在此中间无规程规定之外的障碍和连接支管（无论有无流体进入或流出这种支管），管道应是直的。

2）孔板、喷嘴和文丘里管所要求的最短直管段长度见表 8-4。

表 8-4　孔板、喷嘴和文丘喷嘴上、下游最短直管段长度（管径 D 的倍数）

直径比 β	节流件上游侧阻流件形式和最短直管段长度							节流件下游最短直管段长度（包括在本表中的所有阻流件）
	单个 90°弯头或三通（流体仅从一个直管流出）	在同一平面上的两个或多个 90°弯头	在不同一平面上的两个或多个 90°弯头	渐缩管（在 $1.5D$ 至 $3D$ 的长度内由 $2D$ 变为 D）	渐扩管（在 $1D$ 至 $2D$ 的长度内由 $0.5D$ 变为 D）	球形阀全开	全孔球阀或闸阀全开	
0.20	10（6）	14（7）	34（17）	5	16（8）	18（9）	12（6）	4（2）
0.25	10（6）	14（7）	34（17）	5	16（8）	18（9）	12（6）	4（2）
0.30	10（6）	16（8）	34（17）	5	16（8）	18（9）	12（6）	5（2.5）
0.35	12（6）	16（8）	36（18）	5	16（8）	18（9）	12（6）	5（2.5）
0.40	14（7）	18（9）	36（18）	5	16（8）	20（10）	12（6）	6（3）
0.45	14（7）	18（9）	38（19）	5	17（9）	20（10）	12（6）	6（3）
0.50	14（7）	20（10）	40（20）	6（5）	18（9）	22（11）	12（6）	6（3）
0.55	16（8）	22（11）	44（22）	8（5）	20（10）	24（12）	14（7）	6（3）
0.60	18（9）	26（13）	48（24）	9（5）	22（11）	26（13）	14（7）	7（3.5）
0.65	22（11）	32（16）	54（27）	11（6）	25（13）	28（14）	16（8）	7（3.5）
0.70	28（14）	36（18）	62（31）	14（7）	30（15）	32（16）	20（10）	7（3.5）
0.75	36（18）	42（21）	70（35）	22（11）	38（19）	36（18）	24（12）	8（4）
0.80	46（23）	50（25）	80（40）	30（15）	54（27）	44（22）	30（15）	8（4）

	阻流件	上游侧最短直管段长度
对于所有 β 值	直径比大于或等于 $0.5D$ 的对称骤缩异径管	30（15）
	直径小于或等于 $0.03D$ 的温度计套管和插孔	5（3）
	直径在 $0.03D$ 和 $0.13D$ 之间的温度计套管和插孔	20（10）

3）管段内表面（至少在节流件上游 10D 和下游 4D 的范围内）应清洁，并应满足有关粗糙度的规定。

① 孔板上游管道的内表面相对粗糙度应满足表 8－5 的要求。表 8－5 中的 K 值是管壁等效绝对粗糙度，它取决于管壁峰谷高度、分布、尖锐度及其他管壁上粗糙性等要素。

表 8－5　孔板上游相对粗糙度上限值

β	≤0.3	0.32	0.34	0.36	0.38	0.40	0.45	0.50	0.60	0.75
$10^4K/D$	25	18.1	12.9	10.0	8.30	7.10	5.60	4.90	4.20	4.00

② 标准喷嘴上游管道的内表面相对粗糙度应满足表 8－6 的要求。

表 8－6　标准喷嘴上游相对粗糙度上限值

β	≤0.35	0.36	0.38	0.40	0.42	0.44	0.46	0.48	0.50	0.60	0.70	0.77	0.80
$10^4K/D$	25	18.6	13.5	10.6	8.70	7.50	6.70	6.10	5.60	4.50	4.40	3.90	3.90

③ 长径喷嘴上游管道内表面相对粗糙度应满足：$\frac{K}{D}\leqslant 10\times 10^{-4}$。

4）在所要求的最短直管段长度范围内，管道横截面应是圆的。直管段可以是有缝钢管，但内部焊缝应与管子的轴线平行，并且满足所有节流件对管道的特殊要求。焊缝不得位于任一取压口为中心的轴向象限内。

5）管道可设置排泄孔或放气孔，以排放固体沉积物和被测流体之外的流体。但在流量测量期间，流体不得从排泄孔和放气孔流出。排泄孔或放气孔的直径应小于 0.08D，任意一个孔到节流装置同侧取压口轴线之间的直线距离应大于 0.5D。此外，排泄孔或放气孔的轴线与任一取压口的轴线不得位于同一管道轴向平面内。

6）计算 β 的管道直径 D 值，是取上游取压口的上游 0.5D 长度范围内径平均值。

7）管道的圆度

① 邻近节流件（如有夹持环则邻近夹持环）的上游至少在 2D 长度范围内，管道应是圆筒形的。当任何平面上任意直径与上游取压口上游 0.5D 长度范围内的直径平均值之差不超过±0.3%时，就可以满足管道形状的要求。

② 离节流件 2D 之外，敷设在节流件与第一个上游管件或扰动件之间的上游管段，可由一段或几段组成，只要任意截面之间的台阶（错位）不超过±0.3%，则流出系数无附加不确定度。

③ 任意两截面之间的台阶（错位）h 超出±0.3%，但符合

$$\frac{h}{D}\leqslant 0.02\left(\frac{S/D+0.4}{0.1+2.3\beta^4}\right) \tag{8-77}$$

和

$$\frac{h}{D}\leqslant 0.05 \tag{8-78}$$

式中，S 为上游取压口或夹持环到台阶的距离。则在 E_c 上应算术相加±0.2%的附加不确定度。台阶（错位）h 不得大于式（8－77）或式（8－78）。

④ 在离节流件上游端面至少 2D 长度的下游直管段上，管道内径与上游直管段的内径平均值之差不超过±0.3%。

8）使用的垫圈应尽可能薄些，并且加紧后不能突入夹持环和管道内，当采用角接取压装置时，垫圈不得挡住取压口或槽。

8.6.1.2　检定条件

（1）室内环境条件

1）节流件及取压装置的检定可在15～35 ℃下进行；当用工作显微镜等仪器时，要求环境温度为（20±2）℃。

2）室内的相对湿度为45%～75%；当用仪器检验时为60%～70%。

（2）量具和仪器

检验用的量具和仪器应有有效的检定合格证书。样板和量块须经检定合格。量具和仪器的测量误差应在被测量允许误差的1/3以内。

8.6.1.3　检定项目和检定方法

（1）外观检查

用目测法：

1）检查节流装置标志应符合要求。

2）检查节流件上游端面（或入口收缩部分）、圆筒形部分（或喉部）及边缘应无明显缺陷。

3）检查取压装置

① 单独钻孔取压上游阻流件是弯头或三通时，检查取压口，检查结果应符合要求。

② 当孔板设置两种以上取压装置时，检查在同一侧取压口的位置，结果应符合要求。

（2）受检节流装置

1）在检验前，节流装置应用清洁剂洗干净。

2）清洗后的节流装置最好在检验室存放2 h后再进行检验。

（3）孔板检验

1）A面平面度的检验

① 检验用的一般量具及仪器

0级或1级样板直尺及5等量块（塞尺）、0.01 mm/m合像水平仪；当孔板外径大于ϕ400时，可用0级平尺及千分尺等。

② 检验方法

当使用0级或1级样板直尺时，可通过直径的直线度来检验孔板A面是否平整。

将孔板放在平板上，A面朝上，用适当长度的样板直尺轻靠A面，转动孔板可找寻沿直径方向的最大的缝隙宽度，可用量块（塞尺）测出高度h_A，对于标准孔板h_A应符合要求：$h_A<0.002(D-d)$。

2）A面及开孔圆筒形e面的表面粗糙度的检验

① 检验用的一般测量仪器

表面粗糙度比较样块、轮廓法触针式表面粗糙度测量仪器。

② 检验方法

当使用比较样块时，是以样块（最好用与被检验件相同材料做成的样块）工作面的表面粗糙度为标准，与孔板A、e面进行比较，用视觉（可借助放大器、比较显微镜）判断孔板A面及e面的粗糙度Ra，比较结果应符合要求。当有争议时，可用轮廓法触针式表面粗糙

度测量仪实测 Ra。

3）边缘 G、H、I 的检验

① 检验用的一般量具及仪器

用视觉（可借助放大镜）及凭触觉（如指甲、工具显微镜铅片模压法）。

② 检验方法

a. 用目测法检查（可借助 2 倍放大镜），其结果应符合要求。

b. 孔板入口边缘圆弧半径 r_k 的检验用反射光法和模压法。

反射光法：当 $d \geqslant 25$ mm 时，用 2 倍放大镜将孔板倾斜 45°角，使日光和人工光源射向直角入口边缘。当 $d < 25$ mm 时，用 4 倍放大镜观察边缘应无反射光。

模压法：用铅片模压孔板入口边缘，用工具显微镜实测 r_k，其结果应满足要求。

4）厚度 E 及长度 e 的检验

① 检验用的一般量具及仪器

千分尺或板厚千分尺、工具显微镜（模压法）、e 值检验仪等。

② 检验方法

a. E 的检验

用量具分别在离内圆外及离外圆内的约 10 mm 处大致均布的位置上，各测 n 个（一般 $n=3$）E 值，记作 E_i，按下式计算 E 的平均值

$$E = \frac{1}{n}\sum_{i=1}^{n} E_i \tag{8-79}$$

记 E 的最大偏差为 e_E

$$e_E = (E_i)_{max} - (E_i)_{min} \tag{8-80}$$

式中：$(E_i)_{max}$——E_i 中的最大值；

$(E_i)_{min}$——E_i 中的最小值。

b. e 的检验

一般在大致均匀分布的 3 个位置上测量 e 值，e 的平均值及最大偏差 e_e 的计算式类同式（8－79）、式（8－80）的计算。

上述检验的 E、e、e_E、e_e 值应符合要求。在确认加工工艺方法后，e 值也可在需要时再做检验。

5）节流孔径 d 的检验

① 检验用的量具及仪器

工具显微镜；孔径测量仪；内测千分尺；内径千分尺；带表卡尺；游标卡尺等。

② 检验方法

根据所测直径 d 的数值大小、加工公差 Δd，从上述给出的量具及仪器中选择合适的量具或仪器。在 4 个大致等角度位置上测量节流件的直径 d_i，计算其平均值作为节流件的直径，即

$$d = \frac{1}{n}\sum_{i=1}^{n} d_i \tag{8-81}$$

直径的相对误差

$$E_{di} = \frac{|d_i - d|_{max}}{d} \times 100\% \tag{8-82}$$

在计算流量准确度 E_q 时，若 E_d 用实测值，则建议测量 n（$n \geqslant 6$）个 d_i 值，并按式（8－83）计算 E_d。

$$E_d = (E_{rd}{}^2 + E_{sd}{}^2)^{0.5} \tag{8-83}$$

式中：E_{sd}——测量 d 的测量仪准确度；

E_{rd}——d 的重复性，可按下式计算，$E_{rd} = \frac{t_\alpha}{d}\sqrt{\frac{\sum_{i=1}^{n}(d_i - d)^2}{n-1}} \times 100\%$，其中，$t_\alpha$ 为置信概率为95%的 t 分布系数。

（4）喷嘴检验

1）A 及 E 的表面粗糙度的检验

检验用的量具、检验方法与检验孔板 A 面及圆筒形 E 面表面粗糙度的检验方法相同，其结果应满足要求。

2）入口收缩部分的廓形检验

① 检验用的样板量具和仪器

收缩部分圆弧曲面样板；工具显微镜；百分表等。

② 检验方法

a. 廓形用样板检查，允许有轻微均匀透光。

b. 在入口收缩段上，垂直于轴线的同一个平面上测量两个直径。为了找到垂直于轴线的同一平面的几个直径，可将喷嘴的出口（做基面）放在平板上，让圆弧曲面朝上。对于 $D<200$ mm的喷嘴，可用工具显微镜的灵敏度杠杆测头或透射法测量，或者用其他仪器及方法测量。当 $D>200$ mm时，也可用安装在水平两维坐标的专用基座上的百分表测量。用式（8－82）计算两个直径的百分误差，其结果应符合要求。

3）喉部直径 d 的检验

① 检验用的量具及仪器

工具显微镜（或孔径测量仪）；孔径千分尺；内径表等。

② 检验方法

将喷嘴入口（做基面）放在平板上，出口朝上。在喉部长度 b（$b=0.3$）的范围上至少测量4个直径，各直径之间应有近似相等角度。平均直径与直径的百分误差分别按式（8－81）和式（8－82）计算。其结果应符合要求。

当计算 E_q 时，如果用实测值 E_d，则按方和根的计算方法计算。

4）出口边缘 f 的检验

用目测法（或借助于2倍放大镜）检查，其结果应符合要求。

5）喷嘴长度的检验

① 检验用的量具

高度游标卡尺等。

② 检验方法

将喷嘴放在平板上，用高度游标卡尺测量沿轴向的两个长度。平均值及偏差应符合要求。

（5）长颈喷嘴的检验

1）A、B 面粗糙度检验

粗糙度检验与喷嘴 A、E 表面粗糙度的检验相同。

2）收缩段 A 的 1/4 椭圆曲面检验

1/4 椭圆曲面检验与喷嘴入口收缩部分的廓形检验相同。

3）喉部 B 的直径 d 的检验

① 检验用的量具与仪器

与喷嘴喉部直径的检验相同。

② 检验方法

将长颈喷嘴入口（做基面）放在水平板上，出口朝上，在喉部长度 b 的范围内至少测量 4 个直径值，分别位于出口及入口处，各直径之间应有近似相等的角度。

按照类同孔板厚度的计算方法，计算 d 的出口处平均值和入口处平均值。按照计算孔板节流孔直径 d 相对误差 E_d 的方法，计算喉部 B 的直径 b 的相对误差。其结果应符合要求。

（6）管道检验

1）长度检验

① 检验用的量具

钢直尺或钢卷尺；游标卡尺等。

② 检验的方法

节流件上、下游侧的直管段长度，用量具测量，其结果应符合要求。

2）节流件上、下游管道相对粗糙度的检验

可根据在节流件上游敷设的实际管道材质及表面状况，查到管子内壁的等效绝对粗糙度 K 值（或者对特定管道的整个取样长度上进行压力损失试验后，用 Colebrook 公式演算出 K 值来）及管道直径 D，计算出的实际使用下的 K/D 值（或者 $\times 10^4 K/D$）应满足要求。

3）管道圆度的检验

① 检验用的量具

内径表；孔径千分尺等。

② 检验方法

a. 管道直径 D 的检验：D 值应是在垂直轴线至少 3 个横截面内测得的内径值的平均值，且分布在 $0.5D$ 长度上，其中两个横截面距离上游取压口分别为 $0D$ 和 $0.5D$，如果有焊接颈部结构，其中一个横截面必须在焊接平面内。如果有夹持环，该 $0.5D$ 值从夹持环上游边缘算起，在每个横截面至少测得 4 个直径值，该 4 个直径值彼此之间大约有相等的角度，如图 8-20 所示。也可以测 12 个值，它们分布在 $0.5D$ 长度上不同角度位置（但必须有 $0D$ 及 $0.5D$ 截面上的 D 值）。管道内径 D 的平均值按算术平均计算，直径的相对误差按孔板孔径相对误差的方法计算。

b. 邻近节流件上游至少 $2D$ 长度范围内任意测量的两个直径 D_{13}，D_{14} 与 D 的相对误差应符合要求。

c. 当前测量管由几段组成时，检查 $2D$ 之外的台阶，见图 8-20，其结果应符合要求。

d. 离节流件上游端面至少 $2D$ 的下游直管段上测量任一直径 D_{15} 与 D 的相对误差，应符合要求。

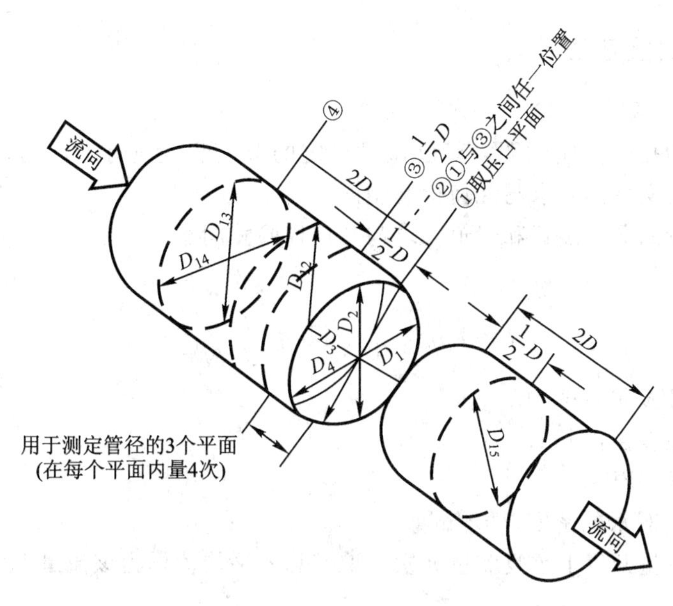

图 8-20　管径和圆度检验装置

8.6.1.4　检定结果处理和检定周期

（1）节流式流量计流量测量的不确定度

① 由节流装置及配套的差压计组成的流量计，其质量流量

$$q_m = C E \varepsilon \frac{\pi}{4} d^2 \sqrt{2\Delta P \cdot \rho_1} \tag{8-84}$$

② 当节流装置经几何检验法合格时，其质量流量的准确度

$$E_{q_m} = \pm \left[E_C^2 + E_\varepsilon^2 + \left(\frac{2\beta}{1-\beta^4}\right)^2 E_D^2 + \left(\frac{2}{1-\beta^4}\right) E_d^2 + \frac{1}{4} E_{\Delta P}^2 + \frac{1}{4} E_{\rho_1}^2 \right]^{0.5} \tag{8-85}$$

式中，$E_{q_m} = 2\frac{\sigma_{q_m}}{q_m}$，置信概率为 95%。

流出系数不确定度 E_C 及膨胀系数不确定度 E_ε 可参照 JJG 640—1994 的相关规定。

③ 流体密度的不确定度 E_{ρ_1} 可根据节流件前测量介质由用户来确定，也可参考检定规程中的规定进行计算。

④ E_d 及 E_D 可用式（8-83）计算。如果经几何检验管径与孔径都符合要求，则 E_D 可取±0.4%，E_d 可取±0.01%。

⑤ $E_{\Delta P} = E_e \frac{\Delta P_{\max}}{\Delta P_{com}} = 1.56 E_e$

式中，E_e 是差压计的基本误差限。

其他差压计显示仪表的不确定度与 $E_{\Delta P}$ 方和根相加。

（2）检定结果

节流装置经几何检验检定合格时应发给几何检验法的检定证书。

用几何检验法检定节流装置的周期一般不超过 2 年，对计量单相清洁流体的标准喷嘴、长径喷嘴等，根据使用情况可以延长，但一般不要超过 4 年。

8.6.2 系数检定法

8.6.2.1 技术要求

（1）节流件的孔径 d 应注明，对已做过检定的节流装置应有上次的检定证书。对节流装置的标志及随机文件的要求与几何检验相同。

（2）节流装置的取压装置和管道要求与几何检验相同。

（3）节流装置的流出系数

$$C=7.90848\sqrt{1-\beta^4}\frac{q_V}{d^2}\sqrt{\frac{\rho_1}{\Delta p}} \tag{8-86}$$

式中：q_V——体积流量，m^3/h；

d——管道直径，mm；

Δp——差压，kPa；

ρ_1——在 t_1℃水的密度，kg/m^3。

（4）在一个流量开度下重复测量 n 次，取其算术平均值作为该流量点的流出系数 C；在该点其重复性

$$E_{rcj}=\frac{t_\alpha}{C}\sqrt{\frac{\sum_{i=1}^{n}(C_i-C)^2}{n-1}}\times 100\% \tag{8-87}$$

式中：t_α——置信概率为95%的 t 分布系数。

（5）流出系数的重复性

$$E_{rc}=(E_{rcj})_{\max}$$

式中：E_{rcj}——各检定点流出系数的重复性。

（6）流出系数 C 的不确定度

$$E_C=\pm\left(E_{rc}{}^2+E_S{}^2+\frac{1}{4}E_{\Delta p}{}^2+\frac{1}{4}E_{\rho_1}{}^2\right)^{0.5} \tag{8-88}$$

式中：E_S——标准流量装置的准确度；

$E_{\Delta P}$——差压测量的不确定度；

E_{ρ_1}——水的密度不确定度，在实验室可忽略。

8.6.2.2 检定条件

（1）水流量标准装置，可检定测量液体流量传感器及检定任何介质的节流装置。其准确度 $|E_S|\leqslant 0.2\%$（或至少优于传感器基本误差限的1/2～1/3）。

（2）差压计至少备两台（一台差压上限对应于传感器最大流量下的差压，另一台差压上限对应于传感器40%的流量），准确度至少为0.5级。

（3）温度计：分度值为0.1 ℃的0～50 ℃标准水银温度计两支。

（4）0～20 mA，0.5级标准电流表一块。

（5）分度值为0.1s的秒表一块。

（6）测量节流件孔径的量具与仪器：工具显微镜；孔径测量仪；内径千分尺；带表卡尺；游标卡尺等。

（7）由于节流件前后的管段对流出系数 C 有影响，因此作系数检定的节流件应带一段实际使用的管段。

8.6.2.3　检定项目和检定方法

(1) 外观和随机文件检定

1) 目测检查，应满足要求；

2) 取压装置、管道应满足要求。

(2) 检定方法

1) 将检定的节流件、取压装置、前后直管段安装到水流量标准装置的试验管道上，压紧后的密封垫圈应与管道内径一致。连接处应无泄漏。

2) 节流装置的差压信号管路应能与大量程差压计相连。先打开差压计的平衡阀门，然后打开正、负压阀。

3) 开启阀门让流体在管路系统中循环 10 min，同时排出差压测量系统中的空气。

4) 将流量调到节流装置上限流量值，关闭差压计平衡阀，稳定 5 min。

① 测量流量值 q_{V_1} ，同时采样差压值 Δp_1 (至少为 3 次平均值)。然后，测量水温及室温，查表得到水的密度值 ρ_1。

② 根据式 (8－86) 计算流出系数 C。

③ 计算该流量点的雷诺数

$$Re_D = 36.1 \times 10^3 \frac{q_{V_1}}{D \cdot \nu}$$

式中：ν ——水的运动粘度，m^2/s。

④ 在这个流量开度下重复测量 n 次，并计算系数平均值及重复性。

5) 检定点至少应有 4 个，建议取作 (0.3，0.4，0.7，1) $q_{V\max}$，对规格大的节流装置检定点允许设在上限值的 80%左右。

6) 水温及室温测量

① 水温在节流装置下游待第一个检定点测试后测量，作为检定点的水温。

② 室温在节流装置附近测量。

7) 计算各点 C 值(C_1，C_2，C_3，C_4) 和各点重复性(E_{rc1}，E_{rc2}，E_{rc3}，E_{rc4})。

8) 确定节流装置的流出系数 C 的重复性

$$E_{rc} = (E_{rci})_{\max}$$

9) 由式 (8－88)，计算 C 的不确定度。

10) 计算各点的Re_D。

8.6.2.4　检定结果处理和检定周期

(1) 给出各检定点的流出系数 C_1，C_2，C_3，C_4。

(2) 按下式计算节流装置的流量不确定度

$$Eq_m = \pm \left(E_C{}^2 + E_S{}^2 + \frac{1}{4} E_{\Delta P}{}^2 + \frac{1}{4} E_{\rho_1}{}^2 \right)^{0.5} \qquad (8-89)$$

(3) 检定结果及检定周期

检定合格的应发给系数检定证书。节流装置经系数检定的周期一般不超过 2 年。

第 9 章　电磁参数的计量

9.1　概　　述

9.1.1　电磁计量

9.1.1.1　电磁计量及其特点

电磁量是与电磁现象有关的物理量。电磁计量是研究和保证电磁量测量的统一和准确的理论与实践的计量学分支。它的主要工作是：精密测定与电磁量有关的物理常数；确定电磁学单位制；按照定义研究、复现电磁学单位的计量基准和标准；研究电磁测量方法；研究进行电磁量量值传递的标准量具和专用测量装置；研究制定相应的检定系统、检定规程、技术规范等技术法规。

在现代社会中，电力是国民经济各部门使用最广泛的二次能源。因此，任何部门都离不开电磁计量测试。电磁量本身具有许多优点：电磁量可以直接测量；电磁量测量方法具有较高的准确度、灵敏度；电磁信号便于处理和传输，可实现快速测量、连续测量、连续记录并进行数据处理；电磁测量还可以实现远距离遥测等。随着传感技术的发展，其他计量测试领域，如几何量、机械量、热工、力学、光学等，都可将其被测量转换为电磁信号来进行处理。所以，电磁计量测试已成为整个计量科学的重要基础。

9.1.1.2　电磁计量的分类

电磁计量的内容十分广泛，分类方法也是多种多样。

（1）按学科分类，电磁计量可分为电学计量和磁学计量两大类

电学计量发展比较成熟，准确度也较高。电学计量主要包括电流、电压、电阻、电感和电容五个项目的计量。另外一些电学量，如电量、电容率、电场强度、电功率等可由上述五个项目和几个基本力学量的相互关系中求得。

磁学计量主要有两方面的工作，一方面是磁场强度、磁通和磁矩基准的建立和量值的传递；另一方面是磁学计量器具和各种磁性材料标准样品的检定。

（2）按工作频率分类，电磁计量可分为直流计量和交流计量两大类

其中，直流计量是基础。两部分的工作内容有明显区别，但又密切相关。

电磁计量的内容与分类如图 9－1 所示。

9.1.1.3　电磁计量的发展方向

我国已建的电磁计量基准、标准基本满足了国内电磁计量的一般需要，并且通过国际比对、国际交流和技术合作，对国际量值的统一和计量测试的发展做出了贡献。

电磁计量测试技术的发展方向一是向微观、超常态、动态方向以及向新的学科和领域发

展，进一步利用物理学的新成就、新测量原理和测量方法，不断提高测量准确度；二是利用数字技术和计算机技术的成就组成自动测试系统，快速而准确地处理复杂的测量问题。

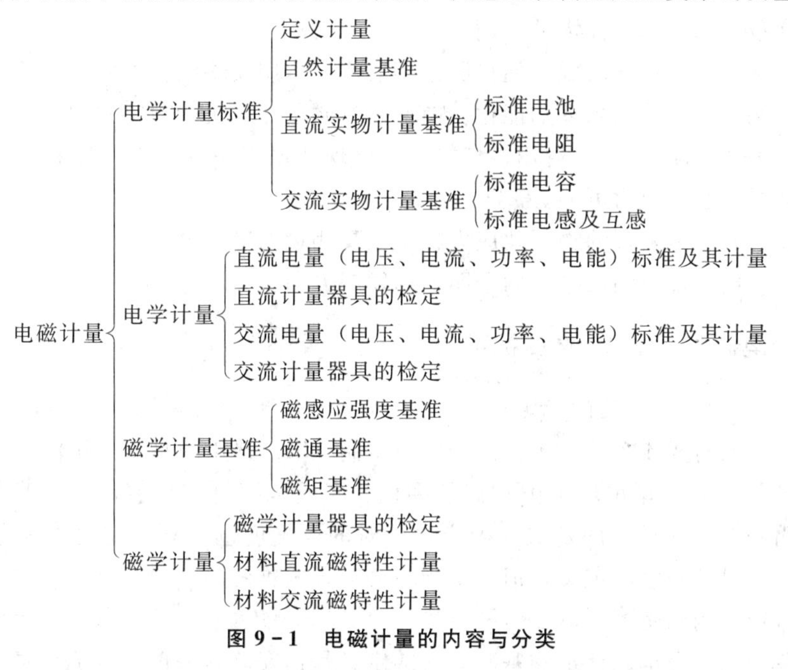

图 9-1　电磁计量的内容与分类

(1) 物理学上的新发现提高了电磁测量的准确度

新发现的物理效应使计量学从古典计量体系发展为量子计量体系，并使电磁学单位的复现与保存也由实物基准过渡到量子基准。约瑟夫森效应的发现（1962 年）使电压的测量通过比例常数（$2e/h$）与频率建立了联系，冯·克里青效应的发现（1980 年）使电阻的测量与基本物理常数（h/e^2）联系起来，从而使电压和电阻单位的复现精度提高到 10^{-8} 的数量级，并于 1990 年 1 月 1 日起成为国际上统一启用的以约瑟夫森常数和冯·克里青常数为基础的电学计量新基准。最近发现的单电子隧道效应与约瑟夫森效应和量子化霍尔效应相似，可使电流量子基准能够通过数电子数，测量电荷的方法实现。

这些发展向人们展示了建立一个基于光速 c、普朗克常数 h、电子电荷 e 3 个基本物理常数的新单位制的可能性。由于确定了约瑟夫森常数和冯·克里青常数就等于确定了普朗克常数和电子电荷量，我们就可以用光速、普朗克常数、电子电荷 3 个基本物理常数的无误差定义值，再加上时间频率，构成新的单位制的基础。同时，为实现质量单位的量子基准创造条件。目前，在英国国家物理研究所（NPL）的实验中，复现质量的不确定度为1×10^{-8}，已接近 BIPM 用千克原器检定砝码的不确定度。此外，还有利用斯塔克效应导出的电场强度自然基准及利用核磁共振效应或塞曼效应建立的磁感应强度自然基准等。由此可见，电磁单位自然基准的研究也是电磁计量的主要发展方向之一。

电磁计量在其他方面的发展也很快。如在实物计量标准方面，近年来用稳压二极管制成的标准电池装置，其不确定度已小于 2×10^{-6}，而且具有温度系数小。易于维护及运输等一系列的优点，有可能逐步取代经典的韦斯顿标准电池。在宽温度范围内具有很低温度系数的电阻合金的研究成功，为大幅度改善标准电池的性能提供了可能性。在计量技术方面，比较突出的是比例技术的发展。经典的比例技术主要依靠电阻元件，其准确度受到元件性能的限制。近年来，由于感应耦合比例器件及直流磁调制比较仪、低温比较仪的研究成功，已使交流及直流比例的不确定度达到 10^{-8}～10^{-9} 量级。

(2) 数字技术和计算机技术的应用

数字技术和计算机技术的成就使得测量仪器广泛运用模块结构，建立通用计算机化的测量检定装置，测量仪器越来越多功能化。内部装有微型计算机的数字式仪表具有很强的数字处理能力，称为“智能仪器”。通用接口技术的出现使得用一台计算机控制多台仪器协同工作，组成自动测试系统成为可能。

综上所述，利用新发现的物理效应大幅度提高测量的准确度和广泛利用数字技术和计算机技术，已成为电磁计量测试技术两个明显的发展方向。

9.1.2 电磁学计量单位及标准

9.1.2.1 电学计量单位的确定

描述电磁现象需要 4 个基本单位。国际单位制（SI）选用的是米（m）、千克（kg）、秒（s）和安培（A），其他单位均可由它们的乘积、商或幂导出。其中，米、千克、秒作为力学单位，有明确及相互独立的定义，确定单位时的准确度也很高。安培作为电学的基本单位，本质上也有自己明确的定义，但在实现中会出现困难。

(1) 电流单位的确定

电流的单位安培是电磁计量的基础。它的定义是：安培是一恒定电流，真空中，截面积可忽略的两根相距 1 m 的无限长圆直等线内通以等量恒定电流时，若等线间相互作用力在每米长度上为 2×10^{-7}N，则每根等线中的电流为 1 A。直接按照安培的定义来建立电流的单位，这种方法称为电学量的绝对测量。

由电学绝对测量得到的安培（A_{SI}）与实物基准（A_{LAB}）所保存的安培之间是不完全一致的，存在一个换算因子 $K_A=A_{LAB}/A_{SI}$，因此，绝对测量安培就是测量 K_A 值。

由于按照 SI 所定义的电流单位安培来实现单位的复现非常困难，所以，只能采用定义的等效形式来实现电流单位的测量。

电流单位安培绝对测量的历史从 1908 年开始，至今已有百年的历史。其间提出了多种复现安培的方法，应用最为广泛的计量方法有：电流天平法、电动力计法和核磁共振法。

① 电流天平法

电流天平是利用两个通有电流的线圈之间所产生的力与一个已知质量砝码的重力相平衡的原理制成的，一般有两种：瑞利型和艾顿型，其原理图如图 9-2 所示。

图中，F 和 F′表示固定线圈；M 和 M′表示悬挂在天平横梁上的可动线圈，两者均为空心线圈，电流方向如箭头所示。

设固定线圈和可动线圈上通过的电流分别为 I_1 和 I_2，则它们之间的相互作用能量

$$W=I_1I_2M_{12} \tag{9-1}$$

式中，M_{12} 为 I_1 和 I_2 的互感。

能量 W 可转换为力的作用，通过天平可以将这个力测量出来，即

$$F_x=\frac{\partial W}{\partial x}=I_1I_2\frac{\partial M_{12}}{\partial x}=mg$$

当 $I_1=I_2$ 时

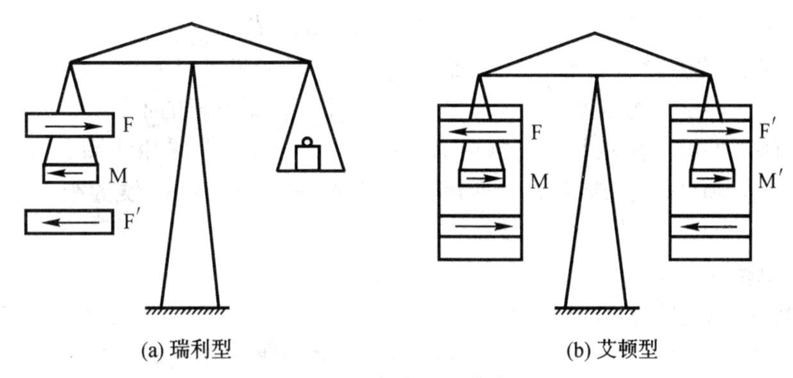

图 9－2　电流天平的类型

$$I=\left(\frac{mg}{\partial M_{12}/\partial x}\right)^{\frac{1}{2}} \qquad (9-2)$$

式中，力（mg）可以通过精密天平测出；$\partial M_{12}/\partial x$ 可通过已知的线圈尺寸计算得出。

② 电动力计法

电动力计是利用两个通有电流的线圈之间所产生的力矩与一个已知力矩相平衡的原理制成。电动力计示意图见图 9－3。

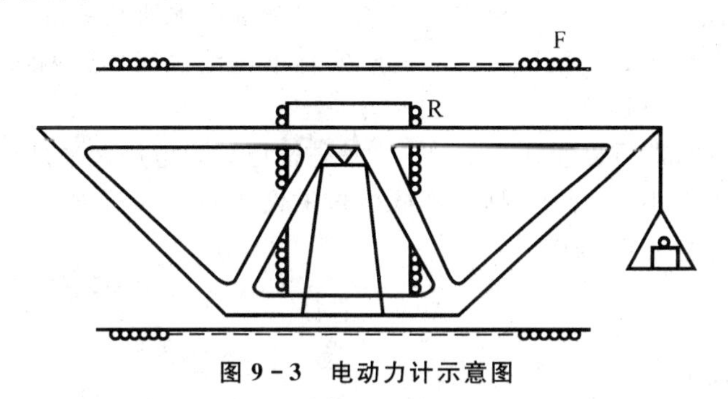

图 9－3　电动力计示意图

设在两个线圈内通以不变的电流 I_1 和 I_2，则在两线圈之间就存在一个转矩 T；当两线圈轴的夹角 θ 为 90°，且两线圈的中心重合时，则转矩最大

$$T=I_1I_2\left[\frac{\partial M}{\partial\theta}\right]_{\theta=\pi/2} \qquad (9-3)$$

式中，M 为线圈之间的互感。

如图 9－3 所示，水平放置的固定线圈为一个长螺线管 F，在其中装有可转动的短螺线管 R。线圈 F 和 R 中心重合，轴线正交；线圈 R 放在天平横梁的刀口上，可绕中刀口转动。在两线圈内串联通以同一电流，F 和 R 的相互作用力矩可通过天平的平衡砝码称出。由于所测为力矩，天平臂长需精确测量，一般天平横梁均用热膨胀系数非常小的石英制成。这样，根据平衡重量的已知值、天平臂长和绕组的几何尺寸参数，按照式（9－3）就可算出电流值。

上述这两种方法的测量不确定度可达到 10^{-6} 量级。

③ 核磁共振法

核磁共振法是指将两种不同的测量质子旋磁比 γ_P' 的方法结合而求得 K_A 值的方法。在同一实验室采用此种方法高准确度地确定安培，最早是由我国于1977年实现的。

质子旋磁比 γ'_P 的测量装置本身也是磁感应强度的基准装置。测量 γ'_P 的关键是建立一个稳定、均匀的磁场，并进行准确的计算和测量。因此，根据场强的不同，测量方法可分为强场法和弱场法两种。由于核磁共振法测量 K_A 值的方法未能避免采用线圈、天平这类准确度不易提高的器件，所以，它能达到的准确度与前两种方法在同一数量级，只是精度略高一些。

（2）电压单位的确定

① 电压单位的测量方法

以SI单位定义伏特是当前电磁计量测试中的一项重要课题。按照国际单位制，伏特是由安培和瓦特定义的。由于目前功率的测量准确度不高，所以通过其他途径来绝对测量电压。当前常用的测量方法有：约瑟夫森效应（JE）电压量子标准、微分法测量和积分法测量。

约瑟夫森效应是指弱耦合的超导体之间，当温度冷却到低于它的转变温度以下时的一种低温物理现象。约瑟夫森频率与电压之间的比值，称为约瑟夫森常数（K_J）。大量的试验证明，约瑟夫森常数是一个普适常数，不随实验变量的改变而改变。理论和试验证明，$K_J=2e/h$。因为频率很容易以很高的准确度测量，所以约瑟夫森效应可以用来定义和保存电压的实物基准 V_{LAB}。此电压通过传递标准可以和一只标准电池所具有的1.018 V的电动势相比较，不确定度在 $10^{-7}\sim10^{-8}$ 范围之内。此时的标准电池仅仅作为两次约瑟夫森效应测量之间保存和储存 V_{LAB} 的一种手段。

微分法测量伏特的常用装置有电压天平和液体静电计。电压天平是利用电容的电压与力之间的关系确定电压大小的方法。具有不同电位的两平行金属板之间，当两板间的电容为 C、电位为 U 时，其能量 W 为

$$W=\frac{1}{2}CU^2$$

则在垂直于两板方向上的力

$$F_z=\frac{\mathrm{d}W}{\mathrm{d}z}=\frac{1}{2}U^2\frac{\mathrm{d}C}{\mathrm{d}z} \tag{9-4}$$

如果 $\mathrm{d}C/\mathrm{d}z$ 是已知的，则通过测量力就可以决定电压。

由于
$$C=\varepsilon_0 A/d$$

式中，A 为两极板相对面积；d 为两板间距；ε_0 为真空中的介电常数。所以，$\mathrm{d}C/\mathrm{d}z$ 是已知的，$\frac{\mathrm{d}C}{\mathrm{d}z}=-\frac{\varepsilon_0 A}{d^2}$。通过电压天平对力的测量就可以检定测量电压的大小。

液体静电计也是依照上述原理制成，只是结构上有所变化。

积分法测量伏特的原理，是利用电极间加电压时，电容会积蓄能量，通过测量能量变化所引起的电容的变化，即可测得电压的大小。

② 电压单位基准的保存

用定义计量法导出的电压单位可以用实物基准保存。标准电池是保存和传递电压单位的标准器具，是电压单位的实物基准。多年的实践证明，标准电池与标准电阻是最好的电学实物基准，也是电量计量中最主要的两项实物基准。目前使用的电压实物基准是惠斯顿饱和标准电池。

标准电池按其电解液（硫酸镉溶液）的浓度，可分为饱和标准电池和不饱和标准电池两种，每一种又有酸性和中性之分，中性的较少使用。

饱和标准电池在使用温度范围内，电解液始终保持饱和状态，并含有硫酸镉结晶体$\left(CdSO_4 \cdot \frac{8}{3}H_2O\right)$。它复现性好，稳定性较高，但受温度影响大（由于温度影响硫酸镉溶解度，使浓度发生变化，造成标准电池电动势随温度而变化）。饱和标准电池结构如图 9-4 所示。

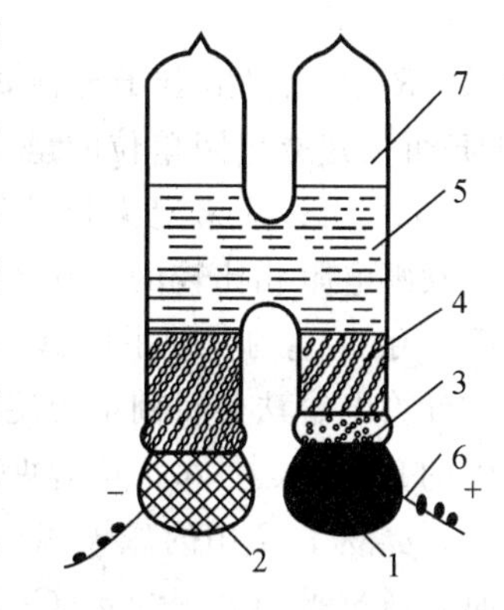

图 9-4　饱和标准电池的结构

1—汞（+）；2—镉汞合金（−）；3—硫酸亚汞；4—硫酸镉结晶；5—硫酸镉饱和溶液；6—铂引线；7—玻璃容器

不饱和标准电池在使用温度范围内，电解液保持不饱和状态，不含有硫酸镉结晶体，结构与饱和标准电池相近。它受温度影响小（电解液是固定浓度，所以具有很低的温度系数，在较宽的温度范围内作一般测量时，温度影响可以忽略），但稳定性比饱和标准电池差。

标准电池具有长时间、十分稳定的电动势。温度为0 ℃时，酸性饱和标准电池的电动势约为 1.018 60 V，内阻约为数百欧。稳定性是指标准电池在规定的使用条件下，从首次检定之日起的一年期间内的电动势的最大允许偏差值。此偏差值可用百分率表示，一等标准电池组的稳定性可高达 0.000 2%。

虽然标准电池的稳定性很高，但使用条件要求严格，且受温度影响较大。当标准温度在 0～40 ℃时，饱和标准电池的电动势可按下式计算

$$E_t = E_{20} - [39.94(t-20) + 0.929(t-20)^2 - 0.009(t-20)^3 + 0.000\,06(t-20)^4] \times 10^{-6} \tag{9-5}$$

温度在 5～35 ℃时，也可按下式计算

$$E_t = E_{20} - [39.9(t-20) + 0.94(t-20)^2 - 0.009(t-20)^3] \times 10^{-6} \tag{9-6}$$

式中：t——标准电池温度，℃；

E_{20}——在温度为 20 ℃时（测得的电池）电动势值，V，从检定证书上查到；

E_t——在温度为 t℃时的电动势值，V。

由于饱和标准电池具有温度系数大、结构娇脆等缺点，近年来各国研究了一些新型的标准电压装置，如利用稳压二极管制成的电子式标准电压装置，其温度系数非常小，不需要专门的恒温条件。这种装置在进一步改善后，有可能逐步取代传统的化学标准电池。

（3）电阻单位的的确定

① 电阻单位的测量方法

电磁计量中原则上只有一个基本单位，即电流单位安培，其他单位均可由安培及力学单位导出，但这样做很难保证许多电磁基准具有较高的准确度。目前，电阻单位量值复现的不确定度已小于 1×10^{-7}，且具有良好的实物基准，使用非常方便。所以，电阻单位的绝对测量是电磁计量体系中不可缺少的一部分。

目前，常用的电阻单位绝对测量方法有：量子化霍尔效应电阻量子标准、计算电容法和计算互感法等。

量子化霍尔效应（QHE）与约瑟夫森效应类似，也是一种低温固体物理现象，它涉及

的材料是半导体，由此引出的量子化霍尔电阻可表达为

$$R_H(i)=\frac{h}{ie^2}\quad(i\text{ 为正整数})\tag{9-7}$$

所以，R_H可以仅由电子电荷 e 和普朗克常数 h 决定，其单位在 SI 中是欧姆。因此，通过 QHE 可以建立电阻单位的量子标准。

QHE 可以用来定义和保存电阻的实物基准 Ω_{LAB}，其准确度仅受器件电阻与标准电阻器的 1 欧姆电阻相比较的不确定度的限制。此时，标准电阻器仅作为两次量子化霍尔电阻测量之间保存 Ω_{LAB}的一种手段。

计算电容法是目前电阻绝对测量准确度最高的一种方法。由于电容 $C=\varepsilon_0 A/d$（ε_0 为真空中的介电常数；A 为电容两极板的相对面积；d 为两极板的间距；$\varepsilon_0=1/\mu_0 c^2$，其中 c 为光速；μ_0 为真空中的磁导率）。所以，可以通过长度基准和光速值精确计算出电容的大小。此时，通过平衡方程为 $\omega RC=1$ 的直角电桥，就可以导出电阻 R 的绝对值。目前，计算电容法的不确定度可达 $10^{-7}\sim10^{-8}$量级。

计算互感法同样是利用互感线圈的几何尺寸可以准确计量的特点，利用康贝尔电桥（图 9-5），通过准确测量的互感值和频率值，根据电桥平衡方程绝对计算出电阻值的大小。

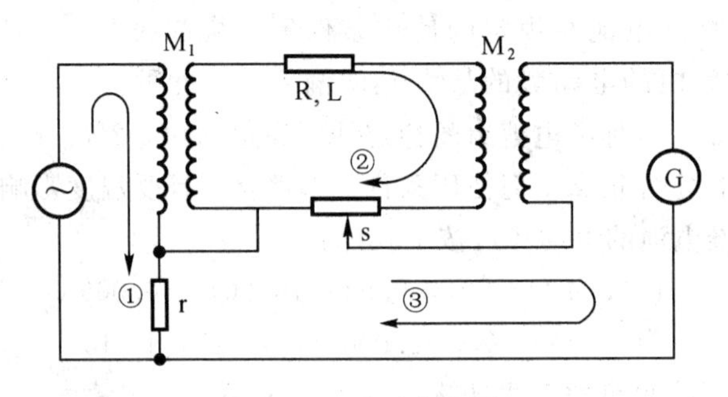

图 9-5　康贝尔电桥

图中，M_1是一个康贝尔标准互感器，M_2是一个事先由标准校核过的可变互感器。通过调节 M_2和 s 来使电桥达到平衡，此时得到平衡方程为

$$\begin{cases}\omega^2 M_1 M_2-Rr=0\\ Lr-M_1 s=0\end{cases}\tag{9-8}$$

式中，ω 为电源的角频率；M_1、M_2 分别为标准和可变互感器的互感值；L、R 分别为回路②的总电感和总电阻；r 为固定电阻；s 为可变电阻。

由于两个互感是已知的，频率又可以测得很准确，所以用基本单位米和秒就可以得到乘积 Rr，且两个初级线圈和辅助电阻器所组成的回路电阻 R 和 r 都是固定的电阻，其中每一个都可以和电阻标准进行比较。因此，可以得到以欧姆为单位的值。

② 电阻单位基准的保存

用定义计量法确定的电阻值可以用实物基准——标准电阻来保存，最基本的电阻基准标称值为 1 Ω，其他的量值则借助于传递装置按十进制向两端扩展。最小的标准电阻标称值一般为 1 mΩ，最大为 100 kΩ。

电阻器阻值在 0.01～0.000 1 Ω 的，一般由锰铜带绕制；阻值在 0.01 Ω 以上的用锰铜丝绕制，骨架为锰铜。其结构形式有密封式和非密封式两种。

密封式结构适于高阻值的标准电阻，能隔绝腐蚀性气体，受环境温度影响小，稳定性好，但散热性差。高阻值的标准电阻为了消除泄漏电流的影响，采取屏蔽措施；具有3个接线柱，1个屏蔽接地，2个接线，如图9-6所示。

非密封式结构适用于低阻值或大功率的标准电阻，散热性好，但受环境温度影响大。低阻值的标准电阻为了减少接线电阻和非接触电阻等影响，采用四线接法，把电流端和电压端分开；具有4个接线柱（2个电流端，2个电压端），如图9-7所示。四线接法的优点是：在测量电路四线制接入，可以不考虑电流端的接线电阻及引线电阻，而电压引线上在测量时电流为零，不影响准确性。

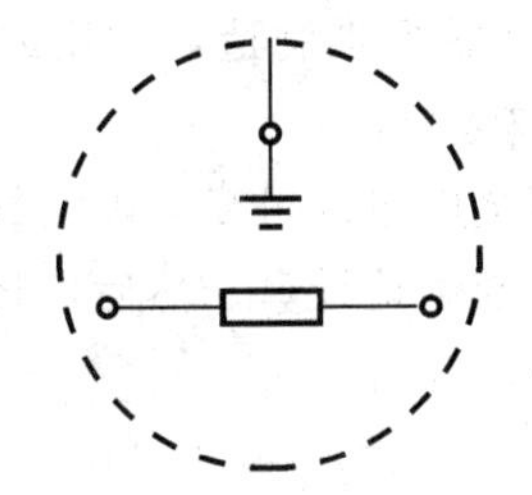

图9-6　3个接线柱的标准电阻

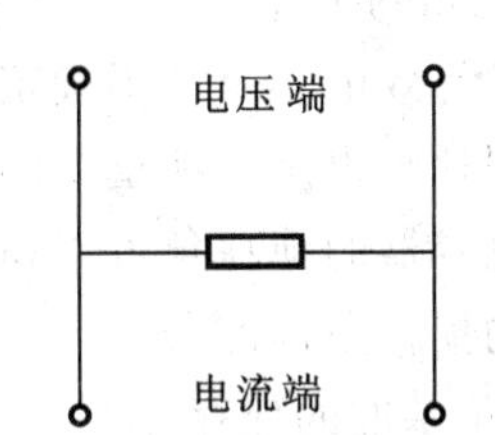

图9-7　4个接线柱的标准电阻

电阻的四线接法在工程上也有广泛应用，如测量大电流时用的采样电阻，就是四线电阻，如图9-8所示。

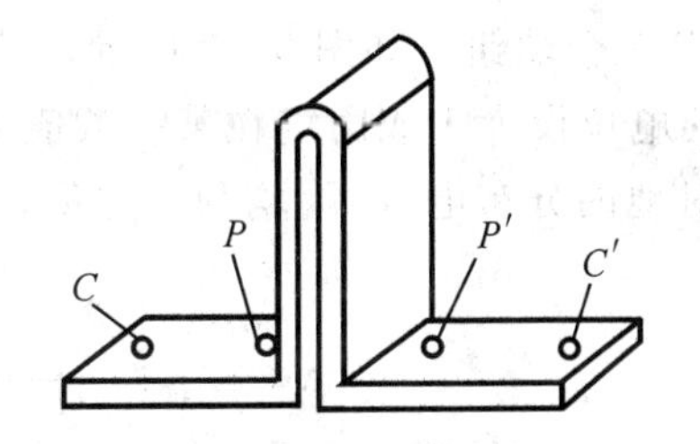

图9-8　无感采样电阻

P，P'—电压接线端子；C，C'—电流接线端子

当电阻的使用温度偏离20℃较大，或测量准确度要求较高时，应进行温度修正

$$R_t=R_{20}[1+\alpha(t-20)+\beta(t-20)^2] \tag{9-9}$$

式中：t——电阻温度，℃；

R_t——在温度为t ℃时电阻的实际值，Ω；

R_{20}——在温度为20 ℃时电阻的实际值，Ω，从检定证书上查到；

α，β——一次项电阻温度系数和二次项电阻温度系数（$\times10^{-6}$/℃），从检定证书上可查到。

一般情况下，为了减少温度波动的影响，标准电阻在工作时应放入恒温油槽中。同时应限制电阻在工作时消耗的功率，减少自发热的影响。

（4）电容和电感

容抗和感抗也是基本的交流阻抗量，这两种阻抗的量值分别用标准电容和标准电感来复现。

① 电容单位的测量与保存

i）电容单位的测量

电容量和电感量的导出方法主要是由定义式导出。就电容量来说，随着计算电容精度的提高，电容量单位复现的不确定度已达 10^{-7} 量级，问题在于如何用一套稳定的电容器来保存和传递所复现的电容量值。和标准电阻的情况有所不同，不同量限的电容器可以采用不同的材料和结构。对于电容量限在 10 nF 以下的标准电容器，可以采用空气电容器，稳定性可达 10^{-5}，损耗角小于 1×10^{-5}。近年来用熔融石英做介质的量限为 10 pF 的电容器，其稳定性可达 10^{-6}，损耗角小于 2×10^{-6}。对于 10 nF～1 μF 的电容器，一般用云母做介质，稳定性为 10^{-4}，损耗角约为 1×10^{-4}。1 μF 以上的标准电容器很难制造，常用放大线路和变压器构成大容量的等效电容，其不确定度为 1×10^{-3} 或更差。

电容器的损耗角也是一项重要的参量，一般采用镀金电极的可变间隙空气电容器作为标准。这种特殊电容器的损耗角可以在变动间隙的过程中准确地计算。然后，将损耗角量值传递到不同量限的损耗角标准器。

ii）电容单位基准的保存

标准电容是保存电容单位“法拉”的。它是由两组铝或铜的薄片作为电极，电极间以空气或云母相隔而制成。前者称为标准空气电容器，表征其电特性的介质损耗 $\tan\delta$ 很小，但电容量较小，额定值有 1 pF，10 pF，100 pF，1 000 pF；后者称为标准云母电容器，介质损耗 $\tan\delta$、温度系数都较大，但电容量可做得很大，便于构成可变的十进位电容箱。

标准电容一般有 A、B、P 三个端钮，如图 9-9 所示，其中 P 为屏蔽端钮，和金属屏蔽罩连接。使用时通常将 P 的电位设为零或固定在某一数值上，这样 A、B 两端对屏蔽层的分布电容 C_{AP}、C_{BP} 和 P 端对地的分布电容 C_{P0} 均为固定值，在测量中可设法消除它们的影响。

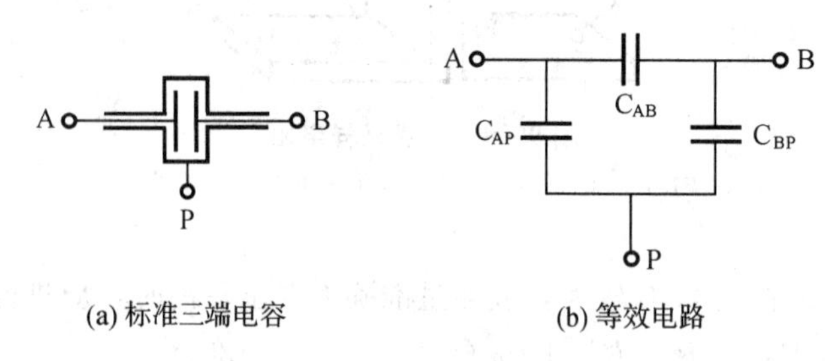

图 9-9　三端电容及等效电路

② 电感单位的测量与保存

电感量值由一些绕在绝缘骨架上的精密电感线圈来复现。标准电感器的基本量限为 100 μH～1 H，不确定度为 1×10^{-4}，稳定性为 10^{-5}，其他量限的标准电感器的准确度比较低。

由于电感器不易屏蔽和密封，它易受外界铁磁物质及干扰电磁场的影响。空气的湿度对标准电感器的量值也有较大的影响。因此，要进一步提高标准电感器的准确度比较困难。

标准电感通常是由绝缘铜导线在大理石或陶瓷框架上绕制而成。标准电感有自感和互感两种。在电磁测量中，作为电感的标准量具，标准电感也常在材料磁特性测量中作为磁通的标准量具。

9.1.2.2　磁学计量单位的确定

作为导出单位的磁学单位通常由磁学量的定义方程式来确定。主要的磁学单位有磁矩（由它派生出磁化强度、磁极化强度、比磁化强度、比磁极化强度等）、磁感应强度、磁场强度（包括磁导率、磁化率等）以及磁通。

磁学单位量值的确定是靠有关量的基准装置实现的，而复现磁学单位的实物称为磁学量具。常用的磁学量具有磁矩量具、磁通量具、磁场量具和标准测量线圈。

（1）磁矩量具

磁矩量具分为两大类：永磁体和载流线圈。永磁体的特点是体积小、不需电源、使用方便，但磁矩值不连续，且磁矩值随时间缓慢变化，受环境条件影响也较大；载流线圈作为磁矩量具，要求载流线圈外部产生的磁场应足够均匀，线圈的尺寸要精确测量，在此条件下，计算出的线圈磁矩常数的准确度可达 1×10^{-4} 以上。

目前，我国还没有建立起磁矩量具和磁矩测量仪器的检定系统表。用于检定磁通量具、磁场量具和标准测量线圈的冲击比较法和电流比较法，同样可用于检定磁矩量具。对于线圈型的磁矩量具，它的磁矩常数就是它的面积常数。

在许多实际场合，磁矩的测量往往可以被磁感应强度的测量所代替。通常可以用地磁经纬仪进行磁矩的绝对测定；用无定向磁强计、振动样品磁强计、提拉样品磁强计和旋转样品磁强计来进行磁矩的相对测量；用镍球作标准样品对这些仪器进行标定。

（2）磁场（磁感应强度）标准及其量具

我国的磁场基准装置，实际上就是测量质子旋磁比 γ'_P 的强、弱场法测量装置，因此也可分为强磁场基准和弱磁场基准两部分，属于量子基准。

一切磁现象的研究与应用均离不开磁场，产生磁场的物体被称为磁源。如果磁场（磁感应强度）的量具足够准确则称为标准磁化场；可以提供标准磁场的磁场源就称为磁场（磁感应强度）量具。

磁场量具总是与测量仪器配套使用。它所产生的磁场必须有足够的稳定性和均匀性，此外还应有相应的工作空间。磁场（磁感应强度）量具同时也就是磁化场（磁场强度）的量具，其分类如表 9-1 所示。

表 9-1　磁场量具的种类

名　称		磁场范围	均匀区	稳定性
永磁体		0.01～1T	小	好
电磁体		0.01～2T	较小	取决于电源及温升
磁场线圈	亥姆霍兹线圈	10^{-9}～10^{-2}T	大	取决于电源
	螺线管	10^{-3}～10^{-1}T	较大	取决于电源及温升
	螺绕环	10^{-5}～10^{-3}T	较大	取决于电源及温升
超导磁体		1～20T	较大	好

（3）磁通基准及量具

常用互感的计算值作为磁通基准。我国的磁通主基准线圈是康贝尔式线圈，1986 年建立，保存于中国计量科学研究院，准确度为 20×10^{-6}。采用差值冲击法由磁通基准向副基准传递的不确定度为 2×10^{-5}。

磁通量具有两类：互感线圈和磁场线圈与测量线圈组合的磁通量具。互感线圈在直流（冲击）条件下工作，准确度级别最高达 0.02 级，年稳定度达 7×10^{-6}。磁场线圈与测量线圈组合的磁通量具，由于受到磁场均匀性的限制以及两线圈不同轴等附加因素的影响，准确度一般难以超出 10^{-4}，所复现的磁通量值也难以达到 0.01 Wb，其多用于实验室的计量测试工作。

9.2 电学量的计量

电学量有许多种，每个量都有自己的单位。为了保存电学计量单位、进行量值传递和国际比对，必须有高质量的实物标准。

电学量可分为两大类。一类为电量，如电流、电压、电功率、电能等。这些量都与电荷有关，很难按定义直接复制其单位量的具体实物标准，只能用间接的方法，通过有量具的量的计量，进行复制和计量。另一类为参量，如电阻、电容、电感等。这些量在通过电流或具有电荷时才显示出来。在一定的条件下，它们具有完全确定的不变的量值，其大小与所用的材料、几何尺寸、相对位置及环境条件有关，可以制成实物标准。

电学量有直流量和交流量。因此，电学计量可分为直流计量和交流计量。直流计量标准有标准电池、标准电阻；交流计量标准有标准电容器、标准电感（自感和互感）、交流电量标准及交直流转换标准等。此外，还有相角参数（不纯量）标准，如电容器损耗因数标准、交流电阻时间常数标准、90°相角标准等。

对电学标准的一般要求是：

① 复现量值的准确性高；

② 数值长期稳定；

③ 在使用条件下，温度、温度变化过程、环境湿度、大气压力、工作电压、电流和频率对它的影响小；

④ 结构合理，便于测量；

⑤ 结构牢固、抗运输，耐机械、热、光、放射线等冲击的能力强；

⑥ 制造容易，价格便宜。

电学标准中，标准电池、标准电阻、标准电容器被认为是最好的实物标准，并且已被国际所公认。同时，标准电池与标准电阻又是最重要的电学标准，SI 基本单位安培实际上是通过伏特和欧姆来体现的，从这个意义上可以说它们是电学计量的基础。

9.2.1 直流电阻的检定

9.2.1.1 直流电阻检定系统

(1) 电阻基准组过渡传递系统

直流电阻计量的基本问题是将被计量的电阻与标准电阻进行比较。由于被计量的电阻量值范围往往很宽，一般按照电阻值的大小把电阻分为低值电阻（<1 Ω）、中值电阻（1 Ω～

10^5 Ω)、高值电阻（>10^6 Ω)。为了实现相互比较，必须先将用计量定义导出的单位量值传递到一套不同量值的工作基准组，然后再得出其他各种量限的电阻值。电阻基准组的过渡传递系统如图 9－10 所示。

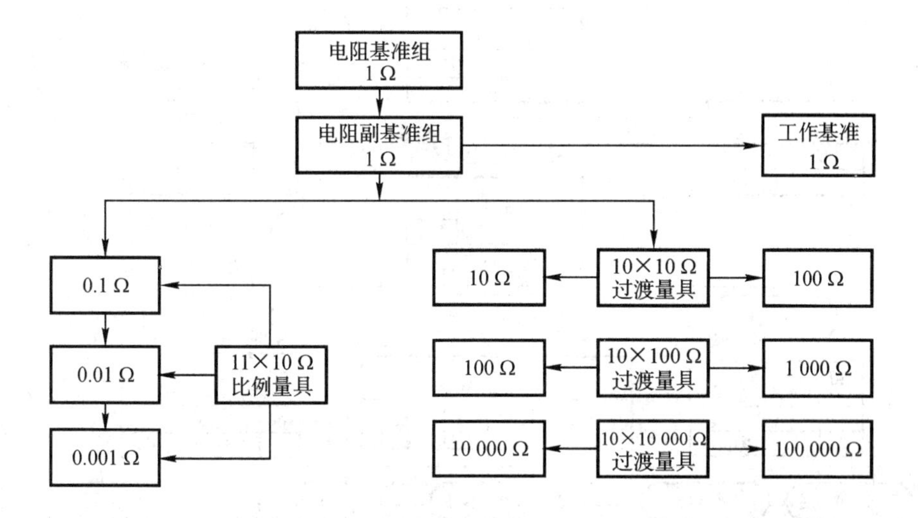

图 9－10　电阻基准组的过渡传递系统

为了实现电阻由国家电阻基准组单位量值向 10^{-3} Ω～10^5 Ω 电阻工作基准的过渡，根据图 9－10，需要设计三种类型的可换接的电阻过渡量具，它们分别是 11×10 Ω、10×100 Ω、10×10 000 Ω。利用 11×10 Ω 比例量具建立“10：1”的比率，实现由 1 Ω 向 0.1 Ω、由 0.1 Ω向 0.01 Ω 和由 0.01 Ω 向 0.001 Ω 的过渡；利用 10×100 Ω 过渡量具实现由 1 Ω 向 10 Ω和 100 Ω 的过渡；利用 10×100 Ω 过渡量具实现由 10 Ω 向 100 Ω 和 1 000 Ω 的过渡或由 100 Ω 向 10 Ω 和 1 000 Ω 的过渡；利用 10×10 000 Ω 过渡量具实现由 1 000 Ω 向10 000 Ω 和1 000 000 Ω的过渡。

以上三种可换接的电阻过渡量具在并联、串联和混联情况下，与同标称值电阻以替代法在电阻比较装置上完成必要的电阻比较程序后，相应求出可换接的电阻过渡量具并联、串联和混联的相对偏差。知道了其中之一就可以通过相应的关系式算出其余两个量。这样，借助三种可换接的电阻过渡量具就可直接从国家电阻基准组向 10^{-3} Ω～10^5 Ω 电阻工作基准的过渡。

由此可见，采用较少的可换接电阻量具就可以完成其工作基准电阻的全部过渡，而且无须测量每个电阻元件，从而使测量次数和时间减至最少，保证并提高了电阻工作基准过渡的必要准确度。

根据同样原理组成不同标称值的可换接电阻过渡量具，可以实现电阻由 1 Ω 向10^{-4} Ω～10^{11} Ω 的过渡传递。

（2）标准电阻的量值传递

标准电阻的检定必须按照标准电阻检定系统表和检定规程进行。检定方法除按规程规定以外，也允许采用能满足量值传递误差要求的其他方法。标准电阻的检定系统表如图 9－11 所示。

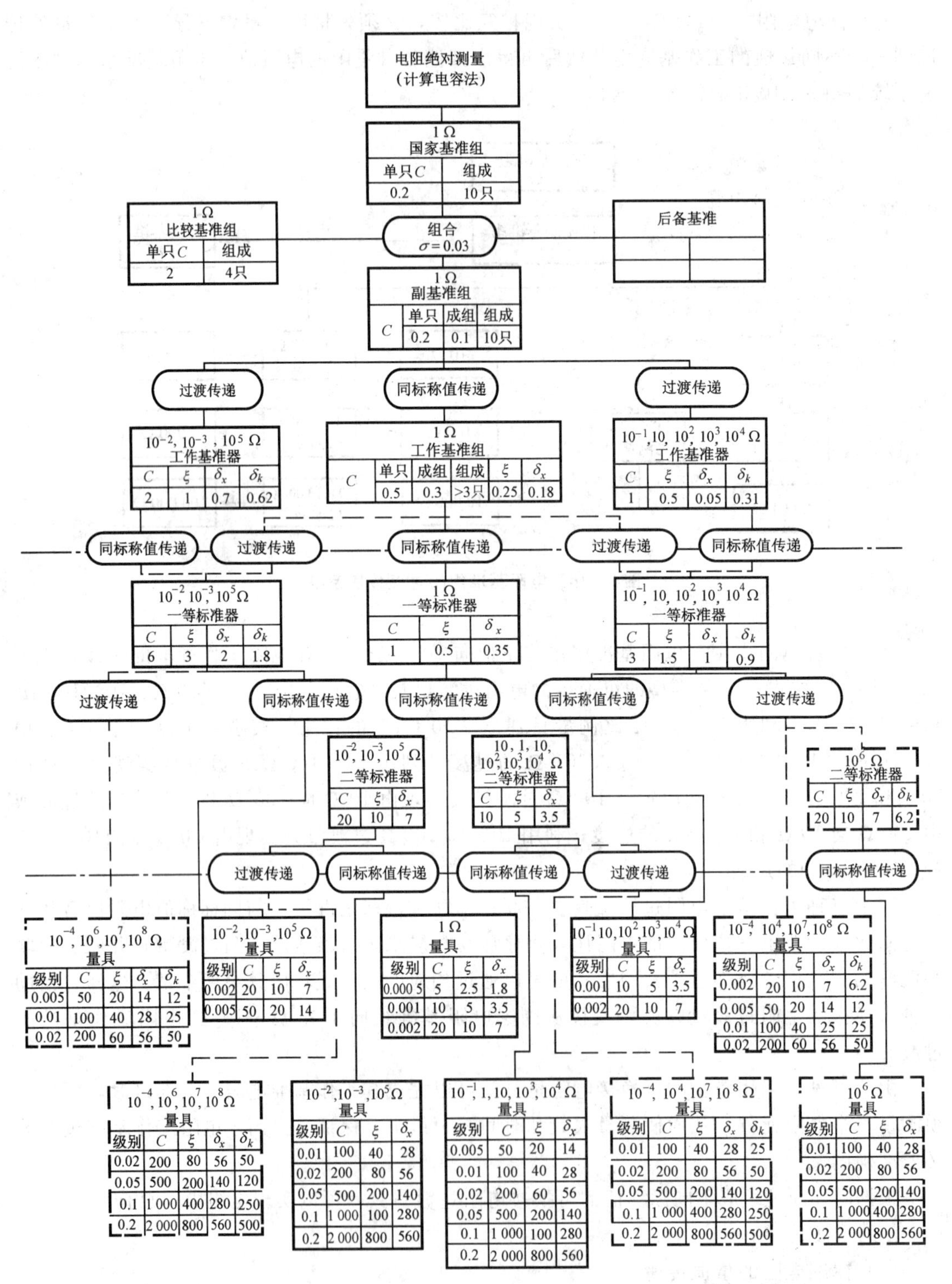

注：C—等级指数；ξ—传递误差；δ_x—比较误差；δ_k—过渡误差；σ—组合的指数误差（单位均为10^{-6}）。

图 9-11　标准电阻的检定系统表

9.2.1.2　标准电阻的检定

(1) 标准电阻技术指标及使用要求

制作标准电阻的最佳材料是锰铜电阻丝，它是一种铜、锰、镍的合金材料，具有以下特点：

① 在工作温度下，电阻温度系数小；

② 与铜的接触电势小；

③ 有很高的电阻系数；

④ 年稳定性好；

⑤ 有较好的机械加工性能。

国产标准电阻的主要技术指标见表 9-2。

表 9-2　国产标准电阻的主要技术指标

准确度等级	电阻名义值	功率/W		电压/V		使用环境条件	
		额定值	最大值	额定值	最大值	温度/℃	相对湿度/%
一等	$10^{-3}\sim10^{5}$	0.03				20±1	<80
二等	$10^{-3}\sim10^{5}$	0.1				20±2	<80
0.005	$10^{-3}\sim10^{5}$	0.1	0.3			20±5	<80
0.01	10^{-4}	0.1				20±10	<80
	$10^{-3}\sim10^{5}$	0.1	1			20±10	<80
	$10^{-3}\sim10^{-1}$	1	3			20±10	<80
	$10^{6}\sim10^{7}$			100	300	20±10	<70
0.02	$10^{-4}\sim10^{5}$	0.1	1			20±15	<80
	10^{6}			100	300	20±15	<70
	10^{7}			300	500	20±15	<70
0.05	10^{-4}	1	10			20±15	<80
	$10^{4}\sim10^{5}$			300	500	20±15	<70

标准电阻使用时应注意：

① 不允许超过规定的额定功率；

② 环境温度不允许超过规定的界限，也不允许剧烈波动；

③ 在一定频率下使用；

④ 铭牌上给定的是环境温度为 20 ℃时的电阻值，若在其他温度下使用，标准电阻的阻值按式（9-9）进行修正计算。

(2) 检定条件

① 检定电阻时，应保证由标准和检定装置所引起的不确定度（即传递误差）不大于被检电阻等级指数的 0.5（$C_x\leqslant20\times10^{-6}$的被检电阻），或 0.4（$C_x\geqslant50\times10^{-6}$的被检电阻）。

② 同标称值传递所使用的电阻标准 R_s、传递误差 ξ_x 和检定装置误差 θ_x 应不大于规定值。

过渡传递所使用的电阻标准 R_s、传递误差 ξ_x、过渡误差 δ_k、检定装置误差 θ_x 应不大于规定值；标准比例值的误差 δ_B 应小于 $0.05C_x$。

③ 检定装置中测量仪器引入的误差 δ_D 应不大于规定值。

④ 检定装置中电阻相对变化常数 C_R 应不大于规定值。

⑤ 检定标准电阻时，应按表 9-3 选取检定功率或检定电压值。

⑥ 各等级标准电阻检定时，环境温度的参考值为 20 ℃，参考温度的允差及测量电阻器温度的不确定度应符合表 9-4 的规定。

表 9-3 选取检定功率或检定电压值的规定

名 称	工作基准器	一等标准器			二等标准器		电阻量具					
等级指数 C_x（$\times10^{-6}$）	0.5	1	3	6	10	20	5	10	20	50	100	≥200
检定功率 P/W	0.01		0.02	0.03	0.05	0.05	0.03	0.05	0.05	0.1	0.2	0.3
检定电压 U/V	—					$10^6\ \Omega \leqslant R_x < 10^7\ \Omega$ 时，$U \leqslant 100$； $10^7\ \Omega \leqslant R_x < 10^8\ \Omega$ 时，$U \leqslant 300$； $R_x \geqslant 10^8\ \Omega$ 时，$U \leqslant 500$						

表 9-4 参考温度允许误差与测量电阻器温度不确定度的规定

名 称	工作基准器	一等标准器			二等标准器	
等级指数 C_x（$\times10^{-6}$）	0.5	1	3	6	10	20
允许误差 $\Delta t'$/℃	±0.005	±0.01	±0.03	±0.08	±0.1	±0.2
测量不确定度 $\Delta t''$/℃	0.002	0.005	0.01	0.02	0.05	0.1

电 阻 量 具

5	10	20	50	100	200		500	1 000		2 000	
					$\geqslant10^6\ \Omega$	$<10^6\ \Omega$		$\geqslant10^6\ \Omega$	$<10^6\ \Omega$	$\geqslant10^6\ \Omega$	$<10^6\ \Omega$
±0.05	±0.1	±0.2	±0.5	±0.5	±0.5	±1.0	±1.0	±1.0	±1.5	±1.0	±1.5
0.02	0.05	0.1	0.2	0.2	0.2	0.5	0.5	0.5	0.5	0.5	0.5

（3）检定方法

① 电阻的检定应根据被检电阻的等级指数及标称值，按同标称值传递法或过渡传递法进行；也允许采用经国家计量主管部门批准，并能满足传递误差要求的其他方法。

② 同标称值传递通常采用替代比较法，按标准—被检—标准，即 R_s—R_x—R_s 的对称闭合循环进行。

③ 标准电阻过渡传递可以采用哈蒙（Hamon）过渡量具法和电流比较仪电桥直接测量法。

（4）检定设备

检定标准电阻的主要仪器设备可根据被检标准电阻的等级指数和测量范围来进行选择。

常用设备包括：

① XQJ－3 型电阻比较装置。可组成三次平衡双电桥或单电桥，用于向一等标准电阻器进行同标称值传递或过渡传递。双桥测量范围为 10^{-4}～10^{3} Ω；单桥测量范围为 10^{3}～10^{5} Ω。

② 电流比较仪式电桥（QJ55 型、9920 型）。主要用于测量或比较 10^{3} Ω 以下的电阻和定标低值十进电阻（改进的 QJ55 型电桥和 9975 型电桥可以测量和比较 10^{-4}～10^{6} Ω 标准电阻）。在检定中，用于标准电阻的同标称值传递和不同标称值过渡传递。

③ 普通单、双电桥。主要是惠斯顿单电桥和开尔文双电桥，如图 9－12 所示。可以通过选择合理的电桥参数，检定不同测量范围的电阻。

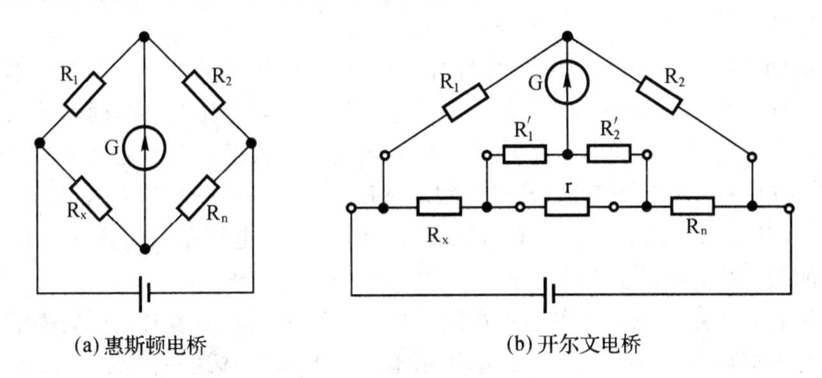

图 9－12 直流平衡电桥

图 9－3（a）中，R_n为已知阻值的电阻，R_1和 R_2构成比例，电桥平衡时

$$R_x=\frac{R_1}{R_2}R_n \tag{9-10}$$

这种电桥适用于计量 10～10^{9} Ω 的电阻，其缺点是只能比较一般的两端电阻，不能消除接触电阻和引线电阻。

由于接触电阻和引线电阻的影响，用单电桥计量 1 Ω 以下电阻时误差大大增加，所以，低值电阻要采用双电桥来计量。图 9－12（b）所示的是适用于比较四端电阻的双电桥—开尔文电桥。电位端接线电阻和引线电阻被接到电阻值较高的 R_1、R_2和 R_1'、R_2'支路中去，电流端的接线电阻和引线电阻被接到电源支路和跨线电阻 r 支路中去，从而消除了它们的影响。为了减小误差，要求跨线电阻 r 的值尽可能小，一般，r 是一条很粗的铜线。这种电桥再进一步发展就形成了三次平衡电桥、四跨线电桥等高精度电桥，可用于高精度的电阻比较。

利用上述的标准电阻器及电桥，就可以开展电阻检定。对于标称值为 10^{n} Ω 的标准电阻，可用准确度比它高 3 倍以上的标准电阻在电桥上进行替代计量。一些非整数的电阻，由于其准确度一般不高，往往就在电桥上用直读法计量。

9.2.2 直流电压的检定

9.2.2.1 直流电压的检定系统

（1）电压基准的传递

世界各国用来保存电压单位的实物基准都是由若干个饱和硫酸镉标准电池组成。由于标准电池的物理化学特性，电压基准组内的标准电池电动势总是随着时间有所变化，有的标准电池电动势上升一点，有的标准电池电动势下降一些，如果选择的合适，它们之间可以得到相互补偿以保持成组电动势平均值不变。基于这个想法，世界各国都在根据本国具体情况来确定成组标准电池的数量，有几只的，也有几十只的。我国电压基准组采用 20 只饱和标准电池，并假设这一组标准电池的平均值在一段时间内保持不变或变化量得到相互补偿，以此确定任意特定时间内单个电池相对平均值的变化。一般这个平均值是通过国际比对或由约瑟夫森常数来确定的。

电压基准组的作用有两个：一是保存电压单位；二是将电压单位准确可靠地传递到电压副基准组，以统一全国的电压量值。

在每年定期进行电压基准组组合比对的同时，也将电压基准组保存的电压单位向电压副基准组进行传递。常用的方法有：闭合循环差值替代法和闭合比对的时间内插法。

闭合循环差值替代法是将传递的比较基准插入到第一次循环比对之后和第二次循环比对之前，即 $E_1 \rightarrow E_2 \rightarrow \cdots \rightarrow E_{20} \rightarrow E_{21} \rightarrow E_{22} \rightarrow \cdots E_{30} \rightarrow E_{20} \rightarrow E_{19} \rightarrow \cdots \rightarrow E_1$（假设由 10 只比较基准电池组成），取两次循环比对的平均值作为测量的结果，把电压基准组比对求出的电动势值代入到相应的公式中，求出比较基准的每只电动势的实际值。

如果电压副基准组与电压基准组不在同一地方，则电压基准组向电压副基准组进行传递采用闭合比对的时间内插法。即由保存电压副基准组的单位选送一组电压比较基准（6～10 只组成）。在选送之前，先将这一组电压比较基准同电压副基准进行比较以确定它们的电动势值（可以采用同电压基准组的组合比对方法或更为严密的方法），然后将这一组电压比较基准送往保存电压基准组的单位同电压基准组进行传递比对，以确定电压比较基准由电压基准组传递的电动势值。完成这个比对之后，再将电压比较基准返回到保存副基准组的单位，再与电压副基准组进行比对，将这两次测量结果通知保存电压基准组的单位，按照与电压基准组的比对中心日期，内插计算出电压副基准组的平均电动势的实际值，并由保存电压基准组的单位发给检定证书。

（2）标准电池的检定系统

一等、二等标准电池阻的检定也可使用以上方法进行比对和检定。标准电池的检定必须按照检定系统表和检定规程进行。检定方法除规程规定之外，也允许采用能够满足量值传递误差要求的其他方法。标准电池的检定系统如图 9－13 所示。

9.2.2.2 标准电池的检定

（1）检定条件

检定标准电池时，应保证由标准、检定设备及环境条件所引起的总不确定度小于被检标准电池相应等级指数的 1/3；但一等标准电池组、0.0002 和 0.0005 级标准电池应小于相应等级指数的 1/2。

在检定期间，检定装置的重复性应小于被测标准电池相应等级指数的 1/5；但 0.005 级和 0.01 级标准电池可小于相应等级指数的 1/3，如表 9－5 所示。

一等和二等标准电池组、0.0002、0.0005、0.001 和 0.002 级标准电池检定时间不得少于 3 d，检定次数不得少于 5 次。其余等级的标准电池检定时间不得少于 2 d，检定次数不得少于 3 次。当按照上述规定检定时，如果检定装置重复性大于表 9－5 中规定值时，应增加检定次数。

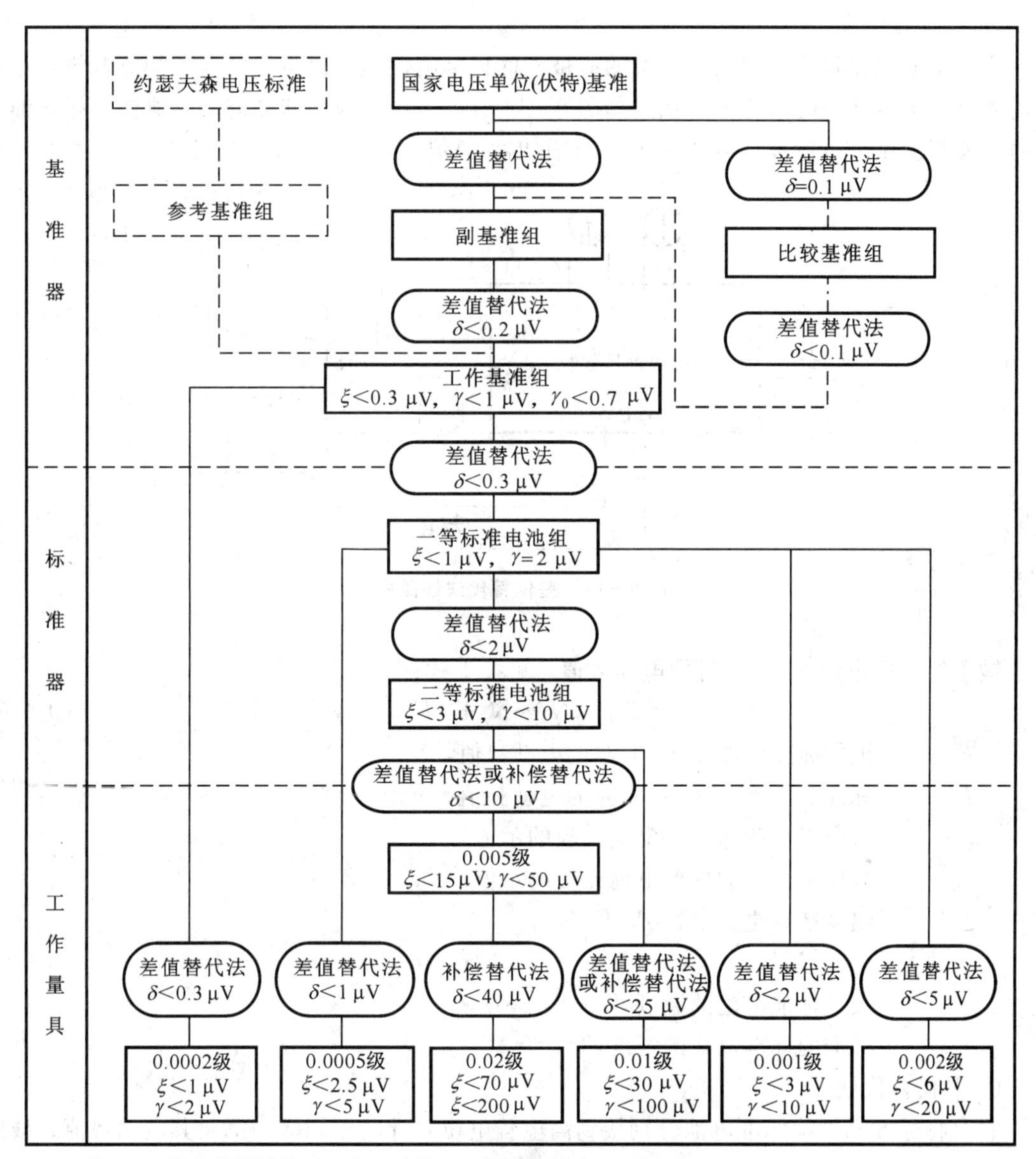

注：δ—最大极限误差；ξ—传递误差；γ—年稳定度；γ_0—重复性。

图 9-13　标准电池的检定系统

表 9-5　标准电池的重复性规定

被测标准电池等级	一等	二等	0.0002 级	0.0005 级	0.001 级	0.002 级	0.005 级	0.01 级
年变化/μV	2	10	2	5	10	20	50	100
重复性/μV	0.4	2	0.4	1	2	4	17	33

（2）检定方法

检定标准电池一般采用差值替代法，对于 0.005 级、0.01 级和 0.02 级标准电池也可以采用补偿替代法。

① 差值替代法

它是用电池比较仪直接测量标准的或被检的标准电池与过渡电池的电动势的差值，从而求出被检标准电池的电动势值，线路如图 9－14 所示。当被检的和标准的电池处于同一温度下时，能直接读出被检标准电池在 20 ℃时的电动势值。

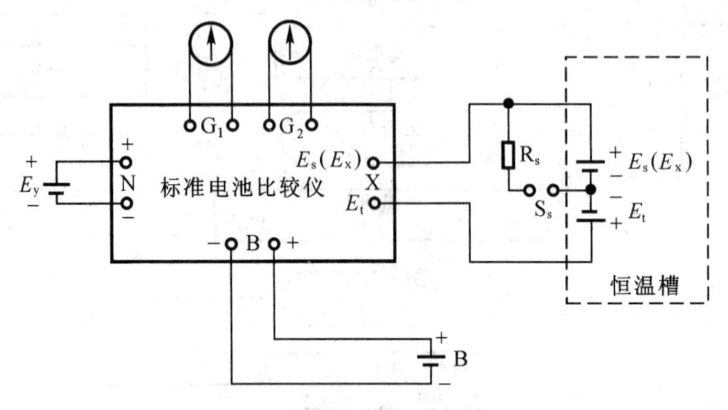

图 9－14　差值替代法线路图

被检的标准电池在 20 ℃时的电动势值，可按下式计算

$$E_{20x}=E_{20s}+N_x-N_s+\Delta E_c\times10^{-6}\tag{9-11}$$

式中：E_{20x}——被检标准电池在 20 ℃时的电动势值，V；

E_{20s}——标准的标准电池 20 ℃时的电动势值，V；

N_x——对应于被测的标准电池比较的示值，V；

N_s——对应于标准的标准电池比较的示值，V；

ΔE_c——温度换算更正值，$\mu V/℃^2$

$$\Delta E_c=(t_x-t_s)(t_x+t_s)\tag{9-12}$$

式中：　t_x——被检标准电池的温度,℃；

t_s——标准的标准电池的温度,℃。

② 补偿替代法

它是将标准和被检标准电池分别接到高电势电位差计的未知端，测量其电动势值，线路如图 9－15 所示。

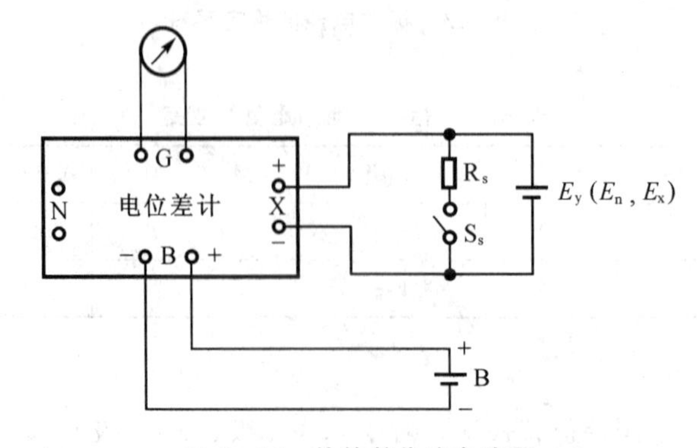

图 9－15　补偿替代法电路图

被检标准电池 E_x 在 20 ℃时的电动势，仍可按式（9－11）计算，式中的符号含义相同。这种方法易受电位差计工作电流变化的影响，测量准确度不如差值替代法。

③ 标准电池内阻的测定

以差值替代法线路测定被检标准电池内阻的方法是：先按正常检定过程测得差值 ΔE_x

$$\Delta E_x = E_x - E_t$$

然后，合上开关 S_s，将电阻 R_s 接入线路与 E_x 并联，测得并联后的差值电势 $\Delta E_x'$；按下式计算出其内阻的大小，有

$$R_x = \frac{(\Delta E_x - \Delta E_x')}{E_x} R_s \tag{9-13}$$

式中：R_x——被检标准电池内阻，Ω；

E_x——被检标准电池的电动势，V。

（3）标准电池的性能指标及使用要求

标准电池按其准确度等级可划分为若干等级，同一等级的标准电池在一定时间内具有相同的稳定性，并符合相应的技术指标，这些技术指标也是检定中的主要检定项目。标准电池的主要技术指标如表 9－6 所示。

表 9－6 标准电池的主要技术指标

类型	等级指标 %	温度为 20 ℃时电动势的实际值/V		一分钟内最大允许通过电流 μA	在一年中电动势的允许变化 μV	工作温度范围 ℃	内阻值不大于 Ω		相对湿度 %
		从	到				新的	使用中的	
饱和	一等标准	1.018 600 0	1.018 670 0	0.1	2		700	1 000	≤80
	二等标准	1.018 600	1.018 670	0.2	10		700	1 000	
	0.0002	1.018 590 0	1.018 680 0	0.1	2	15～25	700	1 000	
	0.0005	1.018 590	1.018 680	0.1	5	10～30	700	1 000	
	0.001	1.018 590	1.018 680	0.1	10	5～35	1 000	1 500	
	0.002	1.018 590	1.018 680	0.1	20	5～40	1 000	1 500	
	0.005	1.018 55	1.018 68	1	50	0～40	1 000	2 000	
	0.01	1.018 55	1.018 68	1	100	0～40	1 000	3 000	
不饱和	0.002	1.018 800	1.019 300	0.1	20	15～25	500	2 000	≤80
	0.005	1.018 80	1.019 30	1	50	10～30	500	3 000	
	0.01	1.018 80	1.019 30	1	100	4～40	500	3 000	
	0.02	1.018 8	1.019 6	10	200	4～40	500	3 000	

标准电池的结构决定了使用标准电池时必须相当仔细，使用不当不仅会引起大的误差，还会造成损坏。标准电池使用时应注意：

① 使用和存放环境应符合规定的温度和湿度要求，且正、负电极应处于相同温度下。

② 温度波动应尽量小，并应避免剧烈的温度变化，否则电动势不稳定。

③ 不得过载，且充、放电电流应尽可能小，时间也要短，以使电极的极化微弱，对电动势稳定性的影响小。一般要求充、放电电流在 0.1～0.01 μA 以下。

④ 要避免振动、晃动和其他机械冲击，并且不可倒置。经运输后，必须静放足够时间

(1～3 d) 再使用。

⑤ 极性不能接反，不能用普通的电压表或万用表测量标准电池的电动势。

⑥ 应远离热源，避免阳光直接照射和紫外线、X 射线的照射。

新电池在第一、二年内表现稳定，但易于逐渐变坏。老电池出现性能变坏的现象时，应立即从成组标准电池中剔除。

(4) 其他直流电压的检定

直流电压的范围非常广，但电压的实物基准只有标准电池一个量值。所以，其他量值范围的直流电压的检定主要是通过直流电位差计来进行的。直流电位差计的检定要求，参照直流电压的检定规程。

电压量值的分类见表 9-7。

表 9-7 电压量值的分类

量值	直流/V	交流/V	量值	直流/V	交流/V	量值	直流/V	交流/V
大量值	10^2～10^6	10^3～10^5	中量值	10^{-4}～10^2	10^{-3}～10^3	小量值	10^{-9}～10^{-4}	10^{-7}～10^{-3}

9.2.3 电容的检定

9.2.3.1 标准电容的计量检定系统

实际工作中，使用的电容种类很多，可以按照电容器件的量值进行分类，如表 9-8 所示；也可以按照电容器件的使用特性进行分类，如表 9-9 所示，但不同形式电容的检定都是通过与标准电容的比对完成的。所以，标准电容的检定是电容检定的核心。标准电容的计量检定系统如图 9-16 所示。

表 9-8 电容器件按量值的分类

类 别	量值范围	测试频率	常用测量方式
大电容	>1 μF	50 Hz 或 100 Hz	四端或四端口
中值电容	10 pF～1 μF	1 kHz	三端或四端
小电容	<10 pF	1 MHz	两端口、单端口或四端口

表 9-9 电容器按使用特性的分类

类 别	特 性
直流电容器	设计成用于直流电压的电容器不适用于交流电压，若用于脉冲或交流，必须规定允许电压
极性电容器	直流电压的正极需加在有（+）标记的端钮上，如电解电容器
脉冲电容器	瞬时电流很大的间歇充电和放电的电容器
交流电容器	用于指定频率的交流电压下工作的电容器
双极性电容器	能经受所加直流电压方向改变的电解电容器

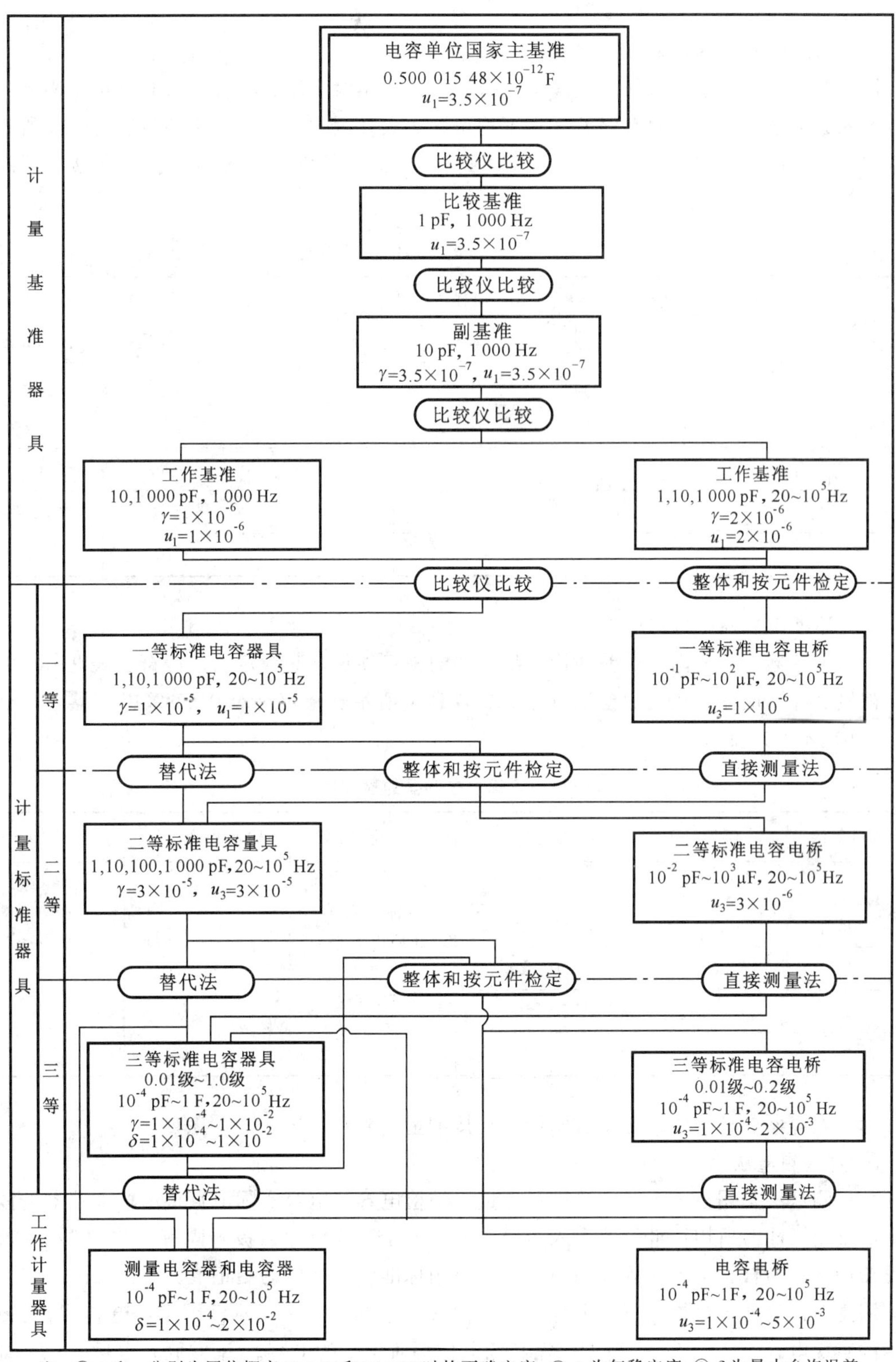

注：① u_1和u_3分别为置信概率68.26%和99.73%时的不确定度；② γ 为年稳定度；③ δ 为最大允许误差。

图 9－16　标准电容的计量检定系统

9.2.3.2　标准电容的检定

(1) 标准电容器的主要技术要求

标准电容器一般应进行外观检查、固有误差、年不稳定度、损耗因数和绝缘电阻等项检定。各等级标准电容器的固有误差、年不稳定度、损耗因数的要求应不超过表9-10所规定的范围。在室温为(20±5)℃、相对湿度小于70%的条件下，电容器电极对屏蔽外壳间的绝缘电阻应不小于10^9 Ω。

表9-10　标准电容器的技术特性

等　级	固有误差Δ %	年不稳定度γ (×10⁻⁴/年)	损耗因数D (×10⁻⁴)		温度系数α_C (×10⁻⁵/℃)	
			气体介质	云母介质	气体介质	云母介质
0.01	±0.01	±0.5	0.5	2	±1	±3
0.02	±0.02	±0.8	0.5	3	±2	±3
0.05	±0.05	±1.5	1	5	±5	±5
0.1	±0.1	±3	1	5	±5	±5
0.2	±0.2	±6	1	10	±10	±10

(2) 标准电容器电容值的检定

标准电容器电容值固有误差的检定是主要的检定项目，其检定条件应符合表9-11的规定，被检电容器应在所规定的检定条件下放置到量值足够稳定(对0.01级电容器，一般不少于5 h)才可开始检定。

表9-11　标准电容器的检定条件

准确度等级	温度/℃	相对湿度/%	工作电压/V	检定频率/Hz	大气压/mmHg
0.01	20±1	50±10	气体及石英介质电容器：<100 云母电容器：<30	1 000±10	760±20
0.02	20±2	50±10			
0.05	20±2	50±20			
0.1	20±5	50±20			
0.2	20±5	50±20			

标准电容器的检定方法主要有两种：直接测量法和替代法。

① 直接测量法

直接测量法是用标准仪器直接进行测量，被检电容器电容实际值直接由标准仪器的读数盘示值确定。此时所用标准仪器引入的误差不应大于被检电容器极限固有误差的1/3。若标准仪器的等级与被检电容器等级相同，必须引用标准仪器相应的更正值。

用感应比率臂电桥检定三端电容器，电桥线路如图9-17所示。图中，电容C_{12}是被检电容的直接电容，C_{10}、C_{20}是高电位端和低电位端对屏蔽的电容。C_{10}并联在电桥的比率绕组上，由于感应耦合比率臂的输出阻抗很小，其影响可以忽略。C_{20}并联在指示器的两端，电桥平衡时两端没有电位差，不影响电桥的平衡条件。当电桥平衡时，上、下两回路的电流相

等，被检电容器的电容值

$$C_x = C_{12} = \frac{N_s}{N_x} C_s = n C_s \qquad (9-14)$$

式中，N_s、N_x 分别为线圈 W_s 和 W_x 的匝数；n 为 W_s 和 W_x 匝数的比率。

C_x 的测量不确定度由标准电容器 C_s、标准电阻 r_s 和比率 n 的精度及稳定性所决定。

② 替代法

替代法是把标准的和被检的电容器互相替代，调节电桥读数盘使电桥平衡，由读数盘的两次读数的差值确定被检电容器电容实际值和损耗因数的方法。替代法用于相同标称值电容器的检定，测量不确定度基本上由标准电容器所决定。替代法检定时标准电容器的准确度等级应比被检电容器高两级；高一级时必须引用标准电容器电容及损耗因数的实际值。替代装置的分辨力、短期不稳定性等所引起的误差应不大于被检电容器固有极限误差的1/10。

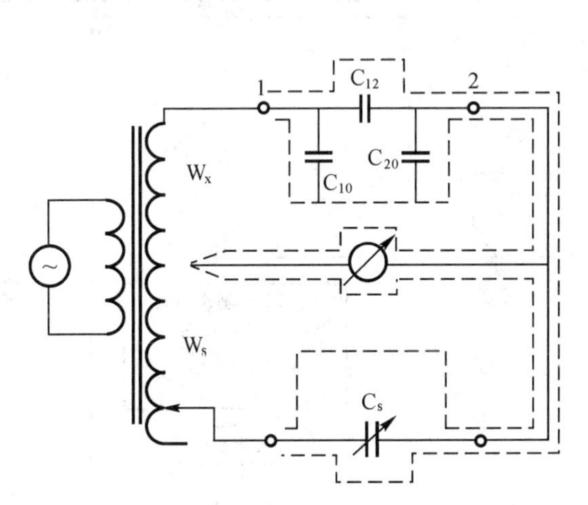

图 9-17　感应比率臂电桥线路图

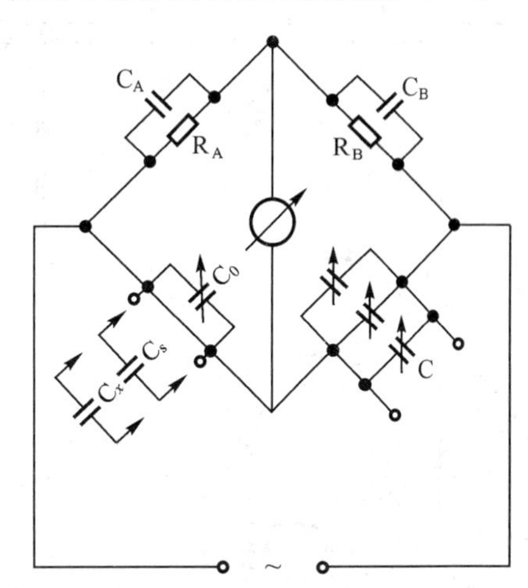

图 9-18　具有“零平衡”盘的电容电桥

在图 9-18 所示的具有“零平衡”盘的电容电桥上用替代法检定时，先接入标准电容器 C_s，电桥读数盘 C 的大读数盘调出与被检电容器标称值相近的值，小读数盘调出某一零位值 C_0，其大小与被检电容器的极限固有误差相近。反复调节电桥“零平衡”盘和损耗盘使电桥平衡。然后，用被测电容器 C_x 替代 C_s，保持电桥大读数盘和“零平衡”盘不变，调节小读数盘和损耗盘使电桥再次平衡，此时小读数盘读数为 C_1，则被检电容器的电容实际值

$$C_x = C_s + K(C_1 - C_0) \qquad (9-15)$$

式中：C_s——标准电容器的实际值；

K——电桥比率，所选用的比率应能用于最高读数盘；

C_0——接入标准电容器后，电桥再次平衡时的小读数盘示值。

③ 标准电容器损耗因数的检定

标准电容器损耗因数的检定有直接测量法和替代法，其检定方法与电容值的测量相同。一般电容电桥电容读数盘内附的标准电容器大都采用密封结构，湿度对电容示值的影响较小；而损耗因数读数盘内附的串联或并联标准电阻多为金属膜电阻，主要用于调节相位平衡，因而电桥测量损耗或电导的准确度较低。用替代法时采用专用的损耗因数标准，可获得较高的精度。

9.2.4 电感的检定

9.2.4.1 标准电感的计量检定系统

实际工作中使用的电感种类很多，按照电感器件的量值进行分类，如表 9-12 所示。但不同形式电感的检定都是通过与标准电感的比对完成的，所以标准电感的检定是电感检定的核心。标准电感的计量检定系统如图 9-19 所示。

表 9-12 电感器按量值的分类

类 别	量值范围	测试频率	骨架材料	常用测量方法
大电感	>1 H	50 Hz 或 100 Hz	铁镍软磁合金带、电工钢	电桥法、矢量比法、伏安法
中值电感	10 μH～0.1 H	1 kHz	空气心	电桥法、矢量比法
小电感	<0.1 μH	1 MHz 或使用频率	磁性氧化物	电桥法、矢量比法

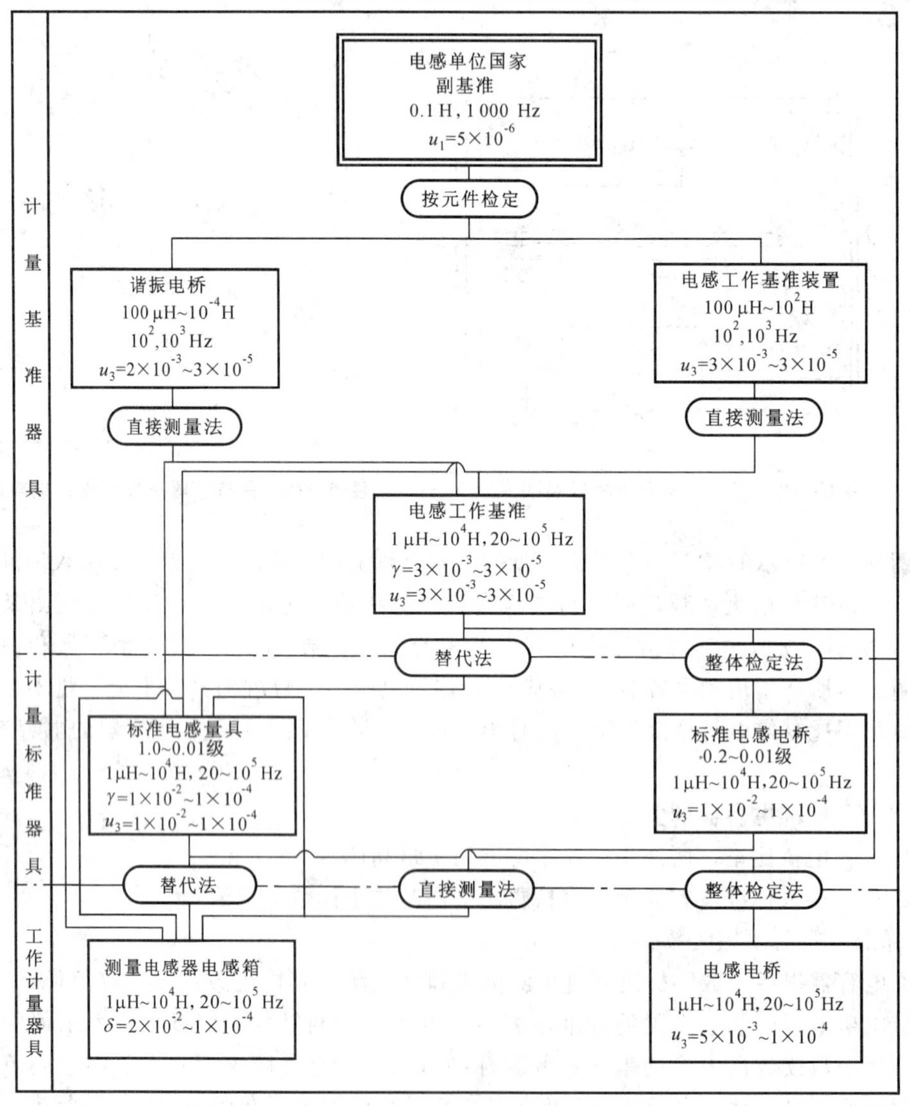

注：① u_1 和 u_3 分别为置信概率68.26%和99.73%时的不确定度；② γ 为年稳定度；③ δ 为最大允许误差。

图 9-19 标准电感的计量检定系统

9.2.4.2 标准电感的检定

（1）标准电感的主要技术要求

标准电感通常是由绝缘铜导线在大理石或陶瓷框架上绕制而成。标准电感的检定一般应进行外观检查及最大允许误差、年稳定度等项检定。各等级标准电感的最大允许误差、年稳定度的要求如表 9－13 所示。

表 9－13 标准电感的主要技术特性

准确度等级	最大允许误差 δ %	年稳定度 γ （$\times10^{-2}$/年）	温度系数 α （$\times10^{-5}$/℃）	湿度系数 β （$\times10^{-5}$/10%）
0.01	±0.01	±0.01	±1	±2
0.02	±0.02	±0.02	±1	±2
0.05	±0.05	±0.05	±5	±2
0.1	±0.1	±0.1	±5	±5
0.2	±0.2	±0.2	±10	±10
0.5	±0.5	±0.5	±10	±10
1.0	±1.0	±1.0	±10	±10

（2）标准电感的量值检定

① 检定条件

检定标准电感时，被检电感应在规定的检定条件下放置到量值足够稳定（一般不少于 5 h）才可以开始检定，具体的检定条件应符合表 9－14 的规定。

表 9－14 标准电感的检定条件

准确度等级	温度/℃	湿度/%	电磁场干扰
0.01	20±1	50±10	与检定频率相同的外磁场不大于 0.01mT
0.02	20±2	50±20	
0.05	20±2	50±30	
0.1	20±5	50±30	
0.2	20±5	50±30	
0.5	20±5	50±30	
1.0	20±5	50±30	

② 检定方法

标准电感的检定方法主要有两种：直接测量法和替代法。

i）直接测量法

直接测量法是用标准仪器直接进行测量，被检电感的电感值直接由标准仪器读数盘的示值确定。所用标准仪器引入的误差不应大于被检电感最大允许误差的 1/3。若标准仪器的等级与被测电感的等级相同，必须引用标准仪器相应的更正值。

用具有“零平衡”盘的电感电桥检定标准电感，其电桥线路如图 9－20 所示。被检电感与电桥的连接采用长约 50～100 cm 的绞合屏蔽连接导线，以使其远离桥体，减少互感耦合的影响。先测量连接导线的电感，此时，用专用短路片或将两根连接导线接在同一端钮上将被检电感短路。在电桥各读数盘全部置于零位时，反复调节零平衡盘和电阻盘，使电桥平衡。

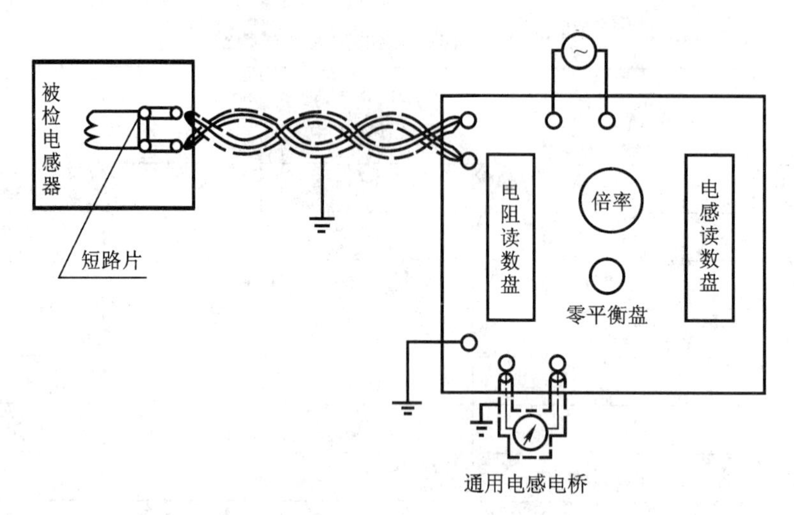

图 9－20　直接测量法检定标准电感

去除短路片将被检电感接入，保持“零平衡”盘示值不变，调节电感读数盘和电阻盘使电桥再次平衡，并读取电桥示值，则被检电感的电感值

$$L_x = L_s \frac{R_A}{R_B} \tag{9-16}$$

式中：R_A、R_B——电桥比率臂电阻；

L_s——电感读数盘示值。

ii）替代法

替代法是把标准的和被检的电感互相替代，调节电桥读数盘和电阻盘使电桥平衡，由读数盘两次读数的差值确定被检电感的实际值。替代法用于相同标称值电感的检定，其测量不确定度基本上由标准电感所决定。替代法检定时，标准电感的准确度等级应比被检电感高两级，并使用标准电感的标称值或实际值，以保证测量总误差不大于被测电感最大允许误差的 1/3。替代装置的分辨力、短期不稳定性等所引起的误差，应不大于被检电感最大允许误差的 1/10。

用图 9－20 所示的具有“零平衡”盘的电感电桥进行替代法检定时，先接入标准电感，电桥“零平衡”盘放在零位，电感读数盘置于与标准电感标称值相同的位置。反复调节电感读数盘和电阻盘使电桥平衡。换接被检电感，替代过程中，接入方法和连接导线的几何形状必须保持不变。此时，保持电感读数盘不变，调节“零平衡”盘和电阻盘使电桥再次平衡。由“零平衡”盘的读数 ΔL 确定被检电感实际值为

$$L_x = L_s + K\Delta L \tag{9-17}$$

式中：L_s——标准电感实际值；

K——电桥比率；

ΔL——"零平衡"盘读数。

在非检定频率下使用标准电感时，应进行频率修正，修正公式为

$$L_2=L_1\left[1+4\pi^2\left(f_2^2-f_1^2\right)L_1C\right] \tag{9-18}$$

式中：L_1——检定频率 f_1 下的电感实际值；

L_2——非检定频率 f_2 下的电感值；

C——电感线圈固有电容。

L_2 的不确定度 u_2 按下式确定

$$u_2=u_1+4\pi^2\left(f_2^2-f_1^2\right)L_1\Delta C \tag{9-19}$$

式中：u_1——L_1 的不确定度。

在检定标准电感时应注意：a. 不能超过标准电感的额定电流；b. 在规定的频率范围内使用；c. 标准电感附近不能有铁磁物质和干扰磁场。

9.2.5 交流电量的计量

电量是电压、电流、电功率、电能等与电荷有关的量的总称。

交流电量的检定标准是以直流电量为基础，通过交直流转换标准导出的。直流电压、电流的保存和传递由标准电池、标准电阻、各种直流电压和电流的比率量具和仪器、仪表来实现；直流功率则是直流电压与电流的乘积。同样，交流电压和电流也是通过各种交流电压、电流的比率量具和仪器、仪表来进行传递的；交流功率则是通过功率的交直流比较仪直接导出。

交流电量标准是在频率为 40～15 000 Hz 范围内工作的交直流转换标准、电压标准、电流标准和功率标准。我国交流电量标准的水平如表 9－15 所示。

表 9－15　我国交流电量标准的水平

名　称	测量范围	不确定度	备　注
交直流转换标准（热电变换器）	额定电流：15 mA，30 mA 输出电势：16 mV	10^{-6}	
交流电压标准	0.5～600 V（40～1 500 Hz）	综合：2×10^{-5}（3σ） 交直流转换：5×10^{-6}	稳定度：1×10^{-5}
交流电流标准	0.01～10 A（40～1 500 Hz） 0.01～10 A（1 500～15 000 Hz）	2×10^{-5}（3σ） 3×10^{-5}（3σ）	稳定度：1×10^{-5}
交流功率标准	0.05～10 A（40～15 000 Hz） 7.5～600 V（40～15 000 Hz）	综合：3×10^{-5}（3σ） 交直流转换：1.5×10^{-6}	稳定度：1×10^{-5}
交流电能标准	0.1～10 A 30～380 V（50 Hz） $\cos\varphi$：0～1	1.5×10^{-5}	

注：σ 为标准偏差。

9.2.5.1　交流电流与电压的计量

（1）交流电流与电压的计量方法

交流电流与电压的特点是其量值时刻都在变化，因而常用有效值、平均值、峰值等表示交流量的量值。此外，交流量不像直流量那样可用实物基准来复现，所以在计量交流量时，必须用直流量的基准、标准作参考。交流电量的计量都是以直流电量的计量为基础的，这就需要应用转换装置，使交流量可与和其相当的直流量比较，通常称为交直流转换，这是交流量计量中最关键的问题。

目前，交直流转换的标准多采用热电变换器。热电变换器以热电变换原理为基础，与以电动系、静电系以及电子系原理为基础的交直流比较仪相比，具有极小的交直流转换误差、较高的灵敏度和良好的稳定性，且使用方便、准确度高。

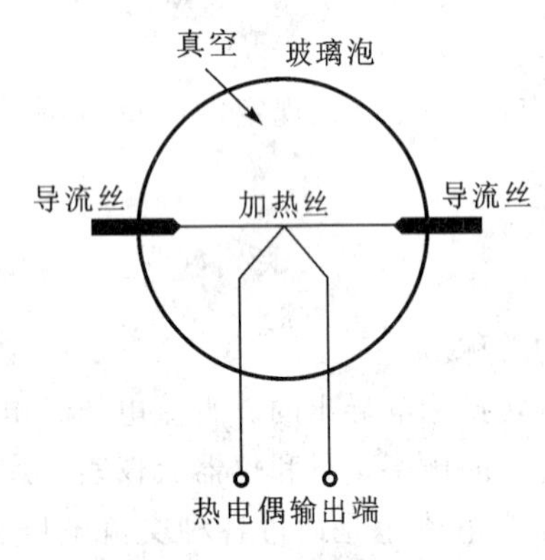

图 9-21　真空单元热电变换器

热电变换器由加热丝和热电偶组成，其间有云母绝缘。它的结构有单元热电变换器和多元热电变换器两种，图 9-21 为常用的真空单元热电变换器的示意图。

实际计量时，轮流将交流电流及直流电流通入加热丝。如果在这两种情况下热电偶输出的热电势相等，就认为加热丝的发热量相同，即交流电流的有效值等于直流电流的数值。因此，只要计量出直流电流，就可得出相当的交流电流的有效值。在计量交流电压的有效值时，可先用电阻元件将交流电压转换成交流电流后再计量。

加热丝的额定电流约为数十毫安，而且只有在接近额定值时才能得到较好的效果。为了使热电偶适用于计量不同量值的电流和电压，需用电阻分流器、分压器或感应耦合比例器件扩展热电偶的量限。一般常将热电偶和扩展量程的附件组装在一起，组成热电比较仪，不确定度为 10^{-4} ～10^{-5}。

热电变换器的转换误差包括：

① 直流误差

热电转换过程中通过直流和交流时，由于汤姆逊效应和珀尔帖效应的不同的影响而引起的误差为直流误差。当直流电流通过有温度梯度的加热丝时，汤姆逊效应引起附加发热；当直流电流通过两种金属的接触面时，珀尔帖效应产生附加发热和冷却，这种影响即使是取反向平均值时也不能抵消。但是，当通过交流电流时，上述两种效应对正、反向电流可互相抵消，因而引起误差。

② 高频误差

在高频上，加热丝除有功电阻外，本身具有的电感和寄生电容也有影响。并联在加热丝两端的电容使电流旁路，对地寄生电容则使对地泄漏电流通过加热丝。此外，高频时的趋肤效应亦使有功电阻增加，从而引起误差。

③ 低频误差

频率较低时，加热丝的温度随电流大小而波动，产生热电势的附加直流分量，引起误差。采用具有保护热电偶的结构，并选用汤姆逊系数较小的卡玛丝作为加热丝材料，在音频范围内热电变换器的交直流转换的不确定度为 10^{-6}。

(2) 交流电量平均值的计量

交流电量平均值也是一种经常需要计量的量。在计量交流电流的平均值时，需在电流回路中串联一个全波（半波）整流回路，如图 9－22 所示。把整流后的电流在一个电阻上的压降的直流分量，用通常计量直流电压的方法计量。

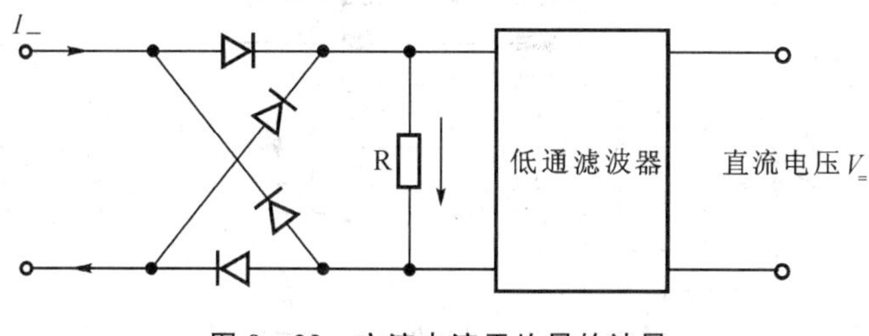

图 9－22　交流电流平均量的计量

设电阻 R 上的压降的直流分量为 $V_{=}$，则交流电流的平均值

$$\bar{I}=\frac{V_{=}}{R} \tag{9-20}$$

用这种方法计量电流平均值的不确定度为 10^{-3}～10^{-4} 量级。

交流电压的峰值也是一个经常要计量的量值。图 9－23 所示为一种计量交流电压峰值的方法。在一个高倍直流放大器的输入端，将被计量的交流电压 $V_{\sim}$ 和一个可调的标准直流电压 $V_{=}$ 串联在一起。由于放大器的放大倍数很高，因此很小的电压就可使它的输出端饱和。当 $V_{=}$ 的绝对值大于 $V_{\sim}$ 的峰值时，V_{in} 总是负值，V_{out} 保持在负的饱和状态。当 $V_{=}$ 的绝对值逐步减少，使 $V_{\sim}+V_{=}$ 在峰值处转变为正值时，V_{out} 就会在此处上升到正的饱和值，因而输出波形中出现窄脉冲。在这样的窄脉冲刚刚出现时，就表示交流电压 $V_{\sim}$ 的峰值等于标准直流电压 $V_{=}$。因此，可用调节 $V_{=}$ 来确定 $V_{\sim}$ 的峰值，计量不确定度为 10^{-3} 量级。

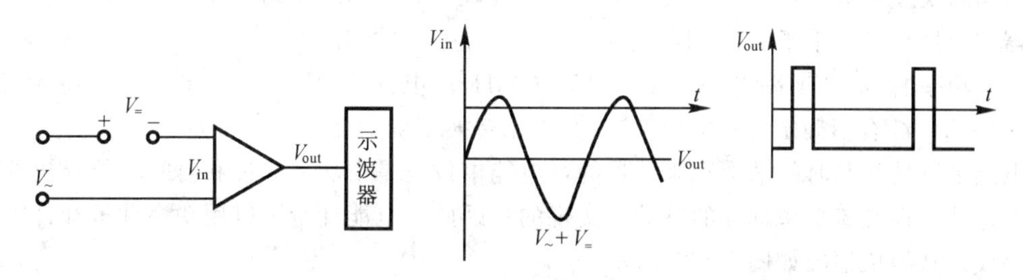

图 9－23　交流电压峰值的计量

9.2.5.2　交流功率和电能的计量

在工业生产中，电是主要的能源。因此，交流功率和电能的计量占有非常重要的地位。

交流功率标准由热电式交直流功率比较仪、感应分压器和电流互感器组成。感应分压器和电流互感器用于扩展电压和电流量程，其极小的角误差提高了功率比较仪在低功率因数时的准确度。电流互感器的初、次级是隔离的，使得整个标准装置能与任何功率测量线路进行比较。热电式交流功率标准的工作原理如图 9－24 所示。

热电式交流功率标准由一个双桥电路组成，它有两个双加热丝的多元热电变换器 T_1 及

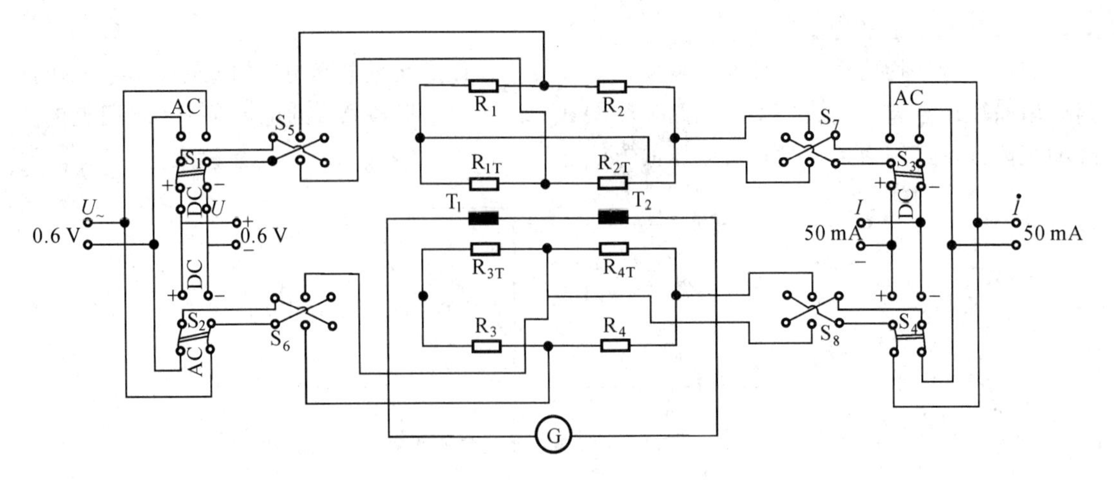

图 9－24　热电式交流功率标准的工作原理

T_2，双加热丝 R_{1T}、R_{2T}、R_{3T}、R_{4T} 和 4 个电阻 R_1、R_2、R_3、R_4 的电阻值彼此相等，并组成上、下两等臂电桥。上、下等臂电桥可完成（$A+B$）和（$A-B$）的运算，加热丝可完成 $(A+B)^2-(A-B)^2=4AB$（其中 $A=K_1U$，$B=K_2U$，K_1，K_2 为桥臂系数）的运算。

当上桥接入交流电压和交流电流时，下桥同时接入相应大小的已知直流电压和直流电流，但交、直流功率极性彼此相反（可使上、下桥电压极性相同，电流极性相反）。当上、下两桥参数完全对称、两热电变换器输出电势的差值为零时，交流功率即等于已知直流功率。当上、下两桥参数不完全对称时，可交换其输入量，此时的测量结果应取两次测量的平均值。

双桥功率比较仪的额定电压为 0.6 V，额定电流为 50 mA，组成双桥的桥臂电阻消耗功率很小，负载效应可以忽略，并可消除热电变换器非平方律特性和两热电变换器特性不一致时所引起的误差。双桥功率比较仪的交直流转换误差在 $\cos\varphi=1$ 时，小于 1×10^{-5}；用感应分压器扩展量程时，小于 1.5×10^{-5}。

交流功率标准的频率范围：40～15 000 Hz；电压范围：7.5～600 V，电流范围：0.05～10 A，综合不确定度：3×10^{-5}，交直流转换不确定度：1.5×10^{-5}。

电能是以功率和时间的乘积来计量的，电能单位也是由功率单位和时间单位导出的。交流电能标准是在交流功率标准的基础上实现的。因此，电能计量可以用功率计量和计时装置共同完成，其组成框图如图 9－25 所示。

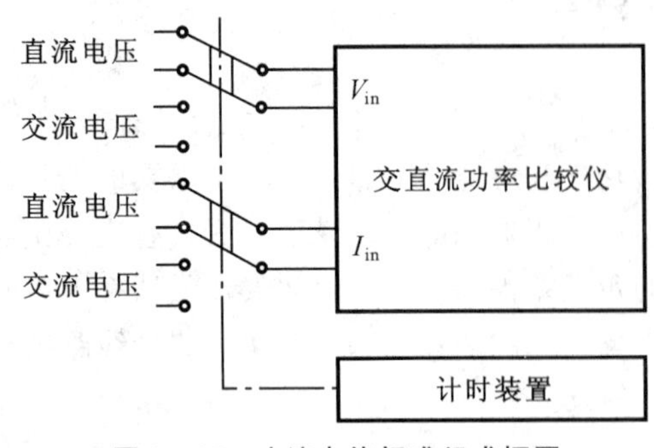

图 9－25　交流电能标准组成框图

将交直流功率比较仪的输入端轮流接到交流或直流的电压、电流处，换向开关同时与一计时装置相连。依次在相同时间间隔（如 100 s)内计量交流或直流的功率，就完成了交流和直流电能的比较。

交流电能标准的工作频率为 50 Hz，电压范围为 30～380 V，电流范围为 0.1～10 A，功率因数 $\cos\varphi=0\sim1$，综合不确定度为 1.5×10^{-5}。

9.3 磁学量的计量

磁计量是电磁计量的重要组成部分，其内容可分为两大部分：一部分是各种磁学量，如磁通、磁感应强度、磁矩等的计量；另一部分是磁性材料各种交、直流磁特性的计量。前者是基础，后者则与实际应用关系密切。两部分的计量方法有着许多共同点。

9.3.1 磁通计量

9.3.1.1 磁通标准

磁通是闭合回路所围的磁感应强度的通量，它是磁计量中非常重要的一个量。磁感应强度是磁学中的一个基本量，但是直接计量空间或材料中某一点的磁感应强度是很困难的。所以，通常要先计量某一截面的磁通，然后再计算此截面中的平均磁感应强度。另外，磁通与电学量的关系很密切，磁通变化直接反映为感应电动势。由此可见，磁通实际上是联系磁计量和电计量的纽带。由于磁计量中所用的标准均由电计量标准导出，磁通在磁计量中占有明显的重要地位。

磁通的标准量具是标准互感线圈。其互感值可用两种方法导出，一种是计算法，即做一个尺寸很准确的精密互感线圈，然后由计量出的各部分尺寸计算出互感值。在此类计算互感中，康贝尔（Campbell）线圈是用得比较广泛的一种，如图 9－26 所示。

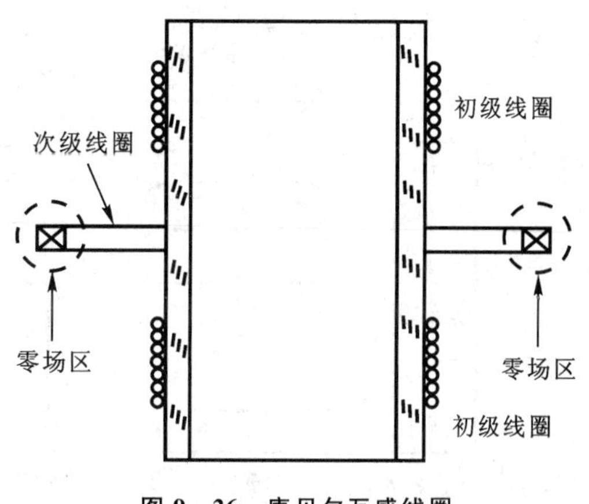

图 9－26　康贝尔互感线圈

它的初级线圈为绕在精密磨制的熔融石英骨架上的单层线圈，线圈有上下两个部分，绕制方向相同。计算指出，在线圈外部的磁场中，存在一个很小的环状零场区。如把次级线圈布置在零场区中，它耦合的磁通就和该线圈的尺寸关系不大。这样，对次级线圈的工艺要求就可放低，还可做成多层线圈以增加互感量。康贝尔线圈的计量准确度可达 $10^{-5}\sim10^{-6}$。

另一种导出互感量的方法是由计算电容导出的定义阻抗系统。其方法是在电容、电感、电阻这 3 个量中选择一个或两个量来导出互感量。得到互感量 M 的定义数值后，在初级线圈上通以电流 I，则次级线圈所耦合的磁通 Φ 为

$$\Phi=MI \tag{9-21}$$

这样得到的磁通就可作为标准磁通。

9.3.1.2 磁通计量器具的检定

(1) 检定系统

磁通计量器具的检定系统如图 9－27 所示。

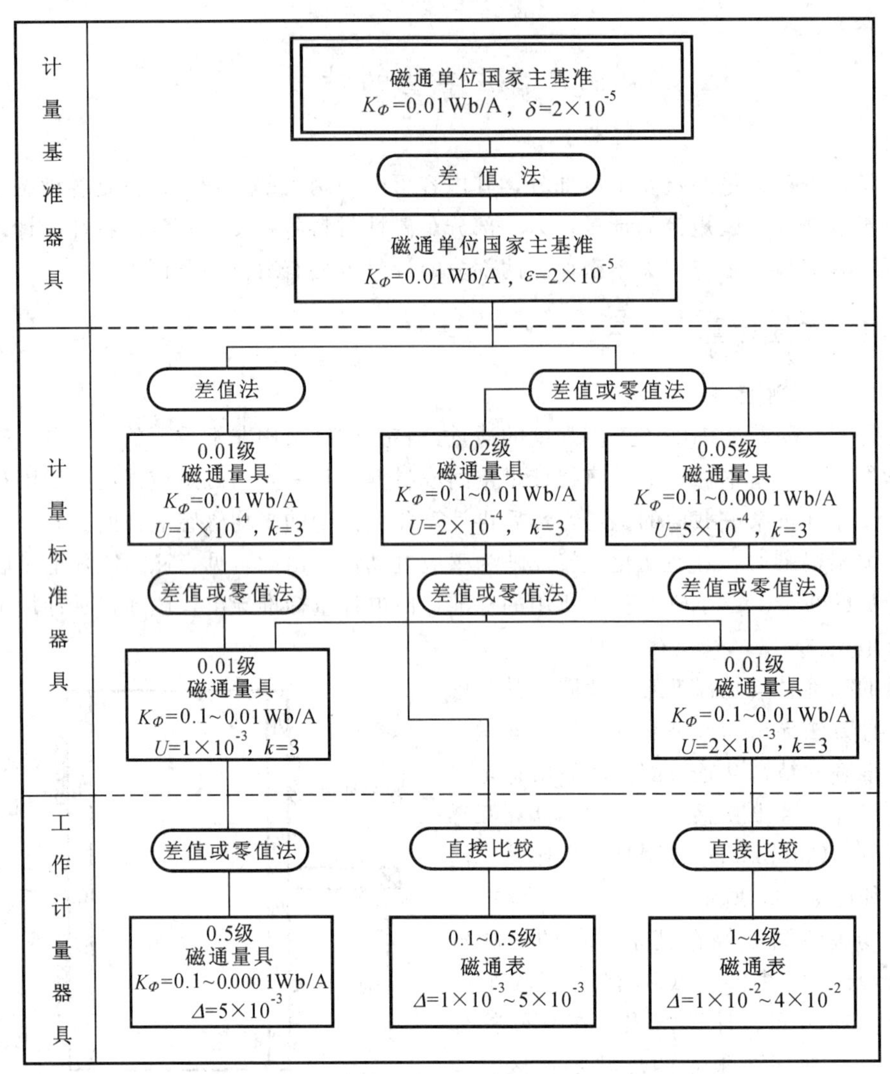

注：K_Φ—磁通常数；δ—最大允许误差；ε—允许误差；U—不确定度；k—置信因子；Δ—基本误差。

图 9－27　磁通计量器具的检定系统

（2）检定方法

磁通计量器具的常用检定方法有冲击比较法和电流比较法。其中，冲击比较法是在冲击法测量磁通的基础上发展起来的，其特点是在比较量具的两个初级绕组中通过相同的电流，而用接入两个对接的次级绕组回路的冲击检流计作为读数和指令装置。冲击比较法可用于检定磁通量具、磁场量具、磁矩量具和标准测量线圈。电流比较法是在相比较的两个量具的初级绕组中通以不同的电流，在次级绕组回路中接入指零装置，通过调节初级回路的电流使线路达到平衡。

冲击比较法是磁通计量器具检定的常用方法。按接线方式分类，冲击比较法还可以分为差值法和零值法两种。

图 9-28 所示为冲击比较法中的差值法原理图。

将进行比较的两个量具的初级绕组串接，次级绕阻通过冲击检流计 G 对接。当改变初级绕组中的电流时，检流计的偏转与两个量具的磁通变化量之差成正比，即

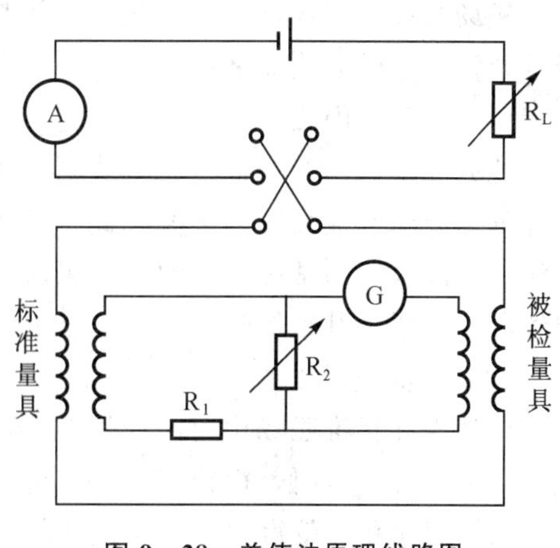

图 9-28　差值法原理线路图

$$\Delta\Phi=\Phi_x-\Phi_s=\pm C_\Phi\Delta\alpha \tag{9-22}$$

式中：$\Delta\Phi$——两个量具的磁通变化量；

Φ_s、Φ_x——标准、被检量具的磁通变化量；

C_Φ——检流计的冲击常数；

$\Delta\alpha$——检流计的偏转。

所以，两个相比较量具的互感关系为

$$M_x=M_s\pm C_\Phi\Delta\alpha \tag{9-23}$$

式中：M_x、M_s——标准、被检量具的互感值。

电阻 R_1 和 R_2 构成分压器，以适应不同量程的互感作相互比较。使用这种计量方法，在检定同标称值的互感线圈时，其不确定度为 $10^{-3}\sim10^{-4}$；而当比较不同标称值的互感时，准确度要低一些。

零值法用于不同名义值的量具，其测量原理与差值法相近。

（3）影响因素

在检定过程中，主要的影响因素有：

① 平面标尺的影响。当冲击检流计使用平面标尺时，读数与实际偏转角所对应的弧长不一致，必须进行修正计算。通常选用标尺到检流计小镜的距离为 1 500 mm，对应偏转角的修正值由检定规程给出。

② 环境的影响。周围环境中的铁磁物质及杂散电流源对于标准量具、被检量具、冲击检流计及测量回路的附加感应是产生测量误差的重要来源。为了使附加误差减少到最低限度，必须保持冲击检流计、标准量具、被检量具、电源、电流表之间有足够的距离（通常为 1.5～3 m），并注意不要使测量回路的连接线形成明显的闭合回路。构成回路的各部分导体最好采用同一材料，并保持温度均匀，以减少可能产生的热电势。整个装置还应有良好的屏蔽与接地。

9.3.2　磁感应强度的计量

运动的电荷产生磁场，磁场对运动的电荷有磁场力的作用。所有的磁现象都可归结为运动电荷之间通过磁场而发生的相互作用。通常把运动电荷受到磁作用力的空间，称为有磁场存在的空间。也可以把包围运动电荷、运动电荷系统或载流导体的空间称为磁场。

磁场的强弱通常用磁感应强度 B 来描述。磁感应强度的单位是特斯拉，符号为 T。特斯拉的定义是：特斯拉是 1 Wb 的磁通量均匀而垂直地通过 1 m^2，面积的磁通量密度。磁感应强度 B 与磁场强度 H 之间仅差一个系数——磁导率 μ，即 $B=\mu H$，故用 B 或 H 均能表示磁场的强弱。

磁感应强度的标准量具如表 9-1 所示。对磁感应强度的计量即是利用这些标准量具实

现对磁场的计量。计量的方法较多，实际使用时可按被计量磁场的强度和准确度高低来选择。几种常用的方法如下：

（1）计算线圈法

此方法是利用一个标准量具线圈，通常是螺线管或亥姆霍茨线圈，按其计量所得的几何尺寸计算出磁感应强度的量值。此法的准确度可达 $10^{-5}\sim10^{-6}$，故常作为产生标准磁场的方法。标准线圈通常是单层的。如果对磁感应强度的准确度要求低于千分之一，也可以用多层线圈，以增加其磁场强度。

（2）计量线圈法

此法先在标准磁场中定出计量线圈的有效面积，然后把线圈放入被测磁场 B 中，再突然拉出磁场外。这时，由线圈中感应电势的积分就可求出原来耦合的磁通 Φ。把求得的磁通 Φ 除以线圈面积，就得到磁感应强度的平均值。感应电势的积分可用冲击检流计、电子积分器等完成。这种方法的不确定度为 $10^{-2}\sim10^{-3}$。

（3）核磁共振法

在恒定磁场中，任何具有本征磁矩的原子核都会产生能级分裂。如果在垂直于外磁场的方向加一个小的射频场，当射频场的角频率等于原子的进动频率时，系统中处于低能级的粒子就从射频场中吸收能量，跃迁到相邻的高能级上去，这个现象称为核磁共振。核磁共振理论提供了一种非常准确实用的磁场测量方法即核磁共振法。

根据量子理论，处在磁场中的粒子，其能级之间的跃迁频率与磁感应强度 B 之间有如下关系

$$\omega=\gamma B \tag{9-24}$$

式中，γ 是与粒子有关的基本物理常数，称为磁旋比。

若将具有核磁矩的质子置于恒磁场中，并加以交变磁场，则当该磁场的频率满足一定条件时，便会出现能量的谐振吸收，即所谓的核磁共振。这时的谐振频率为

$$\omega_P=\gamma_P B \tag{9-25}$$

式中，γ_P为质子的磁旋比。

由此可见，若能准确地测得 γ_P，便可通过频率求出磁感应强度 B。γ_P可通过核磁共振法测得，具体又分为有强场法（共振吸收法）和弱场法（自由进动法）。

利用上述原理制成的核磁共振测场仪，测量磁场的范围约为 $1\times10^{-2}\sim2T$，不确定度为 $10^{-5}\sim10^{-6}$。利用核磁共振法建立的磁场强度基准的精度约为 $10^{-6}\sim10^{-7}$。但是核磁共振法只能在均匀磁场中使用。

（4）霍耳效应法

霍尔效应是指导电材料中的电流与磁场相互作用而产生电动势的物理效应。将一条形金属或半导体置于磁场中，并在垂直于磁场的方向上通以电流。载流子在磁场中运动时，受到洛仑兹力的作用而发生偏转，从而在条形样品的侧面产生电压，这种现象称为霍尔效应，产生的电压称为霍耳电动势，通常以 U_H 来表示

$$U_H=R_H\frac{I\cdot B}{d} \tag{9-26}$$

式中，R_H 为材料的霍尔系数；I 为材料中通过的电流；B 为磁感应强度；d 为材料的厚度。由式（9-26），有

$$B=\frac{d}{I \cdot R_H}U_H \tag{9-27}$$

由式（9－27）便可以求出磁感应强度。这种方法的优点是使用简便，可以连续读取被测磁感应的数值；而且由于样品小，因此适用于计量小范围内的磁场。这种方法的不确定度为 10^{-2}～10^{-3}。

此外，发电机法、磁阻效应法等也可用于计量磁感应强度。近年来，弱磁场的计量发展也很快，出现了铁磁探针法、光系法、超导量子干涉器件等新型的方法及器件，特别是超导量子干涉器件，可分辨 10^{-15} T 的弱磁场。

9.3.3 磁性材料磁特性的计量

磁性材料应用极广，种类繁多。计量各种材料的磁特性是磁计量的一项重要任务。磁特性计量分为直流磁特性计量和交流磁特性计量两部分。

9.3.3.1 直流磁特性计量

直流磁特性计量是指材料的静态磁特性的计量。材料的试样可以做成环形或条形，如图 9－29 所示。环形样品的优点是磁化状态比较均匀，缺点是制作及线圈绕线均较困难。条形样品磁化不够均匀，但制作较方便，且可套上预先绕好的线圈或放入电磁铁的气隙中进行磁化，不必每次都重新绕制线圈，所以应用也很普遍。

（1）环形样品具有较理想的闭磁路，只要在样品上均匀地绕上线圈后，就可计量材料的磁化曲线，即 $B-H$ 特性曲线。其中，H 为材料中的磁场强度，可用单位长度的安匝数算出；B 是材料中的磁感应强度。由于铁磁性材料是非线性材料，所以不能用单一值而只能用曲线表示其磁特性。实验证明，当磁场强度 H 来回变化时，$B-H$ 曲线会形成回线形状，称为磁滞回线，如图 9－30 所示。为了使磁滞回线计量准确，计量前需先对样品进行退磁，以消除剩磁的影响。然后从回线的尖端顶点开始，一点一点地计量出回线上的各点。从不同的顶点开始，计量所得的回线也不一样，图 9－30 中就画出了三条不同的回线。如果把整个一族回线的顶点连起来，也构成一条曲线，称为基本磁化曲线。基本磁化曲线上的点与原点连线的斜率称为磁导率，记作 μ

$$\mu=\frac{B}{H} \tag{9-28}$$

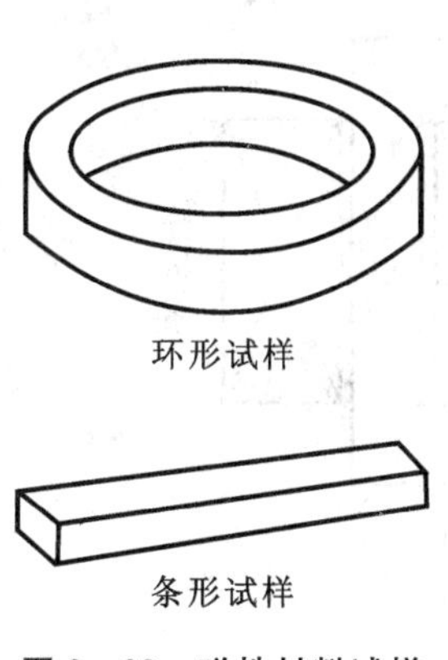

图 9－29 磁性材料试样

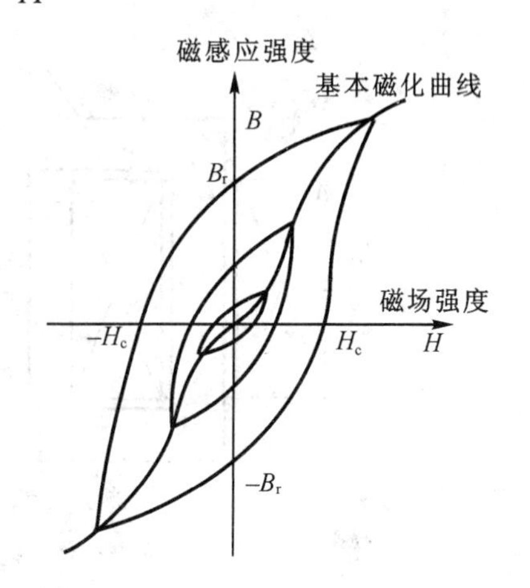

图 9－30 磁滞回线和基本磁化曲线

磁导率 μ 的大小表征单位 H 所激励出的磁感应强度，所以它直接表示了材料磁化性能的强弱。由于基本磁化曲线不是一条通过原点的直线，所以在给出 μ 值时，应同时给出 H 或 B 值，才能使含义较为确切。曲线起始部分所对应的磁导率称为初始磁导率。磁导率的最大值则称为最大磁导率。

磁滞回线所围面积很小的材料称为软磁材料。这种材料的特点是磁导率较高，在交流下使用时磁滞损耗也较小，故常用作电磁铁或永磁铁的磁轭以及交流导磁材料。如，电工纯铁、坡莫合金、硅钢片、软磁铁氧体等都属于这一类。磁滞回线所围面积很大的材料称为硬磁材料，其特性常常用剩余磁感应 B_r 和矫顽磁力 H_c 这两个磁滞回线的特定点的数值表示（见图 9-30）。B_r 和 H_c 大的材料可作为永久磁铁使用。有时也用 B、H 乘积的最大值 $(BH)_{max}$ 衡量硬磁材料的性能，称为最大磁能。硬磁材料的典型例子是各种磁钢合金和永磁钡铁氧体。

按图 9-28 中原理所制造的装置，确定其计量磁性材料的特性曲线比较繁琐。因为这是一种平衡型装置，需反复调整才能计量出一个点的量值。所以要计量整族曲线就要花相当多的时间。常用的方法是直接用冲击检流计测定。冲击检流计是一种积分装置，可以从感应电动势求出磁通。读数的比例系数可以预先用标准互感线圈校准。冲击检流计的缺点是读数不确定度达 10^{-2}～10^{-3}。

近年来，利用电子技术改善了材料磁特性的计量装置。如可令电流（或 H）自动扫描，扫描过程中的感应电势用电子积分器转换成磁通。这样就可直接在 $X-Y$ 记录仪上画出磁滞回线，而不必像用冲击检流计那样逐点进行计量。

(2) 使用条形样品时，应设法构成闭磁路，以便计量出磁滞回线族及基本磁化曲线。较长的条形样品可放在图 9-31 所示的磁导计中计量。其中的闭磁路由样品及用软磁材料制成的磁轭构成。磁化线圈绕在磁轭上，可通电流使样品磁化到规定的状态，用绕在样品上的线圈可计量样品中的磁通，并由此算出磁感应强度 B。磁场强度 H 则可用紧贴在样品表面的小线圈计量出切向磁场分量后算出，也可用霍耳元件计量出来。较短的条形样品不宜放在磁导计中计量。一般可夹在电磁铁的极头之间进行磁化。磁感应强度 B 和磁场强度 H 的计量原理和图 9-31 中所示的相似。使用电磁铁的优点是磁感应强度最高可达 3T，比磁导计高得多。

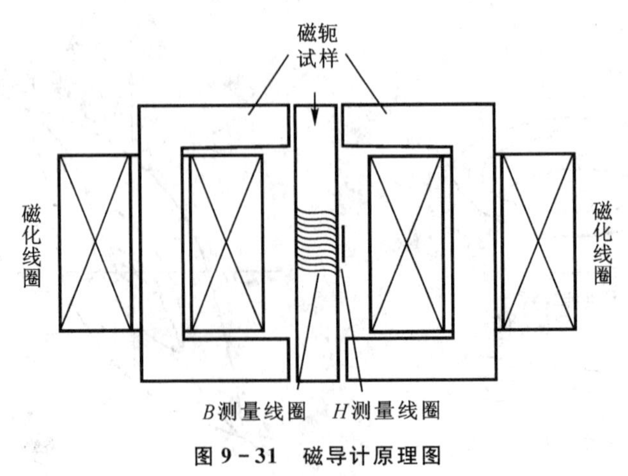

图 9-31　磁导计原理图

有的材料，如稀土钴磁性材料矫顽力特别高，即使用电磁铁也很难使其充分磁化。对这种材料一般不用闭合磁路的方法，而是将试样直接放在超导强磁场的螺管中进行磁化，或者用常温线圈通以脉冲大电流来磁化。由于未构成闭合磁路，使用这种计量方法时需考虑退磁因子的影响。这些材料的磁感应强度 B 和磁场强度 H 的计量原理仍与图 9－31 所示的相似。

对于一些弱磁性或非磁性材料，一般也不用闭磁路，而是直接把条形样品放在螺管中磁化。磁场强度 H 的量值可以直接由螺管常数和电流值算出，磁感应强度 B 的量值仍可用磁通法计量，但应扣除计量线圈未放样品时空气磁通的影响。

9.3.3.2 交流磁特性计量

交流磁特性计量有重要的实际意义，因为交流电动机、变压器的铁芯都是在交流状态下使用的。磁性材料的交流磁特性主要是指饱和磁感应强度、比损耗功率、起始磁导率和最大磁导率等几个参量。下面分别介绍这些参量的计量方法。

为了计量饱和磁感应强度，必须计量材料磁感应强度的峰值 B_{max}。由于 B 的波形往往因材料的非线性而呈现非正弦形状，所以 B_{max} 不能用通常处理正弦信号的方式求出。较为适用的方法是由计量线圈中感应电势的平均值 $\bar{e}$ 来确定 B_{max}，如图 9－32 所示。由于感应电动势 e 可由磁通 Φ 的导数求出，所以，感应电动势平均值

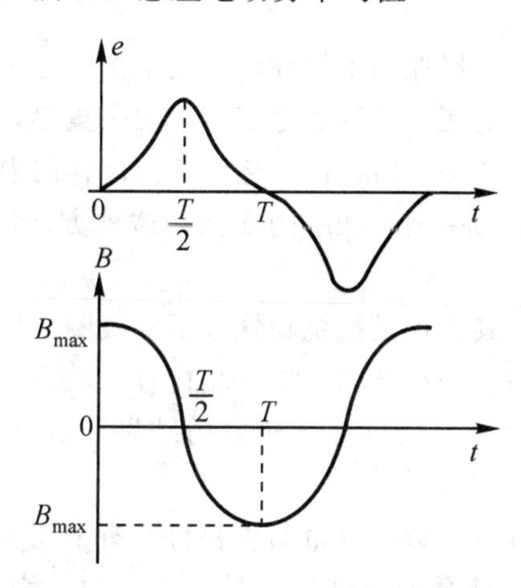

图 9－32　感应电动势 e 和磁感应强度 B 之间的关系

$$\bar{e}=\frac{1}{T}\int_0^T e\mathrm{d}t=-\frac{1}{T}\int_0^T \frac{\mathrm{d}\Phi}{\mathrm{d}t}\mathrm{d}t=-\frac{1}{T}(\Phi_T-\Phi_0) \tag{9-29}$$

如果线圈的截面面积为 S，匝数为 n，则

$$\Phi=nSB \tag{9-30}$$

代入式（9－29）后，得

$$\bar{e}=\frac{nS}{T}(B_0-B_T)=\frac{2nS}{T}B_{max} \tag{9-31}$$

即 $\bar{e}$ 与 B_{max} 成正比。计量出不同磁场强度 H 下的磁感应强度峰值 B_{max}，就可求出饱和磁感应强度。

计量磁性材料的损耗功率可以用瓦特计法，其计量原理如图 9－33 所示。它可用于硅钢片损耗功率的计量。

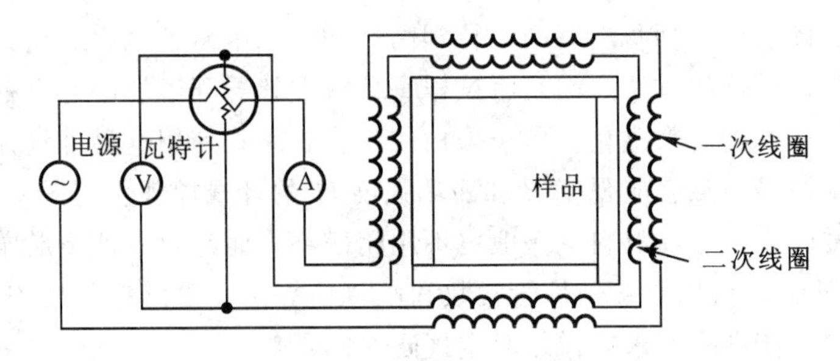

图 9-33 用瓦特计法计量硅钢片损耗功率

将条形样品拼成方形铁芯，外面绕上两层匝数相同的绕组，分别作为变压器的初级和次级线圈。外层的为初级线圈，通以激磁电流，并使此电流流过瓦特计的电流线圈；内层的为次级线圈，感应出的电动势加在瓦特计的电压线圈上。这样，瓦特计的读数就表示出铁芯中消耗的激磁功率中的有功分量，即损耗功率。损耗功率除以样品的质量，就是比损耗功率。由于采用了双层线圈，初级线圈的串联阻抗和铜损均不影响计量结果。图（9-33）所示的方形线圈称为爱泼斯坦（Epstein）方圈，用这种装置计量硅钢片的比损耗，不确定度在 1×10^{-2} 左右。

量热计法也可用于磁性材料损耗功率的计量，其工作原理为：把绕上线圈的铁芯放入与外界热绝缘的量热计中，通上电流，待温度稳定后，观察量热计中介质的温升。冷却后，再把直流电流通入量热计中的一个加热器，使量热计达到同样的温升。由于直流电流的功率易于精确计量，这样就可用直流功率表示铁芯的损耗。这种方法的优点是对电源波形不敏感，但是计量费时较多。

磁导率计量常用电桥法。其原理是把绕在铁芯上的线圈当作电感线圈来计量。计量出电感量后与几何形状相同但无铁芯的线圈的电感量相比较，就可求得磁导率及其损耗角。在采用感应耦合比例臂电桥时，此种方法可得到较好的结果，所求出的磁导率的不确定度约为 1×10^{-2}。

以上所述的磁性材料的各种参数的计量与材料特性有密切关系，而且还涉及由于非线性而引起的各种复杂问题，各种计量的条件也不易完全一致。为了统一各计量装置的计量结果，经常由国家计量研究机构向使用单位发放各种标准物质样品，使用单位就用这些标准物质样品检定其装置的计量准确度。

第10章　电能的计量

10.1　概　　述

电能计量是电学参数计量的重要分支，对电网安全运行及提高经济效益起着重要作用。随着国民经济的发展，对电能计量的准确度要求越来越高。所以，本章主要讨论电能计量的概念、计量方法和常用电能计量装置的检定问题。

10.1.1　电能计量的基本概念

根据电能的定义

$$W=\int_{t_1}^{t_2}P(t)\mathrm{d}t=\int_{t_1}^{t_2}u(t)i(t)\mathrm{d}t \tag{10-1}$$

可知，要测量电能，必须先测量功率 $P(t)$。如果功率是恒定的，则只需测量 $P(t)$，再乘以一定的时间间隔 t，就可得到在时间间隔 t 所消耗的电能；如果功率是变化的，则必须采用具有累积功能的仪器或仪表。功率的测量是测量短时间内（单位时间）的平均能量；电能的测量是长时间功率的积分值，即电能是功率对时间的积分值，功率是电能对时间的微分值。

电能计量是由电能计量装置来确定电能量值，为实现电能量单位的统一及其量值准确一致所进行的一系列工作。

在电力系统中，电能计量是电力生产、销售以及电网安全运行的重要环节，发电、输电、配电和用电均需要对电能进行准确测量。其准确与否直接关系着各项电业技术经济指标的正确计算、营业计费的准确性和公正性，事关电力工业的发展、国家与电力用户的合法权益。因此，搞好电能计量技术具有十分重要的意义。

通常我们把电能表、与其配合使用的互感器以及电能表到互感器的二次回路连接线统称为电能计量装置。其中，电能表是电能计量装置的核心部分，它起着计量负载消耗的或电源发出的电能的作用。然而，在高电压、大电流系统中，一般的测量表计不能直接接入被测电路进行测量，需要先通过电压互感器和电流互感器将高电压、大电流变换成低电压、小电流后再接入电能表进行测量。使用互感器一方面可以降低仪表绝缘强度、保证人身安全，另一方面扩大了电能表的量程、减小了仪表的制造规格。电能计量装置二次回路是通过导线将电能表和互感器连接的，易于工作人员监测，但所构成的二次回路可能会对电能计量装置的准确度产生影响。

10.1.2 电能表的分类

专门用于计量负荷在某一段时间内所消耗的电能的仪表称为电能表，它反映的是这段时间内平均功率与时间的乘积。根据其用途，一般将电能表分为两大类，即测量电能表和标准电能表。测量用电能表又可分成以下不同的类别：

（1）按结构和工作原理分为感应式（机械式）、静止式（电子式）和机电一体式（混合式）电能表。

（2）按接入电源性质分为交流电能表和直流电能表。

（3）按准确度等级分为普通级和标准级。普通电能表一般用于测量电能，常见等级有0.5、1.0、2.0、3.0级；标准电能表一般用于检验不同电能表，常见等级有0.01、0.05、0.2、0.5级等。

（4）按安装接线方式分为直接接入式和间接接入式电能表，其中又有单相、三相三线和三相四线电能表之分。

（5）按用途分为工业与民用电能表、电子标准电能表和特殊用途电能表等。常见的电能表有脉冲电能表、最大需量电能表和复费率电能表等。

10.1.3 常用电能计量方法

本章主要介绍在直流、单相和三相交流电路中功率和电能的测量方法。表10-1列出了功率和电能的计量方法，常用的仪器、仪表，测量范围及误差。

表10-1 功率、电能计量方法

被测量	测量方法		仪器、仪表	测量范围	误差/%
直流功率	直接测量	指示仪表法	功率表	0.025～10 A 0～600 V	2.5～0.1
		数字仪表法	数字功率表	0～10 A 0～600 V	1～0.05
		微机化仪器	带有微机的数字功率表	0～5 A 0～600 V	0.5～0.01
	间接测量	电流表、电压表法	电流表 电压表	0.1 mA～50 A 0～600 V	2.5～0.2
		补偿法	直流电位有计	由分压器、分流器定	0.1～0.005
直流电能	直接测量	指示仪表法	直流电能表	0～10 A	2～1
		数字仪表法	数字电能表	0～5 A 0～600 V	0.5～0.01
	间接测量	瓦-秒法	功率表、秒表	0～5 A 0～600 V	2.5～0.01

续表

被测量	测量方法		仪器、仪表	测量范围	误差/%
单相交流功率	直接测量	指示仪表法	附变换器式功率表	0～5 A 0～600 V CT、PT	5～2.5
		数字仪表法及微机化仪器	数字功率表	0～5 A 0～600 V 内附 CT、PT	0.5～0.01
	间接测量	多指示仪表法	电流表 电压表	10^{-4}～10^{2} A 10^{-3}～10^{5} V	2.5～0.3
		补偿法	交流电位差计	10^{-4}～2 V	0.5～0.1
		交、直流比较仪法	交、直流比较仪	0.05～10 A 15～600 V	0.05～10^{-5}
单相电能	直接测量	电能表法	电能表	0～50 A 0～220 V CT、PT	2.5～0.1
		数字仪表法	数字电能表	0～1 A 0～600 V	0.05～0.01
	间接测量	瓦-秒法	功率表、秒表	0～10 A 0～600 V	2.5～0.01
单相无功功率	直接测量	指示仪表法	无功功率表	0～5 A 0～100 V 0～220 V	1.5～0.5
		数字仪表法	数字仪表	0～5 A 0～600 V	1～0.05
非正弦波功率的测量	直接测量	微机化仪器	数字功率表（附 FFT）	0～300 A 0～500 V	1
低功率因数下功率的测量	直接测量	指示仪表法	低功率因数功率表	0～10 A 0～600 V	0.5
	间接测量	交、直流比较仪法	热电式交、直流比较仪	0.05～10 A 15～600 V	0.05
三相功率	直接测量	指示仪表法	三相功率表	0.025～10 A 0～1 000 V	2.5～0.1
		数字仪表法	数字功率表	0～5 A 0～1 000 V	0.1～0.01
	间接测量	一表法、二表法、三表法	单相功率表	0.25～10 A 0～1 000 V CT、PT	2.5～0.1

续表

被测量	测量方法		仪器、仪表	测量范围	误差/%
三相电能	直接测量	电能表法	三相电能表	0～5 A 0～100 V CT、PT	2.5～0.1
		数字仪表法	三相电子电能表	0～5 A 0～100 V	0.5～0.01
	间接测量	一表法、二表法、三表法	单相电能表	0～0.025 A 0～1 000 V	2.5～0.1
三相无功功率与电能	直接测量	指示仪表法	三相无功功率表与三相无功电能表	0～5 A 100、220、380 V	1.5
		数字仪表法	数字式无功功率表与无功电能表	0～5 A 0～600 V	2.5～0.5
	间接测量	一表法、二表法、三表法	单相功率表	0.025 A 0～1 000 V	2.5～0.1

10.2 电能计量方法

10.2.1 单相交流功率与电能的计量

10.2.1.1 指示仪表法

在工业生产中，测量单相交流功率大多采用电动系功率表，其准确度通常为 2.5、2.0、1.5、1.0 四级；在实验室中，测量功率的功率表常用 0.5、0.2、0.1 级，这类仪表通常是交、直流两用的。

单相交流电路有功功率的计算公式为

$$P=UI\cos\varphi \tag{10-2}$$

图 10-1 所示为测量单相电路有功电能的两种接线方法。

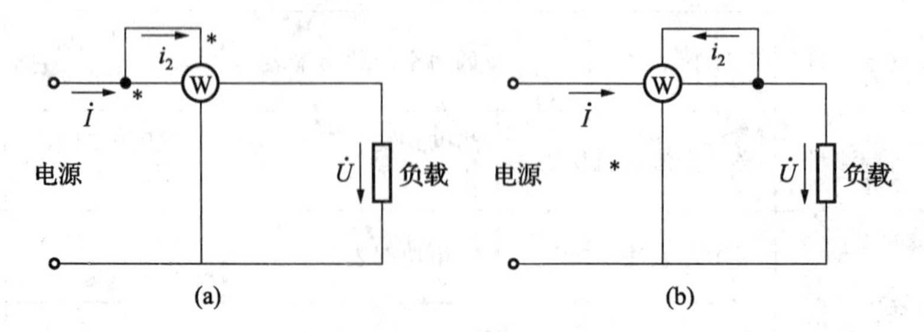

图 10-1 单相电路有功电能的接线方法

电能表的电流线圈或电流互感器的一次绕组必须与电源相线串联，而电能表的电压线圈应跨接在电源端的相线与零线（中线）之间。图 10-1 中标有“*”的一端为电源端，应与电源的相线连接。电流支路一端接电源端，一端接负载；电压支路一端可以接到电流端钮的任一端钮上，另一端必须接到负载的另一端。图 10－1（a）的接法通常是用在功率表电流线圈的内阻小于负载电阻，即电流线圈上的压降≤负载上的压降的情况下。图 10－1（b）的接法是用在负载电阻较小而电流线圈的内阻较大的情况下。当用户不用电时，由于电能表、电压线圈中仍有电流存在，使电能表产生转动，这种现象称为正向潜动。

电动系功率表在使用过程中，还需注意正确选择功率表的量限，即正确选择功率表的电压量限和电流量限。必须使电压量限能承受被测负载电压，被测负载电压值要大于所选电压量限量值的 2/3，小于电压量限；被测负载电流大于所选电流量限量值的 2/3，小于电流量限。

10.2.1.2 数字功率表法

数字功率（电能）表法通常采用交、直流两用仪表，从原理上可分为两大类：一类是具有模拟乘法器的数字功率表；另一类是计算式数字功率表。具有模拟乘法器的数字功率表（或电能表），一般采用具有时分割乘法器原理或具有霍尔乘法器原理的仪表。

根据 $P(t)=u(t)\times i(t)$ 表达式可知，具有模拟乘法器的功率表必须将被测电压 $u(t)$ 与被测电流 $i(t)$ 经过变换电路转换成乘法器所能接受的中间电量，再由乘法器将两者相乘，得到一个与被测功率 $p(t)$ 成正比的电压 U_0。电压 U_0 可以用数字电压表直接测量，用以显示被测功率的大小，如 2885 型数字功率表即为此方法；也可以经过电压（V）、频率（f）变换，再用数字频率测量线路完成功率测量，测量电能的数字电能表大多采用这种方法，其原理框图如图 10－2 所示。

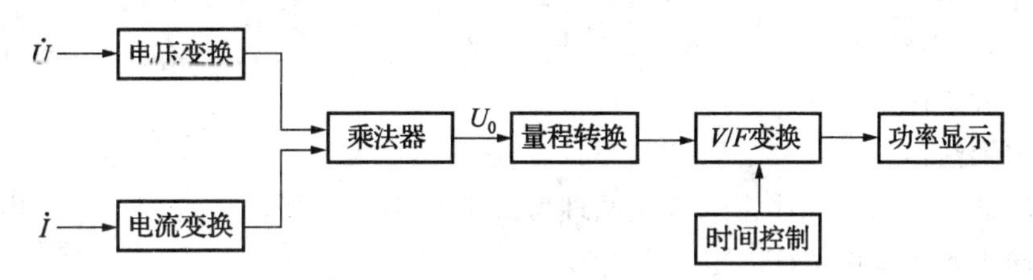

图 10－2 数字功率表原理图

（1）时分割乘法器

时分割乘法器是具有时分割乘法器的数字功率（电能）表的核心部件，其原理图及波形图如图 10－3 所示。

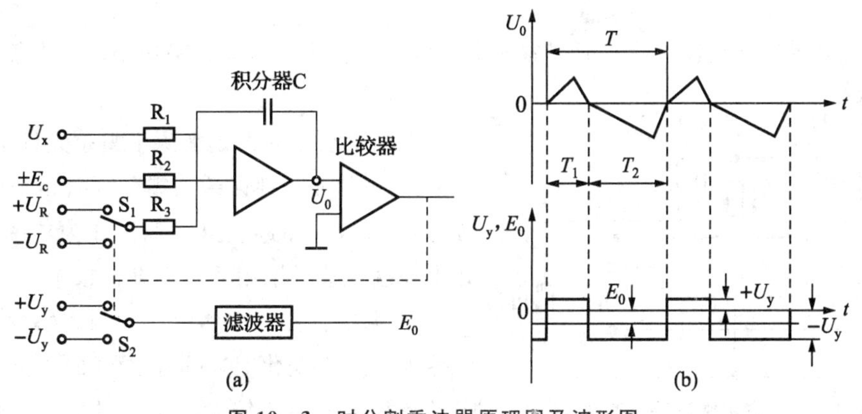

图 10－3 时分割乘法器原理图及波形图

图 10－3（a）中，U_x 为与被测电压成比例的电压，经过 R_1 加到积分器上；$\pm U_y$ 为被测电流经过变换电路变换的电压；$\pm E_c$ 是节拍电压，它是正、负对称的方波，其周期为 T，在一个周期中其平均值为零，通过电阻 R_2 加到积分器输入端；$\pm U_R$ 是参考电压，经过开关 S_1 和电阻 R_3 加到积分器输入端。经过变换后得

$$E_0 = K_P U_x I_x \tag{10-3}$$

式中，E_0 为时分割乘法器的输出电压；U_x 为被测电压（或与被测电压成正比例的电压）；I_x 为被测电流；K_P 为乘法器的功率变换系数。

由式（10－3）可知，时分割乘法器的输出电压与被测功率成正比。

测量直流功率时，可直接采用以上原理。测量交流功率功率时，需将交流电压和交流电流变换成直流电压后，再采用以上原理，但节拍电压的频率要大大高于输入交流信号的频率。那么，在一个调制周期 T 内可将输入交流电量瞬时值看作不变，完成瞬时相乘，然后再积分求一个周期的平均值即可得到直流电压输出。设被测信号为

$$\dot{U}_x = K_x U_m \sin(\omega t + \varphi), \dot{U}_y = K_y I_m \sin\omega t$$

式中，K_x 为电压互感器的变比或分压器的变换系数；K_y 为电流互感器的变比或电流变换电路的变换系数。

输出电压为

$$E_0 = KUI\cos\varphi - KUI\cos(\omega t + \varphi) \tag{10-4}$$

式中，K 为总变换系数；U 为被测电压的有效值；I 为被测电流的有效值。

式（10－4）中后项可用滤波器去掉，因此输出电压 E_0 在数值上仅与节拍周期 T 内的被测有功功率成正比。

（2）霍尔乘法器

霍尔乘法器是利用半导体霍尔效应原理做成的功率变换器，将被测功率（电压和电流）转换成电压输出。霍尔电势 E_H 的表达式为

$$E_H = K_H I_c B \tag{10-5}$$

式中，K_H 为霍尔元件的灵敏度，它与半导体的材料和结构尺寸有关。

由式（10－5）可知，霍尔元件输出的霍尔电势与磁感应强度 B 及激励电流 I_c 的乘积成正比。如果霍尔元件的激励电流 I_c 由被测电压 U_x 变换产生，由被测电流 I_x 产生磁场 B，这时霍尔元件输出的霍尔电势 E_H 代表被测功率的大小。用霍尔元件做成的霍尔乘法器如图 10－4 所示。

霍尔乘法器的误差较大，一般多做成 2.5 级指示仪表，做成数字功率表（电能表）最高为±1％级。

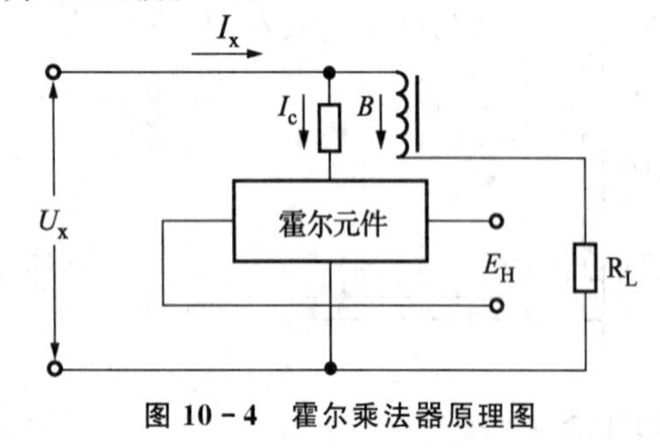

图 10－4　霍尔乘法器原理图

霍尔乘法器的误差来源于霍尔元件本身：

① 磁的非线性误差。霍尔元件的磁非线性通常为 0.5％，好的可达 0.1％。作为功率变换器则必须经过筛选或采用非线性补偿措施。

② 温度特性。霍尔元件的温度特性较差，当外界温度发生变化时，霍尔元件的输入、输出电阻及灵敏度都变化较大，锗元件尤甚，因此在侧

量仪器中需进行补偿。

③ 零电势。在有些情况下，霍尔元件在磁场等于零时仍有电势输出，这种电势称为零电势，零电势越大误差也越大，也需补偿。

目前，用霍尔乘法器做成的数字功率表多数为交、直流两用的多用表，如 3161 型功率表。当被测功率为交流信号时

$$U_x = U_{xm}\sin\omega t$$

$$I_x = I_{xm}\sin(\omega t+\varphi)$$

式中，φ 为被测电压 U_x 与被测电流 I_x 之间的相位差。

霍尔元件的激励电流由被测电压 U_x 产生，即

$$I_c = K_I U_x = K_I U_{xm}\sin\omega t$$

由被测电流 I_x 产生磁场，则

$$B = K_B I_x = K_B I_{xm}\sin(\omega t+\varphi)$$

由式（10－5）可得霍尔电势

$$E_H = KU_{xm}I_{xm}\cos\varphi - KU_{xm}I_{xm}\cos(2\omega t+\varphi) \tag{10-6}$$

式中，K 为霍尔常数。

上式中第一项为霍尔电势的直流分量，第二项为二倍频交流分量，采用滤波器去交流分量为得

$$E_H = KU_{xm}I_{xm}\cos\varphi \tag{10-7}$$

如果将霍尔元件的激励电流回路改用电容或电感元件，这时激励电流 I_c 相对于被测电压 U_x 相移 90°，即使电流电压的相位差为（$\varphi+\pi/2$），则

$$E_H = KU_{xm}I_{xm}\cos\left(\varphi+\frac{\pi}{2}\right) = \pm KU_{xm}I_{xm}\sin\varphi \tag{10-8}$$

由于无功功率 $Q=KU_{xm}I_{xm}\sin\varphi$，霍尔乘法器输出电势将反映被测负载的无功功率。因此，采用霍尔效应原理即可测量有功功率，也可测量无功功率。

10.2.1.3 间接法

指示仪表法也叫做电流表、电压表法，按 $P=UI$ 计算交直流功率。也可以采用间接计量方法测量单相交流功率。常用的间接计量方法有：多仪表测量法、补偿法、交直流比较仪和瓦-秒法等。以下主要介绍补偿法和瓦-秒法的工作原理。

（1）补偿法

补偿法常用于交流小功率的计量。当被测交流功率很小时，可用交流电位差计进行测量，其原理图如图 10－5 所示。

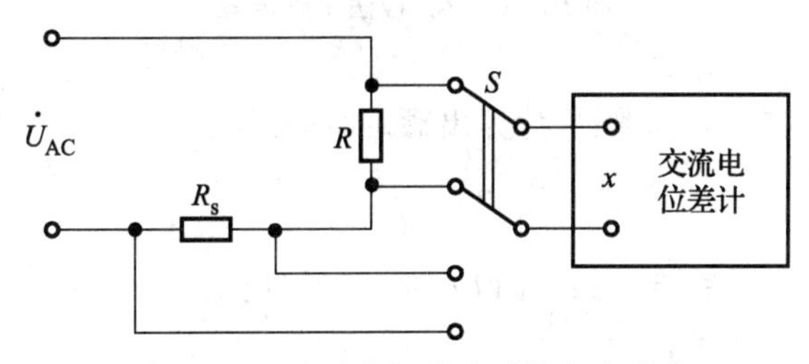

图 10－5　交流电位差计测量交流功率

用直角坐标交流电位差计可以分别测出负载电压 $\dot{U}$ 和负载电流 $\dot{I}$

$$\dot{U}=a_1+\mathrm{j}b_1,\ \dot{I}=a_2+\mathrm{j}b_2$$

式中，a_1 为被测电压的实部；a_2 为被测电流的实部；b_1 为被测电压的虚部；b_2 为被侧测电流虚部。

被测交流负载的视在功率为 $S=\dot{U}\cdot\dot{I}^*$（$\dot{I}^*$ 为电流的共扼变量，$\dot{I}^*=a_2-\mathrm{j}b_2$），则有功功率为

$$P=a_1a_2+b_1b_2 \tag{10-9}$$

无功功率为

$$Q=a_2b_1-a_1b_2 \tag{10-10}$$

由于交流电位差计的准确度较低（通常不小于±0.1），故此方法准确度也较低。

（2）瓦-秒法

瓦-秒法的原理是测量出负载在一段时间间隔内所消耗的平均功率和时间间隔，计算出负载所消耗的电能。

目前，用于测量功率的仪器、仪表，如电动系功率表、热电系功率比较仪以及数字仪表（指时分割功率表）受到工作原理的限制，对于变化的功率的平均值测量误差较大。为了提高测量电能的准确度，要求功率恒定（或者由于功率变化引起电能的误差为小误差），所以瓦-秒法要求功率必须恒定。

瓦-秒法主要用于校验电能表，其原理如图 10-6 所示。校验电能表（或功率表）通常采用虚负载法，即功率表的串联回路（电流回路）和并联回路（电压回路）采取分别供电的方法，标准功率表 P 的电压回路与被校表 Wh 的电压回路并联，两个表的电流回路串联。校验时必须保证通过电能表的功率恒定，功率数值由标准功率表读出。由标准时钟发出标准时间信号 t，通过继电器启动和停止电能表。在此时间间隔内电能表应转过圈数 N。

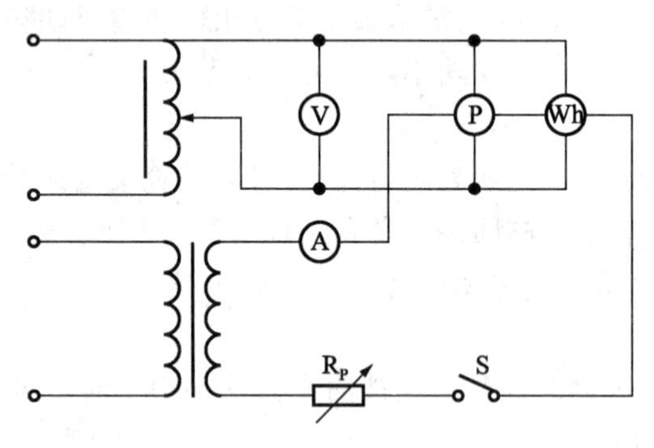

图 10-6　瓦-秒法工作原理

若电能表的额定常数为 C_N，则可计算出额定时间 T_N。由 $N=C_NW_{T_N}=C_NPT_N$，则

$$T_N=\frac{N}{C_NP} \tag{10-11}$$

实际通过时间是标准时钟给出的时间 t，在此时间所对应的实际电能为 W_t，此时电能表的误差为

$$\gamma=\frac{W_{T_N}-W_t}{W_t}\times 100\%$$

式中，W_{T_N} 为电能表的额定电能；W_t 为电能表实际消耗的电能。

在恒定功率的条件下，电能表的误差表达式为

$$\gamma=\frac{T_N-t}{t}\times 100\% \quad (10-12)$$

用瓦-秒法校验电能表引起误差的主要因素为：

① 时间测量误差（取决于标准时钟）；

② 功率测量误差（取决于标准功率表）；

③ 校验装置的误差，包括电源不稳定误差、波形失真误差、互感器误差等；

④ 测量方法误差，如电路通、断时间误差，被校表启、停误差，读数误差以及电压回路电阻引起的功率测量误差。

10.2.2 三相有功功率与电能的计量

由交流电路理论可知，不论三相系统的负载及接法如何，在一个周期内的平均功率为

$$P=\frac{1}{T}\int_0^T p\mathrm{d}t=U_{A0}I_{A0}\cos\varphi_A+U_{B0}I_{B0}\cos\varphi_B+U_{C0}I_{C0}\cos\varphi_C \quad (10-13)$$

在时间间隔 $t_1 \sim t_2$ 内所消耗的电能为

$$W=\int_{t_1}^{t_2} p\mathrm{d}t=\int_{t_1}^{t_2}(U_{A0}I_{A0}\cos\varphi_A+U_{B0}I_{B0}\cos\varphi_B+U_{C0}I_{C0}\cos\varphi_C)\mathrm{d}t \quad (10-14)$$

式中，U_{A0}、U_{B0}、U_{C0} 分别为 A、B、C 相的相电压；I_{A0}、I_{B0}、I_{C0} 分别为 A、B、C 相的相电流；φ_A、φ_B、φ_C 分别为各相相电压与相电流的相位角。

三相电路根据电源和负载的情况可分为完全对称电路与不对称电路。完全对称电路是指电源电压对称、负载电流也对称的电路。不对称电路又可分为：简单不对称电路，其电源电压对称，负载电流不对称；完全不对称电路，其电源电压、负载电流都不对称。

10.2.2.1 一表法

一表法主要用于三相完全对称电路的功率与电能计量。负载的连接方式主要有星形连接和三角形连接，如图 10-7 所示。

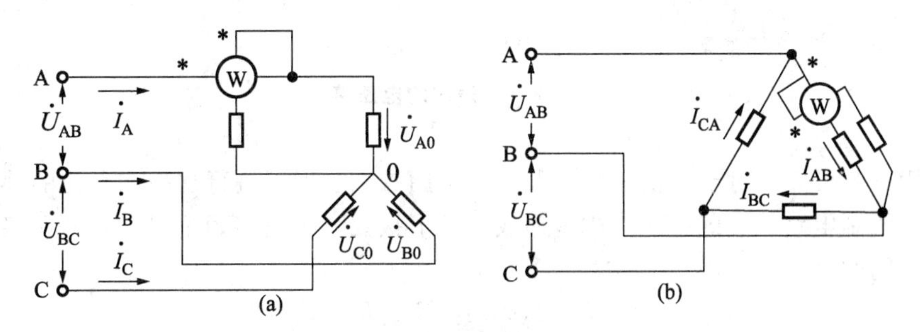

图 10-7 三相负载的连接方式

如图 10-7（a）所示，当电路完全对称时，即

$$U_{A0}=U_{B0}=U_{C0}=U_0$$

$$I_{A0}=I_{B0}=I_{C0}=I_0$$
$$\varphi_A=\varphi_B=\varphi_C=\varphi$$

由式（10－13），得

$$P=3U_0I_0\cos\varphi \tag{10-15}$$

由式（10－14），得

$$W=\int_{t_1}^{t_2}3U_0I_0\cos\varphi \mathrm{d}t \tag{10-16}$$

考虑到相电压 U_0 和线电压 U、相电流 I_0 与线电流 I 的关系，当负载为星形接法时

$$I_0=I, U_0=U/\sqrt{3}$$

如图 10－7（b）所示，当负载为三角形连接时，即

$$U_0=U, I_0=I/\sqrt{3}$$

三相电路的功率和电能也可表示为

$$P=\sqrt{3}\,U\,I\,\cos\varphi \tag{10-17}$$

$$W=\sqrt{3}\int_{t_1}^{t_2}3U_0I_0\cos\varphi \mathrm{d}t \tag{10-18}$$

用一表法只能测量三相电路完全对称的情况，负载的不同连接方式所消耗的电能与功率是不同的，如式（10－15）、式（10－16），以及式（10－17）、式（10－18）所示。

10.2.2.2　二表法

当三相电路为简单不对称电路时，即电路的电压对称，负载不对称，此时，无法采用一表法进行计量，必须使用二表法和三表法进行计量。

二表法的电路连接方式如图 10－8 所示。

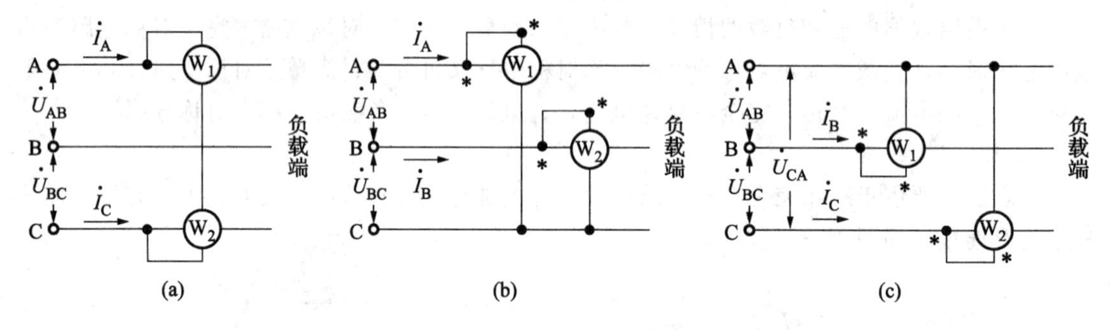

图 10－8　二表法的电路接法

由图 10－8 可知，对于三相三线制电路，采用二表法即可进行功率和电能的计量。

三相三线制电路的负载可以接成星形或三角形接线，由电路理论可知，两种接法的系统总功率是相同的

$$P=U_{AB}I_A\cos\varphi_1+U_{CB}I_C\cos\varphi_6 \tag{10-19}$$

$$P=U_{AC}I_A\cos\varphi_2+U_{BC}I_B\cos\varphi_4 \tag{10-20}$$

$$P=U_{BA}I_B\cos\varphi_3+U_{CA}I_C\cos\varphi_5 \tag{10-21}$$

式中，φ_1、φ_2 分别为线电压 $\dot{U}_{AB}$、$\dot{U}_{AC}$ 和相电流 $\dot{I}_A$ 之间的相位差；φ_3、φ_4 分别为线电压 $\dot{U}_{BA}$、$\dot{U}_{BC}$ 和相电流 $\dot{I}_B$ 之间的相位差；φ_5、φ_6 分别为线电压 $\dot{U}_{CA}$、$\dot{U}_{CB}$ 和相电流 $\dot{I}_C$ 之间的

相位差。

再按式（10－19）、式（10－20）或式（10－21）即可计算出相同总功率。如果将两个功率表换成两个单相电能表，或一个三相三线制电能表，则可测得三相三线制电路在时间间隔 $t_l \sim t_2$ 所消耗的电能为

$$W = \int_{t_1}^{t_2} (U_{AB} I_A \cos\varphi_1 + U_{CB} I_C \cos\varphi_6) \mathrm{d}t \tag{10-22}$$

$$W = \int_{t_1}^{t_2} (U_{AC} I_2 \cos\varphi_A + U_{BC} I_B \cos\varphi_4) \mathrm{d}t \tag{10-23}$$

$$W = \int_{t_1}^{t_2} (U_{BA} I_B \cos\varphi_3 + U_{CA} I_C \cos\varphi_5) \mathrm{d}t \tag{10-24}$$

当三相电路完全对称时，系统总功率仍符合式（10－17）的结论，即 $P=\sqrt{3}\,UI\cos\varphi$。

当三相电压对称、电流不对称时，根据各相量之间的关系，式（10－19）可改写成

$$P=U_{AB}I_A\cos(\varphi_A+30^\circ)+U_{CB}I_C\cos(\varphi_C-30^\circ)=P_1+P_2 \tag{10-25}$$

式（10－20）、式（10－21）也可以此类推，得到相似结论。

二线法在使用中，要注意以下问题：

（1）两个功率表（或电能表）的电流回路可以任意串联接入两线，流过仪表电流回路的电流为线电流，但电流回路的一端必须接在电源端。电压回路的一端必须接在该仪表电流回路所在的线上，另一端接到没有电流回路的第三线上。

（2）由于线电压与线电流之间的相位 φ 不同，在正确的接线下会出现一个功率表的偏转为负值或零的情况，这时必须将此功率表的电流回路的两端钮反接，此功率表的读数应为负值。三相三线电路的总功率等于两个功率表读数之差。

10.2.2.3　三表法

在三相四线制完全不对称系统中，负载接成星形，并且具有中线。由于各相电压、负载电流均不相等，系统的功率或电能的测量必须采用 3 个功率表或电能表，称为三表法。

三表法测量三相四线制系统功率的原理图如图 10－9 所示。

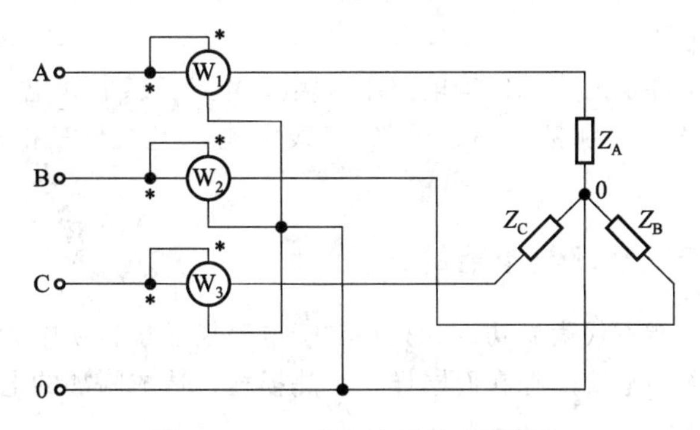

图 10－9　三线法功率测量原理图

每一个功率表的电流回路串入每一个相线里，电压回路的电源端“＊”接到功率表电流回路所在的相线上，非电源端接在中线上，这时每个功率表分别测量出每一相的功率，整个系统的总功率就等于 3 个功率表读数之和，即

$$P=P_A+P_B+P_C=U_{A0}I_A\cos\varphi_A+U_{B0}I_B\cos\varphi_B+U_{C0}I_C\cos\varphi_C \tag{10-26}$$

理论上，不论负载特性如何，电压、电流是否对称，3个功率表的读数都是正的，因此系统的总功率表等于3个功率表读数的算术和。

同样，在图10-9中用电能表代替功率表即可测量三相四线制电路所消耗的总电能。

在使用三线法测量功率或电能时，应注意以下事项：

① 应按正相序（A、B、C）接线，如果反相序接线（如C、B、A）将产生附加误差；

② 0线（中线）与A、B、C相线不要颠倒，如果颠倒将会错计电功率（或电能），而且其中两个元件电压回路要承受线电压（是电压回路应承受电压的$\sqrt{3}$倍），将导致电压回路被烧毁。

在低压三相四线电路中，如果被测电流大于功率表（或电能表）电流回路的额定电流时，必须采用电流互感器来扩大仪表的电流量限，其原理接线图如图10-10所示。

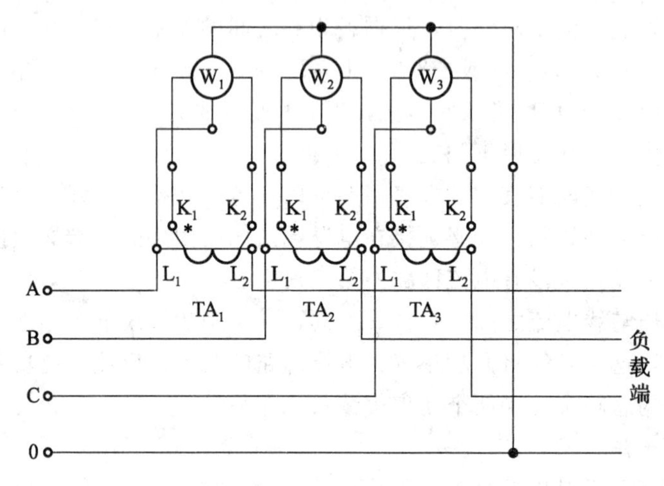

图10-10 用TA扩大电流量程

功率表（或电能表）的电流线和电压线可采用共线方式也可采用分开方式，图10-10中的接线方法为分开方式。

在高电压大电流条件下的三相四线电路中，需用电流互感器和电压互感器来扩大量限。这时需用3个电流互感器分别扩大A、B、C三线电流，用1个三相电压互感器扩大电压量限。

10.2.3 三相无功功率与电能的计量

无功功率和无功电能不代表做功，其只存在于电磁场能量转换中。但在输出电线上，变压器和发电机中由于无功电流的存在而同样产生热损耗，造成附加的电能损耗。线路的功率因数越低，无功损耗越大。

为了提高功率因数，必须测量无功功率和无功电能。根据电路理论可知，三相电路的无功功率为

$$Q=U_{A0}I_A\sin\varphi_A+U_{B0}I_B\sin\varphi_B+U_{C0}I_C\sin\varphi_C \tag{10-27}$$

在时间间隔$t_1\sim t_2$内所消耗的电能为

$$W_q=\int_{t_1}^{t_2}(U_{A0}I_A\sin\varphi_A+U_{B0}I_B\sin\varphi_B+U_{C0}I_C\sin\varphi_C)\mathrm{d}t \tag{10-28}$$

式中，U_{A0}、U_{B0}、U_{C0}分别为 A、B、C 相的相电压；I_A、I_B、I_C 分别为 A、B、C 相的相电流；φ_A、φ_B、φ_C 分别为各相相电压与相电流的相位差。

10.2.3.1　一表法

当三相电路为完全对称时，即相电压 $U_{A0}=U_{B0}=U_{C0}=U_0$，相电流 $I_A=I_B=I_C=I_0$，相位角 $\varphi_A=\varphi_B=\varphi_{C0}=\varphi_0$，三相电路的无功功率为

$$Q=3U_0I_0\sin\varphi_0 \tag{10-29}$$

三相电路的无功电能为

$$W_q=3\int_{t_1}^{t_2}U_0I_0\sin\varphi_0\,dt \tag{10-30}$$

用线电压和线电流表示无功功率和无功电能分别为

$$Q=\sqrt{3}\,UI\sin\varphi \tag{10-31}$$

$$W_q=\sqrt{3}\int_{t_1}^{t_2}UI\sin\varphi\,dt \tag{10-32}$$

因此，在完全对称的三相电路中用一个功率表或电能表就可以测三相电路的无功功率或无功电能。一表法的接线方式如图 10－11 所示。

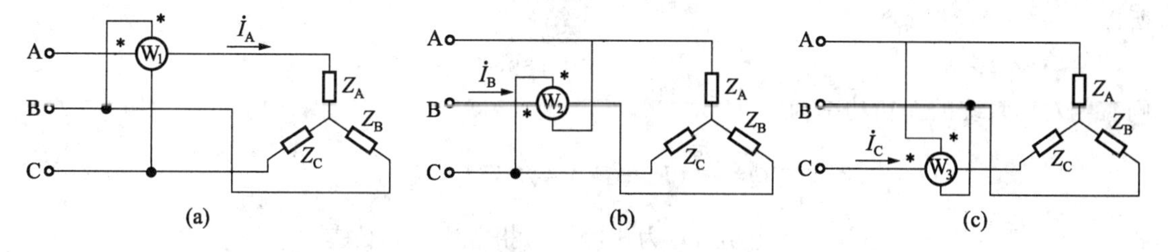

图 10－11　一表法无功功率测量的接线方式

如图所示，功率表的电流回路介入任一线中，如 10－11（a）接入 A 线，一端需接到电源侧；电压回路跨接到没有接电流回路的两线上，其电源端按正相序接入下一线，如图 10－11（a）接入 B 线。用电流互感器扩大量程时，可按图 10－12 进行接线。

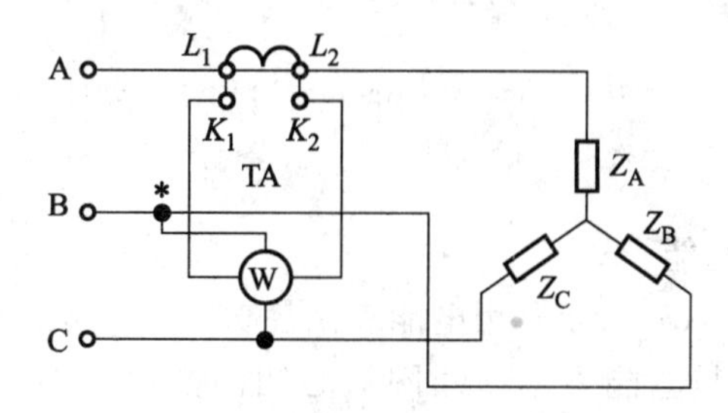

图 10－12　用 TA 扩大量程的无功功率测量接线

10.2.3.2　二表法

用二表法测量三相电路的无功功率和无功电能时，既可测量三相完全对称电路，也可以测量简单不对称三相三线制系统，其测量电路及测量结果如图 10－13 所示。

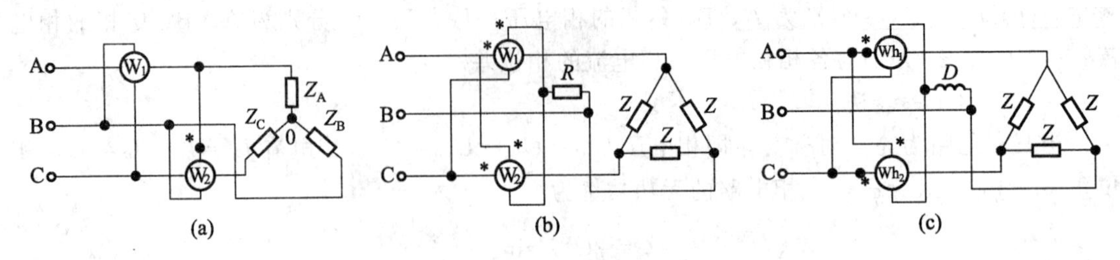

图 10－13　二表法测量三相无功功率

（1）完全对称系统

在三相平衡电路中，用两个功率表测量系统的无功功率，接线如图 10－13（a）所示。对应线路两功率表的读数为

$$P_1 = U_{BC} I_A \cos\varphi'_A \quad (10-33)$$

$$P_2 = U_{AB} I_C \cos\varphi'_C \quad (10-34)$$

式中，φ'_A 为线电压 $\dot{U}_{BC}$ 和相电流 $\dot{I}_A$ 之间的相位差；φ'_C 为线电压 $\dot{U}_{AB}$ 和相电流 $\dot{I}_C$ 之间的相位差。根据矢量之间的关系可知

$$\varphi'_A = \varphi'_C = 90° - \varphi$$

所以

$$P_1 = P_2 = UI\sin\varphi$$

则三相对称系统的无功功率为

$$Q = \frac{\sqrt{3}}{2}(P_1 + P_2) = \sqrt{3}\,U\,I\,\sin\varphi \quad (10-35)$$

式中，U、I 分别为线电压、线电流；φ 为相电压、相电流间相位差。

当负载为三角形连接时，上述结论同样适用。

（2）三相三线制系统

如图 10－13（b）所示，用二表法测量无功功率时，必须使电路具有人工中性点，其中电阻 R 的阻值与两个功率表电压回路的电阻相等。此时，无功功率为

$$Q = \sqrt{3}(P_1 + P_2) \quad (10-36)$$

式中，$P_1 + P_2 = \frac{U}{\sqrt{3}}(I_{AB}\sin\varphi_A + I_{BC}\sin\varphi_B + I_{CA}\sin\varphi_C)$；$\varphi_A$、$\varphi_B$、$\varphi_C$ 分别为各相电压、相电流间相位差。

（3）二表法测量无功电能

测量电路如图 10－13（c）所示。用电能表代替功率表，人工中性点的产生是利用两个电能表的电压线圈和一个与电能表电压线圈铁心相同的电压线圈 D 组成。此时，无功电能为

$$W_q = \sqrt{3}(Wh_1 + Wh_2) \quad (10-37)$$

式中，Wh_1、Wh_2 分别为电能表 Wh_1、Wh_2 的读数。

10.2.3.3　三表法

对于三相无功功率和无功电能也可用三表法进行测量，其接线图如图 10－14 所示。

3 个功率表的电流回路分别接入 A、B、C 三线中，其电压回路分别跨接在另外两线上。

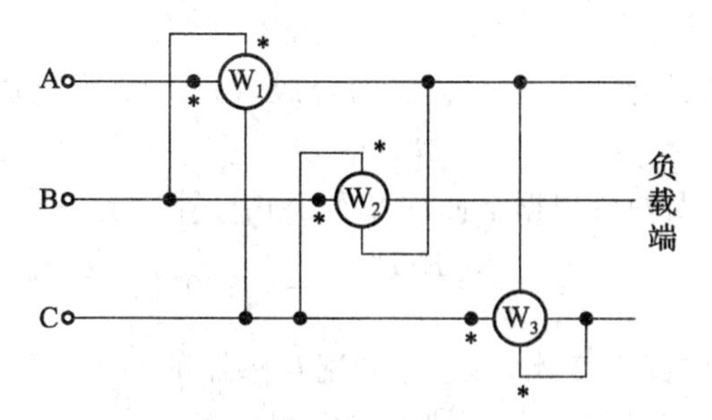

图 10-14　三表法测量无功功率

根据电路理论可知，当负载为星形连接时，3 个功率表的读数分别为

$$P_1=\sqrt{3}U_{A0}I_A\sin\varphi_A,\quad P_2=\sqrt{3}U_{B0}I_B\sin\varphi_B,\quad P_3=\sqrt{3}U_{C0}I_C\sin\varphi_C$$

则，三表读数之和为

$$P_1+P_2+P_3=\sqrt{3}(U_{A0}I_A\sin\varphi_A+U_{B0}I_B\sin\varphi_B+U_{C0}I_C\sin\varphi_C)$$

所以，三表法测量三相系统的无功功率 Q 为

$$Q=\frac{1}{\sqrt{3}}(P_1+P_2+P_3) \tag{10-38}$$

从上式可知，三表法测量三相三线制系统的无功功率时，只需将 3 个功率表读数之和再除以 $\sqrt{3}$ 即可。此方法也适于负载为三角形连接的系统。

用三表法测量三相三线系统的无功电能时，只需用电能表代替功率表即可，但需票注意以下几点：

① 在三相电源为正相序（A、B、C）和感性负载时，电能表正转；在三相电源为逆相序和感性负载时，电能表将反转。因此，在感性负载时，电能表必须按正相序接法才能正转，使测量正确。

② 在三相电源为正相序而负载为容性时，电能表将反转，这时必须将电能表电流端钮的输入和输出端换接，才能使电能表正转，使测量正确。

③ 三表法只能测量简单不对称三相电路的无功功率和电流。当三相电路线电压不对称小于 5%、相电流差别小于 20%时，可以视为简单不对称，也可用此法测量；当三相电压差别很大、电流差别也大时，附加误差很大，测量将不准确。

④ 当负载电流大于功率表和电能表的额定电流时，可以用电流互感器扩大电流量限；当线电压大于仪表的额定电压时，同样可用电压互感器扩大电压量限。

10.2.4　电能计量的综合误差

电能计量装置包含各种类型电能表，计量用电压、电流互感器及其二次回路，电能计量柜（箱）等。电能计量装置的综合误差包括电能表误差、互感器的合成误差和二次回路压降造成的误差三部分。这三部分误差不仅有其各自的特点和规律，而且由于接线不同，使用条件变化，所引起的综合误差也不同。计算综合误差的方法是：先用与电能表按不同方式连接的电流、电压互感器的比差和角差统一计算出互感器的合成误差，然后再将它与电能表的误

差和二次回路压降所造成的误差用代数和的方式求得三者的综合误差，即

$$\gamma=\gamma_0+\varepsilon_P+\gamma_d \tag{10-39}$$

式中，γ_0 为电能表的相对误差；ε_P 为互感器的合成误差；γ_d 为电压互感器二次导线压降引起的误差。

其中，互感器的合成误差可根据下面的基本公式计算

$$\varepsilon_P=\frac{K_U K_I P_2-P_1}{P_1}\times 100\% \tag{10-40}$$

式中，K_U 为电压互感器的额定变比；K_I 为电流互感器的额定变比；P_1 为互感器一次侧的功率；P_2 为用没有误差的仪表测得的互感器二次侧功率。

电压互感器的额定变比可用下式计算

$$K_U=\frac{U_1}{U_2}\left(1+\frac{f_U}{100}\right) \tag{10-41}$$

式中，U_1、U_2 分别为一次侧和二次侧的电压；f_U 为电压互感器的比差，%。

电流互感器的额定变比可用下式计算

$$K_I=\frac{U_1}{U_2}\left(1+\frac{f_I}{100}\right) \tag{10-42}$$

式中，f_I 为电压互感器的比差，%。

10.2.4.1 有功电能计量装置的综合误差

(1) 单相电能计量装置的综合误差

单相有功电能表与互感器的联合接线图和相量图，如图 10-15 所示。

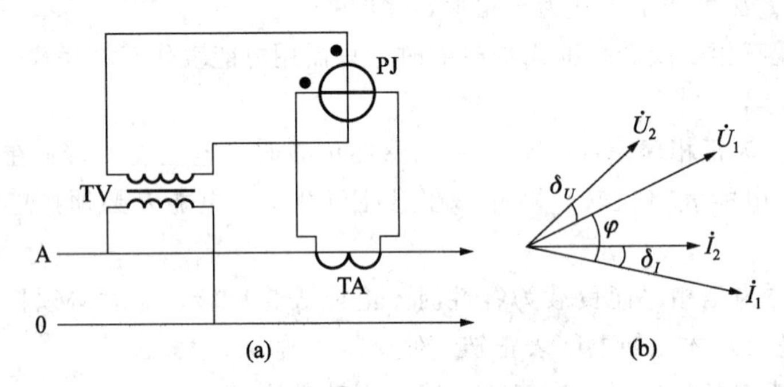

图 10-15 单相有功电能表与互感器连接图及相量图

PJ—单相有功电能表；TV—电压互感器；TA—电流互感器

假设负载为感性，在测单相电路有功电能时，受到互感器比差和角差的影响，此时互感器一次侧的功率为

$$P_1=U_1 I_1\cos\varphi$$

二次侧的功率为

$$P_2=U_2 I_2\cos(\varphi-\delta_I+\delta_U)$$

式中，δ_I 为电流互感器的角差；δ_U 为电压互感器的角差。

所以，将 P_1、P_2 代入式（10-39），可得互感器的合成误差为

$$\varepsilon_P=\frac{K_U K_I U_2 I_2\cos(\varphi-\delta_I+\delta_U)-U_1 I_1\cos\varphi}{U_1 I_1\cos\varphi}\times 100\% \tag{10-43}$$

将式（10-41）、式（10-42）代入式（10-43），化简后得

$$\varepsilon_P=\left[\frac{(1+f_U/100)(1+f_I/100)\cos(\varphi-\delta_I+\delta_U)}{\cos\varphi}-1\right]\times100\% \tag{10-44}$$

因为 δ_I、δ_U 较小，所以有 $\cos(\delta_I-\delta_U)\approx1$，$\sin(\delta_I-\delta_U)\approx\delta_I-\delta_U$。略去二次微小量，可得

$$\varepsilon_P=f_U+f_I+(\delta_U-\delta_I)\tan\varphi\times100 \tag{10-45}$$

令 $f=f_U+f_I$；$\delta=\delta_I-\delta_U$，且互感器的角差以“分”表示，则上式化简为

$$\varepsilon_P=f+0.029\,1\delta\tan\varphi \tag{10-46}$$

上述推导是在感性负载下得出的。对于容性负载，同理可得互感器的合成误差为

$$\varepsilon_P=f_U+f_I+0.029\,1(\delta_U-\delta_I)\tan\varphi \tag{10-47}$$

可见，感性负载和容性负载的不同之处，仅在于两者角差的值符号相反。

当已知单相有功电能表的误差为 γ_0 和 γ_d 时，代入式（10-39），即可计算出单相电能计量装置的综合误差。

（2）三相三线有功电能计量装置的综合误差

在用三相三线电路计量有功电能时，三相二元件有功电能表与电压互感器有两种不同的接线方式，即按 V/V 形连接和 Y/Y 形连接。三相二元件有功电能表与电压、电流互感器连接时的原理接线图如图 10-16 所示。

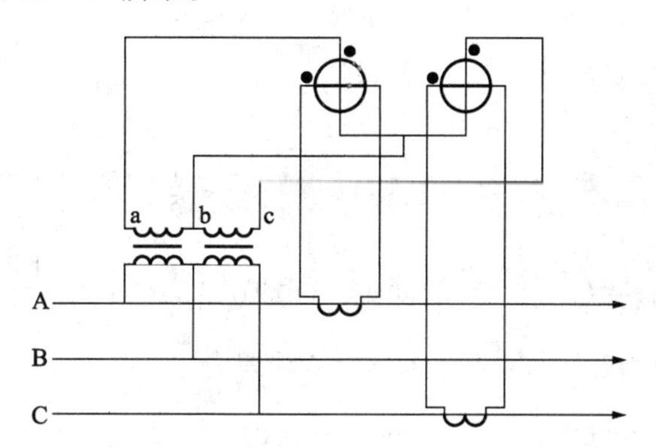

图 10-16　三相二元件有功电能表与互感器的原理接线图

① 电压互感器按 V/V 形连接。每组元件接有电压和电流互感器各一只，令 K_{U1}、K_{U2} 为第一、第二元件电压互感器的额定变比；K_{I1}、K_{I2} 为第一、第二元件电流互感器的额定变比；f_{U1}、f_{U2} 为第一、第二元件电压互感器的比差；f_{I1}、f_{I2} 为第一、第二元件电流互感器的比差；δ_{U1}、δ_{U2} 为第一、第二元件电压互感器的角差；δ_{I1}、δ_{I2} 为第一、第二元件电流互感器的角差。

由此可得，一次侧功率 P_1 为

$$P_1=U_{AB}I_A\cos(\varphi_A+30°)+U_{CB}I_C\cos(\varphi_C-30°)$$

二次侧功率 P_2 为

$$P_2=U_{ab}I_a\cos(\varphi_A+30°-\delta_{I1}+\delta_{U1})+U_{cb}I_c\cos(\varphi_C-30°-\delta_{I2}+\delta_{U2})$$

为使问题简化，在此仅讨论三相对称系统，即三相电源对称，负载为感性且三相对称。由此可得

$$U_{AB}=U_{CB}=U_1,\ I_A=I_C=I_1,\ U_{ab}=U_{cb}=U_2,\ I_a=I_c=I_2,\ \varphi_A=\varphi_B=\varphi$$

则有

$$P_1=\sqrt{3}U_1I_1\cos\varphi$$

$$P_2=U_2I_2\cos(\varphi+30°-\delta_{I1}+\delta_{U1})+U_2I_2\cos(\varphi+30°-\delta_{I2}+\delta_{U2})$$

将 P_2 折算到一次侧，有

$$P_1'=K_{U1}K_{I1}U_2I_2\cos(\varphi+30°-\delta_{I1}+\delta_{U1})+K_{U2}K_{I2}U_2I_2\cos(\varphi+30°-\delta_{I2}+\delta_{U2})$$

所以，互感器的合成误差为

$$\varepsilon_P=\frac{P_1'-P_1}{P_1}\times100\%$$

化简计算后，得

$$\varepsilon_P=\left[f_1\left(\frac{1}{2}-\frac{1}{2\sqrt{3}}\tan\varphi\right)+0.291\delta_1\left(\frac{1}{2}\tan\varphi+\frac{1}{2\sqrt{3}}\right)\right]+\left[f_2\left(\frac{1}{2}+\frac{1}{2\sqrt{3}}\tan\varphi\right)+0.291\delta_2\left(\frac{1}{2}\tan\varphi-\frac{1}{2\sqrt{3}}\right)\right]\tag{10-48}$$

式中，$f_1=f_{U1}+f_{I1}$，$f_2=f_{U2}+f_{I2}$，$\delta_1=\delta_{I1}-\delta_{U1}$，$\delta_2=\delta_{I2}-\delta_{U2}$。

由式（10-48）可见，前两项是接于电能表第一元件互感器的合成误差；后两项是接于电能表第二元件互感器的合成误差。令前后两项互感器的合成误差分别为 ε_{P1} 和 ε_{P2}，则互感器的合成误差为

$$\varepsilon_P=\varepsilon_{P1}+\varepsilon_{P2}$$

其中

$$\varepsilon_{P1}=f_1\left(\frac{1}{2}-\frac{1}{2\sqrt{3}}\tan\varphi\right)+0.291\delta_1\left(\frac{1}{2}\tan\varphi+\frac{1}{2\sqrt{3}}\right)\tag{10-49}$$

$$\varepsilon_{P2}=f_2\left(\frac{1}{2}+\frac{1}{2\sqrt{3}}\tan\varphi\right)+0.291\delta_2\left(\frac{1}{2}\tan\varphi-\frac{1}{2\sqrt{3}}\right)\tag{10-50}$$

同理，可导出负载为容性时，互感器的合成误差为

$$\varepsilon_P=\left[f_1\left(\frac{1}{2}+\frac{1}{2\sqrt{3}}\tan\varphi\right)+0.291\delta_1\left(\frac{1}{2}\tan\varphi-\frac{1}{2\sqrt{3}}\right)\right]+\left[f_2\left(\frac{1}{2}-\frac{1}{2\sqrt{3}}\tan\varphi\right)+0.291\delta_2\left(\frac{1}{2}\tan\varphi+\frac{1}{2\sqrt{3}}\right)\right]\tag{10-51}$$

$$\varepsilon_{P1}=f_1\left(\frac{1}{2}+\frac{1}{2\sqrt{3}}\tan\varphi\right)+0.291\delta_1\left(\frac{1}{2}\tan\varphi-\frac{1}{2\sqrt{3}}\right)\tag{10-52}$$

$$\varepsilon_{P2}=f_2\left(\frac{1}{2}-\frac{1}{2\sqrt{3}}\tan\varphi\right)+0.291\delta_2\left(\frac{1}{2}\tan\varphi+\frac{1}{2\sqrt{3}}\right)\tag{10-53}$$

当 $f_{U1}=f_{U2}=f_U$，$\delta_{U1}=\delta_{U2}=\delta_U$，$f_{I1}=f_{I2}=f_I$，$\delta_{I1}=\delta_{I2}=\delta_I$ 时，有

感性负载

$$\varepsilon_P=f_U+f_I+0.0291(\delta_U-\delta_I)\tan\varphi\tag{10-54}$$

容性负载

$$\varepsilon_P=f_U+f_I-0.0291(\delta_U-\delta_I)\tan\varphi\tag{10-55}$$

此种特殊情况与单相电路计量电能时互感器的合成误差计算公式相同。当所用电压互感器和电流互感器准确度等级不同时，可用此公式估算其最大误差。

当已知三相二元件有功电能表的误差为 γ_0 和 γ_d 时，代入式（10-39），即可计算出单

相电能计量装置的综合误差。

② 电压互感器按 Y/Y 形连接。如果电压互感器是三相式或 3 个单相互感器组，其接线组别为 Y/Y 形，且电压互感器相电压的比差和角差分别为 f_A、f_B、f_C 和 δ_A、δ_B、δ_C，则在计算 Y/Y 形连接的互感器合成误差时，仍可采用 V/V 形接线的结论，进而计算出电能计量装置的综合误差，只是需将公式中的相电压的比差和角差换算成线电压的比差和角差 f_{U1}、f_{U2} 和 δ_{U1}、δ_{U2}，即

$$f_{U1}=\frac{1}{2}(f_A+f_B)+0.0084(\delta_A-\delta_B)(\%) \tag{10-56}$$

$$\delta_{U1}=\frac{1}{2}(\delta_A+\delta_B)+9.924(f_A-f_B)(') \tag{10-57}$$

$$f_{U2}=\frac{1}{2}(f_C+f_B)+0.0084(\delta_C-\delta_B)(\%) \tag{10-58}$$

$$\delta_{U2}=\frac{1}{2}(\delta_C+\delta_B)+9.924(f_C-f_B)(') \tag{10-59}$$

（3）三相四线有功电能计量装置的综合误差

三相四线有功电能计量装置一般采用三相三元件有功电能表计量有功电能，相当于 3 只单相电能表同时计量有功电能，所以互感器的合成误差分别为

$$\varepsilon_{p1}=f_{U1}+f_{I1}+0.0291\delta_1\tan\varphi$$
$$\varepsilon_{p2}=f_{U2}+f_{I2}+0.0291\delta_2\tan\varphi$$
$$\varepsilon_{p3}=f_{U3}+f_{I3}+0.0291\delta_3\tan\varphi$$

在三相电路完全对称时，互感器的合成误差为

$$\varepsilon_P=\frac{1}{3}(\varepsilon_{P1}+\varepsilon_{P2}+\varepsilon_{P3})=\frac{1}{3}[f_1+f_2+f_3+0.0291(\delta_1+\delta_2+\delta_3)\tan\varphi] \tag{10-60}$$

其中

$$f_1=f_{U1}+f_{I1}，f_2=f_{U2}+f_{I2}，f_3=f_{U3}+f_{I3}$$
$$\delta_1=\delta_{U1}+\delta_{I1}，\delta_2=\delta_{U2}+\delta_{I2}，\delta_3=\delta_{U3}+\delta_{I3}$$

三相四线有功电能计量装置的综合误差为

$$\gamma=\frac{1}{3}(\gamma_{01}+\gamma_{02}+\gamma_{03})+\varepsilon_P \tag{10-61}$$

式中，γ_{01}、γ_{02}、γ_{03} 分别表示三相三元件电能表的相对误差。

10.2.4.2 无功电能计量装置的综合误差

无功电能计量装置的综合误差计算原理与有功电能计量装置综合误差的讨论方法完全一致，在此不再做具体推导，只给出互感器的合成误差和无功电能计量装置综合误差的计算公式。

（1）单相无功电能计量装置的综合误差

互感器的合成误差为

$$\varepsilon_Q=f_U+f_I-0.291(\delta_I-\delta_U)\tan\varphi \tag{10-62}$$

单相无功电能计量装置的综合误差为

$$\gamma=\gamma_0+\varepsilon_Q$$

（2）三相无功电能计量装置的综合误差

① 内相角为 60°的三相二元件无功电能表组成的三相三线无功电能计量装置的综合误差

互感器的合成误差为

$$\varepsilon_Q=(f_{U1}+f_{I1})\left[\frac{1}{2}+\frac{1}{2\sqrt{3}}\tan(90^\circ-\varphi)\right]+(f_{U2}+f_{I2})\left[\frac{1}{2}-\frac{1}{2\sqrt{3}}\tan(90^\circ-\varphi)\right]$$
$$-0.0291\left\{(\delta_{I1}-\delta_{U1})\left[\frac{1}{2}\tan(90^\circ-\varphi)-\frac{1}{2\sqrt{3}}\right]\right\}$$
$$-0.0291\left\{(\delta_{I2}-\delta_{U2})\left[\frac{1}{2}\tan(90^\circ-\varphi)+\frac{1}{2\sqrt{3}}\right]\right\} \quad (10-63)$$

三相三线无功电能计量装置的综合误差为

$$\gamma=\frac{1}{2}(\gamma_{01}+\gamma_{02})+\varepsilon_Q$$

② 跨相 90°的三相三元件无功电能表组成的三相四线无功电能计量装置的综合误差

互感器的合成误差为

$$\varepsilon_Q=\frac{1}{3}(f_{U1}+f_{U2}+f_{U3}+f_{I1}+f_{I2}+f_{I3})$$
$$-0.0097[\delta_{I1}+\delta_{I2}+\delta_{I3}-(\delta_{U1}+\delta_{U2}+\delta_{U3})]\tan(90^\circ-\varphi) \quad (10-64)$$

三相四线无功电能计量装置的综合误差为

$$\gamma=\frac{1}{3}(\gamma_{01}+\gamma_{02}+\gamma_{03})+\varepsilon_Q$$

③ 带附加电流线圈的三相无功电能表组成的三相无功电能计量装置的综合误差

带附加电流线圈的三相无功电能表由于有附加电流线圈，因此与电流互感器有两种不同的接线方式。

i）当采用两只电流互感器接成 V/V 形，B 相电流由 A、C 相电流合成后接入时，其合成误差近似计算方法是先将 f_{I1}、f_{I2} 和 δ_{I1}、δ_{I2} 分别按下式换算，即

$$f_{I1}=f_{Ic}+0.0167(\delta_{Ia}-\delta_{Ic})$$
$$f_{I2}=f_{Ia}+0.0167(\delta_{Ia}-\delta_{Ic})$$
$$\delta_{I1}=19.85(f_{Ic}-f_{Ia})+\delta_{Ic}$$
$$\delta_{I2}=19.85(f_{Ic}-f_{Ia})+\delta_{Ia}$$

然后，代入式（10-63）得互感器的合成误差为

$$\varepsilon_Q=\frac{1}{2}(f_{U1}+f_{U2}+f_{Ia}+f_{Ic})+0.0084(\delta_{Ia}-\delta_{U1}-\delta_{Ic}+\delta_{U2})$$
$$-0.289(f_{Ic}+f_{U1}-f_{Ia}-f_{U2})\tan(90^\circ-\varphi)-0.145(\delta_{Ia}-\delta_{U1}+\delta_{Ic}-\delta_{U2})\tan(90^\circ-\varphi) \quad (10-65)$$

三相三线无功电能计量装置的综合误差为

$$\gamma=\frac{1}{2}(\gamma_{01}+\gamma_{02})+\varepsilon_Q$$

ii）采用 3 台电流互感器接成 Y/Y 形，其合成误差近似计算方法是先将 3 只电流互感器的比差 f_{Ia}、f_{Ib}、f_{Ic} 和 δ_{Ia}、δ_{Ib}、δ_{Ic} 分别按下式换算，即

$$f_{I1}=\frac{1}{2}(f_{Ib}+f_{Ic})+0.084(\delta_{Ib}-\delta_{Ic})$$

$$f_{I2}=\frac{1}{2}(f_{Ia}+f_{Ib})+0.084(\delta_{Ia}-\delta_{Ib})$$

$$\delta_{I1}=9.925(f_{Ic}-f_{Ib})+\frac{1}{2}(\delta_{Ib}+\delta_{Ic})$$

$$\delta_{I2}=9.925(f_{Ib}-f_{Ia})+\frac{1}{2}(\delta_{Ia}+\delta_{Ib})$$

然后，代入式（10-63），得互感器的合成误差为

$$\varepsilon_Q=\frac{1}{3}\Big[(f_{Ia}+f_{Ib}+f_{Ic})+\frac{3}{2}(f_{U1}+f_{U2})+0.0084(\delta_{U2}-\delta_{U1})+0.289(f_{U1}-f_{U2})\tan(90°-\varphi)-0.0097(\delta_{Ia}+\delta_{Ia}+\delta_{Ic})-\frac{3}{2}(\delta_{U1}+\delta_{U2})\Big]\tan(90°-\varphi) \qquad (10-66)$$

三相四线无功电能计量装置的综合误差为

$$\gamma=\frac{1}{3}(\gamma_{01}+\gamma_{02}+\gamma_{03})+\varepsilon_Q$$

10.2.4.3 减少电能计量装置综合误差的方法

（1）电能表与互感器配合进行误差调整

这一方法的实质就是在调整电能表的误差时，同时考虑互感器的合成误差。其基本原则是：使电能表的误差和互感器的合成误差符号相反，以减少电能计量装置的综合误差。该方法适用于互感器合成误差较小时，否则，将使电能表的误差特性变坏。此外，由于电流互感器电流特性和负载特性的非线性，因此在使用此方法时，要求电能计量装置所测回路的电力负载与功率因数比较平稳。

（2）根据互感器的合成误差合理组合

这一方法的实质就是通过合理选择电流互感器和电压互感器，使其合成误差减小以达到减小电能计量装置综合误差的目的。根据计算互感器合成误差的公式得出电流互感器、电压互感器的组合配对原则：接于同一元件的电流互感器的比差和电压互感器的比差应大小相等或接近、符号相反；角差应大小相等或接近、符号相同，即

$$f_{U1}=-f_{I1}，f_{U2}=-f_{I2}，\delta_{U1}=\delta_{I1}，\delta_{U2}=\delta_{I2}$$

该方法简单明了，颇具实用价值。

10.3 常用电能表的检定

电能计量的目的是为了保证电能计量量值的准确统一和电能计量装置运行的安全可靠。电能计量装置包含各种类型电能表，计量用电压、电流互感器及其二次回路，电能计量柜（箱）等。

电能计量方面的检定规程主要有：JJG 307—2006 机电式交流电能表检定规程；JJG 596—1999 电子式电能表检定规程。这些检定规程对电能计量装置的分类及对电能计量装置的接线方式、准确度等级、配置原则等提出要求。电能计量装置的分类及配置的电能表、互感器准确度等级见表 10-2。

表 10－2　电能计量装置的分类及配置的电能表、互感器准确度

电能计量装置类别	分 类 原 则	准确度等级			
		有功电能表	无功电能表	组压互感器	电流互感器
Ⅰ	月平均用电量 500 万 kWh 及以上或变压器容量为 10 000 kVA及以上的高压计费用户、200 MW 及以上发电机、发电企业上网电量、电网经营企业之间的电量交换点、省级电田经营企业与其供电企业的供电关口计量点的电能计量装置	0.2S 或 0.5S	2.0	0.2	0.2S 或 0.2
Ⅱ	月平均用电量 100 万 kWh 及以上或变压器容量为 2 000 kVA 及以上的高压计费用户、100 MW 及以上发电机、供电企业之间的电量交换点的电能计量装置	0.5S 或 0.5	2.0	0.2	0.2S 或 0.2
Ⅲ	月平均用电量 10 万 kWh 及以上或变压器容量为 315 kVA 及以上的计费用户、100 MW 以下发电机、发电企业厂（站）用电量、供电企业内部用于承包考核的计量点、考核有功电量平衡的 110 kV 及以上的送电线路电能计量装置	1.0	2.0	0.5	0.5S
Ⅳ	负荷容量为 315 kVA 以下的计费用户，发供电企业内部经济技术指标分析、考核用的电能计量装置	2.0	3.0	0.5	0.5S
Ⅴ	单相供电的电力用户计费用电能计量装置	2.0			0.5S

电能计量装置的接线方式按接地方式分有 3 种：中性点绝缘系统、经消弧接地的系统和中性点接地系统。在中性点绝缘系统中，采用三相三线计量方式；在经消弧接地的系统和中性点接地系统中，采用三相四线计量方式。对于低压供电者，负荷电流为 50 A 及以下时，采用直接接入式电能表；负荷电流为 50 A 以上时，采用经电流互感器接入式的电能表。接入中性点绝缘系统的 3 台电压互感器，35 kV 及以上的采用 Y/Y 方式接线，35 kV 以下的采用 V/V 方式接线；接入非中性点绝缘系统的 3 台电压互感器，采用 YO/YO 方式接线。

为了提高电能计量装置的计量性能，各类电能计量装置应配置的电能表、互感器的准确度等级不应低于表 10－2 所示值。

电能计量检定应执行计量检定系统表和计量检定规程。检定电能表时，其实际误差应控制在规程规定基本误差限的 70％以内，经检定合格的电能表在库房中保存时间超过 6 个月应重新进行检定。在对电能表、互感器检定过程中形成的原始记录至少保存三个检定周期并及时存入计算机进行管理。对于一些临时检定工作，按标准规定进行。

10.3.1　电子式标准电能表的检定

电子式电能表通过对用户供电电压和电流实时采样，采用专用的电能表集成电路，对采样电压和电流信号进行处理并转换成与电能成正比的脉冲输出，通过数字显示器显示出来。电子式标准电能表工作频率为 50 Hz（或 60 Hz），可以作为计量和测试标准，通常在实验室

使用。

电子式标准电能表按测量功能可分为单相有功、无功标准电能表；按接线方式可分为三相三线有功、无功标准电能表，三相四线有功、无功标准电能表。准确度等级分为：有功，0.01、0.02、0.05、0.1、0.2 级；无功，0.2，0.5 级。

10.3.1.1 技术要求

电子式标准电能表检定的技术要求主要包括：

(1) 机械性能要求

机械性能一般是指弹性、塑性、强度、硬度等。这里主要指电能表的机箱应结实、牢固，能够加封；能够防电击、防火、防固体异物和灰尘、防腐蚀；接线端用铜质材料制作、组装在面板上，端子之间保持良好的安全距离；面板与接线端导体之间应有良好的绝缘性能，一般采用带塑胶的接线柱。导线同接线端应确保充分持久接触，以避免松动或引起发热。

(2) 电气要求

① 功率消耗。即为功率的损耗，指设备、器件等输入功率和输出功率的差额。通常是指电子元、器件上耗散的热能。仪表的功耗不应超过规定的数值。

② 辅助电源。电压变化在参比值±10%内，频率为 50 Hz（或 60 Hz）±12.5 Hz（3 Hz）。单相供电时引起的误差改变量极限值应不超过规定的值。

③ 0.05 级及以下的电能表出现过电流及过电压情况时，不应发生损坏，且返回初始状态时，误差改变量极限值为仪表准确度等级的 1/5。突然断电时，能恢复正常工作，且误差改变量极限值为准确度等级的 1/3。

(3) 准确度要求

电子式标准电能表作为计量和测试的标准，准确度是一项重要指标。主要从基本误差、测量重复性、稳定性、其他影响量以及环境温度改变五大方面对标准电能表的误差极限做出具体规定。

(4) 起动、潜动

当施加参比电压、不加电流时，电能表的高频脉冲输出在规定的时间内不得多于 1 个脉冲，即电能表不工作。在（$\cos\varphi=1$ 或 $\sin\varphi=1$）的条件下，当负载电流不超过规定值时，仪表应起动并连续工作，起动电流为电能表等级的 1/100 额定电流，最小为 $0.001I_b$（I_b 为额定电流）。

10.3.1.2 检定条件

(1) 确定基本误差时应满足的条件

① 被检各准确度等级电能表的标准条件及允许偏差小于规定的值。

② 无可觉察到的震动。

③ 无较强的电磁干扰，如电火花、射频源等。

④ 在检定三相电能表时，三相电压、电流相序应符合接线图规定。三相电压、电流系统应基本对称，对称度符合规定要求。

(2) 检定装置

① 用“瓦-秒法”和“标准表法”检定电能表时所使用的检定装置，对电能的测量误差和评定测量重复性的标准偏差不超过规定的值。

② 监视仪表的准确度等级不低于规定值。

③ 电压、电流调节器，能平稳地调到监视用功率表（对于标准表法）和标准功率表（对于瓦-秒法）所需示值。在额定负载范围内，调节任一相电压或电流时，其余两相电压或电流的变化应不超过±3%（当检定装置输出电流大于30A时允许±5%）。调节电压或电流时，调定的电流或电压应无明显变化。调节功率因数的移相器，能调节到功率表或相位表所需的示值。调在任何相位时，引起的电压活动量的变化应不超过±1.5%。

④ 每次测试期间，负载功率稳定度不低于规定的值。

⑤ 标准表与被检表同相回路的电位差与被检表额定电压的百分比应不超过检定装置准确度等级的1/5。

⑥ 检定装置的其他技术指标满足相关的规定。

10.3.1.3 检定项目和方法

电子式标准电能表的检定项目包括外观标志、准确度、电气试验、功能、电磁兼容试验、气候影响试验、机械试验、通信功能、绝缘性能、一致性试验、可靠性验证试验等。

（1）电气试验

包括功耗、辅助电源影响、突然断电、过电压和过电流影响、自热影响、温升、绝缘性能试验。辅助电源电压改变幅值、频率和相角时，仪表均应正常工作；绝缘性能试验包括绝缘电阻测定和工频耐压试验，其试验部位是电能表的输入端子、辅助电源端子对地端以及各端子之间。

（2）准确度试验

① 在满足标准的参比条件下，电能表达到热稳定状态进行试验。

② 选定适当的检定装置，对于0.1级以上的被检表，检定装置高于被检表一个准确度等级；对于0.1级及以下的被检表，检定装置高两个准确度等级。试验装置的功率稳定度、对称度应符合标准的具体要求。

③ 采用直接比较法进行基本误差测试，即用一台标准表与被检表相比较。对于0.1级及以下的仪表测量次数不得少于3次，对于0.05级及以上的仪表测量次数不得少于6次，取其平均值作为结果。实际工作中，一般依据JJG 596—2012，测量次数为2次，取其平均值。

标准偏差、稳定性试验方法基本一致。标准偏差要求每做完一次测试，应当调节装置所有旋钮并且重新接线，重新挂表，重新开始测试；稳定性试验则是长时间和短时间的变差。

电子式标准电能表的标志应清晰、不易涂掉，便于读数。必须按照要求标注铭牌，铭牌的内容不少于标准的规定，共计10条。电能表的包装应保证产品在整个运输和储存期间不会损坏以及存在松动现象。储存环境应清洁，温度应为0～40 ℃，相对湿度不超过80%且空气中不含有会引起腐蚀的有害物质。

10.3.1.4 检定结果处理

检定结果中，电能表的相对误差γ%和标准偏差S%的末尾数，应按规定化整为化整间隔的整数倍。需要进行标准表或检定装置系统误差修正时，应先修正检定结果，再进行误差化整。判断电能表的相对误差及标准偏差是否合格，一律以化整后的结果为准。

检定为合格的，发给“检定证书”；检定为不合格的，发给“检定通知书”。

10.3.2 交流电能表检定装置的检定

交流电能表检定装置包括0.01、0.02，0.03，0.05，0.1、0.2，0.3级7个准确度等级的装置，装置配套使用的标准器包括标准（功率）表、互感器、标准测时器，标准电能（功率）表及标准互感器。

对装置的外观、结构、输出端子与误差显示、磁场、绝缘和热稳定性应满足具体要求。制造商应给出装置达到稳定状态必需的预热时间。装置的标志内容要齐全清晰、结构整齐合理、接线正确、连接可靠。对于装置的磁场，在10 A和最大电流间的磁感应强度极限值可按内插法求得。

10.3.2.1 检定条件

检定环境、装置的辅助设备、供电电源及确定装置基本误差时使用的电能参考标准应符合检定规程JJG 597—2005的规定，检定各级装置时的参比条件及其允许的偏差应不超过规定值。

10.3.2.2 检定项目和方法

装置的检定项目按规程要求，首次检定项目为20项，其中工频耐压试验、负载影响及相间交变磁场影响3项为必要时选做的项目；后续检定项目有14项，都为必做的项目；使用中的检验项目有8项，其中绝缘电阻、监视示值误差、波形失真度及检定周期内变差4项为必要时选做的项目。

(1) 直观检查。对环境条件、装置技术文件、标志和结构进行检查，应符合规程规定。

(2) 确定绝缘电阻。选用额定电压为1kV的绝缘电阻表对规定的试验部位测量绝缘电阻，电阻值不小于5 MΩ。

(3) 工频耐压试验。选用容量不小于500VA的耐压试验装置，对检定规程中规定的电路之间平衡地加入试验电压，持续1 min，应无击穿现象。试验的电路之间在试验前后绝缘电阻值不低于5 MΩ。

(4) 通电检查。正确接线后，按说明书要求接通电源并预热。在预热期间可检查装置的显示及各项功能是否正常，检查量限切换功能和装置的软件控制功能等。

(5) 确定装置的磁场。可用测量误差不超过10%的交变磁强计直接测量，也可用高内阻毫伏表测量磁场探测线圈两端感应电势的方法测量。测量时，不接入被检表，将装置电压输出端开路，电流接线端短路，辅助设备和周围电器处于正常状态，使装置输出10 A和最大电流时分别测量被检表位置的磁场，分别测量被检表位置三维（x，y，z）方向上的磁感应强度分量后，取3个分量的方和根值作为测量结果。

当电流小于等于10 A时，磁感应强度不大于0.002 5 mT；当电流等于200 A时，磁感应强度不大于0.05 mT；10 A和200 A之间的磁感应强度极限值可按内插法求得。

(6) 确定监视示值误差。将装置输出的电压、电流、功率、相位、频率与参考标准的值进行比较确定。确定电压监视示值误差时，一般取额定输出的80%，100%，110%进行测试；确定电流监视示值误差时，一般取额定输出的50%，80%，100%进行测试；确定相位监视示值误差时，电压、电流调至额定输出的100%，一般取0°、60°、90°、300°等进行测试。各监视示值的误差不能超过规定值。

(7) 确定调节范围。调节电压、电流、相位中任一电量的输出，另两个量保持额定输出，电压、电流能平稳连续地从0调节到120%的额定值，相位调节应能保证平稳地调到所需要的值。

(8) 确定调节细度。在允许的调节范围内，平缓地调节最小调节量，调定电压、电流的不连续量与工作量限额定值之比的百分数应不超过装置等级值的1/3；调定相位的不连续量，对于0.1级及以下的装置应不超过0.1′，对于0.05级及以上的装置应不超过0.01′。

(9) 确定相互影响。所有量调至额定值的100%后，将某一量在调节极限范围内反复调节，其他电量的改变不超过规程中的规定。

(10) 确定相序。选择控制量限，采用相序表、向量图或测量相位等方法检查装置实际输出的相序，应与指示一致。

(11) 确定对称度。选择控制量限，调节装置输出使监视仪表处于最佳对称状态，用三相标准电压、电流、相位参考标准测量所需的电压、电流和相位，根据式(10-67)和式(10-68)计算出电压、电流对称度和测量的相间相位对称度、线间相位对称度不超过的规定值。

$$\text{电压对称度}(\%)=\frac{\text{相电压(或线电压)}-\text{三相相电压(或线电压)平均值}}{\text{三相相电压(或线电压)平均值}}\times 100 \tag{10-67}$$

$$\text{电流对称度}(\%)=\frac{\text{相电流}-\text{三相电流平均值}}{\text{三相电流平均值}}\times 100 \tag{10-68}$$

(12) 确定输出电流、电压的波形失真度。用失真度测试仪或谐波分析仪表进行确定。

(13) 功率稳定度。用符合要求的数字功率表确定功率。功率表和装置通电预热稳定后开始确定功率，每隔1～1.5 s记录1次功率读数（若用专用仪器自动检测功率，可每隔0.5 s记录1次功率），每次测试至少进行2 min，将各次功率读数代入式(10-68)，计算装置的功率稳定度不超过的规定值。

$$\gamma_{\mathrm{P}}(\%)=\frac{100}{P_{\mathrm{m}}}\left[(\overline{P}-P_0)\pm 2.85\sqrt{\frac{\sum_{i=1}^{n}(P_i-\overline{P})^2}{n-1}}\right] \tag{10-69}$$

式中，P_0为当$\cos\varphi$为给定值时的计算值；P_i为第i次测量的功率读数($i=1, 2, 3, \cdots$)；$\overline{P}$为n次功率读数的平均值；P_{m}为$\cos\varphi=1$时的计算功率；n为测量次数，$n\geqslant 20$。

计算结果中取绝对值大者作为判定功率稳定度是否合格的依据。

(14) 确定基本误差。基本误差是指装置在参比条件下对电能的测量误差，由试验确定并用相对误差表示。在三相装置中，检定单相电能表所使用的特定相，其计量性能应满足单相装置的要求。确定基本误差时，对于0.05级及以下装置在每一负载功率下至少记录3次误差数据，取平均值作为结果；对于0.03级及以上装置在每一负载功率下至少记录5次误差数据，取平均值作为结果。各等级装置的基本误差不超过规定值。

(15) 确定装置的测量重复性。在相同的测试条件下（相同的人员、测试仪器、测试方法、测试地点、测试条件），对装置进行重复性测量。对0.05级及以下装置进行不少于5次测量，对0.03级及以上装置进行不少于10次测量，计算实验标准差不超过的规定值。

(16) 确定多路输出的一致性。对M路($M\geqslant 3$)输出的装置，选择控制量限，各路接相同负载，分别在功率因数为 1.0，0.5(L) 时，确定各路输出（检定时做不少于$\sqrt{M}$路）的基本误差，每路输出的基本误差应不超过相应等级的装置的最大允许误差，且相互间基本误差最大值与最小值的差值应不超过最大允许误差的 30%。如：对于 0.1 级装置，各表位基本误差最大值与最小值的差值在功率因数为 1.0，0.5(L) 应分别小于 0.03%，0.045%。

（17）确定负载影响。多表位隔离输出的装置各路输出空载（不宜空载的接最小负载），某一表位负载自空载变化至检定规程要求的负载范围 50%时，负载变化前后基本误差应不超过相应等级装置的最大允许误差，且误差的变化应不超过对应测试点最大允许误差的 1/20，应对不少于$\sqrt{M}$路输出确定负载影响。

（18）同名端钮间电位差。对于无接入电压互感器的装置和接入电压互感器的装置测量的位置和要求都不同。

（19）确定相间交变磁场影响。选择控制量限，在功率因数分别为 1.0，0.5(L) 时，任一相（或两相）对其他相的相间交变磁场影响不应超过装置最大允许误差的 1/6。

（20）确定短期稳定性变差。选择控制量限、功率因数 1.0，0.5(L)，预热稳定后，每隔 15 min 测 1 次基本误差，共进行 1 h（型式评价或样机试验时间为 7 h），取相邻两次基本误差差值的最大值为短期稳定性变差，这个变差不超过对应最大允许误差的 20%。

（21）确定检定周期内变差。后续检定时，选择控制量限、功率因数 1.0，0.5(L)，将上次检定的基本误差与本次的基本误差相比较，取其差值作为检定周期内变差。检定周期内，基本误差不超过相应等级装置的最大允许误差的同时，0.03 级及以上（0.01、0.02，0.03 级 3 个等级）装置基本误差的最大变差还应不超过对应的最大允许误差。

10.3.2.3 检定结果及检定周期

（1）检定结果的处理

判断各项数据是否超差一律以修约后的数据为准。装置全部检定项目符合要求，判定合格并发给检定证书，否则判定不合格并发给检定结果通知书。对于降级使用等情况，经用户同意按规程规定进行处理。

（2）检定周期的选择

装置首次检定后 1 年进行第一次后续检定，此后后续检定的检定周期为 2 年，装置经多次检定，可根据情况延长或缩短检定周期。

10.3.3 机电式交流电能表的检定

目前，机电式交流电能表的检定规程为 JJG 307—2006，适用于参比频率为 50 Hz 或 60 Hz 机电式（感应系）交流电能表的首次检定和后续检定。

10.3.3.1 技术要求

主要的技术要求包括：基本误差、起动、潜动、常数、标志、交流耐压 6 项。

规程规定了单相电能表、平衡负载和不平衡负载时三相电能表的基本误差限，需要说明的是，给出的基本误差项不是电能表的工作误差允许值，在电能表的额定工作条件内，工作误差是由基本误差和温度、电压、频率等各影响量偏离参比条件引起的附加误差组成的，其允许值应大于基本误差。同时，在相邻轻负载电流范围内，基本误差限用内插法确定。

10.3.3.2 检定条件

检定条件主要对影响量、检定装置提出了要求。

（1）影响量

影响量包括环境温度、电压、频率、电压、电流波形、参比频率的外磁场、功率因数、工作位置垂直度、三相电压和电流的对称度等，其允许偏差在检定规程中都有明确的规定。同时对于计度器为字轮式的电能表，在检定时只有末位字轮转动，因字轮转动个数对误差有一定的影响，检定时周围应无可觉察的振动。

（2）检定装置

检定装置的基本误差限不得超过被检电能表基本误差限的 20%（$\cos\varphi$（或 $\sin\varphi$）=1 时）和 1/3（$\cos\varphi$（或 $\sin\varphi$）=0.5(L) 时），装置对被检电能表的起动电流、起动功率的测量误差不超过±5%。标准仪表和装置输出功率稳定度不大于规定值。

装置产生的交变磁场所引起的各相电能或功率测量误差的变化不超过装置基本误差限的 1/6；监视仪表、调节设备、导线电压降在规程中也有具体的规定。

10.3.3.3　检定项目

被检电能表应检定以下项目：① 直观检查；② 交流耐压试验；③ 潜动试验；④起动试验；⑤基本误差的测定；⑥常数试验。

10.3.3.4　检定方法

（1）直观检查

检定工作的第一步就是进行直观检查，直观检查不合格的直接判为不合格。

对每只电能表应进行外部检查，可随机抽取一定数量的电能表（可按检定电能表总数的 5%抽检，但不少于 3 只）进行内部检查。

① 外部检查。外部检查时，发现下列缺陷的电能表不予检定：

i）标志不符合要求；

ii）铭牌明显偏斜，字迹不清楚。字轮式计度器上的数字约有 1/5 高度被字窗遮盖（末位字轮和处在进位的字轮除外）；

iii）表壳损坏，颜色不够完好，玻璃窗模糊，固定不牢或破裂；

iv）端钮盒固定不牢或损坏，盒盖上没有接线图；

v）固定电能表的孔眼和铅封部位及接地螺柱损坏；

vi）没有供计读转数的色标或色标位置；

vii）当电能表加额定电压和 5%～10%标定电流及功率因数为 1.0 时，转盘不转动或有明显跳动。

② 内部检查

内部检查时，发现下列缺陷应加倍抽检，若仍有缺陷，则提交检定的全部电能表不予检定。

i）各部紧固螺丝松动或缺少必要的垫圈；

ii）转盘和制动磁铁磁极等处有铁粉或杂物；

iii）导线上的绝缘老化；

iv）调整装置处在极限位置，没有调整余量；各制动磁铁磁极端面明显地与转盘平面不平行，且对转盘中心的距离有显著差别；

v）转盘不在制动磁铁和驱动元件的工作气隙中间；

vi）表盖密封不良，蜗轮与蜗杆不在齿高的 1/2～1/3 处啮合。

(2) 交流耐压试验

对新生产和检修后的电能表应进行交流耐压试验。对新购置的电能表可用抽样试验方法确定。

(3) 潜动及起动试验

潜动试验时，后续检定的电能表只加110%额定电压，首次检定的电能表还应在加80%额定电压、功率因数为1.0的条件下，通25%允许起动电流，在规定时间内转盘的转动不得超过1转。由于规定的时间较长，试验时限可根据统计数据适当增减。

起动试验时，电能表在额定频率、额定电压和功率因数为1.0的条件下，负载电流升到规定值后，转盘应连续转动且在时限 t_0 内不少于1转。起动功率和起动电流的测量误差不超过±5%，字轮式计度器同时进位的字轮不多于2个。

(4) 测定基本误差

由于温度对电能表和标准仪表的误差有一定的影响，测量基本误差前应对电能表和标准仪表同时进行预热。预热方法为，当 $\cos\varphi$（或 $\sin\varphi$）=1时，电压线路加参比电压1 h，电流线路加参比电流 I_b 或 I_n 30 min（对三相电能表）或15 min（对单相电能表）。根据受检电能表的自热误差曲线，也可适当增减预热时间。(注：I_b 为基本电流；I_n 为经电流互感器接入电能表的额定电流。一般经电流互感器接入电能表的最大电流为 $I_{max}=1.2I_n$。)

在通电后同一电压电流量程下，对每一负载电流先后以不同功率因数，按负载电流逐次减小的顺序检定，中间过程不再预热。

测定基本误差的方法有多种，规程中规定了标准电能表法和瓦秒法。目前，大多采用标准电能表法，即标准电能表测定的电能与被检电能表测定的电能相比较，以确定被检电能表的相对误差。

测量误差时，在每一个负载功率下，至少应记录两次误差测量数据，取其平均值。

(5) 常数试验

电能表校核常数主要有计读转数法和走字试验法，一般采用走字试验法。

① 计读转数法

计读转数法是电能表在额定电压、额定最大电流和功率因数为1.0的条件下，计读器末位改变1个数字时，转盘转数应和计算值相同。

② 走字试验法

在规格相同的一批电能表中，选用误差较稳定（在试验期间误差的变化应不超过1/6基本误差限）而常数已知的两只电能表作为参照表。各表的同相电流线路串联而电压线路并联，加额定最大负载。当计度器末位改变不少于10（对0.5～1级表）或5（对2～3级表）个数字时，参照表与其他表的示数（通电前后示值之差）应符合下式的要求

$$\gamma=\frac{D_i-D_0}{D_0}\times100\%+\gamma_0\leqslant1.5\text{基本误差限} \tag{10-70}$$

式中，D_0 为两只参照表示数的平均值；γ_0 为两只参照表相对误差的平均值（%）；D_i 为第 i 只被检电能表的示数（$i=1, 2, \cdots, n$）。

10.3.3.5 检定结果处理和检定周期

(1) 检定结果处理

电能表的基本误差应进行化整处理，相对误差的末位数应为化整间距的整数倍。判别电

能表是否超差以化整后的结果为准。在所有检验项目中只要有一项不合格，即为该表不合格。

检定合格的电能表应由检定单位加上封印，不合格的不得使用。

（2）轮换周期

① 三相电能表的检定周期不宜超过 6 年，发电厂、大型变电站中的三相电能表，可配合设备大修进行轮换。

② 磁力轴承和双宝石轴承的单相电能表，其检定周期不宜超过 15 年，其他单相电能表的轮换周期不宜超过 10 年。

③ 居民生活用单相有功电能表，可按照有关规程规定，采用抽测方法确定是否检定。抽测的方法是根据电能表的运行状况决定是否进行检定，在西方发达国家运用的比较普遍。

10.3.4 电子式电能表的检定

电子式电能表的检定规程为 JJG 596—2012，适用于参比频率为 50 Hz 或 60 Hz 电子式电能表的检定。

10.3.4.1 技术要求

技术要求包括外观、基本误差、输出与显示、控制、起动、潜动和停止、工频耐压和绝缘电阻、测量的重复性、日计时误差和时段投切误差、需量示值误差、需量周期误差等 11 项。

随着科学技术的进步，电子式电能表发展非常迅速，由于 JJG 596—1999 颁发时间较早，目前电子式电能表的功能已远远超出了规程的技术要求，使用者应根据实际情况结合该规程进行检定，但实际工作中检定项目不能少于该规程要求。

10.3.4.2 检定条件

检定条件中主要对影响量、检定装置及标准时钟准确度提出了要求。

（1）影响量的要求。影响量包括环境温度、湿度、电压、频率、波形、外磁场等，应无可觉察到的振动，无较强的电磁辐射干扰。检定三相电能表时，三相电压、电流对称度应满足要求。

（2）检定装置要求。包括测量误差、重复性、功率稳定度、监视仪表等要求。被检电能表准确度等级不高于 0.2 级时，检定装置的准确度等级不大于被检电能表的 1/4；被检电能表准确度等级不高于 1 级时，电压、电流监视仪表的等级不低于 1 级。检定装置的重复性、功率稳定度应满足有关要求。

（3）标准时钟准确度要求。标准时钟准确度应优于被检表的 1/100。

10.3.4.3 检定项目

标准电能表的检定项目包括直观检查和通电检查、工频耐压和绝缘电阻试验、起动和停止试验、基本误差测定、标准偏差估计值测量、24 h 变差测量（必要时做）、8 h 连续工作基本误差改变量（必要时做）。

安装式电能表的检定项目包括直观检查和通电检查、工频耐压和绝缘电阻试验、起动和潜动试验、基本误差测定、标准偏差估计值测量、常数试验、确定日计时误差和时段投切误差、确定需量误差和需量周期误差。

10.3.4.4　检定方法

（1）直观检查和通电检查

检定工作的第一步就是进行直观检查和通电检查，直观检查和通电检查不合格的直接判为不合格。

① 直观检查，又叫外观检查。发现标志不完整、字迹不清楚、外壳有损伤、开关等换挡不正确、标准表没有控制脉冲启动或停止的功能、安装式电能表没有防止非授权人输入数据或开表的措施等缺陷不予检定。

② 通电检查。主要检查显示是否正常、基本功能是否具备等。发现显示数字不清楚或不正确、复零后不能正常工作、基本功能不正常等缺陷不予检定。

（2）工频耐压和绝缘电阻试验

工频耐压试验同感应式电能表。在周期检定时，电子式电能表可用 1 000 V 兆欧表测定绝缘电阻，在相对湿度不大于 80％的条件下，辅助电源端子对表壳，输入端子对表壳，输入端子对辅助电源端子的绝缘电阻不低于 100 MΩ。

（3）起动

在额定电压和功率因数为 1 的条件下，负载电流升到规定值时，电能表应启动并连续累计记数。如果电能表用于测量双向电能，则将电流线路反接，重复上述试验。

（4）潜动和停止试验

对于安装式电能表，电流回路无电流，电压回路加额定电压，电能表在起动电流下产生 1 个脉冲的 10 倍时间内，其脉冲输出不得多于 1 个脉冲。

对于标准表，电能表起动并累计计数后，用控制脉冲或切断电压使它停止计数，显示数字应保持 3 s 不发生变化。

（5）基本误差测定

一般采用高频脉冲数预置法。即标准表和被检表都在连续运行的情况下，计读标准表在被检表输出 n 个低频脉冲时输出的高频脉冲数 N，再与预定的（或预置）高频脉冲数进行比较，用式（10－71）计算被检表的相对误差 E（％）

$$E=\frac{N_0-N}{N}\times 100+E_0 \qquad (10-71)$$

其中

$$N_0=\frac{C_0 n}{CK_I K_U}$$

式中，E_0 为标准表或检定装置已定系统误差，不需修正时 $E_0=0$；C_0 为标准表高频脉冲常数；C 为被检表低频脉冲常数；K_I、K_U 分别为标准表外接的电流、电压互感器变比，没有时，K_I、K_U 等于 1。

在选取 n 时，应注意使标准表的高频脉冲数 N 满足规定要求。

在每一负载下，至少做两次测量，取其平均值作为测量结果，如计算值的相对误差等于该表基本误差限的 80％～120％，应再做两次测量，取这两次和前几次测量的平均值作为测量结果。

（6）标准偏差估计值测定

标准偏差估计值是评定电能表误差重复性的重要指标，其测定方法为在额定电压和基本电流（标定电流）下，对功率因数为 1 和 0.5（L）两个负载点分别做不少于 5 次的基本误差测量。根据化整后的基本误差值，计算出标准偏差估计值 S（%）。

（7）常数试验

一般采用走字试验法，试验方法同感应式电能表一样。

（8）24 h 变差测量

测得基本误差后将表置于常温下 24 h，再置于标准条件下，待温度平衡后测量额定电压、基本电流（标定电流）、功率因数为 1 和 0.5（L）两个负载点的误差。误差不得超过基本误差的限值，且误差变化量不得超过基本误差限绝对值的 20%。

（9）8 h 连续工作误差改变量

在标准表预热后，每间隔 1 h 就测量一次额定电压、基本电流（标定电流）、功率因数为 1 和 0.5（L）两个负载点的误差，共测 9 次。

（10）确定需量误差和需量周期误差

只对具有需量计量功能的安装式电能表进行。确定需量误差时，输入恒定功率，将标准表测量的功率与被试电能表记录的需量进行比较。

确定需量周期误差时，用标准计时器测量需量周期开始和结束时间，计算实测需量周期与选定需量周期的差值百分比。

（11）确定日计时误差和时段投切误差

可用数字频率计或日差测试仪直接测量日计时误差，也可采用广播报时每 24 h 计算一次误差，连续测量 3 次。

测量时段投切误差时，可用标准时钟或广播报时测得实际投切时间，与预置时间比较，得出投切误差。

10.3.4.5　检定结果处理

（1）检定结果处理

判断误差是否符合规定限值，应以修约后的数据为准，日计时误差的化整间距为 0.01s，时段投切误差的化整间距为 1s，需量误差的化整间距与基本误差相同。

检定合格的标准电能表，应发给检定证书；检定不合格的，发给检定结果通知书。安装式电能表经检定合格的由检定单位加上封印或检定标记，不合格的加上不合格标记。

（2）检定周期

使用中的标准表的检定周期为 1 年。

安装式电能表的检定周期一般为 5 年，检定机构可根据电能表的结构和抽样情况确定检定周期，但要报省级及以上计量行政部门批准。

10.3.5　多功能电能表的检定

多功能电能表是指除计量有功、无功电能量外，还具有分时测量、需量测量、预付费等两种以上功能的电能表。因为多功能电能表只需要有两种以上功能即可，所以市场上的多功能电能表千差万别。例如，某一电能表，它除了可以计量正反向有功、无功电能量外，还具有分时测量和预付费的功能，那么这块电能表就是一块多功能电能表；若另一块电能表可以计量有功、无功、需量、失压，则也是多功能电能表。可见，多功能电能表的功能不是确定的，品种存在较大差异。

多功能电能表的分类主要有 3 种方式，即按准确度等级、用途和接入方式分类。按准确确度等级可分为 0.2S，0.5S，1，2 级 4 个等级，由于多功能电能表基本为电子式的，电子式电能表的准确度等级一般都能做得较高，因此实际生活中前 3 个等级的产品使用较多；按用途可分为关口多功能电能表、高压多功能电能表和低压多功能电能表，关口电能表用于电网贸易结算，高压表一般用于高供高计大用户计量，低压表一般用于高供低计或低供低计的用户计量。

10.3.5.1 相关概念

（1）失压

在三相（或单相）供电系统中，某相负荷电流大于启动电流，但电压线路的电压低于电能表正常工作电压的一定百分比时（如设为 78％额定电压 U_n，此时电压叫起动电压），且持续时间大于 1 min，此种工况称为失压。若三相电压（单相表为单相电压）均低于电能表的临界电压（如参比电压 60％），且负荷电流大于 5％额定（基本）电流的工况，称为全失压。例如对于规格为 3×100 V，3×1.5(6)A 的 0.5 S 级多功能电能表来说，如果一相电压低于 78 V 并且对应相电流大于 1.5 mA，这种状况持续时间大于 1 min，则电能表将记录这相的失压累计时间和失压期间内电能表所计有功电量。对于全失压，则只记录失压时间。

（2）时段、费率

电能是一种特殊的商品，发、输、配、供同时完成，为了提高负荷率，鼓励电力用户在负荷低时多用电，避开负荷高峰用电。在一天不同的时间段采用不同的电价，用电高峰电价高，低谷时电价低，以引导用户用电，削峰填谷，提高综合经济效益。为此将一天中的 24 h 划分成若干时间区段，在不同的时段对应不同的电费标准。目前使用比较多的是 8 个时段，4 个费率（尖、峰、平、谷）。

10.3.5.2 技术要求

（1）环境条件

电能表的参比温度为 23 ℃，参比湿度为 40％～60％。规程对户内式和户外式电能表规定的工作范围和极限工作范围提出了要求。

（2）电气基本要求

为了使电能表标准化，不同生产厂家的电能表能够互通互用，对电能表的参比频率、参比电压、基本电流、额定电流等值提出了要求。对于电能表的脉冲常数的大小也做了规定，目的是为了在使用过程中更为方便。

（3）特殊技术要求

为了确保电能表的准确、可靠、稳定运行，规定了电能表在出厂时误差必须有足够的裕度，验收时按等级误差限要求的 70％考核验收。标准中对误差一致性、误差变差及负载电流升降变差提出了要求，主要是为了促使生产厂家通过提高工艺水平和材质水平确保电能表误差的一致性和稳定性。

（4）功能要求

各类多功能电能表具备的基本功能如下：

① 电能计量。作为电量交易的计量点，往往是很复杂的，有些用户只接受电网送过来的电，有的用户则可能反送电至电网，同时送入和送出的电价是不同的，这就需要多功能电能表能计量单向或双向有功电能。相应地，电网输送到用户的无功包含有感性无功和容性无功，用户反输送到电网的无功也包含有感性无功和容性无功。功率因数的考核是按潮流送进

送出考核的，这就要求同一潮流的感性无功与容性无功应进行绝对值相加，所以要求多功能电能表能计量单向或四象限无功电能。四象限无功定义如图10-17所示。图中参考矢量是电流矢量（取向右为正方向），电压矢量U随相角φ会改变方向，电压U和电流I间的相角φ数学意义上取正（逆时针方向）。

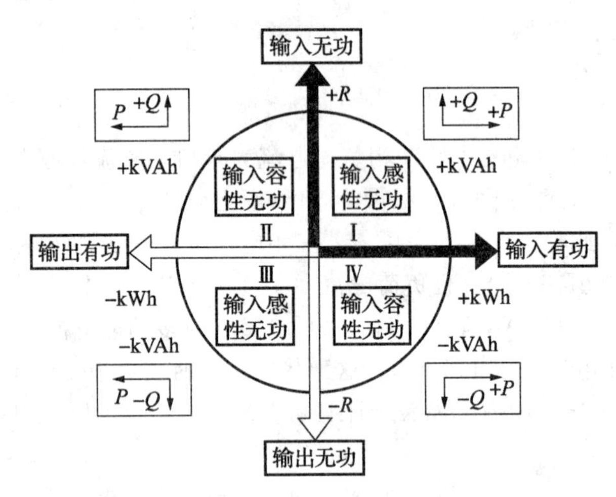

图10-17　有功和无功功率的几何表示

② 需量测量。需量是一种平均功率计量或确切地说是在选择的需量周期内的平均功率，最大需量是在指定的时间间隔内（一般为1个月）需量的最大值。按照我国的电价政策，对于大用户（一般为变压器容量大于315 kVA的用户）来说，除应收取电度电费外，还应收取基本电费，基本电费的收取可以按照变压器容量，也可按最大需量，由用户自愿选择收取。因此要求多功能电能表应能测量正向有功或正反向有功最大需量、各费率最大需量及其出现的日期和时间，并存储带有时标的数据。最大需量值应能手动（或抄表器）清零，需量手动清零要有防止非授权人操作的措施，如加铅封进行控制。需量周期可在5、10、15、30、60 min中选择，滑差式需量周期的滑差时间可以在1、2、3、5 min中选择，需量周期应为滑差时间的5的整倍数，一般工作中需量周期选择15 min，滑差时间选择1 min。

③ 日历，费率和时段。对于实行分时计量的用户来说，不同的时间对应不同的电价，这就要求电能表能准确计时，要求电能表具有日历、闰年、计时、时令制、季节、节假日自动转换功能，对日历和时间的设置必须有防止非授权人操作的安全措施（如加密码或加铅封进行控制）。如果要求在不同的时间采用不同的费率和时段，则要求电能表具有两套可以任意编程的费率和时段，可在设定的时间点启用另一套费率。

④ 测量数据存储功能。由于抄表人员往往承担很多用户的抄表工作，不可能刚好在规定的电费结算时刻（如月初零点）抄读电能表的电量及相关的数据，所以要求电能表能存储设定的时刻（如月初零点）相关的数据，并至少能保存前12个月的数据，以方便随时查询。电能表失电后，所有存储的数据保存时间至少为10年。

⑤ 事件记录。事件记录是多功能电能表中的“黑匣子”，主要记录针对电能表发生的事件，方便工作人员检查电能表运行情况。事件记录能记录多种事件的发生时间及当时状态，如电压过压、失压、全失压、断相、失流、电压（流）逆相序、清零、清需量、设置参数

等，在三相全失压和辅助电源失电后，电能表程序不应混乱，所有数据都不应丢失，且保存时间应不小于180天，电压恢复后，各项工作应正常。

⑥ 通信和脉冲输出。多功能电能表往往需要进行本地抄表和远程抄表，所以一般至少应具有一个用于本地抄表的红外接口，一个用于远方抄表的RS485接口。由于关口电能表常常有多个使用者需要对其进行数据采集，建议配置两个独立的RS485接口，通信接口的通信规约均应符合DL/T645。脉冲输出主要用于现场检表。

⑦ 显示。显示模式一般有自动循环显示和按键循环显示两种，均可根据用户的需要进行设置，测量值显示位数不少于8位，小数位一般设置为2位。当多功能电能表有故障时，应能在电能表循环显示第一项显示报警代码。

⑧ 测量。能测量电流、电压、功率等的实时值，主要用于电压质量考核、变压器过载和计量装置实时监测等。

10.3.5.3 检定项目及要求

对多功能电能表的检定有型式检定、验收检定和寿命检定。

检定项目包括外观标志、准确度要求试验、电气要求试验、功能试验、电磁兼容试验、气候影响试验、机械试验、通信功能、绝缘性能、一致性试验、可靠性验证试验等。

① 功能试验

基本功能的类型包括计量以及结算日转存、瞬时冻结或约定冻结或定时冻结、清零、输出、时间、事件记录、显示、通信、测量、负荷记录及其他功能等，各类电能表应具备的基本功能应符合规定。

② 电磁兼容试验

简称EMC试验，此类试验主要是模拟电能表在使用时有可能遇到的一些电磁干扰，如静电放电、雷击、射频电磁场、快速瞬变脉冲群、衰减振荡波、无线电干扰等，对于直接接入式电能表，不做衰减振荡波抗扰度试验。进行电磁兼容试验主要是为了验证电能表在严酷的电磁环境中是否能正常工作，各项试验的试验方法及要求同前述电能表的检定类似，具体参见相关检定规程的规定。

第 11 章　常用计量仪器

11.1　直流电位差计

直流电位差计是一类测量微小直流电势（电压）的通用仪器，采用一定的测量方法也可以间接测量电阻、电流、功率等参数，准确度很高。在温度测量中，直流电位差计也是一种较为理想的仪器，常用于热电势、热电阻的测量。在检定温度测量的二次仪表（动圈式温度计、数字温度计）时，它可以作为标准仪器使用。

11.1.1　基本电路及工作原理

直流电位差计应用比较法原理工作，即用一个大小可调整的标准电压与被测的未知电势（电压）相比较，当测量系统平衡时即标准电压与被测电势（电压）大小相等时，测量结束，被测电势（电压）等于已知的标准定义值。

直流电位差计的线路是由 3 个基本回路组成，即工作回路、校准回路、测量回路，见图 11－1。

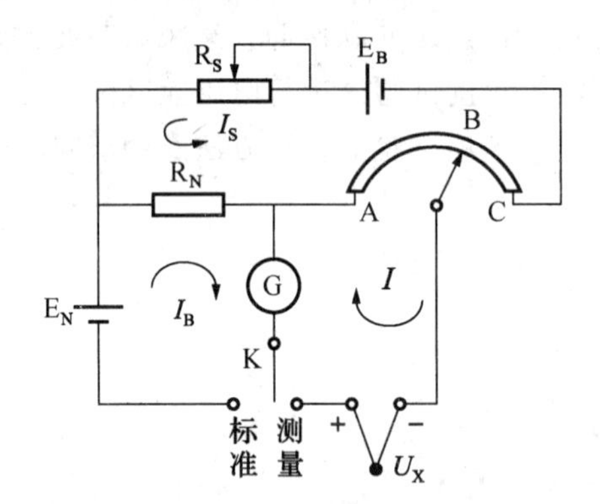

图 11－1　直流电位差计原理电路

测量之前，首先要校准工作回路的电流（工作电流 I_S），即工作电流标准化。图 11－1 中将开关 K 合到标准位置，调 R_S 使检流计 G 指零（$I_B=0$），得

$$E_N=I_SR_N \quad 或 \quad I_S=E_N/R_N \tag{11-1}$$

式中，E_N 是标准电池的电势，准确度高而且稳定，其电势随温度的变化也可精确算出，并能做相应的校正；R_N 的阻值可制造得相当准确，因此可得到准确的工作电流值 I_S。

测量时，开关 K 合到测量位置，测量回路接通。回路电压方程为

$$U_X - I_S R_{AB} = I \sum R \quad (11-2)$$

式中，U_X 为被测电压；I_S 为工作电流；I 为测量回路电流；$\sum R$ 为测量回路总电阻（R_{AB}、检流计内阻和被测电压源内阻等）。

移动触点 B，使检流计 G 指零（$I=0$），于是有

$$U_X = I_S R_{AB} \quad (11-3)$$

可以看出，影响电位差计测量准确性的关键是工作电流值 I_S 和电阻值 R_{AB} 的准确度，以及测差装置（检流计）的灵敏度。R_{AB} 是锰铜丝绕制的电阻，电阻值不随温度变化，精度高。测量时，由于校准了工作回路的电流，I_S 是固定已知的，这时可由触点 B 的位置确定被测电势 U_X 的数值。

将式（11-1）代入式（11-3）有

$$U_X = \frac{E_N}{R_N} R_{AB} \quad (11-4)$$

上式也说明，由 R_{AB} 的阻值，即滑线电阻触点的位置就可确定待测电势的值。

直流电位差计的 3 个基本回路的组成可分为几种类型：（1）R_N 与 R_H 彼此串联、相互独立，见图 11-2（a）。这种结构的电路因电阻调整精度不一致，会影响示值误差，而且温度系数也不完全一致，会造成温度附加误差。（2）R_N 与 R_H 大部分共用（$R_N > R_H$），见

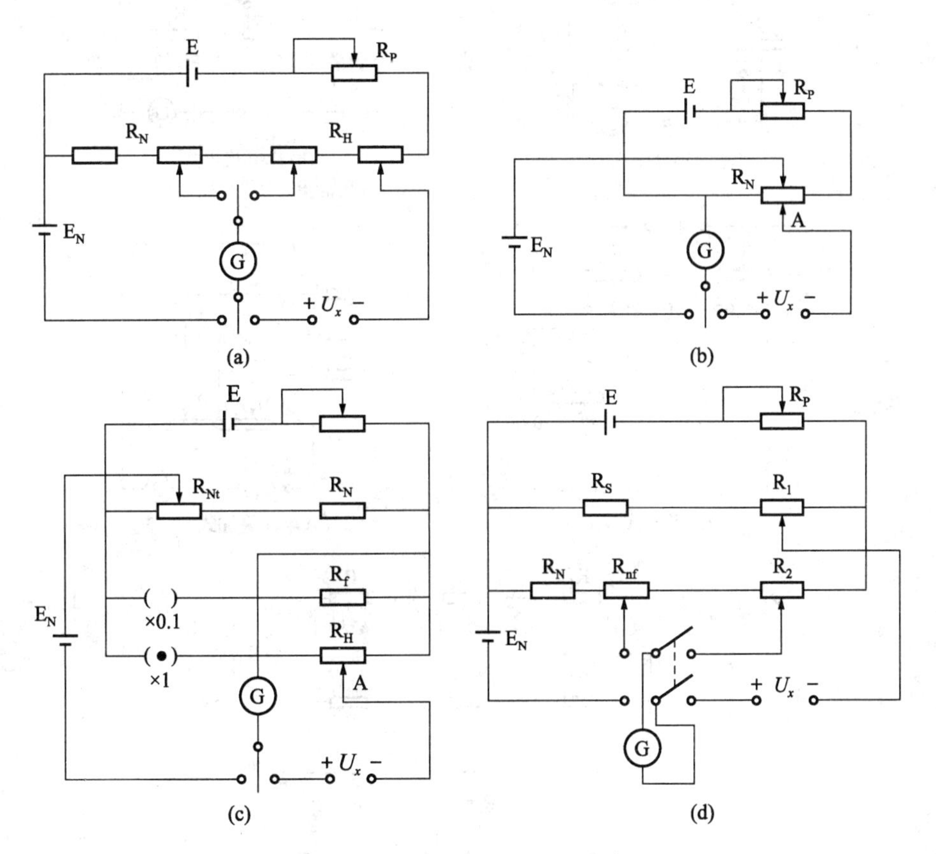

图 11-2　直流电位差计电路的类型

图 11－2（b）。这种结构电路便于自检，且温度附加误差小。（3）R_N 与 R_H 并联，校准回路电流只与工作电流保持一定比例关系，见图 11－2（c）。这种结构电路便于多量程测量。R_N 与 R_H 的比值误差较大，整机精度不高。（4）R_N 接在一个桥臂中，见图 11－2（d）。这种结构电路依靠调定一个桥臂中的电流、相对调整补偿回路中的电阻值。R_S、R_1 支路与 R_N、R_{Nf}、R_2 支路的分流比是固定、准确、已知的。

11.1.2 结构组成及测量盘电路的形式

直流电位差计的主要组件有：测量盘、温度补偿盘、工作电流调整盘、测量选择开关、量程变换开关、极性变换开关、检流计按钮等。

测量盘的结构有滑线式电阻和步进式电阻两种。滑线式结构的特点是阻值连续变化，其优点是能得到连续变化的比较电压，缺点是体积大、易磨损。滑线式结构经常用于测量盘的最后一盘。步进式结构的特点是阻值变化不连续，是步进式的变化，其优点是阻值调整精度高，误差独立，缺点是电刷触点热电势影响测量结果。

测量盘有多种结构形式，有串联代换式、并联式、电流叠加式、桥形分列式等，如图 11－3 所示。

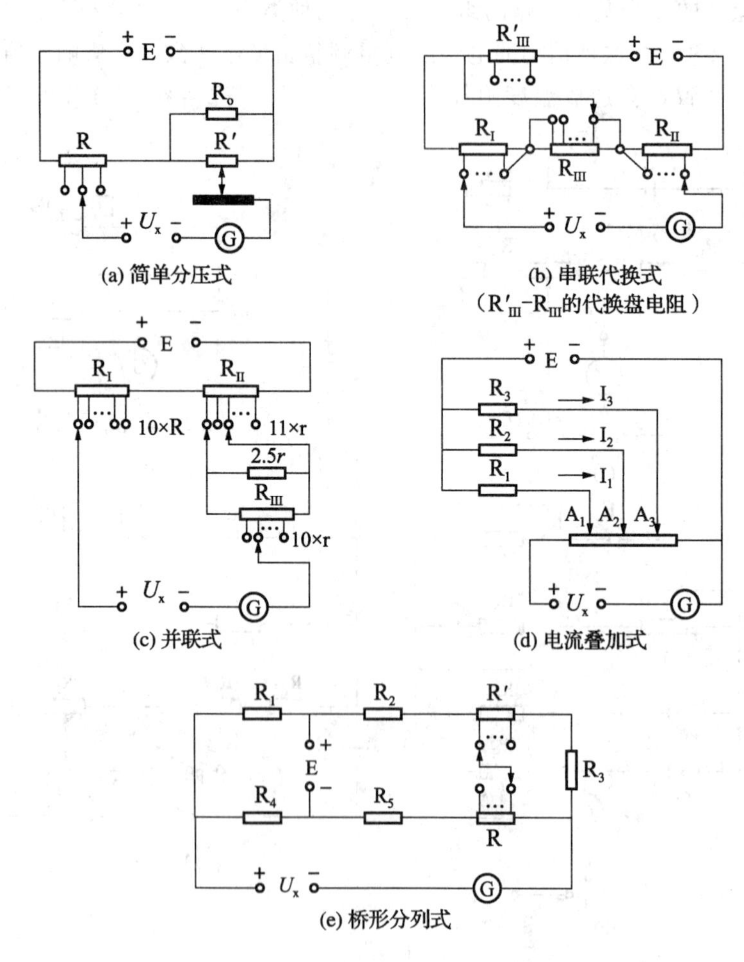

图 11－3 简化的测量回路原理图

11.1.3 分类和主要技术性能

11.1.3.1 分类

（1）按“未知”端口（即联通被测电压的端口）输出电阻的高低，直流电位差计可分为：

① 高阻电位差计——输出电阻大于10 kΩ/V，适用于测量大电阻上的电压及高内阻电源的电动势，其工作电流小，不需大容量工作电源供电。

② 低阻电位差计——输出电阻小于100 Ω/V，用于测量较小电阻的电压及低内阻电源的电动势，其工作电流大，为保持工作电流稳定，应由大容量电源供电。

（2）按量程限，直流电位差计可分为：

① 高电压（电动势）电位差计——测量上限在2 V左右，其输出电阻最高可达2×10^4 Ω，工作电流为1 mA左右。

② 低电压（电动势）电位差计——测量上限约为20 mV，输出电阻为20 Ω左右，工作电流是1 mA。

（3）按使用条件，直流电位差计可分为：

① 实验室型——在实验室条件下做精密测量用。

② 携带型——用于生产现场的一般测量。

11.1.3.2 主要技术性能

国产直流电位差计的型号是UJ××，其主要技术性能如表11-1所示。

表11-1 直流电位差计的主要技术性能

准确度等级		实验型						携带型			
		0.001	0.002	0.005	0.01	0.02	0.05	0.02	0.05	0.1	0.2
温度范围	保证准确度温度/℃	20±0.5	20±0.5	20±1	20±2	20±3	20±5	20±3	20±5	20±8	20±10
	允许使用温度/℃	20±3	20±3	20±5	20±8	20±10	20±15	20±10	20±15	5～45	5～45
相对湿度		≤80%									
允许误差 $\|\Delta\|$（在保证准确度范围内）		$\|\Delta\| = a\% \cdot U_x + b \cdot \Delta U$ 式中，a为准确度等级；U_x为测量盘示值；ΔU为测量盘最小步进值和分度值；b为附加误差系数，$b=0.5$（实验型），$b=1$（携带型，有滑线盘者）									
变差		$\Delta U \leqslant 5$ μV时，变差小于$\frac{1}{10}\Delta U$；$\Delta U > 5$ μV时，变差小于$\frac{1}{20}\Delta U$									
温度附加误差		当电位差计工作在允许使用温度的上下限时，其温度附加误差≤$\|\Delta\|$，对0.1，0.2级电位差计在使用上限时，附加误差≤$\|\Delta\|$，下限时，附加误差≤$0.5\|\Delta\|$									
对温度补偿盘的要求	最小步进值	2 μV	5 μV	10 μV	20 μV	50 μV	100 μV	携带式直流电位差计多采用低电阻温度系数标准电池（不饱和标准电池），因此无温度补偿盘			
	误差	电位差计补偿盘误差：$\leqslant \frac{1}{10}a\%$									

11.1.4　UJ25 直流电位差计

UJ25 型直流电位差计适用于实验室和计量部门的精密测量，可直接用来测量直流电势，也可以用它作为标准仪器来检定 0.02 级电位差计。配用标准电阻后，又可用来测量直流电流和电阻，以及校验功率表。

11.1.4.1　结构

UJ25 型直流电位差计的线路原理和操作面板如图 11－4、图 11－5 所示。

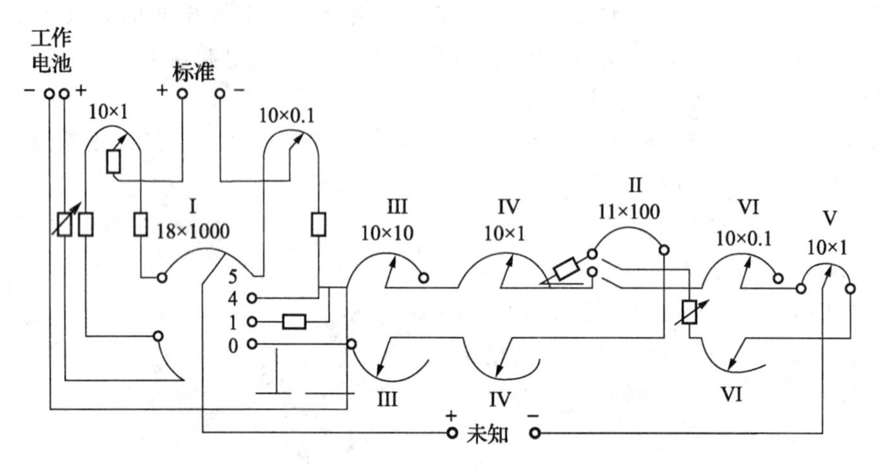

图 11－4　UJ25 型直流电位差计的线路原理图

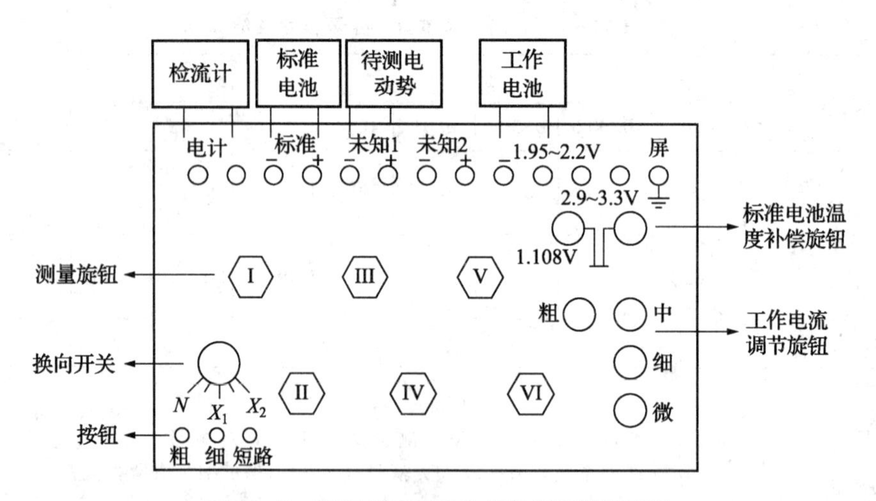

图 11－5　UJ25 型直流电位差计的面板示意图

在电位差计面板的上方有 13 个旋钮，供接“电池”、“标准电池”、“电计”、“未知”、“泄漏屏蔽”、“静电屏蔽”之用。“标准”“未知 1”“未知 2”“电计”各有 2 个接线端钮组成，供接标准电池，被测电势和指零仪用，除“电计”接线端钮外，其余都标有“＋”“－”极性符号，以免接线时极性接错。

左下方有 3 个按钮，按钮上方为“标准”“未知”“断”转换开关，可供选择接入标准电池、被测电动势和测量线路断开用，“粗”“细”“短路”3 个按钮开关是用来将“指零仪”

接通或短路之用。自右下方向上有细至粗排列的 4 个调节工作电流的旋钮，再上方即是标准电池电动势温度补偿的 2 个旋钮。面板中间部分有 6 个大旋钮，其下都有一个窗孔，被测电动势的数值由此示出。

11.4.1.2　主要技术指标

（1）量程：1 μV～1.911 110 V

（2）准确度：±0.01％

（3）外形尺寸：477×257×170（mm）

（4）质量：7.5 kg

（5）成套性：（用户自配）

① AC15/2 型检流计或与 AC24 型光电放大检流计配套。

② YJ42 型精密稳压电源。

③ FJ51 型或 FJ56 型直流分压箱。

④ BC9a 型标准电池。

（6）说明：可作为符合 JJG 123—2004 要求的 0.05 级及以下携带式直流电位差计检定的标准仪器。

11.4.1.3　使用

（1）使用前的准备

在电位差计使用前，首先将“标准”“未知”“断”转换开关放在“断”位置，将左下方的 3 个电计按钮全部松开，然后将电池电源、被测电动势和标准电动势按正、负极性接在相应的端纽上（接检流计时没有极性要求）

（2）使用方法

① 测量 1.911 110 V 以下的电动势

调节工作电流：先读取标准电池上所附温度计的温度值，计算出标准电池的电动势。计算公式如下

$$E_t=E_{20℃}-4.06\times10^{-5}(t-20)-9.5\times10^{-7}(t-20)^2(\mathrm{V}) \qquad (11-5)$$

式中，E_t 为 t℃时标准电池的电动势；E_{20} 为 20℃时标准电池的电动势；t 为测量时室内环境的温度。计算结果化整的位数到 0.000 01 V。

按上式计算的数值，在标准电池温度补偿十进盘上加以调整，调整后不变动。

将转换开关扳到“N”，分别按下面板左下方电计按钮的“粗”、“细”按钮，并按照“粗”、“中”、“细”、“微”顺序调节工作电流旋钮，将检流计光点调到零。注意在此之前，应调节检流计的机械零点。由于工作电池的电动势会发生变化，因此在测量过程中要经常标定电位差计。

测量未知电动势：将转换开关扳向“X_1”位置，分别按下电计“粗”、“细”按钮，并按由大到小的顺序调节 6 个电动势测量旋钮，将检流计光点调到零。从 6 个旋钮下的小孔内读取待测电动势的数值。

② 测量高于 1.911 110 V 的电压

当被测电压高于 1.911 110 V 以上电压时，可配用分压箱来提高测量上限。测量时可将被测电压接在分压箱测量电压的两端纽上，分压箱负端与电位差计“未知”负端连接在一起，而电位差计“未知”的另一端则根据被测电压值选择接向×500、×200、×100、×10 其中之一

的端纽上。用电位差计测量盘的读数乘以分压箱的端钮所示的倍数，即可得到被测电压值。

11.4.1.4 测量注意事项

(1) 由于工作电池电压的不稳定将导致工作电流的变化，所以在测量过程中要经常对工作电流进行核对，即每次测量操作的前、后都应进行电位差计的标定操作，按照标定——测量——标定的步骤进行。

(2) 在标定与测量的操作中，可能遇到电流过大、检流计受到“冲击”的现象。为此，应迅速按下“短路”按钮，检流计的光点将会迅速恢复到零位置，使灵敏检流计得以保护。实际操作时，常常是按下“粗”或“细”按钮后，得知了检流计光点的偏转方向后，立即按下“短路”按钮。这样不仅保护了检流计免受冲击，而且可以缩短检流计光点的摆动时间，加快测量速度。

(3) 在测量过程中，若发现检流计光点总是偏向一侧，找不到平衡点，这表明没有达到补偿，其原因可能是：被测电动势高于电位差计的限量；工作电池的电压过低；线路接触不良或导线有断路；被测电池、工作电池或标准电池极性接反。认真分析清楚，不难排除这一故障。

(4) 在选择量程时，应使被测值的第一位数字出现在第一读数盘上，这样才能保证达到电位差计的测量准确度。

(5) 电位差计使用的蓄电池必须容量较大（建议采用 20 A/h 的蓄电池），并在充足电量后稳定保持 4～6 h，并需放去正常容量的 (5～8)%，然后接在电位差计上使用，使仪器工作的电流具有较高的稳定性。

11.2 电　　桥

电桥是一种用来测量电阻、电容、电感等电路参数的比较式仪器，具有灵敏度高、测量准确等特点，因而得到广泛应用。电桥分为直流电桥和交流电桥两大类。

11.2.1 直流电桥

直流电桥主要是由比例臂、比较臂（测量盘）、被测臂等构成，在测量时它是根据被测量与已知量进行比较而得到被测结果的。直流电桥主要用来测量电阻，此外，还有多种用途，如有的高精度电桥的比例臂可作为标准电阻使用，比较臂可以作为精密电阻箱使用。

11.2.1.1 直流电桥的分类

(1) 按使用条件，分为实验室型和携带型。

(2) 按线路类型，分为单臂电桥、双臂电桥、单双臂电桥。

(3) 按准确度等级的分类，如表 11-2 所示。

表 11-2 直流电桥的准确度等级分类

测量范围	使用条件	准确度等级
$1\times10^{-5}\sim1\times10^{6}$	实验室型	0.01，0.02，0.05
	携带型	0.05，0.1，0.2，0.5，1，2
$1\times10^{6}\sim1\times10^{12}$（高阻）	实验室型	0.02，0.05，0.1，0.2，0.5

11.2.1.2　直流单臂电桥

直流单臂电桥又称惠斯登电桥，用于测量阻值为 10 Ω～10^9 Ω 的电阻（保证高精度测量时，范围为 1 Ω～10^4 Ω）。

（1）直流单臂电桥的工作原理

直流单臂电桥的原理电路如图 11-6 所示。图中，标准电阻 R_2、R_3 和 R_4 与被测电阻 R_x 接成四边形。在四边形的一个对角线 ab 上经按钮开关 SB 接入直流电源 E，在另一个对角线 cd 上接入检流计 G 作为指零仪。接通开关 SB 后，调节标准电阻 R_2、R_3 和 R_4，使检流计指示为零，即电桥平衡。电桥平衡时有

$$I_1R_X=I_4R_4 \quad (11-6)$$

$$I_2R_2=I_3R_3 \quad (11-7)$$

两式相比，并考虑到 $I_1=I_2$，$I_3=I_4$，故得

$$R_X=\frac{R_2}{R_3}R_4 \quad (11-8)$$

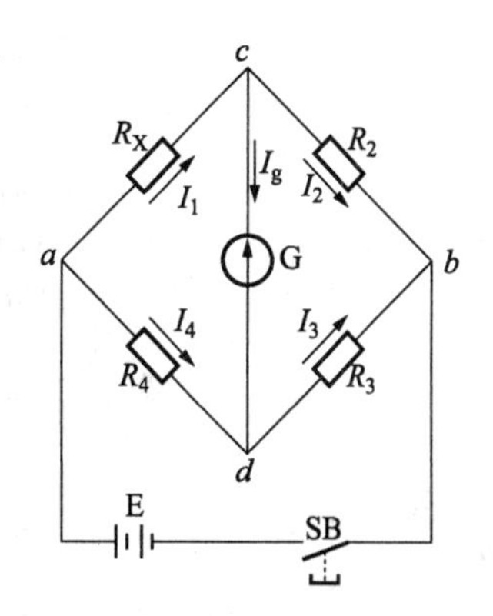

图 11-6　直流单臂电桥的原理电路

式中，$\frac{R_2}{R_3}$ 为比例臂（倍率）；R_4 为比较臂。

被测电阻＝比例臂×比较臂

直流单臂电桥的准确度可以制造得很高，这是因为标准电阻 R_2、R_3 和 R_4 的准确度可达 10^{-3}以上，且检流计的灵敏度很高，可以保证电桥处于精确的平衡状态。比较臂 R_4 的读数位数即测量有效数字的位数与电桥的精度相适应，一般地说，若精度为 10^{-n}，则 R_4 读数应为 $n+1$ 位。

直流单臂电桥的种类和型号很多，下面以 QJ23 型直流单臂电桥为例介绍直流单臂电桥的基本结构和使用方法。

（2）QJ23 型直流单臂电桥

① 结构

图 11-7 所示是准确度等级为 0.2 级的国产 QJ23 型直流单臂电桥的原理电路和板面图。比例臂 $\frac{R_2}{R_3}$ 由 8 个电阻组成，有 10^{-3}、10^{-2}、10^{-1}、1、10、10^2 和 10^3 共 7 档，标示于面板左上方的读数盘上，由转换开关换接。比较臂 R_4 由 4 个可调电阻箱串联而成，而这 4 个电阻箱分别由 9 个 1 Ω、9 个 10 Ω、9 个 100 Ω、9 个 1 000 Ω 的电阻组成，它们标示于面板右上方的读数盘上。比较臂 R_4 的阻值就是由这 4 个读数盘所示的阻值相加得到的，通过调节读数盘上的旋钮可以改变 R_4 的串联阻值，R_4 的阻值范围是 0～999 9 Ω。

面板的右下方有一对接线柱，标有“R_x”，用以连接被测电阻，作为一个桥臂。

电桥内附有检流计，检流计支路上装有按钮开关“G”，也可外接检流计。在面板左下方有 3 个接线柱，使用内接检流计时，用接线柱上的金属片将下面两个接线柱短接。检流计上装有锁扣，可将可动部分锁住，以免搬动时损坏悬丝。需要外接检流计时，用金属片将上面两个检流计短接（即将内附检流计短接），并将外接检流计接在下面两个接线柱上。

电桥内还附有电源，需装入 3 节 2 号电池。若有需要时（如测量大电阻）也可外接电源，面板左上方有一对接线柱，标有“＋”、“－”符号，供外接电源用。

面板中下方有两个按钮开关，其中“G”为检流计支路的开关，“B”为电源支路的开关。

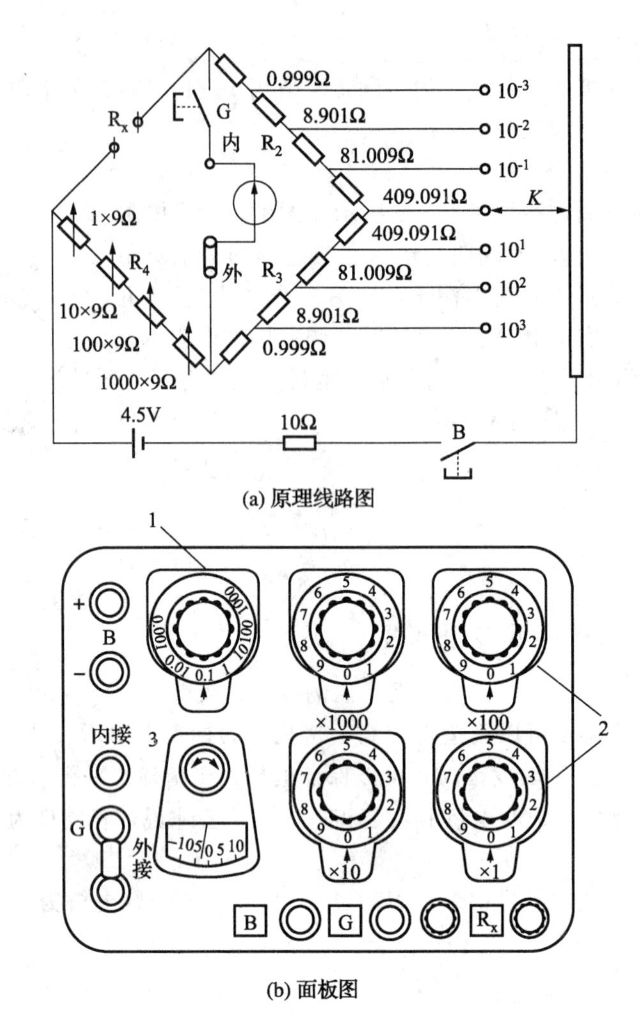

(a) 原理线路图

(b) 面板图

图 11-7 QJ23 型直流单臂电桥

1—倍率旋钮；2—比较臂读数；3—检流计

② 使用步骤

i）先打开检流计锁扣，即将 G 接线柱处的金属片由“内接”移到“外接”，调节调零器使指针位于零位。

ii）用短而粗的铜导线将被测电阻接到标有“R_x”的两个接线柱之间并拧紧，根据被测电阻的近似值（可先用万用表预测一下），选择合适的比例臂倍率，以便让比较臂的 4 个电阻全部用上，确保测量结果有 4 位有效数字。例如：当被测电阻为几欧时，应选择 0.001 的比率档，十几欧到一百欧以下，应选择 0.01 的比率档，以此类推。这样做不仅可以提高测量的精度，还可避免因电桥处于极不平衡状态而打弯指针，甚至损坏检流计。

iii）测量时，先按下电源按钮 B 并锁住，再按下检流计按钮 G，根据检流计指针偏转方向和速度，加大或减少比较臂电阻。若指针向正方向偏转，应加大比较臂电阻；若指针向反方向偏转，应减少比较臂电阻。如此反复调节直至指针指到零位，这时电桥达到平衡。读取比较臂电阻，于是被测电阻值＝比例臂倍率×比较臂总阻值（Ω）。

iv）在上述调节平衡的过程中，电桥未接近平衡的时候，应每调节一次比较臂电阻，短时按下一次 G 按钮，当指针偏转较小时，才可锁住 G 按钮，继续调节比较臂电阻直至电桥平衡。

v）测量完毕后，应先松开 G 按钮，再松开 B 按钮，断开电源，拆除被测电阻，将各比较臂旋钮置于零，并将检流计金属片从“外接”换到“内接”，锁住检流计，以免搬动时震坏悬丝。

③ 注意事项

i）平时电桥应放置在清洁、干燥、避免阳光直射的地方保存，并定期清洁仪器的各零部件，注意防潮除尘，保证桥臂和各接触点接触良好。

ii）电桥内电池电压不足会影响灵敏度，应及时更换。若用外接电源应注意极性及电压要符合要求。

iii）直流单臂电桥不宜测量 0.1 Ω 以下的小电阻，即使测量，也应降低电源电压并缩短测量时间，以免烧坏仪表。

iv）测带电感的电阻时（如电机绕组、变压器绕组），一定要先接通电源按钮，再接通检流计按钮；断开时，应先断开检流计按钮，再断开电源按钮，以免在电源接通和断开的瞬间，电感线圈上产生很大的自感电动势而使检流计损坏。

11.2.1.3　直流双臂电桥

直流双臂电桥又叫凯尔文电桥，是专门用于测量小电阻的常用仪器，其测量范围为 10^{-6}～10 Ω，可用于测定电流表的分流电阻、电机或变压器的绕组电阻等。

当被测电阻本身的阻值很小时，测量时导线的接线电阻和接触电阻肯定会对测量准确性有影响。例如，用单臂电桥测量 0.1 Ω 的电阻，设引线电阻取 10^{-3} Ω，即测得 $R_x=0.1+0.001=0.101$。显然其测量误差达 1.0%。因此，测量小电阻时，必须设法消除或减少接线电阻和接触电阻的影响，以保证测量精确度，而直流双臂电桥正是针对这一点设计制造出来的一种专门测量小电阻的精密仪器。

（1）直流双臂电桥的工作原理

直流双臂电桥的原理电路如图 11-8 所示。图中 E 是电源，R_x 是被测电阻，R_n 是比较用的可调标准电阻。R_x 和 R_n 各有两对端钮（4 个接头），一对是电流端钮 C_1、C_2 和 C_{n1}、C_{n2}（其中 C_1、C_{n1} 分别连接电源的正、负极；C_2、C_{n2} 被电阻为 r 的粗导线短接起来），另一

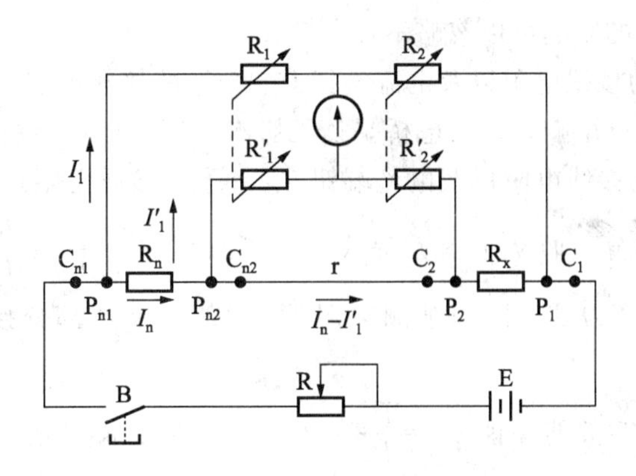

图 11-8　直流双臂电桥的原理电路图

对是电位端钮 P_1、P_2 和 P_{n1}、P_{n2}。接线时必须使电位端钮靠近被测电阻，即被测电阻 R_x 在电位端钮 P_1 和 P_2 之间，而电流端钮在外侧。R_1、R_2、R_1'、R_2' 是桥臂电阻，它们都是阻值在 10 Ω（精密电桥大于 1 000 Ω 以上）以上的标准电阻。在结构上把 R_1 和 R_1' 以及 R_2 和 R'_2 做成同轴调节电阻，以使桥臂电阻在调节过程中，永远保持比值 $\frac{R'_1}{R_1}=\frac{R'_2}{R_2}$ 不变。

测量时接上被测电阻 R_x，若调节各桥臂电阻，使检流计指零，即 $I_g=0$，则 R_1 和 R_2 中的电流同为 I_1，R'_1 和 R'_2 中的电流同为 I'_1。根据基尔霍夫电压定律（KVL）写出 3 个回路的方程式为

$$I_1R_1=I_nR_n+I_1'R_1' \tag{11-9}$$

$$I_1R_2=I_nR_x+I_1'R_2' \tag{11-10}$$

$$(I_n-I_1')r=I_1'(R_1'+R_2') \tag{11-11}$$

解上列方程组，得到如下关系式

$$R_x=\frac{R_2}{R_1}R_n+\frac{rR_2}{r+R_1'+R_2'}\left(\frac{R_1'}{R_1}-\frac{R_2'}{R_2}\right) \tag{11-12}$$

因调节时始终保持 $\frac{R_1'}{R_1}=\frac{R_2'}{R_2}$，故上式右边第二项等于零，于是有

$$R_x=\frac{R_2}{R_1}R_n \tag{11-13}$$

可见，被测电阻 R_x 仅决定于桥臂电阻 R_1 和 R_2 的比值，以及标准电阻 R_n，而与粗导线电阻 r 无关。比值 $\frac{R_2}{R_1}$ 称为直流双臂电桥的倍率，故电桥平衡时有

被测电阻值=倍率读数×标准电阻读数

因连接 C_2、C_{n2}的导线选用的是导电性能良好且短而粗的导体，其阻值非常小，即使 $\frac{R_1'}{R_1}-\frac{R_2'}{R_2}\neq0$，它与 r 的乘积也很小，从而式（11－12）的第二项仍可不予计及。

（2）消除接线电阻和接触电阻的原因

① 被测电阻 R_x 的电位端钮 P_1、P_2 和标准电阻 R_n 的电位端钮 P_{n1}、P_{n2}的接触电阻以及它们分别与 R_1、R'_1 和 R_2、R'_2 的接线电阻都是串联在 4 个桥臂中的，由于 4 个桥臂的电阻值都在 10 Ω 以上，其数值远比上述接触电阻和接线电阻大得多，所以由 4 个电位端钮的接触电阻和接线电阻引起的影响可以忽略不计。

② R_x 和 R_n 外侧的接线电阻以及电流端钮 C_{n1}、C_1 的接触电阻是串联在电源支路中的，它们只对电源支路电流有影响，而对电桥平衡无影响，所以也不影响测量结果。

③ R_x 和 R_n 内侧的接线电阻以及电流端钮 C_{n2}，C_2 的接触电阻是与粗导线 r 串联在一起的，故可视为 r 的一部分。而从平衡方程式可知，只要保持 $\frac{R_1'}{R_1}=\frac{R_2'}{R_2}$，不论 r 为多大，式（11－12）右边第二项总为零，因而被测电阻 R_x 的值不受这部分接线电阻和接触电阻的影响。

由上述分析可见，只要能保证 $\frac{R_1'}{R_1}=\frac{R_2'}{R_2}$，$R_1$、$R_1'$、$R_2$、$R_2'$ 均大于 10 Ω，r 又很小，且被测电阻 R_x 按电流接头和电位接头正确连接，就可较好地消除或减少接触电阻和接线电阻

对测量结果的影响，因此用它来测量小电阻，可以得到较准确的测量结果。

（3）QJ44 直流双臂电桥

QJ44 直流双臂电桥的准确度等级为 0.2，测量电阻范围是 0.0001～11 Ω。图 11－9 是 QJ44 直流双臂电桥的原理电路和面板图。

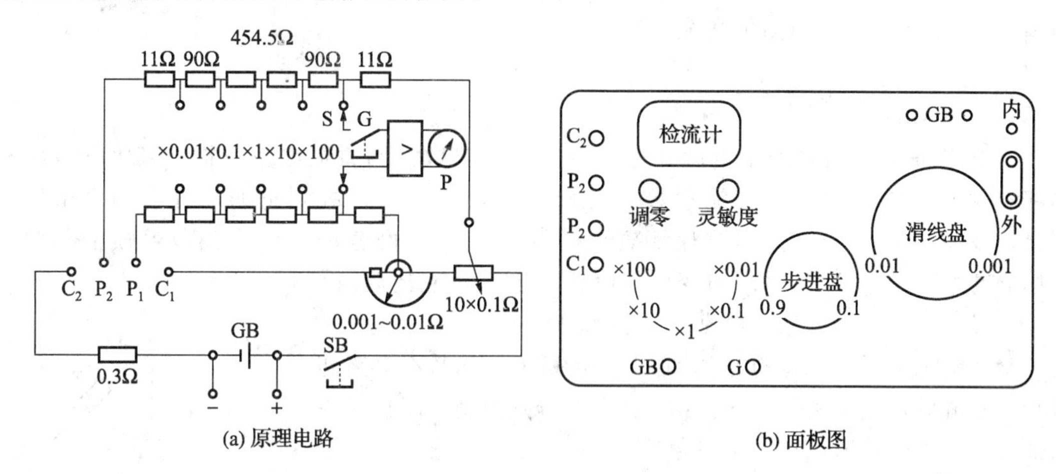

图 11－9　QJ44 直流双臂电桥

该电桥共有×0.01、×0.1、×1.0、×10、×100 5 个固定的倍率，由面板左下方的机械联动转换开关 S 进行倍率的转换，以保持 $\frac{R_1'}{R_1}=\frac{R_2'}{R_2}$。比较盘标准电阻 R_n 由两部分构成，一部分是步进式的，叫步进盘，其阻值范围为 0.1～1.0 Ω；另一部分是滑线式的，叫滑线盘，其阻值范围为 0.001～0.01 Ω。

在面板的右上方的端钮“GB”为外接电源，当右方上端开关置于“外”时，电桥就用外接电源；置于“内”时，电桥就用内接电源。左下方两个端钮“GB”、“G”分别是电源、检流计的开关按钮，检流计有调零旋钮，用来调节指针至零位；C_1、P_1、C_2、P_2 是被测电阻的连接端钮。

测量时，先估计被测电阻的大小，然后选择适当的倍率，调节标准电阻，即调节步进盘和滑线盘，使检流计指示为零，此时电桥平衡，被测电阻值＝倍率读数×标准电阻读数（步进盘读数＋滑线盘读数）。

（4）直流双臂电桥的使用

直流双臂电桥与直流单臂电桥的使用步骤和注意事项基本相同，但还要注意以下几点：

① 双臂电桥属精密仪器，故在使用时要特别细心，仔细阅读面板上的说明书，并严格遵守操作程序。当被测电阻没有专门的电位端钮和电流端钮时，也要设法引出 4 根线和双臂电桥相连接，连接导线应尽量用短线和粗线，接头要接牢，且不要彼此绞在一起。

② 被测电阻的电流端钮和电位端钮应和双臂电桥的对应端钮正确连接，注意 P_1、P_2 所接导线应靠近被测电阻。不允许将电流端钮和电位端钮接于同一点，否则会造成测量误差。

③ 通电前，根据粗测或估计电阻值设置好倍率臂和步进旋钮，使用时不得随意扭动。

④ 在选择适当的灵敏度时要细心。

⑤ 所选用的标准电阻 R_n 应尽量与被测电阻 R_x 相接近，最好在同一个数量级，以选择 $0.1R_x < R_n < 10R_x$ 为准。

⑥ 测量时若用外附电源，可适当提高电源电压，以提高灵敏度。

⑦ 双桥比单桥工作电流大，测量时动作应尽量迅速，测量时间应尽量短，以免电桥电池消耗较快和影响测量准确度。

11.2.2 交流电桥

交流电桥主要用来测量电感、电容及阻抗等参数。与直流电桥一样，其测量方法也是将被测交流参数与标准交流参数相比较而得到被测量，故测量的准确度和灵敏度都很高。交流电桥一般分为阻抗比例臂电桥和变压器比例臂电桥两大类，习惯上称为交流阻抗电桥（或交流电桥）和变压器电桥。下面对交流阻抗电桥做一介绍。

11.2.2.1 交流阻杭电桥的工作原理

交流阻抗电桥的原理电路如图 11-10 所示。其基本电路和原理与直流单臂电桥相似，它有 4 个桥臂，分别由交流阻抗元件组成并连接成四边形，在一个对角线 *ab* 上接交流电源，另一个对角线 *cd* 上接交流指零仪。调节各桥臂参数，使交流指零仪指零，表明此时 c、d 两点的电位相等，电桥处于平衡。这时有

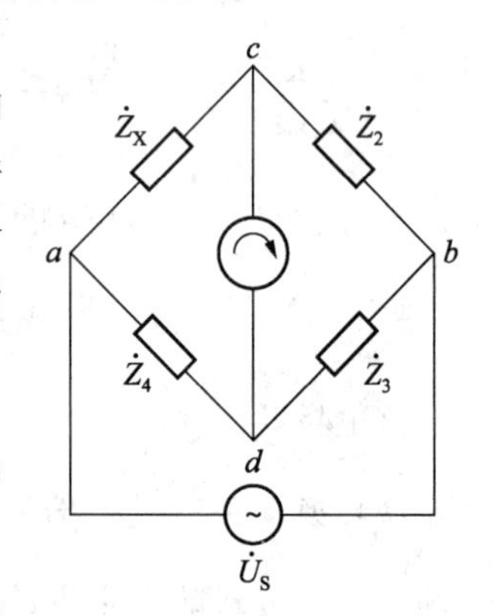

图 11-10 交流阻抗电桥原理电路图

$$\dot{Z}_x\dot{Z}_3=\dot{Z}_2\dot{Z}_4 \tag{11-14}$$

$$\dot{Z}_x=\frac{\dot{Z}_2}{\dot{Z}_3}\dot{Z}_4 \tag{11-15}$$

如果阻抗用复数形式 $\dot{Z}=Ze^{j\varphi}$ 表示，则交流电桥的平衡条件可写为

$$Z_1Z_3e^{j(\varphi_1+\varphi_3)}=Z_2Z_4e^{j(\varphi_2+\varphi_4)}$$

根据复数相等的条件，有

$$Z_1Z_3=Z_2Z_4 \tag{11-16}$$

$$\varphi_1+\varphi_3=\varphi_2+\varphi_4 \tag{11-17}$$

式（11-17）表明，交流阻抗电桥的平衡要同时满足两个条件：一是相对桥臂阻抗模的乘积必须相等；二是相对桥臂阻抗幅角之和必须相等。为了同时满足两个条件，交流阻抗电桥的 4 个桥臂阻抗的的大小和性质要按一定条件配置。例如，相邻两桥臂阻抗 Z_2、Z_3 均为纯电阻时，则 $\varphi_2=\varphi_3=0$。按平衡条件式（11-17）中的幅角关系可知，余下的两个桥臂 Z_1、Z_4 也要配置相同性质的阻抗，或都为感抗，或都为容抗，否则 $\varphi_1=\varphi_4$ 无法成立，电桥是不可能平衡的。因此，交流电桥的平衡调节要比直流电桥复杂得多。要使电桥达到平衡，必须反复调节桥臂参数，这当然取决于桥臂阻抗的性质及调节参数的选择，好的电桥应该能较快地达到平衡。

交流电桥可采用各种频率的交流电源。交流电源应有稳定的电压和频率，波形为正弦

波，并且有足够的容量。常用的电源有工频交流电源、音频振荡器等。交流电桥的指零仪不能直接采用磁电系检流计，而且在不同的频率范围，使用的指零仪也不同。常有的指零仪有交流检流计、耳机（听筒）、示波器或专用指零仪。

由于交流阻抗电桥的 4 个桥臂阻抗的大小和性质要按一定条件配置，因此交流电桥往往做成专用电桥，如电容电桥、电感电桥、高压电容电桥（西林电桥）及多功能的万用电桥等，来测量电容、电感、介质损耗和交流电阻等参数。它们的桥形结构、平衡方程式和使用条件如表 11－3 所示。万用电桥通过测量线路的切换，具有测量电阻、电容、电感等多种用途，并能得到多种不同的量程，在工程上的应用十分广泛。

表 11－3　几种常用电桥

类型	原理电路	平衡方程	特　　点
串联电容电桥	R_x C_r R_2 C_4 R_4 R_3	$\left(R_x+\frac{1}{jwC_x}\right)R_3=\left(R_4+\frac{1}{jwC_4}\right)R_2$ $R_x=\frac{R^2}{R_3}R_4$ $C_x=\frac{R^3}{R_2}C_4$ $\tan\delta=\omega C_x R_x=\omega C_4 R_4$	又称维恩电桥，适用于测量损耗小的电容器，因为其 R_2 大，则相应 R_4 也大，电桥灵敏度就会降低
并联电容电桥	R_x C_x R_2 C_4 R_4 R_3	$\left(R_2+\frac{1}{\frac{1}{R_4}+jwC_4}\right)=R_3\left(\frac{1}{\frac{1}{R_x}jwC_x}\right)$ $C_x=C_4\frac{R_3}{R_2}$ $R_x=R_4\frac{R_2}{R_3}$ $\tan\delta=\frac{1}{wC_xR_x}=\frac{1}{wC_4R_4}$	适于测量损耗大的电容器
西林电桥	R_x C_x R_2 B R_3 C_4 C_3	$\left(R_x+\frac{1}{jwC_x}\right)\left(\frac{1}{\frac{1}{R_3}jwC_3}\right)=R_2\frac{1}{jwC_4}$ $C_x=C_4\frac{R_3}{R_2}$ $R_x=R_2\frac{C_3}{C_4}$ $\tan\delta=wR_xC_x=wR_3C_2$	又称高压电桥，适用于高压条件下测量电容器的 $\tan\delta$
歇文电桥	L_x R_x R_2 R_3 C_4 R_4 C_3	$(R_x+jwL_x)\frac{1}{jwC_3}=\left(R_4+\frac{1}{jwC_4}\right)R_2$ $L_x=R_2R_4C_3$ $R_x=R_2\frac{C_3}{C_4}$ $Q=\frac{wL_x}{R_x}wR_4C_4$	适用于测量小值电感

续表

类型	原理电路	平衡方程	特　点
麦克斯威—维恩电桥		$(R_x+jwL_x)\left(\dfrac{1}{\dfrac{1}{R_3}+jwC_3}\right)=R_2R_4$ $L_x=R_2R_4C_3$ $R_x=\dfrac{R_2}{R_3}R_4$ $Q=\dfrac{wL_x}{R_x}=wR_3C_3$	适于测量 Q 值较小的电感
海氏电桥		$(R_x+jwL_x)\left(R_3+\dfrac{1}{jwC_3}\right)=R_2R_4$ $L_x=\dfrac{R_2R_4C_3}{1+(wC_3R_3)}$ $R_x=\dfrac{R_2R_4R_3(wC_3)^2}{1+(wR_3C_3)^2}$ $Q=\dfrac{wL_x}{R_x}=\dfrac{1}{wC_3R_3}$	适于测量 Q 值较大的电感，平衡条件与电源频率有关

11.2.2.2　QS18A 型万用电桥

(1) QS18A 型万用电桥的结构

QS18A 型万用电桥，可以测量电阻、电感和电容，以及电感线圈的品质因数 Q、电容器的损耗因数 D 等，是一种多用途、宽量限的可携式交流仪器。整体结构示意图及面板布置见图 11－11。

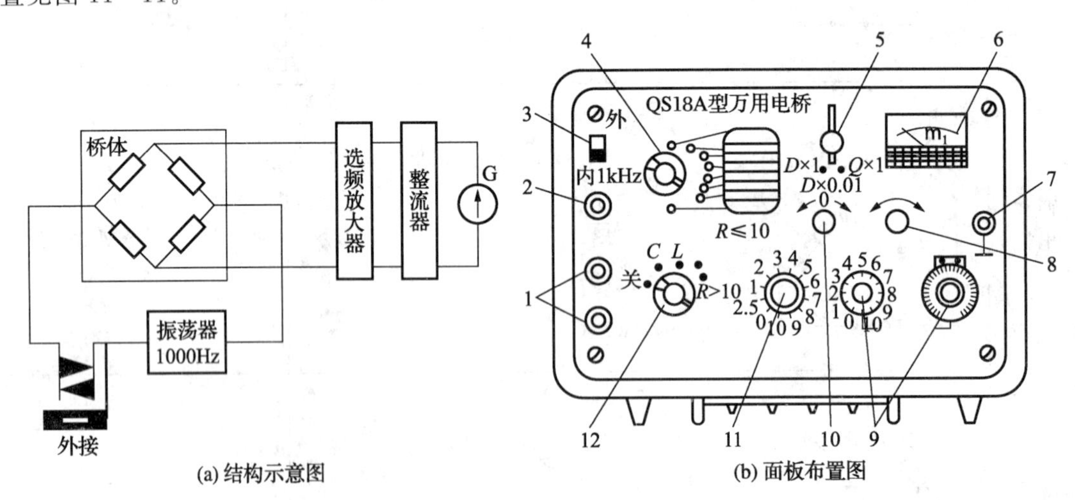

(a) 结构示意图　　(b) 面板布置图

图 11－11　QS18A 型万用电桥

1—被测端钮；2—外接插孔；3—拨动开关；4—量限开关；5—损耗倍率开关；6—指示电表；7—接壳端钮；8—灵敏度调节；9—读数旋钮；10—损耗微调；11—损耗平衡；12—测量选择

① QS18A 型万用电桥的内部结构

从图 11－11（a）可知，电桥是由桥体、交流电源和晶体管指零仪 3 个环节组成。其中：桥体是电桥的核心环节，由标准电阻器、标准电容器及转换开关组成。通过转换开关的切换，可以构成不同的电桥电路，以适应不同用途和量程的要求。

交流电源采用晶体管正弦波音频振荡器，其频率为 1 kHz，输出的电压为 1.5 V 和 0.3 V，供测量电容、电感及 0.01～10 Ω 电阻时用。测量大于 10 Ω 电阻时，则用内附的 9 V 直流电源。此外，电桥还备有外接插孔，供外接电源之用。

指零仪实际上是一个晶体管检测放大器，由调制器、选频放大器、二极管整流器和检流计组成。采用选频放大器是为了抑制外来的杂散干扰和电路故有的噪声。调制器用在测量大于 10 Ω 电阻，并采用内附电池的 9 V 直流电源作测量电源时，把直流信号调制成交流信号，然后再加以放大，放大后的交流信号经整流后由磁电系检流计加以检测。

② QS18A 型万用电桥的面板布置

面板布置如图 11－11（b）所示，面板上各旋钮的作用如下：

被测端钮：连接被测元件，面板上端钮为高电位，下端钮为低电位。

外接插孔：一是可作测量电解电容、铁芯线圈加直流偏置用；二是使用外部音频振荡器信号测量电感、电容和电阻（$R\leqslant 10\ \Omega$）时作为交流电源时用。

拨动开关：当它在“内 1 kHz”位置时，表示用内部 1 kHz 振荡器作交流电源；当它在“外”位置时，表示用外部音频振荡器作交流电源，且关闭内部振荡器，断开双 T 网络，放大器在 0.06～10 kHz 的宽带范围内工作。

量限开关，用于测量范围的选择。

损耗倍率开关：测电感 L 时，置于“Q”；测小损耗电容 C 时，置于“$D\times 0.01$”；测大损耗电容时，置于“$D\times 1$”。

指示电表：指针接近零点时，表示电桥平衡。

接壳端钮：仪器接地用。

灵敏度调节：控制放大器的放大量，初始调节电桥平衡时应放在灵敏度低挡，随着电桥调节平衡，逐步增大灵敏度。

读数旋钮：左盘是步进式，是读数的第一位数值；右盘是连续式，是第二、三位数值。

损耗微调：一般置于“0”，是损耗平衡的细调。

损耗平衡：用于测量损耗因数、品质因数。

测量选择：视被测对象设置，平时应置于“关”的位里。

③ 性能

QS18A 型万用电桥的测量范围为：

电阻值：0.01 Ω～11M Ω；电容值：1.0 pF～1100 μF；电容损耗因数：0～0.1；0～10；电感值：1.0 μH～110 H；电感品质因数：0～10。

在电桥的基本量限（电阻 1 Ω～1.1 MΩ，电容 100 pF～110 μF，电感 100 μH～1.1 H）内，其基本误差为±1%。

（2）QS18A 型万用电桥测量原理

① 电阻的测量

测量电阻时，桥体组成单臂电桥（惠斯登电桥）电路，如图 11－12 所示。被测电阻 R_x 接于端钮 1 和 2 上。

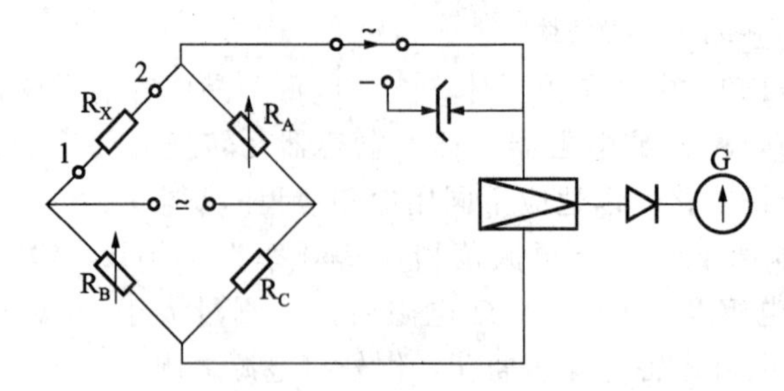

图 11－12　测电阻时的惠斯登电桥电路

电桥平衡时，按单臂电桥工作原理得

$$R_x = \frac{R_A R_B}{R_C} \tag{11-18}$$

当量限开关置于 1 Ω 或 10 Ω 两挡时，电桥对角线接入内部 1 kHz 交流电源作为测量电源，其优点是灵敏度较高，并可减少电池的消耗。当量限开关在 100 Ω～10 MΩ 各挡时，则接入 9 V 干电池作为测量电源，此时指零仪的电路中相应地接入调制器，以便把直流信号调制成交流后再进行放大。采用直流电源的目的是可以排除电阻元件残余电抗的影响。

② 电容及损耗因数的测量

测量电容时，桥体接成串联电容电桥（维恩电桥），如图 11－13 所示。被测电容接在端钮 1，2 上，图中用 C_x 和 R_x 的串联等值电路来表示。标准电阻 R_A 和 R_B 为比例臂电阻，标准电容 C_n 和电阻 R_n 构成比较臂阻抗。

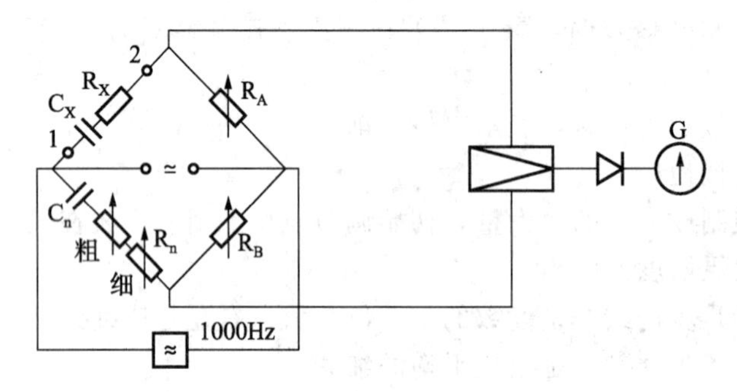

图 11－13　测电容式的维恩电桥电路

电桥平衡时，将桥臂上各阻抗值带入式（11－17），经整理后得

$$R_x = \frac{R_A}{R_B} R_n \tag{11-19}$$

$$C_x = \frac{R_B}{R_A} C_n \tag{11-20}$$

被测电容的损耗因数为

$$D = \tan\delta = \omega C_x R_x = \omega C_n R_n \tag{11-21}$$

③ 电感和品质因数 Q 的测量

测量电感时，桥体组成电容电感电桥（麦克斯韦电桥），如图 11－14 所示。图中，被测电感用电感 L_x 和电阻 R_x 串联的等值电路来表示。电桥平衡时，将桥臂上各阻抗值代入式

(11－17)，经整理后得

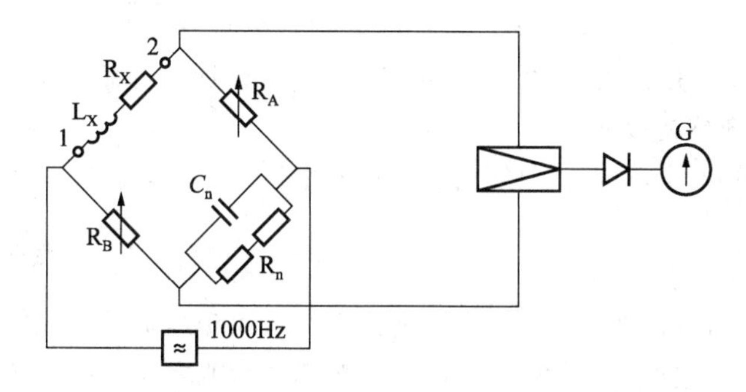

图 11－14　测电感时的麦克斯韦电桥电路

$$L_x = R_A R_B R_C \tag{11-22}$$

$$R_x = \frac{R_A R_B}{R_n} \tag{11-23}$$

被测线圈的品质因数为

$$Q = \frac{\omega L_x}{R_x} = \omega C_n R_n \tag{11-24}$$

(3) QS18A 型万用电桥的使用

① 电阻的测量

i) 测量开关置于“R”上。

ii) 按阻值大小，旋动量程开关放在适当的位置上，如放在 100 指示值。

iii) 增大灵敏度，使电表指示小于满度值。

iv) 调节读数旋钮，使电表指向零（不必调损耗平衡)。

v) 反复操作步骤 iii)、iv)，直到检流计指示为零或接近于零，电桥完全平衡为止。

vi) 记下左、右读数盘的数值，如为 0.992，则被测电阻可计算为

R_x＝100(量限开关指示值)×0.992(两读数盘值)＝99.2(Ω)

② 电容的测量

i) 把测量开关置于“C”。损耗倍率开关放在“D×0.01”上（一般电容器）或“D×1”上（损耗大或大电解电容器)，损耗平衡旋钮放在“1”上，损耗微调旋钮反时针旋到底。

ii) 按被测电容的大小，放置量限开关。如测 500 pF 左右的电容，应放在“1 000 pF”上。

iii) 增大灵敏度，使电表指示小于满刻度。

iv) 调节读数旋钮、损耗平衡旋钮，使检流计指针指向零。

v) 再增大灵敏度，使电表指示再次小于满刻度。

vi) 反复操作 iv)、v) 两步骤，直到检流计指零或接近于零，电桥完全平衡为止。

vii) 记下左读数盘数值如 0.5，右读数盘数值如 0.038，则被测电容可由计算得到

C_x＝ 1000(最限开关指示值)× 0.538(两读数盘值之和)＝ 538 (pF)

viii) 记下损耗平衡盘数值如 1.2，则损耗因数可计算得到

D＝1.2(损耗平衡盘数值)×0.01(损耗倍率开关数值)＝0.012

③ 电感的测量

i）把测量开关置于“L”，测量空芯线圈时，损耗倍率开关放在“$Q\times l$”位置；测量高Q值线圈时，损耗倍率开关放在“$D\times 0.01$”上；测量铁芯线圈时，损耗倍率开关放在“$D\times l$”上。损耗平衡旋钮放在“1”上。

ii）按被测电感的大小，放置量限开关。如测量 100 mH 电感时，量限放在“100 mH”位置。

iii）～vi）同测量电容器。

vii）记下左读数盘数值如 0.9，右读数盘数值如 0.089，则被测电感可由计算得到

$$L_x=100\text{（量限开关数值）}\times 0.989\text{（两读数盘值之和）}=99.8\text{（mH）}$$

viii）记下损耗平衡盘数值如 2.5，则品质因数可计算得到

$$Q=2.5\text{（损耗平衡盘数值）}\times 1\text{（损耗倍率开关数值）}=2.5$$

④ 外接振荡器测量

当使用外部振荡器作为电桥的交流电源时，可通过外接插座输入。拨动开关置于“外”位置，外接振荡器频率可在 0.06～10 kHz 选定，音频电压幅值在 1～2 V 内。此时，损耗平衡刻度不能直接读出，其读数应乘以外部振荡器的频率，再除以 1 kHz。如前述测量电容器为例，选用外振荡器的频率为 500 kHz 时，则

$$D=1.2\text{（损耗平衡盘数值）}\times(500/1\,000)\times 0.01\text{（损耗倍率开关数值）}=0.006$$

⑤ 加偏置电压测量

由于电解电容具有极性，所以使用如图 11-15（a）所示电路来进行偏压。操作时首先应把量限开关放在适当的位置，被测电解电容的正极性端接入电桥“2”处，再把测量开关放到“C”位置，然后接通偏压电源。测试完毕，应先关偏压电源，再关电桥电源。

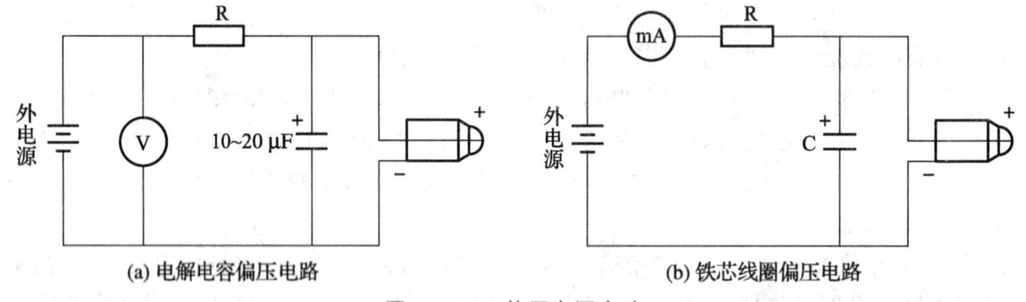

图 11-15 偏压电源电路

由于铁芯线圈具有直流电流工作点，它是在理想磁化曲线（直流工作点）上工作的，所以必须外加偏压电路，如图 11-15（b）所示。外接插孔施加电压不应超过 200 V。当调试完毕后，为了防止 L_x 产生瞬间高压带来的危险，应先将被测电感两端短路，然后再断开电源。

11.3 磁电系检流计

磁电系检流计是一种高灵敏度的磁电系指示仪表，它可以测量微小电流、电压（10^{-8} A、10^{-6} V 或更小）。磁电系检流计通常只用来检测电路中有无电流通过，而不用测出其大

小，所以它的标度尺一般不注明电流或电压的数值。在直流电位差计和直流电桥的使用中，常用做指零仪表。

11.3.1 磁电系仪表的结构与工作原理

11.3.1.1 结构

磁电系仪表主要是由固定的磁路系统和可动部分组成，其结构如图 11－6（a）所示。仪表的磁路系统包括永久磁钢、固定在磁钢两极的极掌以及处于两个极掌之间的圆柱形铁芯。圆柱形铁芯固定在仪表支架上，用来减小磁阻，并使极掌和铁芯间的空气隙中产生均匀的辐射形磁场。可动线圈用很细的漆包线绕在铝框上。转轴分成前后两部分，每个半轴的一端固定在动圈的铝盘上，另一端则通过轴尖支承于轴承中。在前半轴还装有指针，当可动部分偏转时，用来指示被测量的大小。

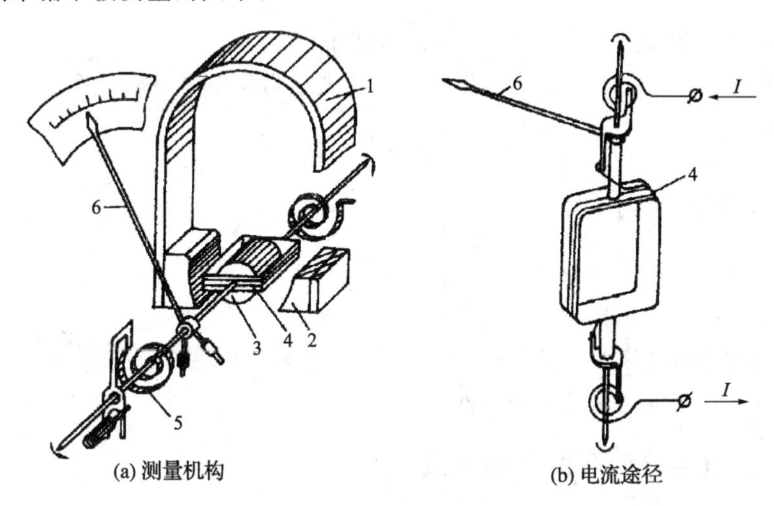

图 11－16　磁电系测量机构

1—永久磁钢；2—极掌；3—圆柱形铁芯；4—可动线圈；5—游丝；6—指针

反作用力矩可以由游丝、张线或悬丝产生。当采用游丝时，还同时用它来导入导出电流，因此，装设了两个游丝，它们的螺旋方向相反，如图 11－16（b）所示。仪表的阻尼力矩则由铝框产生。高灵敏度的仪表为了减轻可动部分的重量，通常不用铝框，此时应在可动线圈中加短路线圈，以产生阻尼作用。

磁电式仪表按磁路形式又分为内磁式、外磁式和内外磁式三种。内磁式的永久磁铁在可动线圈的内部。外磁式的永久磁铁在可动线圈的外部。内外磁式在可动线圈的内外都有永久磁铁，磁场较强，可使仪表的结构尺寸更为紧凑。

11.3.1.2 工作原理

磁电系仪表是基于永久磁钢间隙中的工作磁场与载流动圈相互作用原理，当电流进入动圈时，载流导体（动圈）在磁场中受到电磁力的作用而发生转动。设动圈的长度为 L，宽为 $2r$（r 为铝框的半径），匝数为 N，所流过动圈的电流为 I，空气隙中的磁感应强度为 B，则动圈的一侧在磁场中所受到的作用力和转动力矩分别为

$$F=BILN \tag{11-25}$$

$$M=BILNr \tag{11-26}$$

动圈两个边的转动力矩大小相等，方向相反，故作用在转轴上的总转动力矩为

$$M=2BILNr \tag{11-27}$$

由于 $2Lr$ 为动圈面积 S，所以式（11-27）又可转换成

$$M=BISN \tag{11-28}$$

在转动力矩 M 的作用下，仪表动圈产生转动，直至被游丝所产生的反作用力平衡为止。反作用力矩为

$$M_{\alpha}=K\alpha \tag{11-29}$$

式中，K 为反作用力矩系数；α 为仪表动圈的偏转角。

当动圈停止转动而处于某一平衡位置时，转动力矩与反作用力矩相等，即

$$M=M_{\alpha} \quad 或 \quad BINS=K\alpha \tag{11-30}$$

由此可以得到动圈的偏转角 α 为

$$\alpha=\frac{BSN}{K}I \tag{11-31}$$

对于已经制成的仪表来说，B、S、N、K 均为常数，故仪表的偏转角 α 与被测电流 I 成正比。由此可知，刻度尺呈现均匀特性。

11.3.2 磁电系检流计的结构及原理

磁电系检流计一般有指针式和光点式两种类型。指针式检流计由于指针不可能太长而限制了灵敏度的提高，通常用于携带式电桥或电位差计中。光点式检流计利用光点经多次反射成像于标度尺上的光标位置来指示可动部分的偏转，相当于加长了指针的长度，从而进一步提高了检流计的灵敏度。

11.3.2.1 指针式检流计

指针式检流计与一般磁电式仪表相似。为了提高仪表的灵敏度，在结构上采取了以下特殊措施：

（1）采用悬丝或张丝悬挂动圈代替轴尖轴承结构，以消除轴尖与轴承之间的摩擦对测量的影响，提高了灵敏度。悬丝除了产生小的反作用力矩外，还作为将电流引入线圈的引线。

（2）取消了起阻尼作用的铝制框架。为了减少空气隙的距离，增加可动线圈匝数，减轻可动部分的重量，检流计的可动部分没有铝制的框架，检流计的阻尼只能由动圈和外电路闭合后产生。线圈在磁场中运动所产生的感应电动势通过检流计的外接电路后又产生感应电流，与磁场相互作用，从而产生相应的阻尼力矩。

13.3.2.2 光点检流计

在指针式检流计的基础上，将指针改为光点来代替指示装置，这种检流计被称为光点式

检流计。光点检流计是根据光电放大原理制成的，它的灵敏度比普通检流计高一个数量级，性能稳定可靠，而且使用方便。

光点检流计结构组成如图 11－17 所示。安装在线圈上的反射镜 4 对外来光线进行反射并随动圈的转动而转动。反射光点照射在标尺上，这种指示形式称为光点式。

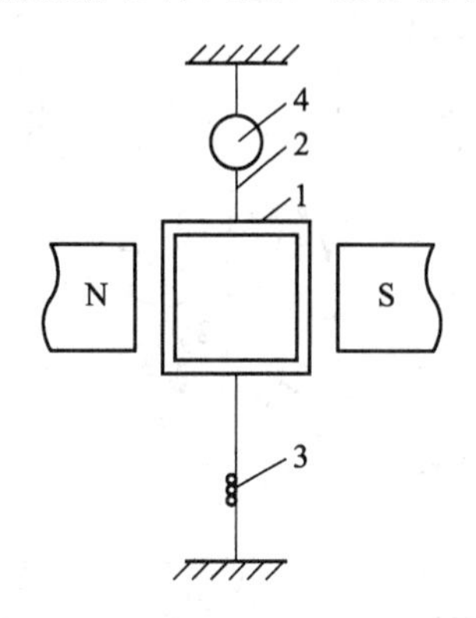

图 11－17　光点检流计结构示意图

1—可动线圈；2—悬丝；3—电流引线；4—反射镜

光点检流计的原理如图 11－18 表示。当被测电流为零时，输入检流计 G_1 可动部分的电流为零，其偏转角处于初始位置。此时，由灯泡射出的光线投射到检流计内的小镜上，经反射照射到两只差接光电池上，使两只光电池的光通量相等，其产生的电流也相等，此时，光电流为零，二次检流计 G_2 中无电流通过，也处于初始位置（零位）。当输入电流不为零时，检流计 G_1 的可动部分将发生偏转，使两个光电池上的光通量发生变化。假设 GB_2 上的光通量大于 GB_1 上的光通量，将产生差动光电流，该电流比输入电流大 1 000 倍，这是只考虑光电转换的情况。在这种无反馈的情况下，由于外界因素的影响，其放大量将有明显的波动。为此，实际应用中都引入很深的反馈。图中的可调电阻 R_P 为反馈电阻，调节 R_p 滑动触头的位置可以改变反馈深度，达到改变检流计灵敏度的目的。调节可调电阻 R_{P1} 可以改变被测量输入的灵敏度，同时防止被测电流过大而损坏检流计。

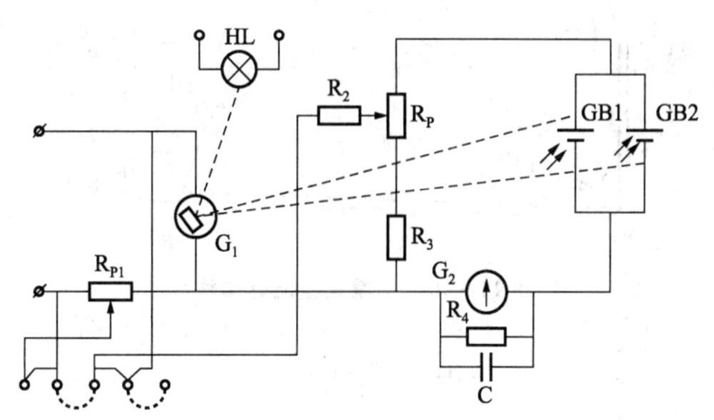

图 11－18　光电放大式检流计组成

光点式检流计光标读数装置如图 11－19 所示，当动圈转动 α 角时，由小镜反射的光点投射到标度尺的光标对应的转角为 2α，即提高了仪表的灵敏度。而且由于光标偏离中心位置，使小镜与标度尺的距离增加，相当于加长了仪表的指针，所以使灵敏度得以进一步提高。

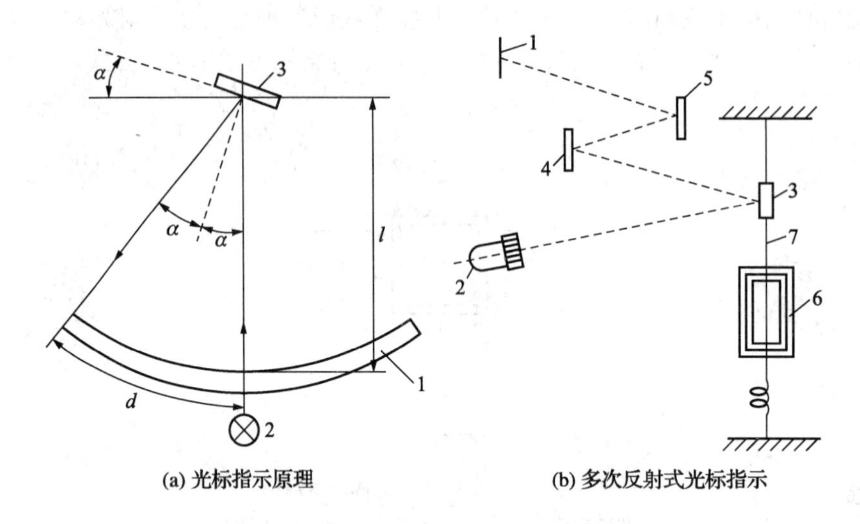

(a) 光标指示原理　　(b) 多次反射式光标指示

图 11-19　光点式检流计光标指示装置

1—标度尺；2—灯泡；3—小镜；4、5—反射镜；6—动圈；7—悬丝

光点式检流计有两种形式，一种是便携式检流计，其光路系统和标度尺安装在仪表的内部，所以也被称为内附光标指示检流计，其结构如图 11-20 所示。另一种是安装式光标指示检流计，其光路系统和标度尺是单独的部件，使用时安装在仪表的外部，其结构如图 11-21 所示。安装式光标指示检流计的灵敏度很高，其光路系统易受外界振动的影响，使用时需将它固定安装在稳定位置或坚实的墙壁上，所以通常也称它为墙式检流计。这种检流计通常用于精密测量。

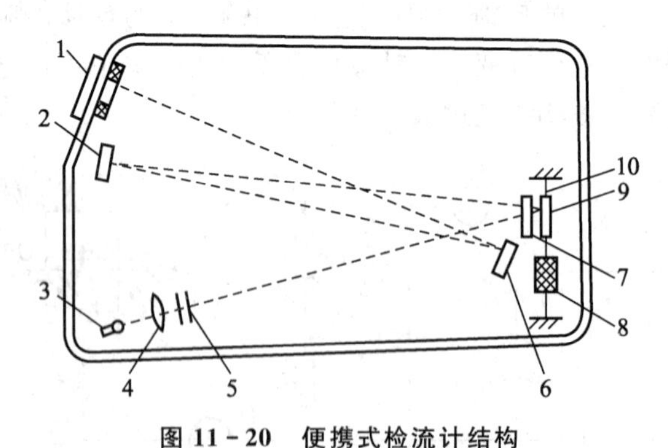

图 11-20　便携式检流计结构

1—标度尺；2、6—小镜；3—灯；4、7—透镜；5—光栏；
8—动圈；9—平面镜；10—张丝

11.3.3　磁电系检流计的主要技术参数

（1）电流常数。常用标度尺与检流计反射镜之间距离为 1 m 时，1 mm 分度表示的被测电流值来表示。

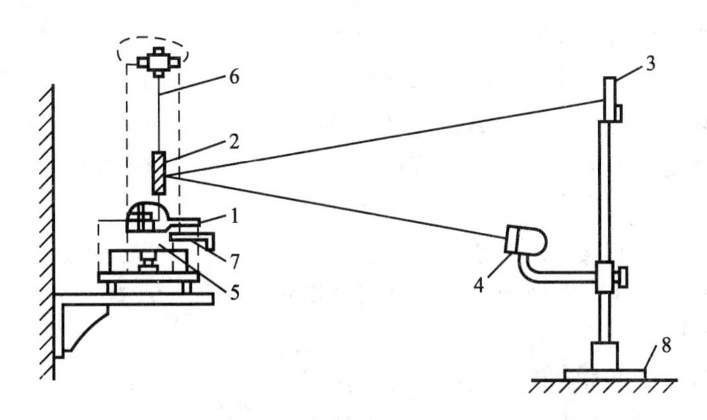

图 11-21 安装式光点检流计结构

1—动圈；2—动静；3—标度尺；4—光源；5—磁铁；
6—悬丝；7—可调磁分路；8—外装标度尺底座

（2）外临界电阻。检流计工作在临界阻尼状态所需接入的外线路电阻。

（3）阻尼时间。检流计处于临界阻尼状态时，从最大偏转状态切断电流开始，指示器回到零位所需要的时间。

（4）振荡周期。使检流计偏转至边缘位置，在检流计回路开路时检流计同方向经过零刻度线的相邻两瞬时之间的时间间隔。

（5）内阻 R_g。检流计内阻包括动圈、悬丝、引线金属丝电阻接线柱的接触电阻。

国产磁电系检流计有 AC_5/1～4（指针式）、AC_9/1～5、AC_{15}/1～6（光点式），常用光电放大式检流计有 AC_{11}。它们的主要技术参数见表 11-4。

表 11-4 部分检流计的主要技术参数

型　号	内　阻 Ω	外临界电阻 Ω	电流常数 （A/分格）	振荡周期 a	临界阻尼 （时间/a）
AC_4/1	500	20 000	1.5×10^{-9}	5	
AC_4/2	1 000	10 000	0.15×10^{-9}	10	
AC_4/3	100	3 000	1.5×10^{-9}	>18	
AC_{15}/3	140	1 000	3×10^{-9}	4	
AC_{15}/4	50	500	5×10^{-8}	4	
AC_{15}/5	30	40	1×10^{-8}	4	
AC_5/1	不大于 20	不大于 150	5×10^{-6}		<2.5
AC_9/5	不大于 30	不大于 40	1×10^{-8}		<6

11.3.4 磁电系检流计的使用及维护

11.3.4.1 检流计的选择

检流计应保证能在接近临界阻尼的条件下工作。要根据检流计内阻、外临界电阻、灵敏度、振荡周期等参数来选择检流计。

（1）当检流计测量单臂或双臂电桥电路和补偿器电路内的大电阻时，应选择电流灵敏度高而且有较大外临界电阻的检流计，如 $AC_4/1$ 型、$AC_4/2$ 型、$AC_{15}/1$ 型、$AC_{15}/2$ 型。

（2）当检流计测量单臂或双臂电桥电路和补偿器电路内的小电阻时，应选择电流灵敏度高而外临界电阻较小的检流计，如 $AC_4/5$ 型、$AC_4/6$ 型、$AC_{15}/4$ 型、$AC_{15}/5$ 型。

（3）当检流计测量小电势（如热电势）时，应选择电压灵敏度高的检流计，如 $AC_4/5$ 型、$AC_{15}/5$ 型。

11.3.4.2　检流计的维护及注意事项

（1）使用时必须轻放，在搬动时将活动部分用止动器锁住，对无止动器的检流计，可用一根导线将接线柱两端短路。

（2）在使用前应按正常使用位置安装好，对于装有水平仪的检流计应先调好水平位置，再检查检流计，看其偏转是否良好，有无卡滞现象等，进行这些检查工作之后，再接入测量线路中去使用。

（3）要按临界电阻值选好外接电阻，并根据要求合理选择检流计的灵敏度，测量时逐步提高。当流过检流计的电流大小不清楚时，不要贸然提高灵敏度，应串入保护电阻或并联分流电阻后再逐步提高。

（4）绝不允许用万用表、欧姆表测量检流计的内阻，以免通入过大的电流而烧坏检流计。

（5）检流计应放置在干燥、无尘、无振动的场所使用或保存。

11.4　数字万用表

数字万用表亦称为数字多用表，简称 DMM（Digital Multimeter），是采用数字化测量技术把各种模拟量转换成数字量并加以显示的测量仪表。数字万用表可以测量直流电压、直流电流、交流电压、交流电流、电阻等，带上微处理机和接口后，还能对被测数据进行存储和处理以及用于自动测试系统。

数字万用表的类型多达上百种，按照量程转换方式来分类，可分成手动量程数字万用表、自动量程数字万用表、自动/手动量程数字万用表；根据功能、用途及价格的不同，可大致分成低档数字万用表（亦称普及型数字万用表），中档数字万用表，中、高档智能数字万用表，数字/模拟条图双显示数字万用表、多重显示数字万用表，专用数字仪表等。

11.4.1　数字万用表的基本构成

11.4.1.1　普通数字万用表的基本构成

普通数字万用表的基本构成如图 11－22 所示。仪表的“心脏”是单片 A/D 转换器，典型产品有 ICL7106、ICL7136 型 3½位单片 A/D 转换器，ICL7135、ICL7129 型 4½位单片 A/D 转换器。外围电路主要包括功能转换器、测量项目及量程选择开关、LCD（或 LED 显示器）。此外还有蜂鸣器振荡电路、驱动电路、检测线路通断电路、低电压指示电路、小数点及标识符驱动电路等。

数字万用表的功能转换器主要有以下 16 种：① 交流/直流（AC/DC）转换器；② 交流/直流（AC/DC）测量功能自动转换器；③ 电流/电压（I/U）转换器；④电阻/电压（Ω/U）

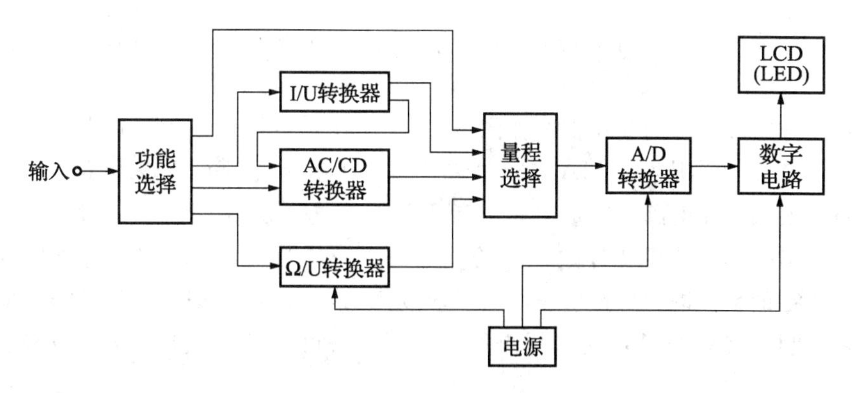

图 11－22　普通数字万用表的基本构成

转换器；⑤ 高阻/电压（HIΩ/U）转换器；⑥ 电导/电压（G/U）转换器；⑦ 电容量/电压（C/U）转换器；⑧ 电感量/电压（L/U）转换器；⑨ 频率/电压（f/U）转换器；⑩ 占空比/电压（D/U）转换器；⑪ 二极管正向压降/电压（U_F/U）转换器；⑫ 晶体管电流放大系数/电压（h_{FE}/U）转换器；⑬ 温度/电压（T/U）转换器；⑭ 电阻阈值转换器（亦称检查线路通断用的蜂鸣器档）；⑮ 检查电池的电路；⑯ 自动关机电路。

11.4.1.2　单片数字万用表的基本构成

单片数字万用表的基本构成如图 11－23 所示。单片 DMM 专用 IC 的典型产品有 UM7108F、NJU9207、NJU9212 和 TC815（以上均为3½位)），ICL7139 和 ICL7149（两者均为3¾位）。除电流档采用手动转换量程方式，其余各档均属于自动转换量程。芯片内部主要包括时钟振荡器、控制逻辑与自动转换量程逻辑、计数器、锁存/译码/ 驱动器、模拟部分（积分器、比较器、模拟开关等)、电源部分、蜂鸣器驱动电路。外围元器件主要有石英晶体、3½位～4¾位 LCD、压电陶瓷蜂鸣器（BZ），此外还有电压档的分压电阻、电流档的分流电阻、电阻档的标准电阻、AC/DC 转换器、量程选择开关、电源等。

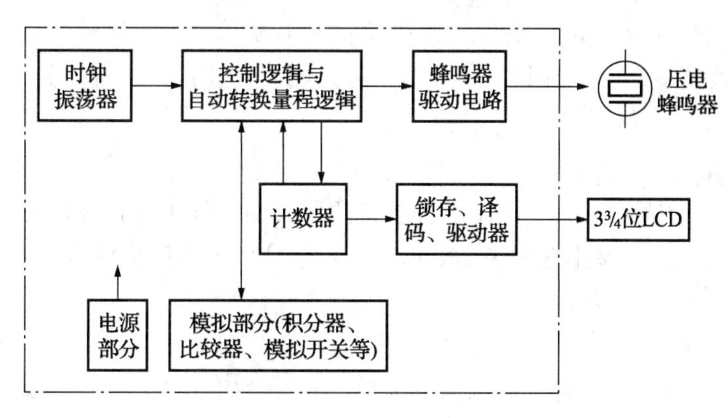

图 11－23　单片数字万用表的基本构成

与普通数字万用表相比，单片数字万用表的外围电路大为简化，性能指标明显提高，给维修、调试工作也提供了方便。

11.4.1.3　智能数字万用表的基本构成

智能数字万用表是带微处理器（μP）或单片机（μC）的高档数字仪表。其主要优点是准确度很高、功能强，具有自动校准、自动测量、自动数据处理等功能，可通过 RS-232 或 IEEE-488 标准接口与计算机相连，实现自动测试及实时控制功能。

一种智能数字万用表的简化框图如图 11-24 所示。该仪表采用一片 MAX134 型 DMM 专用芯片，配 89C51 单片机。MAX134 能提供 A/D 转换的所有逻辑电路和计数器、寄存器，通过附加模式选择电路来完成测量。量程及模式选择由 μP 设定，零读数校正也由 μP 完成。MAX133/134 将未经零读数校正的原始数据送给微处理器，微处理器完成零读数校正，并按所选定的量程进行增益修正，然后驱动 LCD 显示该数据。微处理器能对用户接口作出响应，控制 MAX133/134 选择用户所需量程，并可完成上、下限自动报警及标识符的驱动。

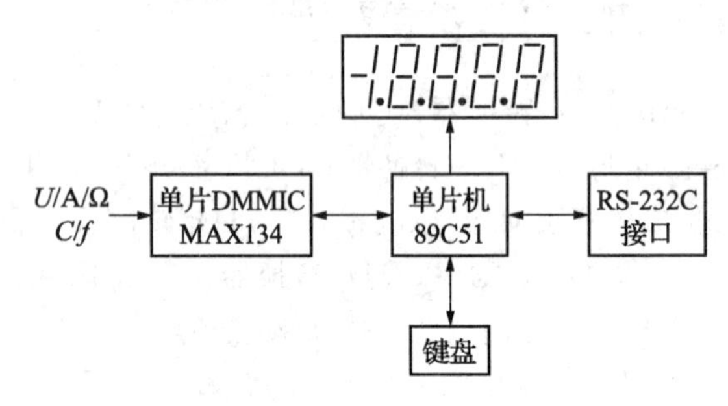

图 11-24　一种智能数字万用表的电路框图

11.4.2　数字万用表的测量原理

现以国内广泛使用的 DT830 型数字万用表为例，介绍其工作原理。

DT830 属于袖珍式数字万用表，采用 9 V 叠层电池供电，整机功耗约 20 mW。采用 LCD 液晶显示数字，最大显出数为±1999，因而属于 3½位万用表。它具有自动调零和极性转换功能。当电池电压低于工作电压时，在显示屏上显示“⇐”符号。表内设有快速熔断器，以实现超载保护。另外，还设有蜂鸣器，可以实现快速连续检查，并配有三极管 h_{EE} 和二极管检验。

11.4.2.1　直流电压测量

图 11-25 为数字万用表直流电压测量电路的原理图，该电路由电阻分压器所组成的外围电路和基本表构成。把基本量程为 200 mV 的量程扩展为五档量程的直流电压档。图中斜线区是导电橡胶，起到连接作用。

11.4.2.2　直流电流测量

图 11-26 是数字万用表直流电流测量电路原理图，其中 V_1、V_2 为保护二极管，当基本表 IN_+、IN_- 两端电压大于 200 mV 时，V_1 导通，当被测量电位端接入 IN_- 时，V_2 导通，从而保护基本表的正常工作。R_2～R_5、R_{cu} 分别为各档的取样电阻，它们共同组成了电流-电压转换器（I/U），即测量时，被测电流 I_x 在取样电阻上产生电压，该电压输入至 IN_+、IN_- 两端，从而得到被测电流的量值。若合理地选配各电流量程的取样电阻，就能使基本表直接显示被测电流量。

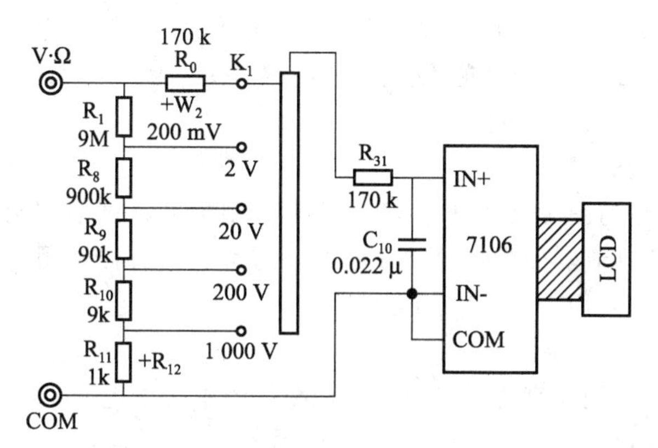

图 11－25　直流电压测量电路原理图

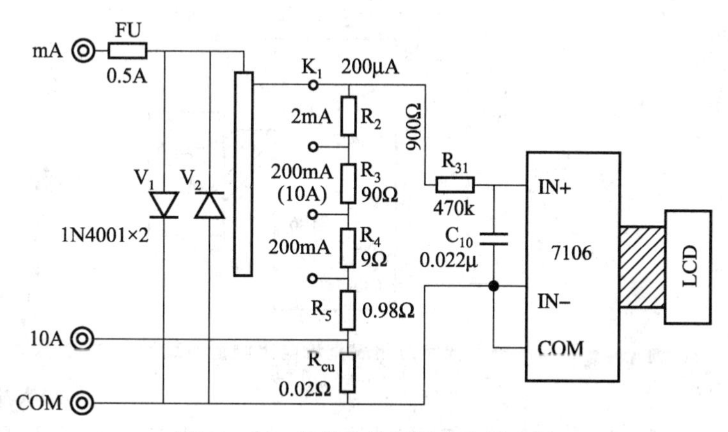

图 11－26　直流电流测量电路原理图

11.4.2.3　交流电压测量

图 11－27 为数字万用表交流电压测量电路原理图。由图可见，它主要由输入通道、降压电阻、量程选择开关、耦合电路、放大器输入保护电路、运算放大器输入保护电路、运算放大器、交-直流（AC/DC）转换电路、环形滤波电路及 ICL7106 芯片组成。

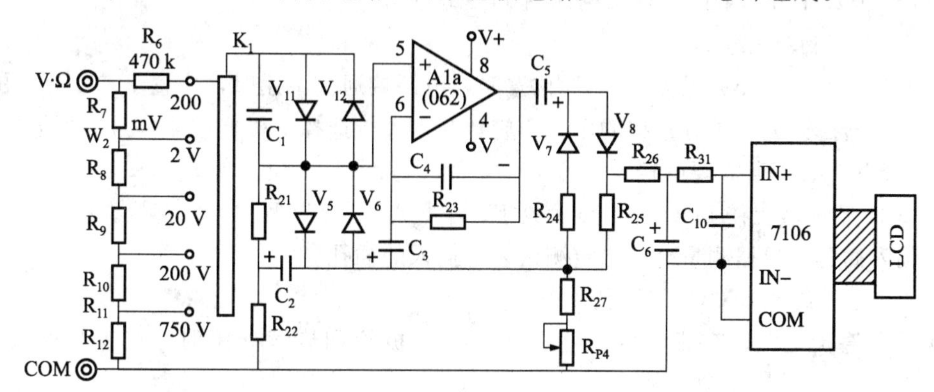

图 11－27　交流电压测量电路原理图

图中，运算放大器 A1a（062）和整流二极管 V_7、V_8 构成线性半波转换电路，使整流输出电压与被测电压成正比，从而构成 AC/DC 转换器。V_5、V_6、V_{11}、V_{12}接在运算放大器的输入端作过压保护。R_{26}、C_6 构成平滑滤波器，R_7～R_{12}为分压电阻，与直流电压档的分压电阻共用。电位器 R_{P4}供校正时使用。

11.4.2.4　交流电流测量

交流电流测量电路与图 11－27 所示的交流电压测量电路基本相同。只需将图中的分压器改成图 11－27 中的分流器即可。故其分流电阻与直流电流档共用，耦合电路及其后的电路与交流电压测量电路共用。

11.4.2.5　直流电阻测量

图 11－28 为数字万用表直流电阻测量原理图，图中标准电阻 R_0 与待测电阻 R_x 串联后接在基本表的 V_+ 和 COM 之间。

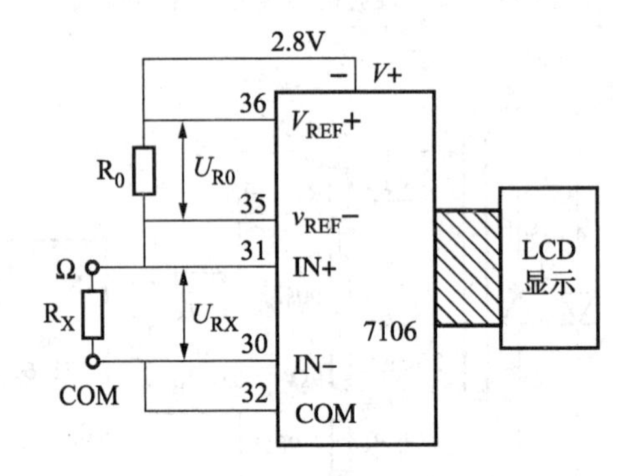

图 11－28　数字万用表直流电阻测量原理图

V_+ 和 v_{REF+}、v_{REF-} 和 IN_+、IN_- 和 COM 两两接通，用基本表的 2.8 V 基准电压向 R_0 和 R_x 供电。其中 U_{R0}为基准电压，U_x 为输入电压。只要固定若干个标准电阻 R_0，就可实现多量程电阻测量。

11.4.3　数字万用表的使用

DT830 型数字万用表的面板结构如图 11－29 所示。

11.4.3.1　面板功能

① 电源开关。当开关置于“ON”位置时，电源接通。不用时，应置于“OFF”位置。

② 量程选择开关。所有量程均由一个旋转开关进行选择。根据被测信号的性质和大小，将量程选择开关置于所需要的档位。

③ LCD 显示器。在 LCD 屏上显示数字、小数点、“—”及“⇐”符号。

④ 输入插孔。根据测量范围选定测试表笔插入的插孔。

i）黑表笔始终插入“COM”孔。

ii）测量直流电压、交流电压、电阻（Ω）、二极管和连续检验时，红表笔插入“V·Ω”孔。

iii）当被测的交、直流电流小于 200 mA 时，红表笔插入“mA”孔；当被测的交、直流电流大于 200 mA 时，则红表笔应插入“10 A”孔。

⑤ h_{EE}插孔。h_{EE}插孔用于连接晶体管的管脚，即基极、集电极和发射极分别插入“B”、

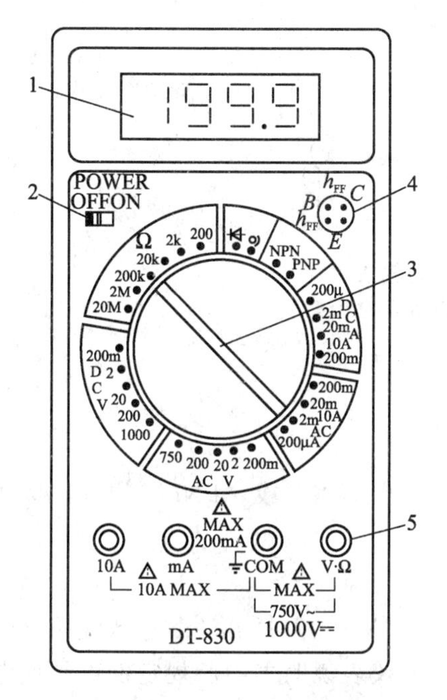

图 11－29　DT830 型数字万用表的面板结构

1—液晶显示器；2—电源开关；3—量程选择开关；4—h_{EE}插孔；5—输入插孔

"C"和"E"。对于难于插入的晶体管可用表中附件探针 UP－11 进行连接。

⑥ 电池盒。装电池时，按"OPEN"部分，除掉电池盒盖。更换过载保护熔断丝时，也要除掉电池盒盖，熔断丝的规格为 ϕ0.5 mm×20 mm，0.5 A。

11.4.3.2　*万用表的使用*

使用前，应认真阅读有关的使用说明书，熟悉电源开关、量程开关、插孔、特殊插口的作用。将 ON/OFF 开关置于 ON 位置，检查 9 V 电池，如果电池电压不足，将显示在显示器上，这时则需更换电池。如果显示器没有显示，则按以下步骤操作。测试笔插孔旁边的符号，表示输入电压或电流不应超过指示值，这是为了保护内部线路免受损伤。测试之前，功能开关应置于所需要的量程。

（1）测量直流电压

将万用表转换开关拨至"DCV"适当量程档，黑表笔插入"COM"插孔（以下各种测量黑表笔的位置都相同），红表笔插入"V・Ω"插孔，将电源开关拨至"ON"，表笔与被测电路并联后，显示屏上便显示测量值。开关置于"200 m"挡，显示值以 mV 为单位，其余各档以 V 为单位。"V・Ω"及"COM"两插孔的输入直流电压最大值不得超过 1 000 V。

（2）测量交流电压

将万用表转换开关拨至"ACV"适当量程档，红、黑表笔接法如上，测量方法与测量直流电压相同。输入的交流电压不得超过 750 V。

（3）测量直流电流

将万用表的转换开关拨至"DCA"适当量程档，当被测电流小于 200 mA 时，红表笔插入"mA"插孔，把仪表串接入测量电路，接通电源，即可显示被测读数。当被测电流大于 200 mA 时，红表笔应插入"10 A"插孔，显示值以 A 为单位。

（4）测量交流电流

将万用表的转换开关拨至"ACA"适当量程档，其余操作与测量直流电流时相同。

（5）测量电阻

将万用表的转换开关拨至"Ω"的适当量程档，红表笔插入"V・Ω"插孔。若置于 20 M 或 2 M 档，显示值以 MΩ 为单位，200 档显示值以 Ω 为单位，其余各档显示值以 kΩ 为单位。

（6）测量二极管

将万用表的转换开关拨至测量二极管的位置，红表笔插入"V・Ω"插孔，测试表笔如图 11－30 所示接到二极管的两端。当电流正向导通时（如图 11－30（a）所示），测锗管的正向压降显示值应在 150 mV 到 300 mV 之间；测硅管的正向压降显示值应在 550 mV 到 700 mV 之间。若被测二极管已损坏，则显示"000"（短路）或"1"（不导通）。

对二极管反向检查时（如图 11－30（b）所示），若二极管为好的，则显示"1"，损坏的便显示“000”或其他值。

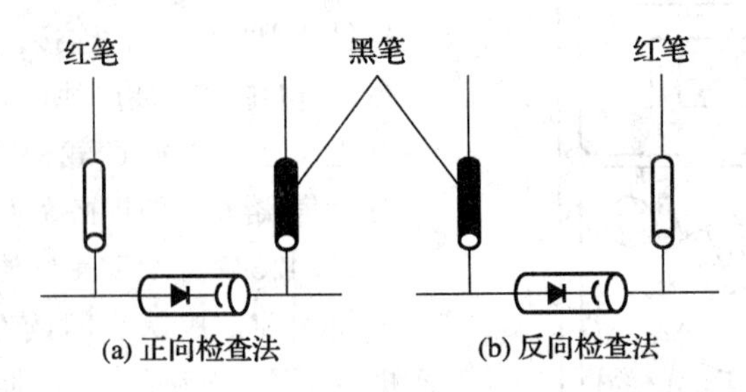

图 11－30 二极管的检查方法

（7）测量三极管

将被测三极管插入 h_{EE} 插孔，根据被测管类型选择“NPN”或“PNP”位置，接通电源，显示被测值。通常 h_{FE} 值显示在 40～1 000。

（8）检查线路通断

将万用表的转换开关拨至蜂鸣器位置，红表笔插入“V·Ω”插孔。若被测线路电阻低于 20 Ω，蜂鸣器发声，说明电路导通，反之则不通。但仪表说明书中所规定发声阀值电阻 R_o 的值仅为大致范围，应以实测为准。

11.4.3.3 使用万用表的注意事项

① 测量前，应检查量程开关是否置于要求且适当的位置。

② 根据测量性质，应检查红表笔是否插入了相应的插孔。

③ 改变量程时，测试笔要离开被测试电路。

④ 注意各量程和接口的最大额定电压。

⑤ 刚测量时会出现跳数现象，应等待显示值稳定后进行读数。

⑥ 对大小不详的被测量，应先选择最高量程进行试测，然后根据显示结果选择适当的量程。

⑦ 在电阻档时，红表笔的电位高于黑表笔，与普通万用表恰恰相反。在测量晶体管和电解电容等有极性要求的元件时，应特别注意。

⑧ 若在测量时，仅最高位显示数字“1”其他位均消隐，说明仪表已经过载，应选择更高的量程。

⑨ 新型数字万用表大多带有读数保持键（HOLD)，按下此键即可将现在读数保持下来，供读取数值或记录用。但作连续测量时不需要使用此键，否则仪表不能正常采样和刷新值。有时刚开机时若固定显示某一数值且不随被测量发生变化，就是误按下“HOLD”键所造成的。

⑩ 测量完毕，应将量程开关置于最高电压档，防止下次测量时不慎损坏仪表。

⑪ 当显示器上出现“⇐”符号时，必须更换电池。更换电池时，电源开关必须拨至“OFF”位置。

⑫ 测量完毕，应关上电源。如长期不用，应取出电池，以免产生漏电损坏仪表。

⑬ 仪表不宜在日光及高温、高湿的地方使用与存放。它的工作温度为 0～40 ℃，湿度小于 80%，才能保证仪表的误差在准确度范围之内。

11.5 信号发生器

11.5.1 概述

11.5.1.1 信号发生器的作用和组成

信号发生器也称信号源，是用来产生振荡信号的一种仪器，为使用者提供需要的稳定、可信的参考信号，并且信号的特征参数完全可控。所谓可控信号特征，主要是指输出信号的频率、幅度、波形、占空比、调制形式等参数都可以人为地控制设定。正弦波信号发生器是测量中最常用的信号源。

信号发生器主要有三方面用途：① 作为测量实验的激励信号；② 作为信号仿真，模拟电子设备所需的、与实际工作环境相同的信号，测试设备的性能和参数；③ 作为标准源对一般信号源进行校准或比对。

图 11－31 为信号发生器的一般组成框图，其中，主振器是信号发生器的核心部分，它产生不同频率、不同波形的信号。变换器用来完成对主振信号进行放大、整形及调制等工作。输出级的基本任务是调节信号的输出电平和变换输出阻抗。指示器用以监测输出信号的电平、频率及调制度。电源为仪器各部分提供所需的工作电压。

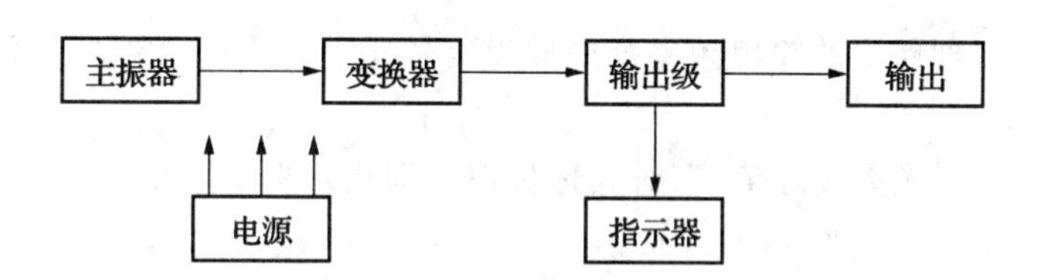

图 11－31 信号发生器的一般组成

11.5.1.2 信号发生器的分类

信号发生器用途广泛、种类繁多，按用途可分为通用信号发生器和专用信号发生器两大类。专用信号发生器是为某种专用目的而设计制作的，能够提供特殊的测量信号，如调频立体声信号发生器、电视信号发生器等。通用信号发生器应用面广，灵活性好，可以分为以下几类：

(1) 按输出信号波形的不同，信号发生器大致分为正弦信号发生器和非正弦信号发生器。非正弦信号发生器又包括函数信号发生器、脉冲信号发生器和噪声信号发生器。

应用最广泛的是正弦信号发生器。函数信号发生器也比较常用，这是因为它不仅可以输出多种波形，而且信号频率范围较宽且可调。脉冲信号发生器主要用来测量脉冲数字电路的工作性能和模拟电路的瞬态响应。噪声信号发生器用来产生实际电路和系统中的模拟噪声信号，借以测量电路的噪声特性。

(2) 按工作频率的不同，信号发生器分为超低频、低频、视频、高频、甚高频、超高频信号发生器。其工作频率范围参见表 11－5。

表 11-5　信号发生器的频率划分

类　型	频率范围	应　用
超低频信号发生器	0.0001 Hz～1 kHz	地震测量、电声学、医疗设备测量
低频信号发生器	1 Hz～1 MHz	音频、通信设备、家电测试、维修
视频信号发生器	20 Hz～10 MHz	电视设备测试、维修
高频信号发生器	200 kHz～30 MHz	广播、电报等无线通信测试与维修
甚高频信号发生器	30 MHz～300 MHz	超短波、调频广播、导航测量
超高频信号发生器	300 MHz	雷达、微波、卫星通信设备测试、维修

(3) 按调制方式的不同，信号发生器分为调幅（AM）、调频（FM）、调相、脉冲调制（PM）等类型。

(4) 按信号产生的方法不同，信号发生器分为谐振法和合成法等类型。

11.5.1.3　信号发生器的主要技术特性

信号发生器的技术指标较多，针对信号发生器的用途不同，其技术指标也不相同。通常用以下几项技术指标来描述正弦信号发生器的主要技术指标。

(1) 频率特性

频率特性包括有效频率范围、频率准确度和频率稳定度。

① 有效频率范围

各项指标均能得到保证的输出频率范围称为信号发生器的有效频率范围。

② 频率准确度

频率准确度 α 是指频率实际值 f_x 对其标称值（即指示器的数值）f_0 的相对偏差，其表达式为

$$a=\frac{f_x-f_0}{f_0}\times100\%=\frac{\Delta f}{f_0}\times100\% \quad (11-32)$$

式中，Δf 为频率的绝对偏差，$\Delta f=f_x-f_0$。

③ 频率稳定度

频率稳定度是指在一定时间间隔内频率准确度的变化，它表征信号源维持工作于恒定频率的能力。频率稳定度分为长期稳定度和短期稳定度。频率长期稳定度是指长时间内频率的变化，如 3 h、24 h。频率短期稳定度定义为信号发生器经规定的预热时间后，频率在规定的时间间隔（15 min）内的最大变化。频率短期稳定度通常是指频率的不稳定度，其表达式为

$$\delta=\frac{f_{max}-f_{min}}{f_0} \quad (11-33)$$

式中，f_{max} 和 f_{min} 分别为频率在任何一个规定时间间隔内的最大值和最小值。

(2) 输出特性

输出特性主要包括输出阻抗、输出形式、输出波形和谐波失真、输出电平及其平坦度等。

① 输出阻抗

输出阻抗视信号发生器类型而异。低频信号发生器一般有匹配变压器，故有 50 Ω、150 Ω、600 Ω、5k Ω 等各种不同输出阻抗，而高频信号发生器一般只有 50 Ω 或 75 Ω 两种输出阻抗。

② 输出电平及其平坦度

输出电平表征信号发生器所能提供的最大和最小输出电平调节范围。目前正弦信号发生器输出信号幅度采用有效值或绝对电平来度量。输出电平平坦度是指在有效的频率范围内输出电平随频率变化的程度。

③ 输出形式

输出形式包括如图 11 - 32 所示的平衡输出（即对称输出 u_2）和不平衡输出（不对称输出 u_1）两种形式。

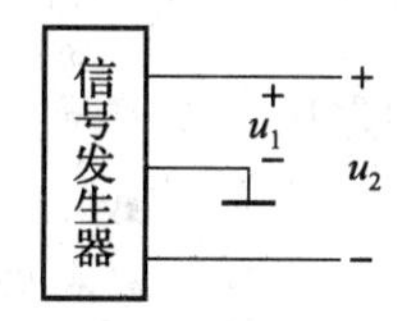

图 11 - 32　信号发生器的输出形式

④ 最大输出功率

指信号源所能输出的最大功率，它是一个度量信号源容量大小的参数，只取决于信号源本身的参数——内阻和电动势，与输入电阻和负载无关。

⑤ 输出波形及谐波失真

输出波形是指信号发生器所能产生信号的波形。正弦信号发生器应输出单一频率的正弦信号，但由于非线性失真、噪声等原因，其输出信号中都含有谐波等其他成分，即信号的频谱不纯。用来表征信号频谱纯度的技术指标就是谐波失真度。

(3) 调制特性

高频信号发生器在输出正弦波的同时，一般还能输出调幅波和调频波，有的还带有调相和脉冲调制等功能。当调制信号由信号发生器内部产生时，称为内调制。当调制信号由外部电路或低频信号发生器提供时，称为外调制。高频信号发生器的调制特性包括调制方式、调制频率、调制系数以及调制线性等。

11.5.2 低频信号发生器

低频信号发生器又称为音频信号发生器，用来产生频率范围为 1 Hz～1 MHz 的低频正弦信号、方波信号及其他波形信号。它是一种多功能、宽量程的电子仪器，在低频电路测试中应用比较广泛，还可以为高频信号发生器提供外部调制信号。

11.5.2.1　低频信号发生器的组成

低频信号发生器主要包括主振器、电压放大器、输出衰减器、功率放大器、阻抗变换器和指示电压表等部分，如图 11 - 33 所示。

(1) 主振器

主振器是低频信号发生器的核心，产生频率可调的正弦信号，决定信号发生器的有效频

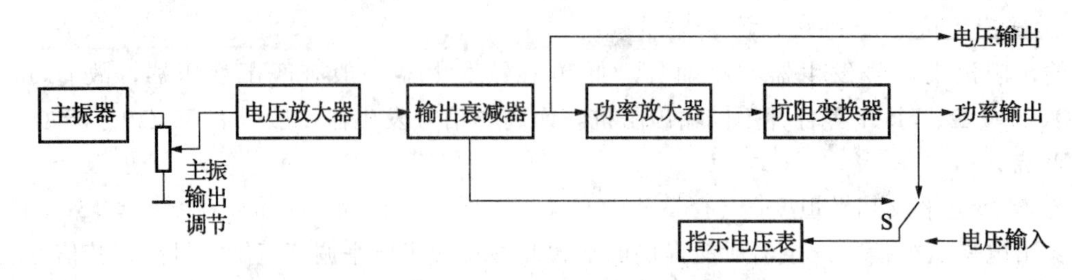

图 11-33　低频信号发生器的组成框图

率范围和频率稳定度。低频信号发生器中产生振荡信号的方法很多，由于 RC 文氏桥式振荡器具有输出波形失真小、振幅稳定、频率调节方便和频率可调范围宽等特点，故被普遍应用于低频信号发生器主振器中。主振器产生与低频信号发生器频率一致的低频正弦信号。

(2) 电压放大器

电压放大器兼有隔离和电压放大的作用。隔离是为了不使后级电路影响主振器的工作；放大是把振动器产生的微弱振荡信号进行放大，使信号发生器的输出电压达到预定的技术指标，要求其具有输入阻抗高、输出阻抗低（有一定的带负载能力）、频率范围宽、非线性失真小等性能。一般采用射极跟随器或运放组成的电压跟随器。

(3) 输出衰减器

输出衰减器用于改变信号发生器的输出电压或功率，通常分为连续调节和步进调节。连续调节由电位器实现，也称细调；步进调节由电阻分压器实现，并以分贝值为刻度，也称粗调。

(4) 功率放大器及阻抗变换器

功率放大器用来对衰减器输出的电压信号进行功率放大，使信号发生器达到额定功率输出。为了能实现与不同负载匹配，功率放大器之后与阻抗变换器相接，这样可以得到失真小的波形和最大的功率输出。

阻抗变换器只有在要求功率输出时才使用，电压输出时只需衰减器。阻抗变换器即匹配输出变压器，输出频率为 5 Hz～5 kHz 时使用低频匹配变压器，以减少低频损耗，输出频率为 5 kHz～1 MHz 时使用高频匹配变压器。输出阻抗利用波段开关改变输出变压器次级圈数来改变。

(5) 指示电压表

输出电压表用来指示输出电压或输出功率的幅度，或对外部信号电压进行测量，可以是指针式电压表、数码 LED 或 LCD 电压表。

11.5.2.2　低频信号发生器的主要性能指标

(1) 频率范围：一般为 20 Hz～1 MHz，且连续可调。

(2) 频率准确度：±1%～±3%。

(3) 频率稳定度：一般为 0.4%/h。

(4) 输出电压：0～10 V 连续可调。

(5) 输出功率：0.5 W～5 W 连续可调。

(6) 输出阻抗：50 Ω、75 Ω、150 Ω、600 Ω、5k Ω 等。

(7) 非线性失真范围：0.1%～1%。

(8) 输出形式：平衡输出与不平衡输出。

11.5.2.3 低频信号发生器的使用

低频信号发生器型号很多，但它们的使用方法基本类似。

(1) 了解面板结构

使用仪器之前，应结合面板文字符号及技术说明书对各开关旋钮的功能及使用方法进行耐心细致的分析了解，切忌盲目猜测。信号发生器面板上有关部分通常按其功能分区布置，一般包括：波形选择开关、输出频率调谐部分（包括波段、粗调、微调等）、幅度调节旋钮（包括粗调、细调）、阻抗变换开关、指示电压表及其量程选择、电源开关及电源指示、输出接线柱等。

(2) 注意正确的操作步骤

信号发生器的使用步骤如下：

① 准备工作。正确选择符合要求的电源电压，把幅度调节旋钮置于起始位置（最小）开机预热 2～3 min 后方可投入使用。

② 选择频率。根据需要选择合适的波段，调节频率度盘（粗调）于相应的频率点上，而频率微调旋钮一般置于零位。

③ 输出阻抗的配接。根据负载阻抗的大小，拨动阻抗变换开关于相应挡级以获得最佳负载输出，否则信号发生器的输出功率小、输出波形失真大。

④ 输出电路形式的选择。根据负载电路的输入方式，用短路片变换信号发生器输出接线柱的接法以选择相应的平衡输出或不平衡输出。

⑤ 输出电压的调节和测读。调节幅度调节旋钮可以得到相应大小的电压输出。在使用衰减器（除 0 dB 挡外）时，输出电压的大小为电压表的示值除以电压衰减倍数。例如，信号发生器指示电压表示值为 20 V，衰减分贝数为 60 dB 时，实际输出电压应为 0.02 V（$20\ V \div 10^{60/20} = 0.02\ V$）。当信号发生器为不平衡输出时，电压表示值即为输出电压值；当信号发生器平衡输出时，输出电压为电压表示值的两倍。

11.5.2.4 低频信号发生器实例

由于低频信号发生器应用非常广泛，下面以 XD－2 型低频信号发生器为例，介绍其主要技术指标和简要使用方法。

(1) 主要技术指标

频率范围：1 Hz～1 MHz，分成 1 Hz～10 Hz；10 Hz～100 Hz；100 Hz～1 kHz；1 kHz～10 kHz；10 kHz～100 kHz；100 kHz～1 MHz 6 个频段（6 档）。

频率基本误差：1 Hz～100 kHz，小于±（1%＋0.3 Hz）；100 kHz～1 MHz，小于±1.5%f_0。

输出电压：1 Hz～1 MHz，大于 5 V。

非线性失真：20 Hz～20 kHz，小于 1%。

输入电阻：大于 100 kΩ。

输入电容：小于 50 pF。

衰减器：分 10 档，每档 100 dB 步进衰减。

电源：220 V±10%，50 Hz，50 A。

(2) 使用方法

参考图 11－34 所示的 XD－2 低频信号发生器面板图。

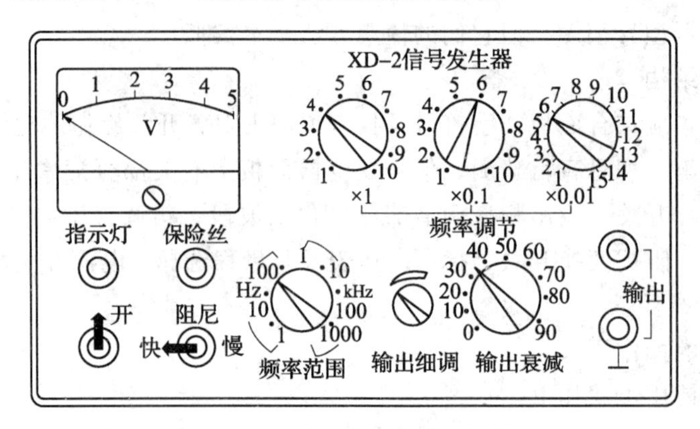

图 11－34　XD－2 低频信号发生器面板示意图

① 接通电源，预热 5 min 以上。

② 频率选择：根据所需频段将“频率范围”按钮调至相应频段，然后再将 3 个“频率调节”1、2、3 旋钮调至所需频率。例如：“频率范围”指 10 kHz～100 kHz 挡，“频率调节×1”指 4，“频率调节×0.1”指 8，“频率调节×0.01”指 7，则此时输出频率为 47.8 kHz。

③ 输出电压幅度调节：用电缆直接从“电压输出”插口引出。通过调节输出衰减旋钮和输出细调旋钮，可以得到较好的非线性失真（<1%）。面板表头能指示 0～5 V（有效值）输出电压。最大电压输出 5 V，输出阻抗随输出衰减的分贝数变化而变化。为了保证衰减的准确性及输出波形不变坏，电压输出端纽上的负载应大于 5 kΩ。

实际电压数值可用电压表测量，也可按下式计算：

$$U_0 = U_{表} \times 10^{-A/20} \qquad (11-34)$$

式中，U_0 为实际输出电压值；$U_{表}$ 为表头示数；A 为输出衰减分贝数。

④ 阻尼调整：当输出信号频率低于 10 Hz 时，表头指针会产生抖动，此时应将“阻尼”开关置于“慢”的位置。

⑤ 过载保护：刚开机时，过载保护指示灯亮，约 5 s～6 s 后熄灭，表示进入工作状态。若负载阻抗过小，过载指示灯会再次闪亮，表示已经过载，机内过载保护电路工作，此时应加大负载阻抗值（即减轻负载），使灯熄灭。

⑥ 交流电压表：该电压表可做“内测”与“外测”。测量开关拨向“外测”时，它作为一般交流电压表测量外部电压大小。当开关拨向“内测”时，它显示信号发生器的输出。

⑦ 仪器使用完毕，应将“输出细调”旋钮调至最小，然后关闭电源。

11.5.3　高频信号发生器

高频信号发生器也称为射频信号发生器，信号的频率范围在 300 kHz～300 MHz，广泛应用在高频电路测试中。为了测试通信设备，这种仪器具有一种或一种以上的组合调制（包括正弦调幅、正弦调频以及脉冲调制）功能。其输出信号的频率、电平、调制度可在一定范围内调节并能准确读数。

11.5.3.1　高频信号发生器的组成

高频信号发生器主要包括主振级、缓冲级、调制级、输出级、衰减器、内调制振荡器、调频器等部分，如图 11－35 所示。

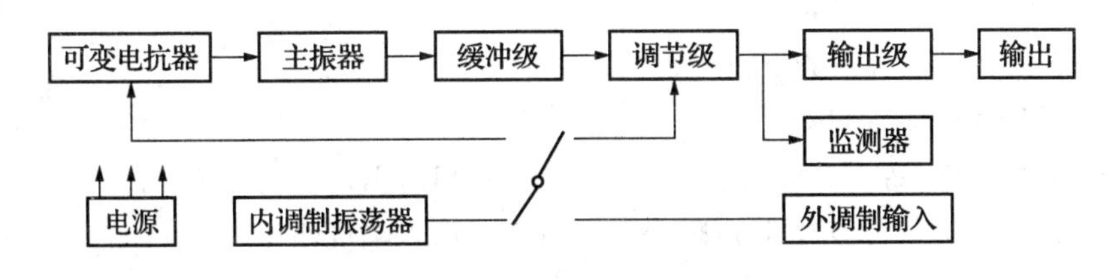

图 11－35　高频信号发生器组成框图

（1） 主振级

主振级是信号发生器的核心，用于产生高频振荡信号。一般采用可调频率范围宽、频率准确度高、稳定度好的 LC 振荡器。为了使信号发生器有较宽的工作频率范围，可以在主振级之后加入倍频器、分频器或混频器。主振级电路结构简单，输出功率不大，一般在几到几十毫瓦的范围内。

（2） 缓冲级

缓冲级主要起隔离放大的作用，用来隔离调制级对主振级产生的不良影响，保证主振级工作稳定并将主振信号放大到一定的电平。

（3） 调制级

调制级实现调制信号对载波的调制，包括调频、调幅和脉冲调制等调制方式。在输出载波或调频波时，图 11－35 中的调制级实际上是一个宽带放大器；在输出调幅波时，实现振幅调制和信号放大。

（4） 可变电抗器

可变电抗器与主振级的谐振回路相耦合，在调制信号作用下，控制谐振回路电抗的变化而实现调频。

（5） 内调制振荡器

内调制振荡器用于为调制级提供频率为 400 Hz 或 1 kHz 的内调制正弦信号，该方式称为内调制。当调制信号由外部电路提供时，称为外调制。

（6） 输出级

输出级主要由放大器、滤波器、输出微调器、输出倍乘器等组成，对高频输出信号进行调节以得到所需的输出电平，最小输出电压可达 μV 数量级。输出级还用来提供合适的输出阻抗。

（7） 监测器

监测器一般由调制计和电子电压表组成，用以监测输出信号的载波幅度和调制系数。

（8） 电源

电源用来供给各部分所需要的电压和电流。

11.5.3.2　高频信号发生器的使用

下面以 AS1051S 型高频信号发生器为例，介绍其主要性能和使用方法。

AS1051S 型高频信号发生器采用高可靠集成电路组成高质量的音频信号发生器、调频立体声信号发生器和稳定电源。

(1) 主要技术特性

① 调频立体声信号发生器

工作频率：(88～108) MHz±1%；

导频频率：19 kHz±1 Hz；

1kHz 内调制方式：左 (L)、右 (R) 和左＋右 (L＋R)；

外调输入：输入的信号发生器内阻小于 600 Ω，输入幅度小于 15 mV；

输入插孔：左声道输入和右声道输入；

高频输出：不小于 50 mV 有效值，分高、低挡输出连续调节；

② 调频、调幅高频信号发生器

工作频率：范围为 100 kHz～150 MHz (450 MHz)，分 6 个频段，依次为：0.1 MHz～0.33 MHz、0.32 MHz～1.06 MHz、1 MHz～3.5 MHz、3.3 MHz～11 MHz、10 MHz～37 MHz、34 MHz～150 MHz；

1 kHz 内调制方式：调幅、载频 (等幅) 和调频；

高频输出：不小于 50 mV 有效值，分高、低挡输出连续调节。

③ 音频信号发生器

工作频率：1 kHz±10%；

失真度：小于 1%；

音频输出：最大 2.5 V 有效值，分高、中、低 3 档输出连续可调，最小可达微伏数量级。

④ 正常工作条件

电源电压：(220±22) V；(50±2.5)Hz；

电源功耗：4 W。

(2) AS1051S 型高频信号发生器的使用

AS1051S 型高频信号发生器的面板如图 11-36 所示。

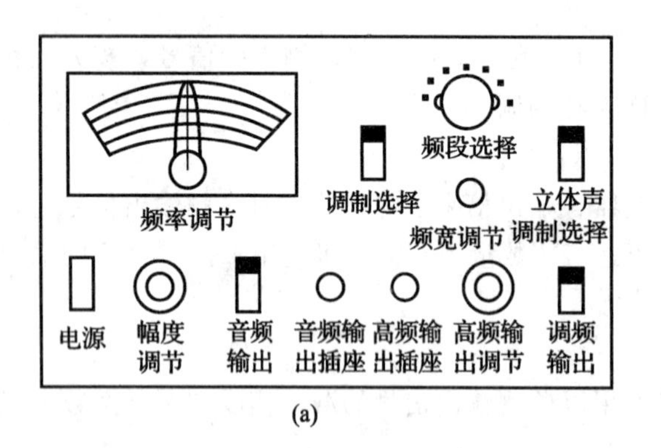

(a)

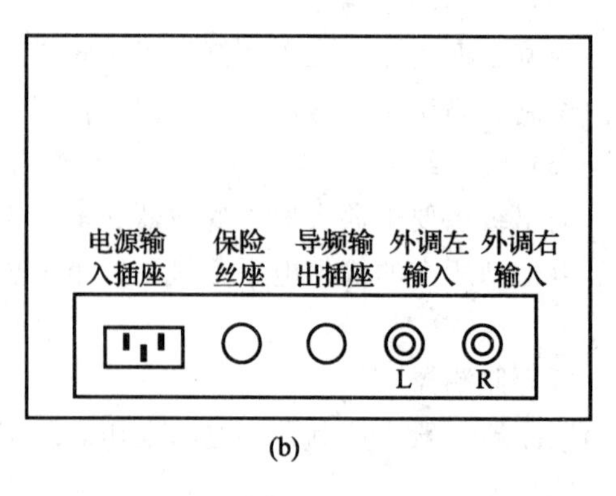

(b)

图 11-36 AS1051S 型高频信号发生器的面板示意图

① 开机预热。先将电源线插入仪器的电源插入插座，然后将电源线的插头插入电源插座，打开电源开关使指示灯发亮，预热 3～5 分钟。

② 音频信号的使用。将频段选择开关置于“1”，调制开关置于“载频 (等幅)”，音频

信号由音频输出插座输出，根据需要选择信号幅度开关的“高、中、低”档，如：低档调节范围自微伏到 2 mV；中档自毫伏到几十毫伏；高档自几十毫伏到 2.5 V。

③ 调频立体声信号发生器的使用。将频段选择开关置于“1”，调制开关置于“载频”，切忌置于“调频”，否则就会要影响立体声信号发生器的分离度。

④ 调频调幅高频信号发生器的使用。将频段选择开关按需置于选定频段，调制开关按需选于调幅、载频（等幅）和调频，高频信号输出幅度调节由电平选择开关和输出调节旋钮配合完成，高频信号由插座输出。

⑤ 频宽调节。在中频放大器和鉴频器正常工作条件下，将高频信号发生器的频率调在中频频率上，调节“频宽调节”从小（顺时针旋转）开大，使示波器的波形不失真，即观察波形法。听声音法，是将“频宽调节”从小调到最响时，就不调大了。如在调节中频放大器和鉴频放大器的过程中调节“频宽调节”，鉴频的调试过程中随时调节“频宽调节”，直到都调好。

11.5.4 函数信号发生器

函数信号发生器实际上是一种宽带频率可调的多波形信号源，由于其输出波形均可用数学函数描述，故命名为函数信号发生器。它可以输出正弦波、方波、三角波、锯齿波、脉冲波及指数波等。目前函数发生器输出信号的重复频率可达 50MHz，还具有检测数字电路用 TTL、CMOS 逻辑电平输出，占空比调节等功能。除了作为正弦信号发生器使用之外，它还可以用来测试各种电路和机电设备的瞬态特性、数字电路的逻辑功能、模数转换器(A/D)及压控振荡器的性能。

11.5.4.1 函数信号发生器的工作原理

函数信号发生器的原理框图如图 11-37 所示，函数信号发生器为了产生各种输出波形，利用各种电路通过函数变换实现波形之间的转换，即以某种波形为第一波形，然后利用第一波形导出其他波形。通常有 3 种转换方式：① 方波式，先产生方波再转换为三角波和正弦波；② 正弦波式，先产生正弦波再转换为方波和三角波；③ 三角波式，先产生三角波再转换为方波和正弦波，近来较为流行。

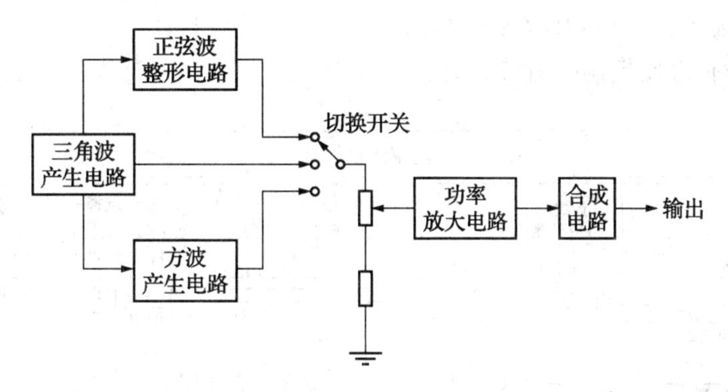

图 11-37 函数信号发生器的原理框图

11.5.4.2 函数信号发生器的使用

下面以 SG1645 函数信号发生器为例介绍。

SG1645 是一种多功能、6 位数字显示的函数信号发生器。它能直接产生正弦波、三角波、方波、对称可调脉冲波和 TTL 脉冲波，其中正弦波具有最大为 10 W 的功率输出，并具有短路报警保护功能。此外，该仪器还具有 VCF 输入控制、直流电平连续调节和频率计外接测频等功能。

(2) 主要技术特性

① 频率范围

输出电压时：0.2 Hz～2 MHz，分 7 档；输出正弦波功率时：0.2 Hz～200 kHz。

② 输出波形：正弦波、三角波、方波、脉冲波和 TTL 输出。

③ 方波前沿：小于 100 ns。

④ 正弦波。

失真：10 Hz～100 Hz＜1%。频率响应：0.2 Hz～100 kHz≤±0.5dB；100 kHz～2 MHz≤±1dB。

⑤ TTL 输出

电平：高电平大于 2.4 V，低电平小于 0.4 V，能驱动 20 只 TTL 负载。上升时间：≤40 ns。

⑥ 输出电压

阻抗：50 Ω(1±10%)；幅度：≥$20V_{p-p}$（空载）；衰减：20 dB、40 dB、60 dB；直流偏置：0～±10 V，连续可调；

正弦波功率输出

输出功率：$10W_{max}$（f≤100 kHz），$5W_{max}$（f≤200 kHz）；输出幅度：≥$20V_{p-p}$；保护功能：输出端短路时报警，切断信号并具有延时恢复功能。

⑦ 脉冲占空比调节范围：80∶20～20∶80，f≤1 MHz。

⑧ VCF 输入

输入电压：－5 V～0 V；最大压控比：1000∶1；输入信号频率：＜1 kHz。

⑨ 频率计

测量范围：1 Hz～10 MHz，6 位 LED 数字显示；输入阻抗：≥1 MΩ/20 pF；灵敏度：100 mV；分辨率：100 Hz，10 Hz，1 Hz，0.1 Hz 四档；最大输入：150 V（AC＋DC）（带衰减器）；输入衰减：20 dB；测量误差：≤3×10^{-5}±1 个字。

SG1645 函数信号发生器的面板如图 11－38 所示。

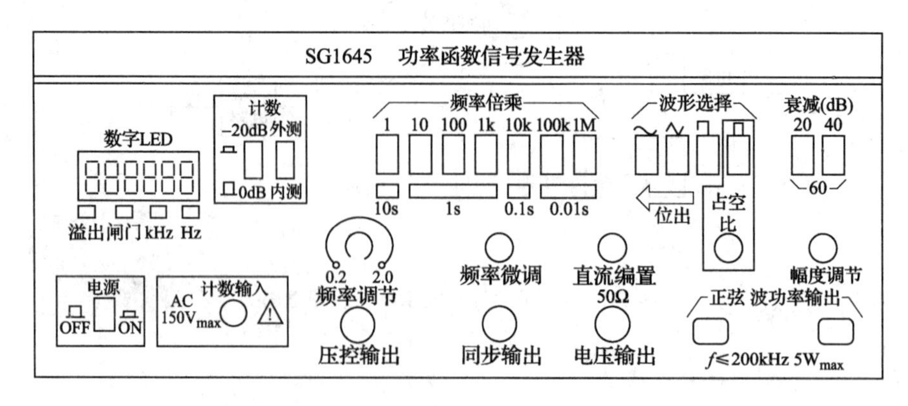

图 11－38 SG1645 函数信号发生器的面板示意图

使用时应注意以下问题：

（1）预热 15 分钟再使用。

（2）按下相应波形键得到所需波形。

（3）选择合适“频率倍乘”调节“频率调节”刻度盘得到所需信号频率。

（4）调节“幅度调节”旋钮改变输出信号幅度。

（5）调节“占空比”旋钮使输出波形的占空比为 1∶1。

参 考 文 献

[1] 鲁绍曾．现代计量学概论．北京：中国计量出版社，1987
[2] 王立吉．计量学基拙．北京：中国计量出版社，1988
[3] 张文娜，熊飞丽．计量技术基础，北京：国防工业出版社，2009
[4] 周渭等．测试与计量技术基础．西安：西安电子科技大学出版社，2004
[5] 顾龙芳．计量学基础．北京：中国计量出版社，2006
[6] 计量测试技术手册．第1卷．技术基础．北京：中国计量出版社，1996
[7] 李慎安．量和单位规范化使用回答．北京：中国计量出版社，1998
[8] 刘智敏．不确定度原理．北京：中国计量出版社，1993
[9] 李东升，郭天太．量值传递与溯源．浙江：浙江大学出版社，2009
[10] 戴乐山，凌善康．温度计量．北京：中国标准出版社，1984
[11] 崔志尚．温度计量与测试．北京：中国计量出版社，1998
[12] 计量测试技术手册．第3卷．温度．北京：中国计量出版社，1997
[13] 蒋思敬，姚士春．压力计量．北京：中国计量出版社，1991
[14] 苏彦勋，盛健，梁国伟．流量计量与测试．北京：中国计量出版社，1992
[15] 计量测试技术手册．第7卷．电磁学．北京：中国计量出版社，1996
[16] 黄伟．电能计量技术．北京：中国计量出版社，2004
[17] 张建志，贾克军．电学计量．北京：中国计量出版社，2010
[18] 刘常满．热工检测技术．北京：中国计量出版社，2005
[19] 国家电网公司人力资源部．电能计量相关规程规范．北京：中国电力出版社，2010
[20] 国家技术监督局．1990年国际温标宣贯手册．北京：中国计量出版社，1990
[21] 张大彪，王薇．电子测量仪器．北京：清华大学出版社，2007
[22] 邓斌．电子测量仪器．北京：国防工业出版社，2008
[23] 沙占友．新型数字万用表原理与应用．北京：机械工业出版社，2006
[24] 陈斌，黄大林．电工仪表的使用与调修．北京：中国电力出版社，2003
[25] 王善斌．电工测量．北京：化学工业出版社，2008
[26] 贺令辉．电工仪表与测量．北京：中国电力出版社，2006
[27] 杜水友．压力测量技术及仪表．北京：机械工业出版社，2005
[28] 邓斌．电子测量仪器．北京：国防工业出版社，2008